腾讯云

云服务操作管理 1+X 证书制度系列教材

云服务
操作管理〔中级〕

主　编　腾讯云计算〔北京〕有限责任公司

副主编　万川梅　曹玉强　杨业令
　　　　钟　璐　张　林
参　编　谢　箭　兰晓红　刘　慧
主　审　冯　杰　朱浩雪

U0364915

高等教育出版社·北京

内容提要

本书为云服务操作管理 1+X 证书制度系列教材之一，根据《云服务操作管理职业技能等级标准》（下称《等级标准》）中的云服务操作管理职业技能等级要求（中级）编写，主要用于开展云服务操作管理 1+X 证书的中级认证相关培训工作。

本书立足于云行业技术服务、技术咨询、项目管理岗技术支持、云产品测试、云系统维护、网络运维及部署等工作岗位，主要内容包括 ITIL 运营管理、虚拟化技术、网络设计与部署、Linux 服务管理、Web 服务器管理、中间件技术、NoSQL 数据库、负载均衡、网络监控管理、Python 程序设计等内容，分别对应 6 门核心课程，具体为"虚拟化技术""网络规划与设计""NoSQL 数据库""Linux 服务管理""Python 程序设计""网络运维管理"。

本书可作为云服务操作管理 1+X 证书的中级认证相关教学和培训教材，也可作为云服务操作管理相关技术人员的学习参考书。

图书在版编目（ＣＩＰ）数据

云服务操作管理：中级／腾讯云计算（北京）有限责任公司主编．--北京：高等教育出版社，2021.8
　　ISBN 978-7-04-055704-6

Ⅰ.①云… Ⅱ.①腾… Ⅲ.①云计算-高等职业教育-教材 Ⅳ.①TP393.027

中国版本图书馆 CIP 数据核字（2021）第 031081 号

Yunfuwu Caozuo Guanli（Zhongji）

| 策划编辑　侯昀佳 | 责任编辑　吴鸣飞 | 封面设计　王　洋 | 版式设计　杜微言 |
| 插图绘制　黄云燕 | 责任校对　陈　杨 | 责任印制　耿　轩 | |

出版发行	高等教育出版社	网　　址	http://www.hep.edu.cn
社　　址	北京市西城区德外大街 4 号		http://www.hep.com.cn
邮政编码	100120	网上订购	http://www.hepmall.com.cn
印　　刷	北京宏伟双华印刷有限公司		http://www.hepmall.com
开　　本	787 mm×1092 mm　1/16		http://www.hepmall.cn
印　　张	25.5		
字　　数	570 千字	版　　次	2021 年 8 月第 1 版
购书热线	010-58581118	印　　次	2021 年 8 月第 1 次印刷
咨询电话	400-810-0598	定　　价	65.00 元

前 言

　　2019年4月，教育部、国家发展改革委、财政部、市场监管总局四部门印发了《关于在院校实施"学历证书+若干职业技能等级证书"制度试点方案》（以下简称《试点方案》）的通知，正式启动高等职业教育培养模式的改革，重点围绕服务国家需要、市场需求、学生就业能力提升，启动1+X证书制度试点工作。《试点方案》的重点之一是强调职业技能证书在高等职业教育中的作用，将校内的职业教育和校外的职业培训有机结合形成新的技术技能人才培养模式。

　　为响应新时期职教改革，配合1+X证书制度试点工作的开展，发挥职业技能证书在高等职业教育中的作用，腾讯云计算（北京）有限责任公司联合高等职业院校专家共同起草《云服务操作管理职业技能等级标准》。该标准明确了云服务操作管理职业技能等级对应的工作领域、工作任务及职业技能要求，并能适用于云服务操作管理职业技能培训、考核与评价及相关用人单位的人员聘用、培训与考核。本系列教材是基于此背景进行开发的，分别对应云服务操作管理职业技能的初级、中级、高级，能同时满足读者知识学习、技能训练及1+X证书考证需求。

　　本书融入工程化教育的理念，集"教、学、做"于一体，既注重基本知识和基本技能的讲解，又强化实践操作。全书以模块化的结构组织各章节，以企业真实项目为载体，以任务驱动的方式安排教材内容，围绕云行业技术服务、技术咨询、项目管理岗技术支持、云产品测试、云系统维护、网络运维及部署等工作岗位中的关键技术进行详细讲解。本书的主要内容包括ITIL运营管理、虚拟化技术、网络设计与部署、Linux服务管理、Web服务器管理、中间件技术、NoSQL数据库、负载均衡、网络监控管理、Python程序设计等知识和技能。本书特点如下：

　　（1）能力为本，校企合作

　　本书以培养云服务操作管理基本能力为导向，采用校企联合的教材开发模式，有机整合企业项目资源和学校教学资源，将理论和实践融会贯通。

（2）立足岗位，内容全面

本书立足于岗位，内容全面、过程清晰、重点突出，既可作为应用型本科院校、职业院校云计算、计算机科学与技术、网络工程、软件工程等专业的教材，也可作为云服务操作管理（中级）的培训教材，还可作为从事云行业技术服务、技术咨询、项目管理岗技术支持、云产品测试、云系统维护、网络运维及部署等工作的企业人员的自学用书。

（3）案例和项目经典，图文并茂

每个章节均采用案例（或项目）进行实战，具有较强的针对性。案例（或项目）讲解细致、步骤详实、图文并茂，将复杂的知识简单化。案例（或项目）的程序都配有完整代码，且代码非常简洁和高效，便于读者学习和调试，读者可以直接重用这些代码来解决自己的问题。

（4）教学资料包丰富

每章配套了电子教案、PPT、实验沙箱、实验任务、理论教学视频和实验教学视频。

本套教材能如期面世，感谢腾讯云计算（北京）有限责任公司、重庆瑞萃德科技发展有限公司、重庆师范大学、重庆工程学院、高等教育出版社等单位的大力支持，感谢开发团队所有成员的辛劳付出。

教师可发邮件至编辑邮箱 1548103297@qq.com 索取教学基本资源。

由于编者水平有限，书中难免有不当之处，恳请读者不吝赐教并提出宝贵意见。

编　者

2021 年 6 月

目 录

第1章 ITIL运营管理

【学习目标】

知识目标
- 熟悉服务运营流程与职能的概念与组成。
- 掌握事件管理、故障管理和问题管理的流程。
- 熟悉服务请求履行和访问管理的流程活动。
- 掌握服务台的概念。

技能目标
- 掌握服务台构建要素。
- 掌握事件管理、问题管理流程实施方法。

【认证考点】

- 能精通 ITIL 理念，对 ITIL 能提出改进意见并且推动实施。
- 能够总结经验，发现流程制度中不合理的地方，提出可行的改进建议。
- 能够对已发现的流程、制度问题提出改进优化方案并实施，从而使问题得到解决。

📖 项目引导:"重庆神通网络服务公司"ITIL 管理

【项目描述】

　　重庆神通网络服务公司是重庆一家为电信、移动和联通网络维护外包服务的公司。随着公司业务量增大、功能升级,在运营管理中引入 IT 服务管理(IT Service Management,ITSM)项目建设,利用信息技术基础架构库(Information Technology Infrastructure Library,ITIL)管理流程实施信息服务和运营管理。

📑 知识储备

1.1　服务运营流程 　　　　　　　　　　　　　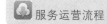

1.1.1　服务运营流程概述

　　服务运营主要描述 IT 服务运营管理方面的实践,确保达到服务支持和交付的目的,IT 服务战略目标最终需要通过服务运营来实现。ITIL v3 体系中服务运营包含了事件管理、故障管理、问题管理、访问管理、服务请求履行 5 项流程以及服务台、技术管理、应用管理、IT 运营管理 4 项职能。服务运营的主要目标是,通过一系列日常活动和流程的协调执行,为客户和用户提供可管理的、达到既定的服务级别协议的服务。同时,服务运营还负责对提供和支持服务所需要的技术进行日常管理。服务运营是 IT 服务管理生命周期中负责日常运行维护的一个阶段,它可以形象地看成是一个"物业管理"的过程,这意味着服务运营应当更加关注日常运行活动和用于提供服务的基础架构。服务运营的流程与职能如图 1-1-1 所示。

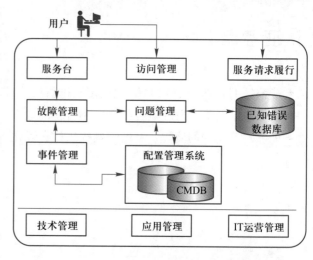

图 1-1-1　服务运营的流程与职能

1.1.2　事件管理

1. 概述

事件（Event）可以定义为任何状态的变化，这种状态的变化可能会对 IT 基础设施及其技术 IT 服务产生重大影响。因此，需要对事件进行规范管理。通常，事件的监控主要是通过各种监控工具来实现，这样的工具主要分为以下两类。

① 主动监控工具。定时扫描配置项以确定它们的状态和可用性，并对任何意外情况产生一个警报，这个警报需要发送给适当的工具或团队以便采取行动。

② 被动监控工具。检测和关联由配置项产生的运行警报或通知信息。

↪【注意】事件监控过程中，一般事件就记录在系统日志中，有些简单的告警会触发自动批处理（如发送 SNMP trap、执行提示音乐等），再严重一些就会以发送短信等方式提示管理员注意，比较严重的会产生工单进行跟踪，特别严重的则会启动应急预案等。

事件管理的目标是提供检测、分辨事件并确定恰当的控制行动的能力。因此，事件管理是服务运营监视和控制的基础。另外，如果这些事件用程序化的方式交流运营信息（包括告警和异常），它们就将作为服务运营的基础自动传递给其他运营管理活动，如在远程设备上执行脚本、提交批处理作业或者通过多设备增强性能来动态平衡服务需求等。

2. 流程活动

事件管理的活动通常包括事件的发生、通知、监测、事件的过滤、事件的重要性判断、事件的关联、触发器、响应选择和事件关闭等。

（1）事件发生

事件总是不断发生的，但并不是所有事件都需要监测和记录，在设计、开发、管理和支持 IT 服务和 IT 基础架构工作中的每个人员，都应该理解哪些类型的事件需要监测和记录。

（2）事件通知

大部分配置项都设计了关于传递自身相关的特定信息的功能。当某特定条件出现时，配置项自动产生一个通知。大多数配置项遵照开放标准（如 SNMP）产生事件通知。很多配置项都基于设计者的经验设置了用于产生一套标准的事件集，如当需要"运行"某配置项时，通过与"启用"这项活动相关事件的生成机制而产生某种类型的事件。

（3）事件监测

一旦事件通知产生，它将被运行在同一系统中的"代理"程序监测出来，或者直接传送到管理工具软件，这种管理工具软件能够读取和翻译事件的含义。

（4）事件过滤

事件过滤的目的是决定将事件传送到管理工具还是丢弃它。

（5）事件的重要性判断

通常，组织应当事先定义通知性消息、警告、异常3种事件类型的划分标准，并针对每一种情形定义明确的处理机制。在已经明确事件划分标准的情况下，事件管理人员应对当前发生的事件做出判断。

（6）事件关联

对于警告性事件，需要将其与其他警告或者异常进行关联，以进一步判断该警告的严重程度。

（7）触发器

如果事件关联识别出一个事件，这时就需要进行响应，用于启动这个响应的机制就是触发器。

（8）响应选择

在流程的这一环节，有大量响应措施可供选择，需要重点注意：响应选项可能是多种选择的复合。可用的选项有事件记录、自动响应、告警后人工干预、判断属于故障、问题还是变更、发起变更申请RFC、打开故障记录、打开并连接到问题记录和特殊类型的故障。

3. 事件管理流程设计

有效的事件管理不是在服务投入运营时才设计的。既然事件管理是监视服务的性能和可用性的基础，准确的监视目标和机制应该在可用性管理和容量管理流程中（服务设计阶段）进行说明和批准。

（1）规范

规范定义了对配置项的监视内容及其影响的处理方式。规范中的一部分包含了一组需要制定的决策，另一部分则是执行这些决策的设计机制。

需要制定的决策包括如下内容。

- 需要监视什么？
- 需要进行哪类监视（如主动或被动，性能或输出）？
- 何时生成事件？
- 需要在事件中传递哪类信息？
- 谁需要该信息？
- 需要设计的机制包括哪些？
- 事件如何生成？
- 配置项的标准特性中是否已经具备事件生成机制？如果是，哪些将被使用？是否足够？还需要定制以包含更多信息吗？

- 哪些数据将用于构成事件记录？
- 事件是自动生成还是必须由 CI 轮询？
- 事件的记录和存储位置？
- 如何收集补充数据？

（2）错误消息

错误消息功能对所有组件都十分重要。所有软件应用设计都应支持事件管理。这可能包括提供有意义的错误消息和代码，明确标明具体的故障点和最可能的原因。在这种情况下，新应用的测试应该包括对事件的生成是否准确进行测试。

（3）事件监测和告警机制

出色的事件管理流程还要包括设计和安装工具，用于过滤、关联和升级事件。关联引擎特别需要与规则和标准组合在一起，这些规则和标准能确定某类事件的重要性和响应行动。事件监测和告警机制的设计包括如下内容。

- 通过事件管理流程进行管理的所有业务流程及相关业务知识。
- 各配置项支持的服务级别管理要求。
- 配置项的支持责任人。
- 配置项正常和异常运行情况。
- 了解同类事件（有关同一配置项或多种类似配置项）的重要性。
- 有效支持配置项的所有信息。
- 有助于诊断配置项问题的信息。
- 熟悉故障优先级和分类代码，以便创建故障记录。
- 了解所有与受影响配置项互相依赖的配置项。
- 来自厂商或历史经验的已知错误。

1.1.3　故障管理

1. 故障管理概述

故障管理包括中断或可能中断服务的任何故障，它可能是用户直接报告的故障，也可能是通过服务台提交或者通过事件管理与故障管理之间的工具接口而创建的故障。故障管理的目标是尽可能快地恢复到正常的服务运营，将故障对业务运营的负面影响减小到最低，并确保达到最好的服务质量和可用性水平。除了用户报告以及事件管理流程升级故障之外，故障还可能由技术人员报告和记录。因此，并不是所有事件都会升级为故障进行处理，同时，也并不是所有故障都来自事件管理流程。事件主要是指由监控系统所产生的通知性或警告性信息，而故障的来源除了监控系统告警产生之外，还包括用户以及 IT 人员报告的故障。

2. 故障处理模型

故障是指非计划内的 IT 服务中断，或者是 IT 服务质量下降。如果一个配置项出现故障而不影响业务，也视之为一个故障，如磁盘镜像中的一块磁盘失效。在故障管理流程中，很多故障并不是全新的，而是一些重复的或者类似的故障。因此，定义一些"标准"的故障处理模型很有意义。

故障处理模型应包括以下内容。

- 处理故障应遵循的步骤。
- 这些步骤应遵循的时间顺序和相互依赖关系。
- 故障处理过程中的职责，即谁应该做什么。
- 活动完成的时间表和阈值。
- 升级程序，即应该联系谁以及何时进行升级。
- 任何必要的证据保留活动（尤其是有关安全或容量相关的故障）。

总而言之，故障处理模型就是一种预定义的、经过批准的标准操作步骤，采用该标准步骤可以处理特定故障类型。通过工具软件可以对这些故障处理模型进行管理，这样可以确保"标准"故障在预定时间内按照预定路径进行处理。

重大故障的处理需要单独的、时间更短的和紧急度更高的处理程序。"重大故障"需要事先进行明确定义，或者将重大故障直接映射到整体的故障优先级矩阵中，即通过该优先级映射矩阵确认的重大故障就可以通过"重大故障"子流程进行处理。

3. 故障管理流程

故障管理流程是 IT 运维管理中使用频率最高的流程。明确定义故障管理过程的主要活动、形成标准的故障处理模型并将该故障处理模型整合到故障管理软件平台是目前实践中最常见的做法。

（1）故障识别和记录

故障管理流程遵循的基本原则是"没有记录就无法统一跟踪和监控"。因此，确保所有故障请求都按照统一模板和规范进行记录是实现统一跟踪和控制的前提。因此，针对整个故障处理生命周期的所有相关信息都应该进行详细记录，这样既有助于服务台将故障快速转移给其他支持人员进行处理，又能够保留完整的历史记录。基于以上预定的管理目标，可以设定详细的故障记录单的属性字段。

（2）分类、优先级和初步诊断

故障受理记录后，需要对故障进行分类、划分优先级并提供初步的诊断和支持。故障分类、初步记录的部分工作应该包括划分适当的故障分类代码。这对后续分析故障类型和发生频率非常重要，该方法也可用于问题管理、供应商管理和其他 IT 服务管理活动中。

记录故障的另一个重要方面就是确定和分配一个适当的优先级代码。优先级通常通过考虑故障的紧急度和影响度来确定。影响度通常是表示为受影响的用户数量。在某些情况下，单一用户的服务中断也可能对业务产生重大影响——这取决于受影响的用户所从事的业务以及用户的关键度级别。

初步诊断，服务台人员在受理故障请求后，应根据现有故障信息展开初步诊断和支持。如果用户通过电话方式报告故障，诊断工作通常在此时就开始进行，努力发现故障的全部症状，准确判断出现的问题以及如何纠正它。正是在这个阶段，诊断脚本和已知错误信息才会发挥重要作用，能够帮助尽快做出准确诊断。

如果可能，当用户在线时服务台人员就应该解决这个故障，如果成功解决，则可以现场关闭该故障。如果服务台人员不能在用户在线时解决故障，但服务台人员认为有可能在规定时间内无须其他支持小组协助下能够解决这个故障，则人员应告知用户将要进行的工作，并向用户提供故障编号，然后尝试寻找解决方案。

故障升级，指在某一级支持人员无法在规定时间内完成故障解决时，应当采取故障转移或者向上汇报以争取资源的方式确保故障得到进一步解决。故障升级的形式包括职能性升级和管理性升级两种。

（3）调查与诊断

在一些用户请求中，用户只是查询某个信息，则服务台应能非常快地响应并解决该服务请求。但如果报告一项故障或者错误，则这种故障的处理通常需要进行专业的调查和诊断，参与到故障处理的每个支持组都将调查和诊断问题所在，所有这些活动（包括为了解决和重现此故障的任何活动的细节）都应该记录到故障记录中，以便所有活动的完整历史记录得到全面维护。

（4）解决与恢复

发现潜在解决方案后，要进行测试和应用。采取哪些行动、牵涉哪些人，不同的故障其解决和恢复活动可能有所不同。不管采取什么行动、由谁进行，故障记录必须按照所有相关信息和细节进行更新，以便维护完整的历史记录。在故障处理完成以后，故障处理小组应该将故障反馈给服务台进行关闭。通常故障的解决方式可以采用解决方案或临时方案来恢复服务，或者发起变更请求的方式来解决故障。

（5）故障关闭

在故障解决和恢复行动完成后，服务台应向用户核实确认故障是否已被完全解决，并了解用户对本次故障解决过程的满意程度。故障的关闭动作通常是由服务台来完成，但是根据实际需要有时也可以采用自动关闭或者由用户关闭的方式来关闭故障。

1.1.4　服务请求履行

1. 概述

"服务请求"是对用户向 IT 部门提出的各种需求的通用描述。这些需求中有很多实际上是一些微型的变更（如申请修改密码、申请安装附加的应用软件和申请重新部署桌面设备的某些配件），具有低风险、经常发生、低成本等特点。有些甚至仅仅只是查询一些信息，由于服务请求的数量较大、风险较低，且服务请求的实施过程相对简单，因此针对服务请求制定独立的流程进行处理。

2. 任务目标

（1）服务请求履行的目的

- 为用户提供请求和接受服务的渠道，这些服务流程是预定义的、预授权的。
- 为用户和客户提供关于服务可用性和获取服务程序的信息。
- 提供标准服务的组成部分，如许可证和软件介质。
- 帮助处理一般信息、抱怨和评价（如注释、评论、评价、意见反馈等）。

（2）服务请求履行过程中受理用户所提出的所有服务请求，具体包括以下几种类型

- 标准变更请求。
- 信息查询请求。
- 投诉和抱怨。
- 意见反馈。

3. 流程活动

服务请求履行流程主要包括以下几项主要活动。

（1）菜单选择

服务请求履行为自助式服务提供了很好的机会，用户可以通过使用服务管理工具自己生成服务请求。

（2）财务审批

在处理服务请求时，一个重要的步骤是财务审批。不管商务上如何安排，多数服务请求都需要某种形式的费用，必须首先设立服务请求履行的费用项目。对于"标准服务"可以采用固定价格方式，这种服务请求的预先批准，可以作为组织整体年度财务管理的一部分。

（3）其他审批

在有些情况下，可能需要进一步审批，如必须遵从某些法规或更广泛的业务审批。服务请求必须能够定义和检查所需要的审批环节。

（4）履行

实际上，如何履行服务请求要视服务请求本身而定。有些简单请求可以由服务台作为一线支持来完成，而其他请求就需要转交给专家小组或供应商来处理，再或者是一些专业的履行小组或外包部分服务请求履行活动给第三方服务商。不管由谁来负责履行服务请求，服务台应该监视和跟进进度并及时通知用户。

（5）关闭

服务请求的处理过程也必须进行闭环控制。因此，当服务请求处理完成时，必须返回

服务台进行确认，服务台将检查用户对处理结果是否满意，服务台根据客户满意情况决定是否关闭该服务请求。

1.1.5 问题管理

1. 问题管理概述

有效实施故障管理和服务请求履行流程，能够将 IT 组织的 IT 服务从"无序的被动维护"提升至"有序的被动维护"，但仍然没有实现"预防性的主动维护"，整个团队还只是在认真而忙碌地做着"正确的事"。要想实现主动式维护，并且确保整个团队在"正确地做事"，还必须在"治标"的基础上进行"治本"。问题管理的引入，可以有效实现这个目标。问题管理的主要目标是预防问题的产生及由此引发的故障，消除重复出现的故障，并对不能预防的故障尽量降低其对业务的影响。问题管理针对所有 IT 服务要素进行问题识别、根源分析、错误评估和解决方案制定。一般而言，可以认为问题管理的范围是故障管理、服务请求履行、变更管理、配置管理等流程的管理范围的集合，也就是说，凡是有可能对 IT 服务的质量产生潜在影响的因素都可以纳入问题管理的范围。

2. 问题管理包含的内容

问题管理是负责对问题进行全生命周期管理的流程，包括识别问题、查找问题根源、评估错误和制定问题解决方案等主要活动。在实际工作中，很多人经常将"故障"与"问题"这两个概念混淆。事实上，故障和问题之间虽然有很紧密的联系，但这两个概念是完全不同的。故障和问题是看待同一件"事情"的两个不同的视角。故障是从"治标"的角度对"事情"进行处理，确保"当前的"业务影响最小化；而问题则是从"治本"的角度对"事情"进行处理，确保"长远的"业务影响最小化。例如，针对服务器宕机这件事情，故障管理首先考虑的是通过何种方式确保服务恢复，而问题管理则需要考虑服务器为什么会宕机，其根本原因是什么，用何种方法可以从根本上防止此类故障再次发生。

3. 已知错误数据库

已知错误数据库（Known Error Database，KEDB）是用来保存故障和问题的症状细节以及临时方案和解决方案等信息的问题管理数据库。通过利用该数据库，可以确保故障再次发生时通过采用现成的临时方案或者解决方案快速解决故障。

4. 流程活动

在 ITIL v3 的知识体系中，问题管理主要由以下两部分组成。
- 被动问题管理：通常作为服务运营的一部分来处理。

- 主动问题管理：在服务运营中启动，但通常在 CSI 流程中推动。

被动或者主动问题管理是就问题识别环节而言的，对于识别后的问题，需要采取一套标准流程进行处理，这个标准的问题处理流程被称之为"问题处理模型"，图 1-1-2 显示了问题管理通用流程框架。

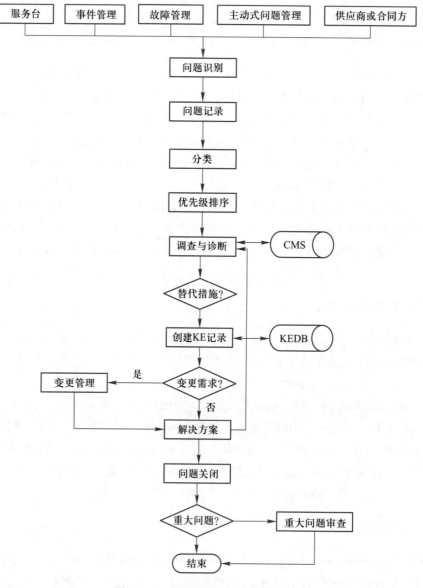

图 1-1-2   问题管理通用流程框架

（1）问题识别和记录

问题识别和记录（创建问题单）是问题管理流程得以有效启动的前提。因此，问题的识别和记录对于问题管理流程来说至关重要。通常来说，问题经理是所有问题的所有者，但这并不意味着所有问题都必须由问题经理来识别和记录。

（2）问题分类和优先级

与故障管理一样，同样需要对问题进行分类并划定其优先级。就分类来说，建议在问题管理中采用与故障管理相同或类似的分类体系和分类编码。

就优先级的划分来说，问题管理与故障管理的优先级矩阵是不一样的。故障管理是看点，而问题管理是看面。有时，一个很紧急的故障可能会享受很高的优先级，但其背后对应的问题却未必有很高的优先级。总体来说，故障优先级的划定更多考虑紧急度，而问题优先级的确定更多考虑影响度。但有一点是相同的，即问题管理也可以通过事先定义一个优先级映射矩阵来明确问题优先级的划分。

（3）问题调查和诊断

需要进行调查以诊断问题的根本原因，调查的速度和性质会随问题的影响度和紧急度而有所不同。配置管理系统（Configuration Management System，CMS）可以帮助确定影响程度并帮助查明和诊断故障的确切部位。如果该问题曾经出现过，还要访问 KEDB 并使用问题匹配技术查找解决方案。

（4）找到替代措施并创建已知错误记录

有时，虽然问题的根源原因已经十分明了，但出于技术、成本、时机等方面的考虑，可能不得不采用临时性的替代方案来解决由该问题引发的故障。但是，继续寻找永久性解决方案的工作是很重要的。如果问题的根本原因已经查明，且找到了临时性的替代方案，则问题的状态应转为"已知错误"或另外创建一条"已知错误"记录。

（5）问题解决

问题的解决方案分为两种情形，一种情形是无须提交变更请求，则只需要根据组织的业务要求，综合考虑技术、成本、业务、时机等因素实施选定的解决方案以彻底消除问题。另外一种情形，如果问题的解决方案涉及对 IT 基础架构的变更，则应根据组织确定的变更管理政策提出变更请求。此时，解决方案的实施被纳入了变更管理的控制。

（6）问题关闭

当问题解决方案实施完成并通过实施评审之后，问题记录可以被关闭。在关闭问题记录之前，必须确保所有文档记录被更新，相关替代方案或解决方案被提交至知识库。

（7）重大问题回顾

对于重大问题，在问题关闭一段时间后，应当进行评审和回顾。重大问题回顾应当重点考虑以下事项。

- 哪些事情做对了。
- 哪些事情做错了。
- 什么事情将来可以做得更好。
- 如何防止再次发生。
- 是否存在第三方责任，是否需要采取后续的行动。

这种评审可以作为员工培训和意识教育的一部分，任何经验教训都可以记录到适当的过程、工作指引、诊断脚本和已知错误记录中。问题经理应该推动这些工作并记录所同意采取的行动内容。

1.1.6　访问管理

1. 访问管理概述

在服务请求履行、故障管理、变更管理、发布与部署管理、安全管理等流程中，都不可避免地涉及对相关系统、数据的访问权限问题。为了确保信息安全和其他流程的有效、顺畅运作，将组织中与权限申请和授权相关的操作整合成一个规范、正式的流程是非常必要的。服务运营模块中的访问管理流程恰好体现了这一意图。

访问管理的目标是为用户使用一项或一组服务进行授权，它是在信息安全管理和可用性管理中制定的策略和行动的具体执行。

访问管理是可用性管理和信息安全管理在确保服务开通和权限控制方面的具体执行，可支持组织有效管理数据和知识产权，以确保其管理机密性、可用性和完整性。访问管理只是确保用户有权限使用某一项或多项服务，但不能保证该服务在所有规定时间内均是可用的，这需要可用性管理的支持。访问管理流程通常由技术管理和应用管理职能执行，通常并不设立专门的岗位或职能，但可能在 IT 运营管理或服务台中设立一个控制协调点。访问管理通常由请求履行流程触发，有关权限申请的请求也是作为一种服务请求统一由服务台负责受理。

2. 流程活动

虽然权限申请者最终被允许获取的权限各有不同，不同的授权事项其授权者也各不相同，但是定义统一的权限处理模型却是可能的。

一个标准的访问（权限）管理流程包括以下 6 项主要活动。

（1）请求访问

在 IT 服务管理中，访问权限可以通过以下多种机制进行申请。

- 标准请求：通常由人力资源部门在员工入职、提拔、调动或离职时提出。
- 变更请求：实施变更过程中涉及的权限申请均由变更请求触发权限申请请求。
- 通过服务请求履行系统提交的服务请求（权限请求）。
- 执行预授权脚本或选项（如在需要时从测试服务器上下载一个应用）。

权限申请的规则通常作为服务目录的一部分记录在文档中。

（2）验证

访问管理需要对每个访问 IT 服务的请求进行验证，这种验证主要侧重于以下两个方面，第一请求访问的用户身份真实准确，第二服务请求合法。针对第一种验证，往往由用户提供用户名、口令或其他身份验证信息。依照组织的安全策略，用户名和口令通常可以作为一个用户的合法证明。

针对第二种验证，除了验证身份信息外，还需要进行如下几方面的验证。

- 人力资源部门确认员工的入职、转岗、晋升和离职。
- 相关经理（在流程中定义的）的授权。
- 符合公司定义的信息安全政策。

（3）授予权限

访问管理本身并不对所有访问权限做出决定，访问管理主要负责执行在服务战略和服务设计期间定义的策略和规则。一旦用户被验证通过，访问管理就可以为用户提供所申请服务的权限。

（4）监视身份状态

当用户被授予某项服务的使用权限后，访问管理需要及时监控用户的身份状态，并及时调整其权限。权限管理工具应该能够支持用户身份变化而导致的权限调整。

（5）记录和跟踪访问权限

访问管理不仅负责响应访问请求，而且还要负责保证这些权限被适当（合法）使用。因此，访问管理需要保留用户使用服务期间的登录记录并跟踪访问权限的使用情况，确保用户的使用权限不被滥用。

（6）删除或限制权限

在用户的使用权限到期或者组织做出决定需要终止或者限制某个用户的使用权限时，访问管理负责删除或限制该用户的使用权限。

📖 项目实施

以"重庆神通网络服务公司"ITIL 项目实施为例讲解 ITIL 实施环节相关的重点流程的建设和实施方案，加深对不同 ITIL 服务运营流程和职能概念的理解和实践体验。

需要完成的任务如下。

- 理解 ITIL 项目服务运营职能中服务台的实施要素。
- 理解 ITIL 项目服务运营流程中事件管理、问题管理的实施要素。

1.2 任务: "重庆神通网络服务有限公司" ITIL 项目方案

"重庆神通网络服务有限公司" ITIL 项目方案

1.2.1 案例背景

重庆神通网络服务公司是一家主营通信网络建设和维护的公司，主营业务是为电信、移动和联通等公司提供网络建设、维护的外包服务，同时也为其他企业提供网络和网站建设等服务。公司有员工 500 人左右，分为综合办公室、财务管理部、网络建设部、网络开发部、客户服务部、市场部等部门。公司的业务高度依赖于 IT，公司设置维护支撑小组，直接面向客户的窗口部门。各个维护支撑小组分布在不同部门中，每个维护支撑组负责其中一个或多个系统的维护及技术支撑，目前全职和兼职从事该项工作的人数达到 180 人。

在 ITIL 项目实施之前，公司运营流程管理存在一些问题。随着公司业务的不断壮大与发展，客户服务请求事件数量的不断增多，给公司 IT 维护支撑小组部门带来了极大的工作量，由于缺乏明确的角色定义和职责划分，一旦发生事故，IT 维护支撑小组内部人员不是像"救火队员"一样四处去"灭火"，就是对事故处理责任进行相互推托，造成事故处理效率非常低。同时，公司 IT 部门还缺乏良好的运营绩效考核机制，组织上评价 IT 部门及人员的工作绩效缺少准确参照依据。公司应用工具固化 ITIL 服务管理流程，实现流程自动化，从而达到快速提升整体服务能力的目标要求。本节重点介绍部分 ITIL 服务运营流程和职能的建设改造内容。

通过以上几个流程的整合，提高 IT Service 的服务水平，降低系统的运营成本。客服响应流程、内部故障发现及处理流程和紧急故障排查及系统恢复流程、日常工作及服务流程，这几个流程是根据实际情况，遵循 ITIL 标准实施的整合。

1.2.2　服务台构建实践

服务台作为一项职能，它的建立可以实现信息流集中统一控制。

在构建服务台时先明确以下 3 点。

① 服务台接收客户信息的方式，有电话、邮件、Web、工具平台、QQ、微信等方式。确定服务台接收信息的来源是将来确定服务台服务方式和控制服务质量的源头之举，在实际工作中应根据公司的工作习惯灵活选择。

② 确定服务台在公司内部位置，有运维层、IT 部门层和公司层 3 种选择，根据神通公司的业务性质选择 IT 部门层的服务台，对外是信息化工作窗口，对内是工作调度指挥中心。

③ 确定服务的提供方式，有远程指导或现场服务的选择。

服务台人员素质采用混合式，非技能型+技能型混合构建。为了规范服务台运作流程，建立服务台人员行为规范，从人员的工作时间、仪表、着装、办公秩序、语言等多维度要求。根据服务需求呼叫规律合理配置服务台人员，并规范工作时间、交接班制度以及职责划分。为了提高服务台电话接听质量和增强电话服务质量的稳定性，编写服务台电话接听规范非常有必要，通常来说，要求非技能型服务台 90% 的用语应该来源于电话接听规范，技能型服务台除了事件排查询问内容外，其他用语均应出自电话接听规范。

1.2.3 事件管理实践

服务台搭建完成以后,具备了相应的人员和设备工具,要想保证它能高效地运作就需要做好事件管理流程。事件管理流程中如何解决派单,如何去快速解决事件从而降低对业务的影响呢?这就需要从提高工作效率和过程管控着手。

1. 时效控制

(1) 如何快速记录

在事件管理中要实现快速的事件记录就需要编制一个简单又信息完备的事件记录单。为保证事件单的填写既快捷又准确,需要遵循的基本原则为:能做选择题,就不做填空题;能做填空题不做论述题;实在万不得已要做论述题的,也应当明确填写要素和规范。除此之外,编制事件单还需要注意以下内容。

- 确定编码规则,便于统计和查找。
- 根据管理需要确定需要的填写内容。
- 根据实际工作情况确定相关填写人员。
- 确定关键的时间点,如转接时间、响应时间、解决时间、完成时间等。
- 确定保存时效。

编制一个有效事件单可以大大提高记录的速度,但真正要提高记录速度需要的是运维工具平台的应用和配置管理数据的配合,做到用户电话一响,服务台人员可以看到相关的用户信息和以往的维护记录。

(2) 如何快速分派

快速分派记录的相关服务请求是接下来保证工作效率的关键,需要根据事件分类表中界定的事件类别与对应支持小组之间的映射关系确定派单对象。表1-2-1提供了一份事件分类表的示例。

表 1-2-1 事件分类示例

流程	系统分类	模块/子块	用户	典型事件	责任人		
					二线	三线	四线
事件管理	局域网	Local Network	公司各部门	交换机停电或坏	某工程师	技术主管	
事件管理	局域网			光电转换器坏或停电			
事件管理	局域网			核心交换机配置导致光纤链路断			
事件管理	虚拟局域网	VPN	销售人员	VPN 不出现认证登录框	某工程师	技术主管	

续表

流程	系统分类	模块/子块	用户	典型事件	责任人		
					二线	三线	四线
事件管理	虚拟局域网	VPN	销售人员	VPN 用户认证错误	某工程师	技术主管	
…	…	…	…	…	…	…	…

2. 升级管理

按照 ITIL 理论，事件管理中的升级分为职能性升级和结构性升级，它们实际上是互为补充的关系。职能性升级是指由于当前支持人员或小组的技术水平不够而需要升级至其他技能水平更高的人员或小组的升级方式。结构性升级是指需要更高权限级别的管理人员介入从而确保更充足的资源的升级方式。升级政策的目的是，对于不同优先级的事件或问题，确保分配到合适的资源来解决问题。为了达到这个目的，需要定义事件升级的时间框架。当达到某个时间点时，如事件还未解决，将触发相应的事件升级路径。表 1-2-2 提供了一份事件升级时间框架的示例。

表 1-2-2   事件升级时间框架

事件优先级	当前责任人	时间经理	运维组主管	CIO
优先级 1	50%（提醒点）	30 min（升级点）	45 min（升级点）	60 min
优先级 2	50%（提醒点）	45 min（升级点）	60 min（升级点）	N/A
优先级 3	50%（提醒点）	2 h（升级点）	3 h（升级点）	N/A
优先级 4	50%（提醒点）	2 h（升级点）	4 h（升级点）	N/A

3. 事件处理时限

在时间管理中，通常对不同级别的事件，需要约定相应的处理时限。表 1-2-3 提供了一份公司事件分类处理时限表示例。

表 1-2-3   公司业务系统事件分类处理时限表

类　别	一级事件	二级事件	三级事件
描述	① 业务系统无法登录 ② 核心应用服务停止 ③ 核心数据库停止 ④ 中断节点大于 40 个	① 某系统完全中断 ② 中断节点大于 10 个小于 41 个	① 处级及以上领导系统无法使用系统 ② 重复数据错误产生引起 5 例同类错误
影响范围	① 全线业务瘫痪 ② 41 人无法办公 ③ 窗口业务瘫痪 ④ 某二级事件在 2 小时内未恢复	① 某系统无法使用 ② 11 人以上 41 人以下无法办公 ③ 某三级事件在 4 小时内未恢复	① 处室领导无法正常办公 ② 5 例同类事件出现 ③ 某错误在 8 小时内未恢复

续表

类　别	一级事件	二级事件	三级事件
响应时间	20 min 现场响应	60 min 现场响应	120 min 内响应
通知要求	恢复前每 30 min 通知相关负责人	恢复前每 60 min 通知相关负责人	恢复前每日通知相关负责人
报告时间	到达现场 20 min 内向系统负责人报告并提交恢复方案	到达现场 30 min 内向系统负责人报告并提交恢复方案	到达现场 30 min 内向系统负责人报告并提交恢复方案
批复时间	30 min 内批复应急方案	60 min 内批复应急方案	60 min 内批复应急方案
恢复时间	批复后 30 min 内恢复应用	批复后 60 min 内恢复应用	批复后 60 min 内恢复应用
分析时间	1 个工作日内提交分析报告与解决方案	2 个工作日内提交分析报告与解决方案	3 个工作日内提交分析报告与解决方案
解决时间	解决方案批准后 1 个工作日内解决	解决方案批准后 2 个工作日内解决	解决方案批准后 3 个工作日内解决
报告要求	事件解决 3 个工作日内提交重大事件报告：日报、周报、月报体现	日报、周报、月报体现	日报、周报、月报体现

此表中需详细描述重大事件的表现形式，并明确各环节的处理时间和相关通知时间。

1.2.4　问题管理实践

1. 问题管理流程构建模式

问题管理流程构建应该根据 IT 组织规模大小区别设计，通常确定一个 IT 组织的问题管理流程的模式应该从以下几个因素来考虑。

- IT 组织运维人员数量。
- IT 基础架构的数量。
- IT 基础架构的稳定性（质量以及保修范围等）。
- 重复事件的数量。

根据神通公司 IT 运维规模人数，采用小规模组织问题管理构建模式。这种问题管理模式适用于小型 IT 组织，主要做法是：每个月（或根据实际情况调整为周或季度）召开一次运行工作例会（通常和每个月的例行工作会议结合，不需要单独召开）。会议前要求每个专业领域的负责人（通常每个组织中都会有某一方面的资深人员，可能没有具体职位，但在他负责的领域是组织中的权威）根据每个月的工作记录（这个记录可以包括事件记录、工作日志等）来汇总其负责领域的重要性为前 3 位的问题，并将这些问题在会议上讨论确定后在下一个工作周期中作为计划性工作去调查处理，并找到根本的解决方案，然后推动实施。依此类推，循序渐进，实际上这就体现了 ITIL 的核心理念持续更新，持续改善。这种做法在小型的 IT 组织中非常有效，而且能起到立竿见影的效果。

2. 流程实施细节

确定了问题管理的构建模式之后，还应注意以下流程实施的细节。

（1）日健康检查

通过每日检查、分析业务应用系统的运行情况和趋势，主动发现问题以预防重大事件的发生和消除系统潜在隐患。

（2）问题管理或应用服务人员

- 负责对业务应用系统（或指定关键系统）进行每日健康检查和分析，编写并发布健康检查报告。
- 负责对健康检查发现的问题进行持续跟踪处理，向组内成员和其他相关人员汇报问题解决的进展，记录健康检查问题跟踪表。

（3）问题经理或应用服务负责人

- 负责不断完善健康检查方法。
- 关注健康检查发现的所有问题及其解决进展。

通过定期的健康检查来实现问题分析和主动问题预防。明确问题管理角色与职责，定期开展问题管理报告例会。

3. 主动问题管理

通过从整体上对已出现的和可能出现的问题的分析，可以确定哪个或哪类问题是"真正"需要重点关注和优先解决的。例如，当有些故障出现次数多但影响不大，而有些故障出现次数少但影响巨大且解决这类故障能带来更好效益时，显然应该优先解决后者。因此，可以考虑给每个故障一个"影响指数"，指数大小根据以下几点确定。

- 故障出现次数。
- 受影响的客户数。
- 解决故障所需时间和成本。
- 业务损失。

确定关键问题后，故障管理小组就采取行动解决故障或预防其发生，这些行动包括如下内容。

- 提交变更请求（RFC）。
- 提交有关测试、规程、培训和文档方面的反馈信息。
- 进行客户教育和培训。
- 教育和培训服务支持人员。
- 确保问题管理和故障管理规程得到遵守。
- 改进流程和程序。

主动问题管理的采用的具体手段包括如下内容。

- 巡检发现。
- 工作日志分析。
- 事件管理数据分析。
- 运行会议讨论。
- 配置管理数据分析。
- 用户回访反馈分析。

4. 知识管理

IT 服务部门不仅需要在事件快速匹配、事件快速恢复等方面能够得到及时、有效的指导，而且对于疑难杂症也希望能够得到及时、高质量的技术支持。而后者取决于问题转化为已知错误，已知错误转化为已知方案的速度和已有的知识积累。可以说，建立问题知识库，更像是给了问题管理一把剖析问题的利刃。

（1）构建知识库原则。

知识库通常分为两大部分，一部分是面向运维人员的知识库，形式以 SOP 模板为主，这部分是知识库的主体；另一部分是面向用户的知识库，主要是为信息部 IT 用户提供基本的 IT 知识介绍，建议其形式以 Flash 动画和视频介绍为主。

事件管理和问题管理中发现的所有解决方案和应急措施都应当通过知识管理进入知识库。

知识条目的来源为知识编写人的主动提交和用户根据实际工作需要提出的知识条目需求。知识条目的编写统一由知识编写人完成，其审核则由知识管理员和知识编写人共同完成。

用户在使用知识条目后，需要对知识条目进行评价。知识管理员则需定期根据知识条目的使用评价情况对知识条目进行相应的维护。

每月应对知识条目进行评审，并产生相应的报表，以改进知识管理流程。对长期未使用的知识条目应做出冻结或休眠处理。

（2）知识库条目的录入及维护

为便于后期的查询和维护，所有知识条目的录入及维护必须遵循以下基本原则。

- 所有编写的知识条目格式要按照 SOP 模板统一记录和查询。
- 知识条目的框架结构初期定为半年修订一次，成熟后每 3~5 年修订一次。
- 由知识管理员维护知识条目的分类，需保证知识条目的分类统一，查询方式统一。

本章小结

本章主要介绍了 ITIL 服务运营流程和职能的概念和设计流程。通过重庆神通网络服务有限公司 ITSM 的建设项目方案，重点介绍服务台、事件管理、问题管理的实施要素和方法，以加深读者对 ITIL 中涉及核心流程和职能的理解。

本章习题

单项选择题

1. 发生一个严重事故，指派的解决小组不能在约定时间内解决这个事故，事故管理经理被召集。（　　）升级形式可以描述上面的事件发生顺序。
  A. 正式升级　　　　　B. 功能性升级　　　　C. 结构性升级　　　　D. 运作升级

2. （　　）事故应该被服务台记录。
  A. 仅记录未解决事故　　　　　　　　　B. 仅来自真诚的客户
  C. 除简单的询问之外的所有事故　　　　D. 所有事故

3. 下列（　　）项说法不正确。
  A. 当一个主要事故发生时，可能会涉及问题管理
  B. 服务台对问题的监控贯穿它的整个生命周期
  C. 问题管理负责管理问题的决议
  D. 问题管理负责错误控制

4. 以下（　　）是问题管理支持服务台的行动。
  A. 问题管理为服务台解决严重事故
  B. 问题管理研究所有服务台解决的事故
  C. 问题管理减轻服务台向用户传达决议的压力
  D. 问题管理使服务台可以利用已知错误的信息

5. 事故数据的趋势分析表明超过 30% 的事故有规律地重复发生。下列（　　）项行动最有助于削减有规律重复发生事故的比率。
  A. 一份向董事会解释问题管理重要性的陈述
  B. 执行问题管理流程
  C. 选择一种合适的工具更准确地记录所有事故
  D. 给客户介绍专一的服务台号码，这样客户知道和谁联系

6. 一个用户向服务台投诉，当使用一个特殊的应用程序时，一个错误频繁出现，引起网络连接中断。ITIL 的（　　）项流程负责跟踪这个导致错误的原因。
  A. 可用性管理　　　B. 事故管理　　　　　　C. 问题管理　　　　　　D. 发布管理

7. （　　）是主动问题管理的范围。
  A. 处理变更请求
  B. 履行趋势分析并识别潜在的事故和问题

　　C. 跟踪调查所有的事故和中断

　　D. 最小化因变更 IT 环境导致的服务中断

8. 一位最终用户的个人计算机崩溃了，这不是他第一次碰到他的计算机出现这样的问题，其计算机在三个月前也崩溃过。用户向服务台报告了这个情况。请问这里发生了（　　）。

　　A. 一个事故　　　　　　　　　　　　B. 一个已知错误

　　C. 一个问题　　　　　　　　　　　　D. 一个变更请求

9. 一位计算机操作人员注意到他的全部磁盘空间马上就要用完了。这种情况必须报告给 ITIL 的（　　）流程。

　　A. 可用性管理　　　　B. 能力管理　　　　C. 变更管理　　　　　D. 事故管理

10. 下列（　　）项是问题管理流程中最后的活动。

A. 将任何与变更请求相关的提交给变更管理

B. 记录问题

C. 完成所有问题管理活动，结束问题记录

D. 开始回顾问题及其影响

第2章 虚拟化技术

【学习目标】

知识目标
- 掌握虚拟化的基本概念。
- 掌握虚拟基础架构的优势。
- 理解虚拟化与云计算的关系。
- 了解主流的虚拟化技术。

技能目标
- 安装 XenServer 虚拟化管理程序。
- 配置 XenServer 网络。
- 安装 XenCenter 管理工具。
- 使用 XenCenter 管理 XenServer。
- 配置 XenServer 共享存储。
- 创建 XenServer 虚拟机。
- 安装 KVM 虚拟化管理程序及程序。
- 配置 KVM 网络、工具和组件。
- 安装 virt-manager 管理工具。
- 配置 KVM 宿主机共享存储。
- 创建 KVM 虚拟机。

【认证考点】

- 掌握虚拟化的基本概念。
- 理解云计算与虚拟化的关系。
- 能够对 XenServer 进行安装、配置和管理。
- 能够对 KVM 宿主进行安装、配置和管理。

📖 项目引导：企业服务器虚拟化整合方案实施

【项目描述】

某企业内部有十多个运行的业务系统，包括办公自动化（Office Automation，OA）系统、文件服务器、网站门户系统等。随着该企业信息化应用的逐渐深入，现有的互联网技术（Internet Technology，IT）系统规模越发庞大，效率低、管理难、灵活性差、占用资源多等缺陷日益明显，这让其耗费了过多的人力、财力、物力、时间等资源，使得信息化发展变得障碍重重。服务器虚拟化技术能解决这一问题，它使得操作系统不再直接安装在硬件上，业务服务运行于虚拟服务器上，形成了逻辑层和物理层分离的结构，不仅可以方便地复用硬件资源，管理效率也大大提高。同时虚拟化技术还能够根据不同业务模块的资源消耗，自动分配硬件资源，从而最大限度满足企业级数据中心的高效率、高性价比和自动化管理等要求。

1. 需求分析

该企业现有各种品牌的服务器 15 台，各种应用和业务系统分布在各服务器上。为了对服务器进行整合，并最大限度地利用现有的服务器资源，现有的各个服务器资源利用率很低，造成大量服务器资源、电力、维护人力的浪费。该企业的数据中心存在的问题包括：服务器老化情况严重、服务器资源利用率较低、系统兼容性差、运行成本高、维护工作量大。

通过上述分析结论来看，该企业数据中心有必要利用虚拟化技术对服务器进行整合，达到硬件资源可充分利用和可再分配的目的，并同时解决传统物理服务器无法在低成本的前提下达到应用平台的高可用性困扰，从根本上降低信息系统的建设及后期的维护成本，在一定程度上节省硬件采购成本和减少硬件资源的浪费。

2. 方案概述

根据传统方案分析得出，新的服务器虚拟化整合方案可选择保留一台服务器，在其上进行虚拟化。另外需要采购两台服务器，接管其他所有剩余服务器上面的应用。在剩余出来的服务器中，用一台服务器安装管理平台，对物理服务器和虚拟机在一个控制台中统一管理。另需采购一台存储和两台光纤交换机做双光纤通道，提高可用性，保障业务的连续性。利用虚拟化架构，该服务器数量从以前的 15 台减少为现在的 4 台服务器，大大降低了服务器数量，减小了服务器在电力、维护等方面的各种开销。

利用虚拟化基础架构技术，可不断整合服务器的工作负载，从而充分利用服务器并降低运营成本。选择合适的虚拟化基础架构技术，不但使系统管理员能够管理更多的服务器，而且在置备新的软件服务和维护现有软件服务时，具有更高的灵活性，响应也更快速，还能实现各种基于 x86 环境下管理工作的标准化和简化。

📄 知识储备

2.1　虚拟化概述

　　虚拟化是指使用软件的方法重新定义划分 IT 资源，可以实现 IT 资源的动态分配、灵活调度、跨域共享，提高 IT 资源利用率，使 IT 资源能够成为基础设施，服务于各行各业中灵活多变的应用需求。

2.1.1　虚拟基础架构

　　传统 IT 基础平台采用分散建设的模式，这种基础架构普遍存在以下几个突出问题：硬件资源利用率低下、资源紧张；IT 资源部署周期长，难以快速满足业务需求；机房空间、电力供应紧张。采用虚拟基础架构可以标准化硬件配置和资源部署流程、实现 IT 资源集中化管理、提高设备资源利用率、降低空间占用率和电力消耗、自动化的软硬件资源部署缩短系统交付时间、提高系统整体可用性、有效保证数据安全性。

　　虚拟基础架构就是以一台或者多台服务器作为物理机资源，借助虚拟化软件在物理机上构建多个虚拟机平台。借助虚拟机（Virtual Machine，VM），用户可以在多台虚拟机之间共享单台物理机的资源，资源在多台虚拟机和应用程序之间进行共享，从而实现资源的高效利用。VM 是完全由软件组成的计算机，可以像物理计算机一样运行自己的操作系统和应用程序，其同样包含自己的虚拟 CPU、RAM、硬盘和网络适配器。虚拟基础架构包括裸机管理程序，可使每台物理服务器实现全面虚拟化，虚拟基础架构服务（如资源管理和整合备份等）可在虚拟机之间使可用资源达到最优配置。若干自动化解决方案，通过提供特殊功能来优化特定 IT 流程，如资源自动部署或灾难恢复等。

2.1.2　虚拟化与云计算

　　虚拟化技术作为云计算的基础，以及云计算基础架构的关键技术之一，企业可以利用虚拟化技术创建私有云、公共云和混合云基础架构。虚拟化技术主要解决高性能的物理硬件产能过剩和老旧硬件产能过低的重构重用等问题，它能够使底层物理硬件透明化，提高物理硬件利用率。虚拟化技术目前主要应用在 CPU、操作系统、服务器等多个方面，是提高云服务效率的最佳解决方案。

2.1.3　主流的虚拟化技术

在虚拟化技术中，被虚拟的实体是各种各样的 IT 资源。如果按照这些资源的类型分类，虚拟化可以分为计算虚拟化、网络虚拟化、存储虚拟化。

1. 计算虚拟化

计算虚拟化技术可以将单个 CPU 模拟为多个虚拟 CPU（即 vCPU），允许在一个平台同时运行多个操作系统，并且应用程序可以在相互独立的空间内运行而相互不影响，也就是计算虚拟化技术实现了计算单元的模拟和这些被模拟出来的计算单元的隔离。运行在物理计算机系统上的虚拟化层也可以被称为虚拟机监控器（Virtual Machine Monitor，VMM）或 Hypervisor。计算虚拟化又分为服务器虚拟化、桌面虚拟化、应用程序虚拟化。

（1）服务器虚拟化

服务器虚拟化是将虚拟化技术应用于服务器，将一台服务器虚拟成若干虚拟服务器，在该服务器上可以支持多个操作系统同时运行。

（2）桌面虚拟化

桌面虚拟化是指将计算机的终端系统进行虚拟化，以达到桌面使用的安全性和灵活性。可以通过任何设备，在任何地点、任何时间通过网络访问属于个人的桌面系统。

（3）应用程序虚拟化

应用程序虚拟化是在应用程序和操作系统之间建立一个虚拟层，这个虚拟层使得应用程序与操作系统隔离，应用程序包会以流媒体形式部署到客户端，客户端无须安装应用程序即可使用。

2. 网络虚拟化

对于操作系统来说，其管理的资源仅仅是一台服务器的资源，而云操作系统管理的资源需要扩展到整个数据中心。为了实现彻底地与现有物理硬件网络的解耦的虚拟网络，需要通过软件定义网络（Software Defined Network，SDN）方式来对网络进行虚拟化，以构建一个与物理网络完全独立的逻辑网络。

3. 存储虚拟化

存储虚拟化技术利用虚拟化层软件对存储数据读写操作指令进行"截获"，建立异构硬件资源的统一应用程序可编程接口，进行统一的信息建模，使上层应用可以采用规范的方式访问底层的存储资源。存储虚拟化能够将多个存储设备整合成一个容量可无限扩展的超大的共享存储资源池。

本项目方案的实施主要利用服务器虚拟化技术的应用，以及主流的服务器虚拟化产品搭建一个虚拟化基础平台。下列是目前主流的服务器虚拟化产品。

（1）开源虚拟化软件 Docker、KVM

KVM 是一个独特的管理程序，通过将 KVM 作为一个内核模块实现，在虚拟环境下，Linux 内核集成管理程序将其作为一个可加载的模块用以简化管理和提升性能。在这种模式下，每台虚拟机都是一个常规 Linux 进程，通过 Linux 调度程序进行调度。

Docker 是 PaaS 提供商 dotCloud 开源的一个基于 LXC 的高级容器引擎，源代码托管在 Github 上，基于 Go 语言并遵从 Apache 2.0 协议开源。Docker 让开发者可以打包其应用及依赖包到一个可移植容器中，然后发布到任何流行的 Linux 机器上，也可以实现虚拟化。

（2）Citrix XenServer

Citrix XenServer（以下简称 XenServer）是基于开源 XenHypervisor 的免费虚拟化平台，这个平台引进的多服务器管理控制台 XenCenter，具有关键的管理能力。通过 XenCenter，可以管理虚拟服务器、虚拟机（VM）模版、快照、共享存储支持、资源池和 XenMotion 实时迁移。

（3）VMware vSphere

vSphere 是 VMware 公司推出的一套服务器虚拟化解决方案，VMware 作为业内虚拟化领先的厂商，其产品以易用性和管理性得到了广泛认同。由于其架构的影响限制，VMware 还主要是在 x86 平台服务器上有较大优势，而非真正的 IT 信息虚拟化。

（4）Microsoft Hyper-V

Hyper-V 是微软公司的一款虚拟化产品，必须在 64 位硬件平台运行，同时要求处理器必须支持 IntelVT 技术或 AMD 虚拟化（AMD-V），即处理器必须具备硬件辅助虚拟化技术。

📖 项目实施

项目实施设备清单见表 2-1-1，已有或新购服务器可用做虚拟化服务器的有 3 台，每台服务器的内存大小为 64 GB，有 2 个 CPU（8 核心）、2 块普通硬盘（大小为 250 GB），每台服务器配置有光纤通道适配器，集成了磁盘阵列卡，另外一台已有服务器配置降低，作为管理服务器。

表 2-1-1　设备清单

设　　备	数　　量	用　　途
服务器（已有）	1 台	虚拟化服务器
服务器（新购）	2 台	虚拟化服务器
服务器（已有）	1 台	管理服务器
存储（新购）	1 台	共享存储
光纤交换机（新购）	2 台	存储网络

本项目所用 4 台服务器部署在同一个局域网网络内，网络连接如图 2-1-1 所示，网段为 10.255.14.0/27，网关为 10.255.14.1。另外服务器与存储设备通过光纤交换机相连，存储网络的网段为 192.168.1.0/27。

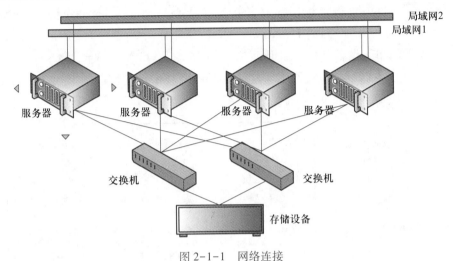

图 2-1-1　网络连接

项目实施分别采用了两种服务器虚拟化产品。任务 1 使用 XenServer 服务器虚拟化产品构建虚拟化基础平台，任务 2 使用 KVM 服务器虚拟化产品构建了虚拟化基础平台。

需要完成的任务如下。

- XenServer 虚拟化基础平台构建。
- KVM 虚拟化基础平台构建。

2.2　任务 1：XenServer 虚拟化基础平台构建 XenServer 虚拟化基础平台构建

Citrix 的服务器虚拟化平台主要包含两个组件，即 XenServer 和 XenCenter。

① XenServer 是可以直接安装在裸机上的组件，用户可以在其虚拟机中安装操作系统。XenServer 的安装简单直接，利用 CD 或网络驱动安装程序，就可以将 XenServer 直接安装在主机系统上。系统配置信息将保存在 XenServer 控制域的内部数据存储中，然后复制到集中管理下的所有服务器，这些服务器形成了一个资源池，以确保关键管理服务的高可用性。这种架构的好处就是无须为关键的管理功能单独配置数据库服务器。

② XenCenter 能对 XenServer 中运行的 VM 进行实时的监控，在 XenCenter 的主窗口右侧有多个选项卡，通过这些选项卡，就能方便地对当前 XenServer 中的 VM 进行实时定量监测，可以很好地分析每台 VM 的使用效率，从而更好地进行资源调配，发挥资源的复用率。

2.2.1　XenServer 服务器虚拟化方案概述

鉴于本项目的实际情况，选用 3 台服务器作为 XenServer（XenServer01、XenServer02 和 XenServer03），1 台旧服务器作为 XenCenter，网络拓扑图如图 2-2-1 所示。在新购存储设备创建一个逻辑单元设备（Logical Unit Number Device，LUN），3 台 XenServer 共享一个 LUN。XenServer 服务器、虚拟机网络均配置为 10.255.14.0/27 网段的 IP 地址，存储网络采用 192.168.1.0/27 网段的 IP 地址。

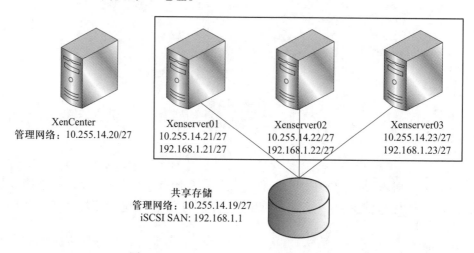

XenCenter
管理网络：10.255.14.20/27

Xenserver01
10.255.14.21/27
192.168.1.21/27

Xenserver02
10.255.14.22/27
192.168.1.22/27

Xenserver03
10.255.14.23/27
192.168.1.23/27

共享存储
管理网络：10.255.14.19/27
iSCSI SAN: 192.168.1.1

图 2-2-1　CitrixXenServer 方案网络拓扑图

2.2.2　XenServer 的安装和配置

从 Citrix 官网下载 XenServer 8.1 的安装镜像文件 CitrixHypervisor-8.1.0-install-cd.iso，并刻录成 CD 光盘，将光盘放入服务器光驱。重启服务器，进入服务器的 BIOS 配置，打开服务器的虚拟化功能，并设置服务器从 CD/DVD 启动。

1. XenServer 的安装过程

① 服务器启动后出现 XenServer 安装的欢迎界面，如图 2-2-2 所示，按 F1 键进入标准安装。

② 进入 XenServer 安装设置的选择键盘布局界面，如图 2-2-3 所示，选择键盘布局类型为 US（美式键盘），使用 Tab 键切换到"OK"按钮并按 Enter 键。

③ 进入欢迎使用 Citrix Hypervisor 安装程序界面，如图 2-2-4 所示，该界面告知用户在安装 XenServer 时会重新格式化本地硬盘，所有原来的数据都会丢失，并且要求用户确认是否有重要数据，使用 Tab 键切换到"OK"按钮并按 Enter 键。

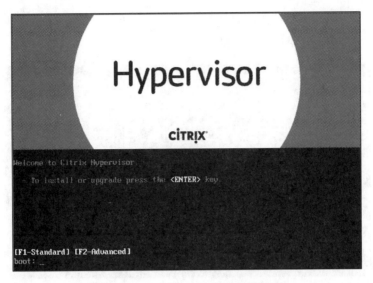

图 2-2-2 XenServer 安装的欢迎界面

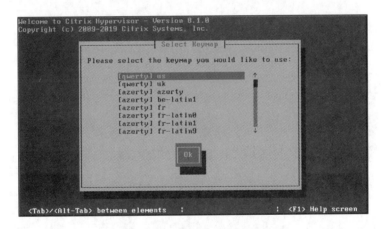

图 2-2-3 选择键盘布局界面

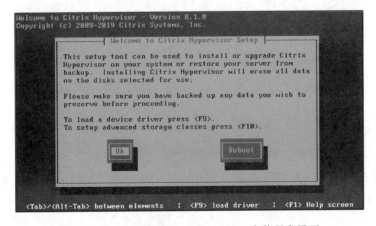

图 2-2-4 欢迎使用 Citrix Hypervisor 安装程序界面

④ 进入终端用户许可协议声明界面，如图 2-2-5 所示，阅读协议，使用 Tab 键切换到 "Accept EULA"（同意用户许可协议）按钮并按 Enter 键。

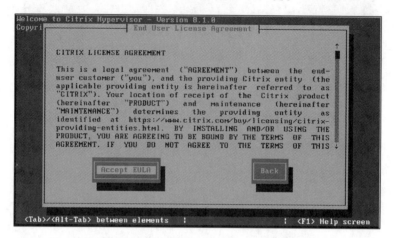

图 2-2-5　终端用户许可协议声明界面

⑤ 进入安装存储位置界面，如图 2-2-6 所示，使用 Tab 键切换到存储设备 sda，使用空格键选中，再使用 Tab 键切换到 "OK" 按钮并按 Enter 键。

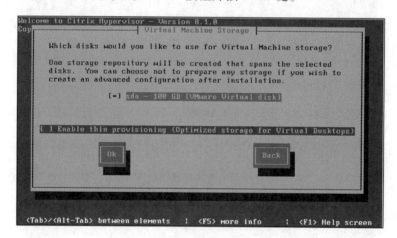

图 2-2-6　安装存储位置界面

⑥ 进入选择安装介质界面，如图 2-2-7 所示，选中 "Local media" 选项（本地介质）作为安装源后，使用 Tab 键切换到 "OK" 按钮并按 Enter 键。

⑦ 进入介质检测界面，如图 2-2-8 所示，选中 "Skip verification" 选项（跳过安装介质检测）后，使用 Tab 键切换到 "OK" 按钮并按 Enter 键。

⑧ 进入设置密码界面，如图 2-2-9 所示，在 Password（密码）栏输入 XenServer 的访问密码，在 Confirm（确认密码）栏再次输入密码，使用 Tab 键切换到 "OK" 按钮并按 Enter 键。

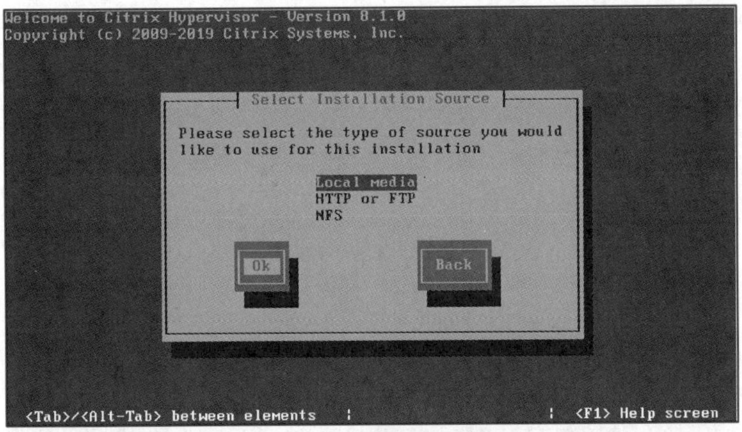

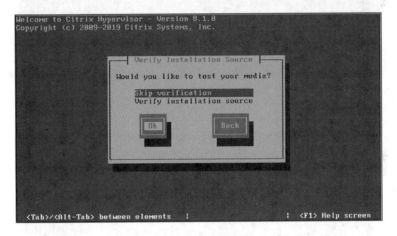

图 2-2-7 选择安装介质界面

图 2-2-8 介质检测界面

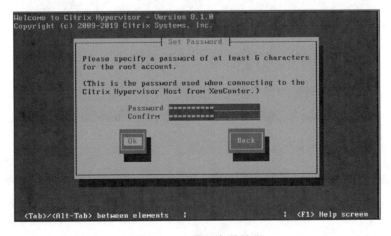

图 2-2-9 设置密码界面

⑨ 进入到管理网络网卡选择界面，如图 2-2-10 所示，默认选择设备 eth0，使用 Tab 键切换到 "OK" 按钮并按 Enter 键。

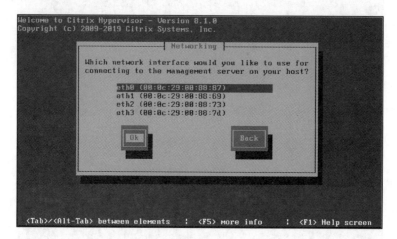

图 2-2-10　管理网络网卡选择界面

⑩ 进入网络信息配置界面，如图 2-2-11 所示，使用 Tab 键切换到 Static configuration（静态 IP 设置）选项，按空格键选中该项，并在 IP Address（IP 地址）栏输入前期规划好的 XenServer 的 IP 地址 10.255.14.21，在 Subnet mask（子网掩码）栏输入 255.255.255.224，在 Gateway（网关）栏输入 10.255.14.1，使用 Tab 键切换到 "OK" 按钮按 Enter 键。

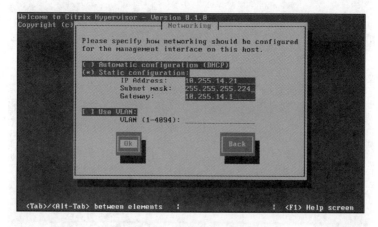

图 2-2-11　网络信息配置界面

⑪ 进入主机名和 DNS 服务器配置界面，如图 2-2-12 所示，在 Hostname（主机名）栏输入主机名称 XenServer01 和 DNS 服务器地址，使用 Tab 键切换到 "OK" 按钮并按 Enter 键。

⑫ 进入时区选择界面，如图 2-2-13 所示，选择地理区域为 Asia 并按 Enter 键。

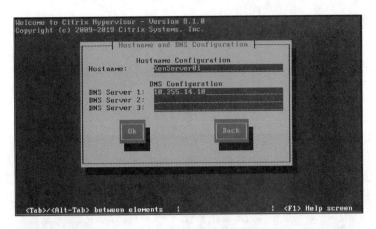

图 2-2-12　主机名和 DNS 服务器配置界面

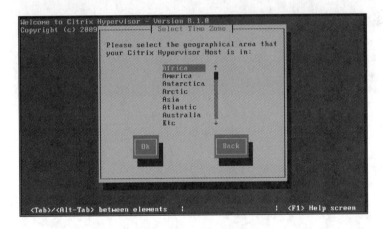

图 2-2-13　时区选择界面

⑬ 在城市列表中选中 Beijing，如图 2-2-14 所示，使用 Tab 键切换到 "OK" 按钮并按 Enter 键。

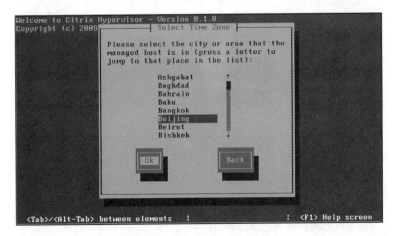

图 2-2-14　城市选择列表

⑭ 进入时间配置界面，如图 2-2-15 所示，选中 Using NTP（使用时间服务器），使用 Tab 键切换到"OK"按钮并按 Enter 键。实际服务器虚拟化环境中，有多台 XenServer，那么就必须保证多台 XenServer 之间的时间同步，指向同一 NTP 服务器，如果无同一 NTP 服务器，可以指向 AD（Active Directory）服务器，也可以采用如国家授时中心服务器，IP 为 210.72.145.44。

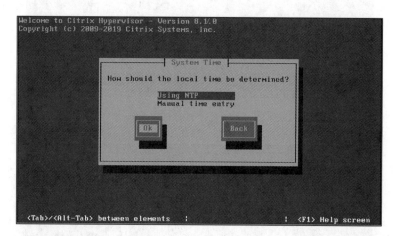

图 2-2-15　时间配置界面

⑮ 进入 NTP 配置界面，如图 2-2-16 所示，在 NTP Server 1 栏输入 NTP 服务器地址，使用 Tab 键切换到"OK"按钮并按 Enter 键。

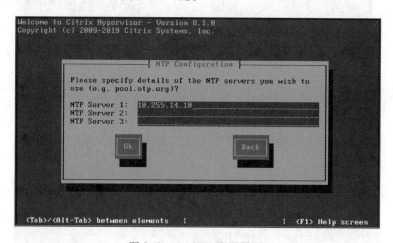

图 2-2-16　NTP 配置界面

⑯ 进入安装界面，如图 2-2-17 所示，使用 Tab 键切换到"Install Citrix Hypervisor"按钮并按 Enter 键。

⑰ 进入 Citrix Hypervisor 安装界面，如图 2-2-18 所示。

⑱ 安装完成后进入安装完成界面，如图 2-2-19 所示，Citrix Hypervisor 安装成功需重启系统，使用 Tab 键切换到"OK"按钮并按 Enter 键。

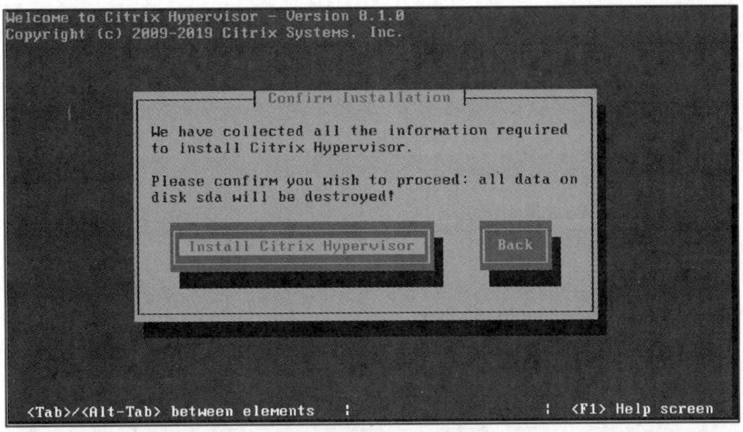

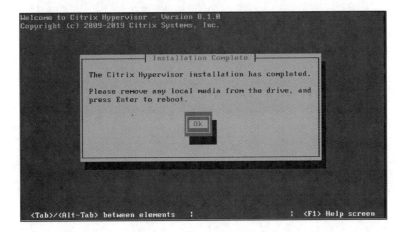

图 2-2-17 安装界面

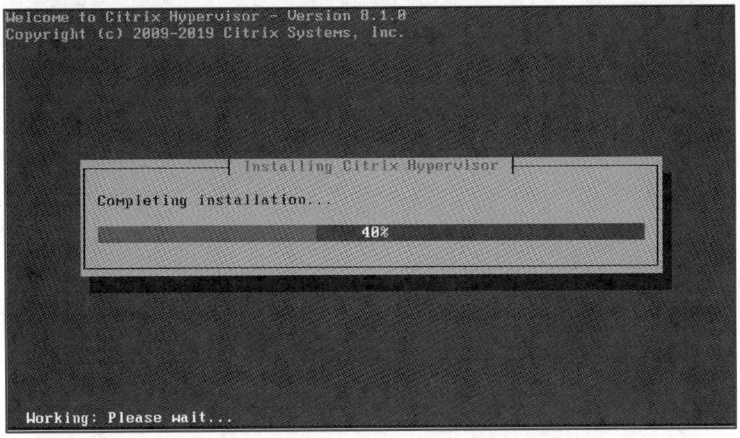

图 2-2-18 Citrix Hypervisor 安装界面

图 2-2-19 安装完成界面

2. XenServer 主机的配置

（1）服务器重启完成之后，进入菜单驱动文本控制台界面，如图 2-2-20 所示。

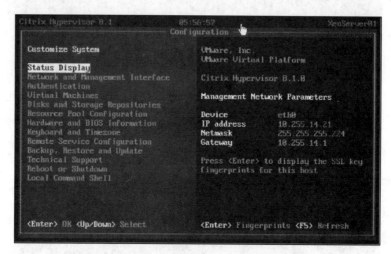

图 2-2-20　菜单驱动文本控制台界面

（2）使用光标控制键切换到"Network and Management Interface"项，按 Enter 键进入网络和管理接口配置界面，如图 2-2-21 所示，使用光标控制键切换到"Test Network"子选项并按 Enter 键。

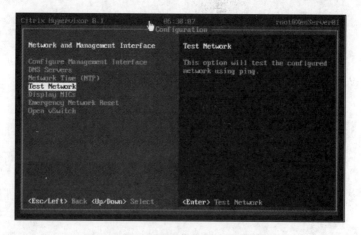

图 2-2-21　网络和管理接口配置界面

（3）弹出测试网络配置框，如图 2-2-22 所示，使用键盘光标控制键切换到"Ping gateway address（10.255.14.1）"选项并按 Enter 键，测试 XenServer 主机与网关的连通性。

（4）弹框中显示测试成功（Ping successful），如图 2-2-23 所示，表示 XenServer 主机的管理网络配置成功。

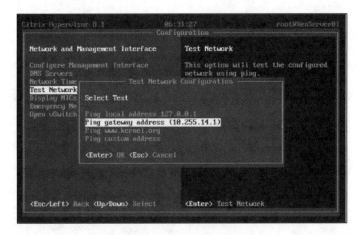

图 2-2-22 测试网络配置框

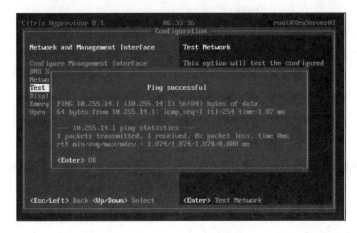

图 2-2-23 测试网络成功

XenServer02 和 XenServer03 主机的安装和配置过程同 XenServer01 基本操作相同。编者已为另外 2 台服务器安装了 Citrix Hypervior 管理程序，并配置好网络，该过程在此处不再赘述。

2.2.3 XenCenter 的安装和配置

Citrix XenCenter 通过单一界面提供对 XenServer、虚拟机及其他设备的监控、管理功能，包括配置、补丁管理和虚拟机软件等。本项目计划在一台原有的 Windows Server 服务器中安装 XenCenter，实现对 XenServer 的集中管理。

1. XenCenter 的安装过程

【步骤 1】从 Citrix 官网下载 XenCenter 安装程序包 CitrixHypervisor-8.1.2-XenCenter.msi，双击该程序，启动安装程序，进入 XenCenter 安装向导欢迎界面，如图 2-2-24 所示，单击

"Next"（下一步）按钮。

【步骤 2】进入 XenCenter 的安装设置界面，如图 2-2-25 所示，选择 XenCenter 安装路径，选中 "All Users"（所有用户）单选按钮，单击 "Next" 按钮。

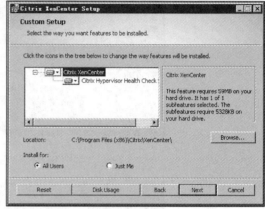

图 2-2-24　XenCenter 安装向导欢迎界面　　　图 2-2-25　XenCenter 的安装设置界面

【步骤 3】进入 XenCenter 的准备安装界面，如图 2-2-26 所示，单击 "Install"（安装）按钮。

【步骤 4】安装过程会显示安装进度，如图 2-2-27 所示。

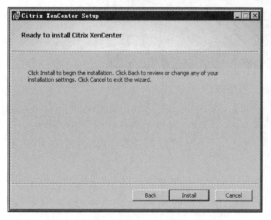

图 2-2-26　XenCenter 的准备安装界面　　　　图 2-2-27　XenCenter 正在安装

【步骤 5】单击完成后界面显示如图 2-2-28 所示，单击 "Finish" 按钮结束 XenCenter 的安装。

【步骤 6】XenCenter 安装完成后，在计算机的 "开始" 菜单中选择 "所有程序" → "Citrix" → "Citrix XenCenter" 命令，如图 2-2-29 所示，运行 XenCenter 程序。

【步骤 7】XenCenter 控制台窗口由菜单栏、工具栏、资源窗格、状态栏、属性选项卡等组成，如图 2-2-30 所示。

图 2-2-28　XenCenter 安装完成

图 2-2-29　"开始"菜单

图 2-2-30　XenCenter 控制台窗口

① 菜单栏：包含管理服务器、资源池、存储库、虚拟机和模板所需的所有命令。

② 工具栏：用于快速访问常用菜单命令的子集。

③ 资源窗格：列出当前从 XenCenter 管理的所有服务器、资源池、虚拟机、模板和存储库。

④ 状态栏：显示关于当前任务的进度信息。

⑤ 属性选项卡：查看、设置选定资源的属性。

2. 添加 XenServer 主机

【步骤 1】选中资源窗格中的 XenCenter，如图 2-2-31 所示，右击，在快捷菜单中选择"Add"命令添加 XenServer。

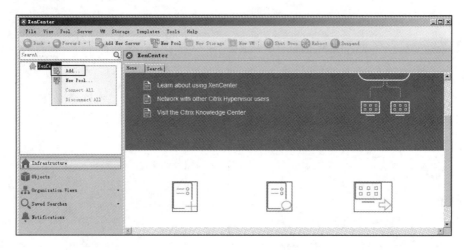

图 2-2-31　XenCenter 开始界面

【步骤2】打开添加服务器向导，如图 2-2-32 所示，在 Server 文本框中输入 Xen-Server01 的地址 10.255.14.21，再分别输入该 XenServer 的用户名和密码，单击"Add"按钮。

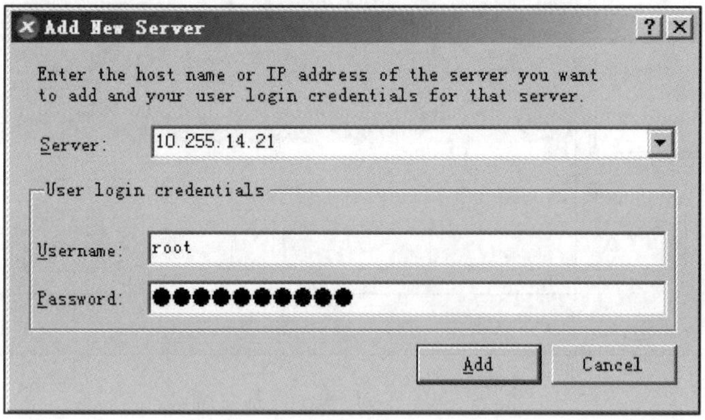

图 2-2-32　添加服务器向导

【步骤3】再重复该步骤依次添加 XenServer02 和 XenServer03，查看已添加的 XenServer 主机，如图 2-2-33 所示。

【步骤4】配置高可用管理网络。

每个 XenServer 主机都有一个或多个网络，XenServer 网络是虚拟的以太网交换机，可以连接到外部接口，或者是单台服务器或池内部完全虚拟的网络。在物理服务器上安装 XenServer 后，系统将为该服务器上的每个物理网络适配器创建一个网络。该网络在虚拟机上的虚拟网络接口（VIF）与和服务器上的网络接口卡（NIC）所关联的物理网络接口

（PIF）之间起桥接作用。将 XenServer 主机添加到资源池中时，这些默认网络将合并，设备名相同的所有 NIC 都将连接到同一个网络。

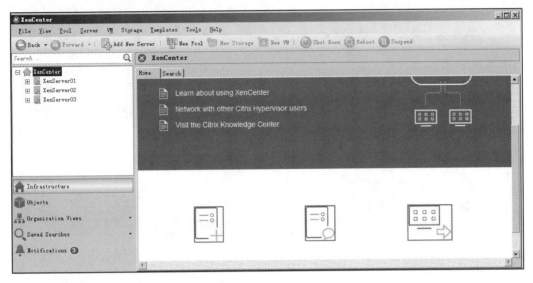

图 2-2-33　XenCenter 资源窗格

在 XenServer 主机内创建新网络时，有 4 种不同的物理（服务器）网络类型可以选择，具体的选项和说明如下。

① 单服务器专用网络。该网络类型属于内部网络，仅在指定的 XenServer 主机上的虚拟机之间提供连接，不与外部连接。

② 跨服务器专用网络。该网络类型属于资源池级别的网络，在一个资源池中的各 VM 之间提供专用连接，但不与外部连接。

③ 外部网络。该网络类型的网络与物理网络接口关联，在 VM 与外部网络之间起到桥接作用，从而使 VM 能够通过服务器的物理网络接口卡连接外部资源。

④ 绑定网络。该网络类型的构成方式是将两个 NIC 绑定到一起，以创建连接 VM 与外部网络的高性能单一通道。

在通常情况下，只有当用户希望创建内部网络、使用现有 NIC 设置新 VLAN 或创建 NIC 绑定时才需要添加一个新网络。XenServer 的管理网络需要做网卡绑定来达到管理网络的高可用性。使用 XenCenter 绑定两个单独 NIC 时，会创建一个新的 NIC，新的 NIC 称为主 NIC，被绑定的 NIC 称为从属 NIC。之后该主 NIC 可以连接到 XenServer 网络，以实现虚拟机通信和服务器管理功能。在 XenCenter 中，可以通过 NIC 选项卡或服务器的网络连接选项卡创建 NIC 绑定。

【步骤 5】在 XenCenter 控制台界面选中资源窗格中主机 XenServer01，如图 2-2-34 所示，在属性选项卡组中选择 "NICs"（网络适配器）选项卡，单击 "Create Bond"（创建绑定）按钮。

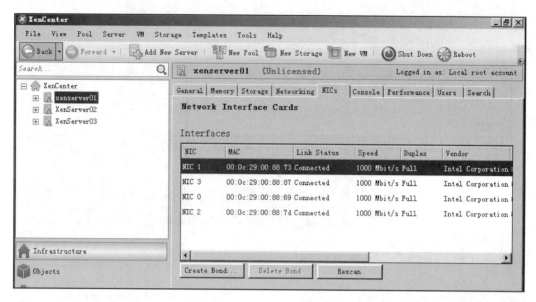

图 2-2-34　XenCenter 资源窗格

【步骤 6】在弹出的创建绑定对话框的 NIC 列表中，如图 2-2-35 所示，选择需要绑定的 NIC 网卡，单击 "Create"（创建）按钮。

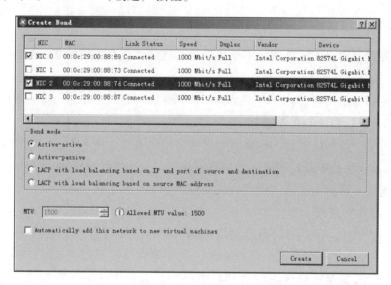

图 2-2-35　绑定对话框

【步骤 7】在弹出的创建绑定警告对话框中，如图 2-2-36 所示，单击 "Create bond anyway" 按钮。

【步骤 8】重复【步骤 5】~【步骤 7】为 XenServer02 和 XenServer03 主机配置高可用管理网络。

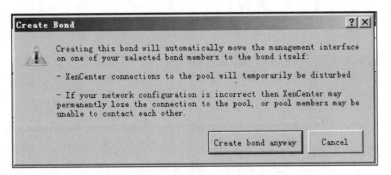

图 2-2-36　警告对话框

2.2.4　XenServer 共享存储的配置

　　XenServer 存储库（SR）是用来存储虚拟磁盘的存储容器。存储库和虚拟磁盘都是磁盘上独立于 XenServer 而存在的持久对象。SR 可以在资源池中的各服务器之间共享，可以存在于不同类型的内部和外部物理存储设备（包括本地磁盘设备和共享网络存储）上。使用新建存储库向导创建新的存储库时，可以使用许多不同的存储类型。根据所选择的存储类型，可以实现动态多路径和精简设备等功能。

　　配置服务器或池时，可以指定用来存放故障转储数据和已挂起 VM 映像的默认 SR，该 SR 将用作新虚拟磁盘的默认 SR。在池级别，默认 SR 必须是共享 SR，在资源池中创建的任何虚拟磁盘、故障转储文件或已挂起 VM 映像都将存储在池的默认 SR 中，从而提供了一个物理服务器故障恢复机制。对于独立服务器，默认 SR 可以是本地 SR 也可以是共享 SR。在独立服务器中添加共享存储时，共享存储将自动成为该服务器的默认 SR。

1. 新建存储资源池

　　① 在 XenCenter 控制台界面中，如图 2-2-37 所示，在工具栏中单击 "New Pool" 按钮，新建资源池。

　　② 弹出新建资源池的对话框，如图 2-2-38 所示，在 Name（名称）文本框中输入新资源池的名称 pooldemo，单击 "Add New Server" 按钮添加新主机。

2. 配置 IP 存储网络

　　① 在资源窗格中选中要配置管理网络的资源池 pooldemo，切换到 "Networking"（网络连接）选项卡，如图 2-2-39 所示，单击 "Configure"（配置）按钮。

　　② 在打开的管理接口对话框中可以修改现有管理网络的网络连接和网络设置信息，如图 2-2-40 所示。

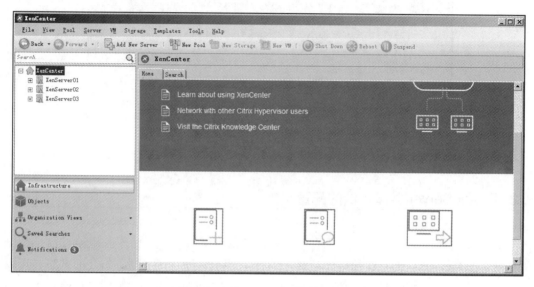

图 2-2-37 XenCenter 控制台界面

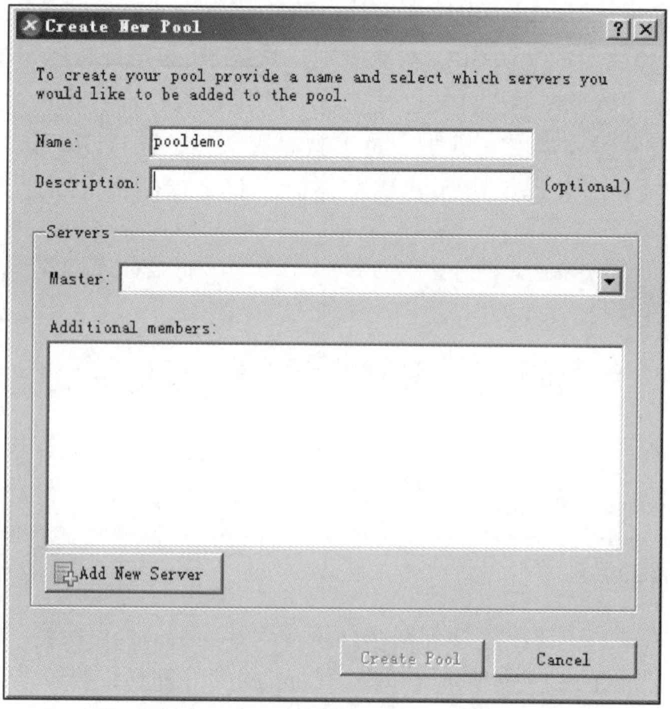

图 2-2-38 新建资源池的对话框

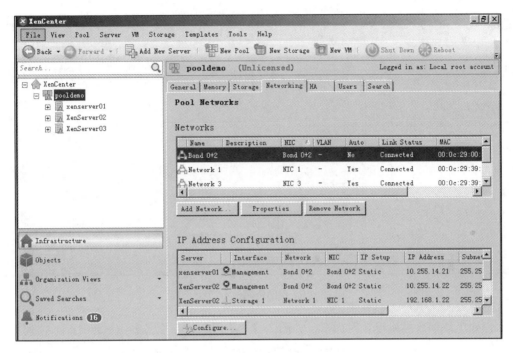

图 2-2-39 资源池配置网络选项卡

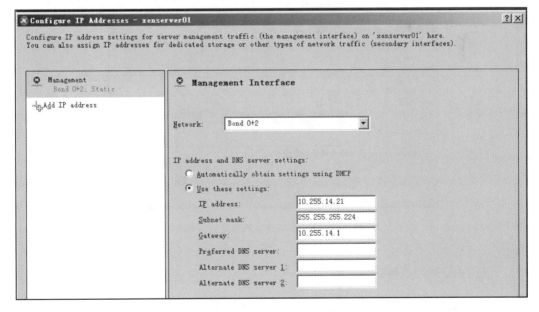

图 2-2-40 管理接口对话框

③ 单击"Add IP address"（添加 IP 地址）按钮，在新建的网络中配置网络名称 Storage 1，选择网络连接 Network 1，如图 2-2-41 所示，配置对应的网络设置选项，单击"OK"按钮保存配置。

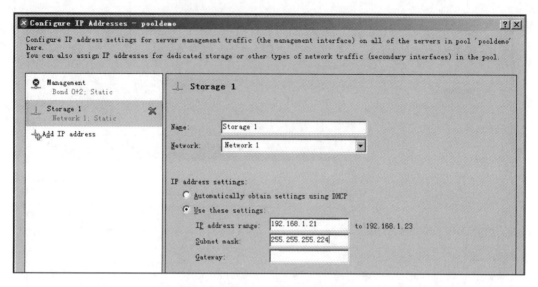

图 2-2-41　存储资源池 IP 地址配置

④ 弹出添加新主机设置对话框，如图 2-2-42 所示，在服务器（Server）下拉列表框中依次选中 XenServer01、XenServer02 和 XenServer03 的 IP 地址，并在用户名（Username）和密码（Password）文本框中输入其对应的用户名和密码，单击 "Add"（添加）按钮。

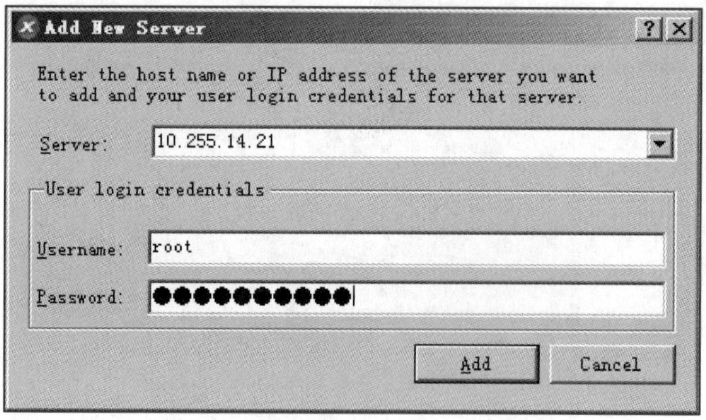

图 2-2-42　添加新主机设置对话框

3. 发现和挂载网络存储

① 在资源窗格中选中 pooldemo，如图 2-2-43 所示，单击工具栏中的 "New Storage" 按钮，新建存储。

② 在新建存储库向导的类型界面，如图 2-2-44 所示，选择虚拟磁盘存储类型为块存储（Block based storage）中的 iSCSI 单选项。

③ 在新建存储库的名称界面中输入存储名称和说明信息，如图 2-2-45 所示，单击 "Next" 按钮，默认情况下该向导会自动生成说明信息，其他设置默认。

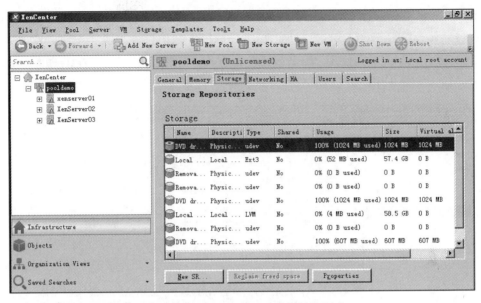

图 2-2-43 资源窗格中选中存储资源池

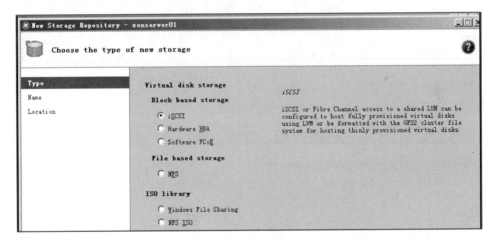

图 2-2-44 新建存储库向导的类型界面

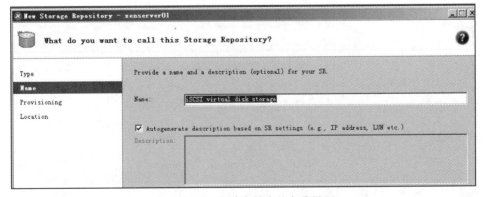

图 2-2-45 新建存储库的名称界面

④ 在 iSCSI 存储路径配置界面中输入目标主机 IP 地址 192.168.1.1，如图 2-2-46 所示，端口默认设置为 3260，单击 "Scan Target Host"（扫描目标主机）按钮以发现网络存储。如果 iSCSI 目标配置为使用 CHAP 身份验证方式，需要选中 "Use CHAP authentication" 复选框并输入 CHAP 用户名和 CHAP 密码。

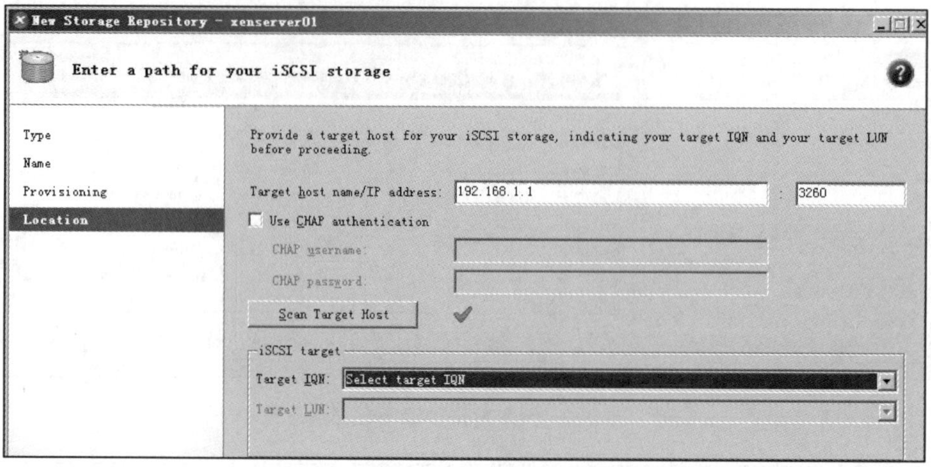

图 2-2-46　存储路径配置界面

⑤ 从 "Target IQN"（目标 iSCSI 限定名（iSCSI Qualified Name，IQN））下拉列表框中选择存储目标的 IQN，如图 2-2-47 所示，从 "Target LUN"（目标 LUN）下拉列表框中指定要创建存储库的 LUN，单击 "Finish" 按钮。

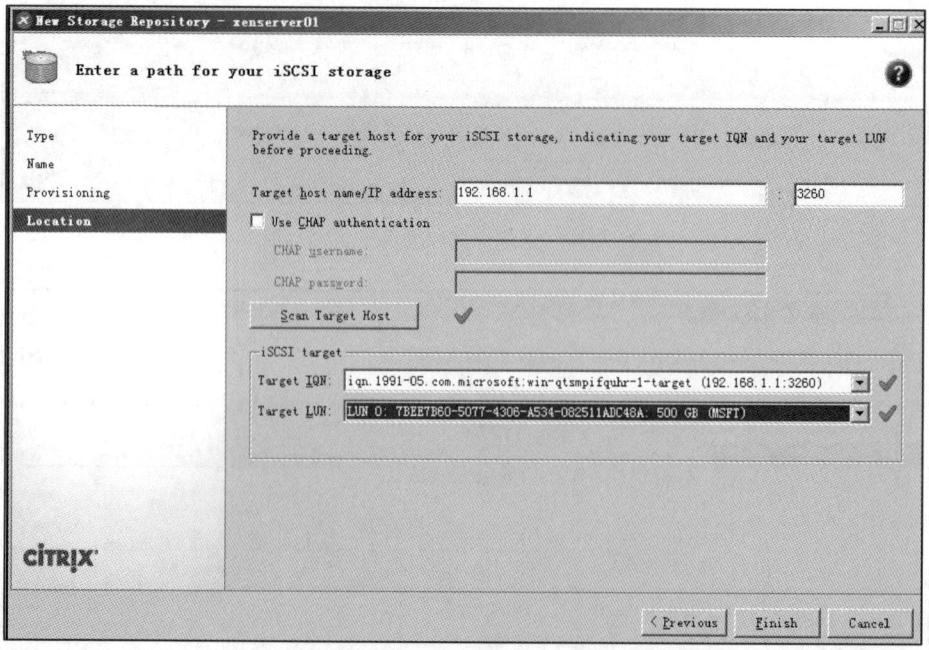

图 2-2-47　存储路径配置界面

⑥ 在弹出的"Location"（位置）对话框中，如图 2-2-48 所示，选择是否格式化磁盘，如果为新增加的 LUN，单击"Yes"按钮。

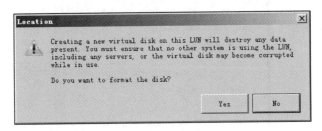

图 2-2-48　"Location"位置对话框

⑦ 在资源窗格中选中 pooldemo，如图 2-2-49 所示，在属性选项卡组中选择"Storage"（存储器）选项卡，查看到网络存储设备已挂载成功。

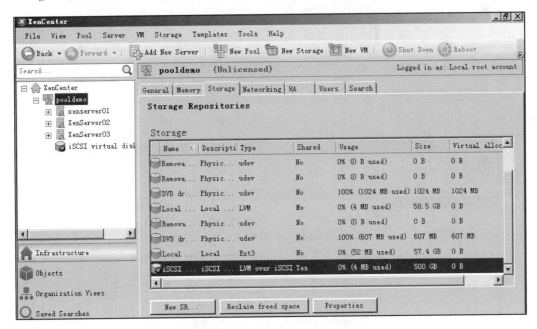

图 2-2-49　XenCenter 控制台资源窗格

2.2.5　XenServer 虚拟机的创建

VM 是在宿主物理计算机上运行的软件容器，其行为与物理计算机本身一样。VM 由操作系统、CPU、内存、网络资源和软件应用程序组成。

① 登录到 XenCenter 控制台，如图 2-2-50 所示，在资源窗格中选中 XenServer01 并右击，在弹出的快捷菜单中选择"New VM"（新建虚拟机）命令。

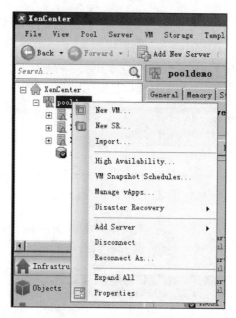

图 2-2-50 XenCenter 控制台资源窗格

② 打开新建 VM 向导,在选择 VM 模板界面中,如图 2-2-51 所示,选择需要安装的系统类型,这里选择"CentOS 7",单击"Next"按钮。

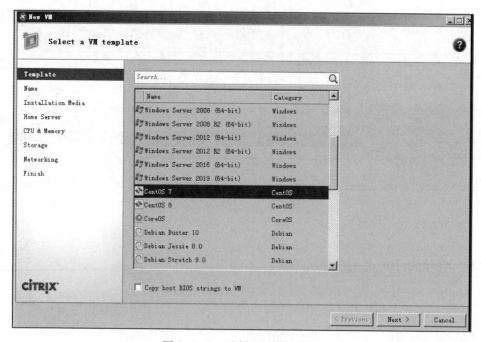

图 2-2-51 选择 VM 模板界面

③ 在虚拟机命名界面中输入虚拟机名称"CentOS 7(1)"及说明信息,单击"Next"按钮,如图 2-2-52 所示。

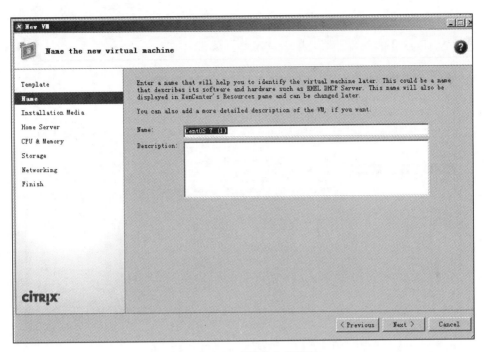

图 2-2-52　虚拟机命名界面

④ 在安装介质选择界面中，如图 2-2-53 所示，选择 VM 的安装方式，可以选择从 ISO 库或 DVD 驱动器安装（Install from ISO library or DVD drive），或者选择从网络引导（Boot from network），此处选择从 DVD 驱动器安装，单击"Next"按钮。

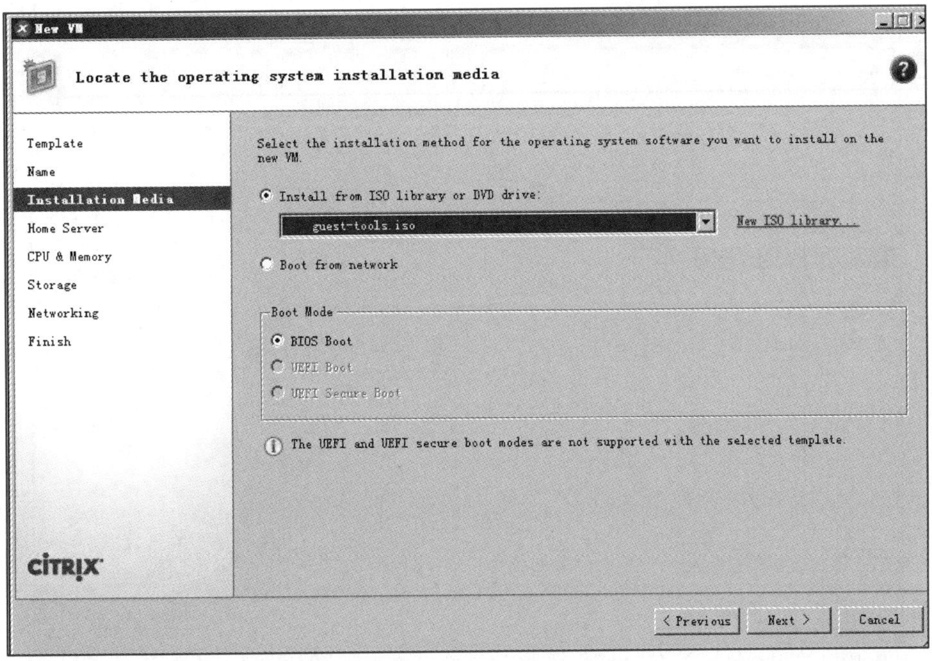

图 2-2-53　安装介质选择界面

⑤ 在服务器选择界面中选择服务器为池中的 VM 提供资源的服务器，如图 2-2-54 所示，默认不分配 VM 的主服务器，单击"Next"按钮。

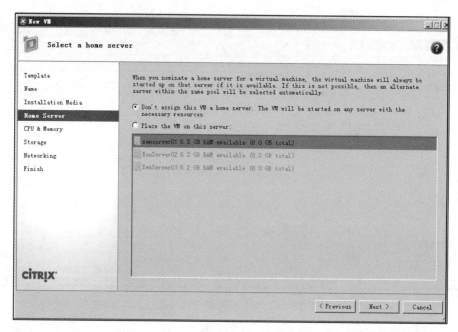

图 2-2-54 服务器选择界面

⑥ 在 CPU 和内存设置界面中，为 VM 分配 vCPU 数量和内存大小，如图 2-2-55 所示，单击"Next"按钮。在安装完成之后可以根据实际需要对该值进行更改。

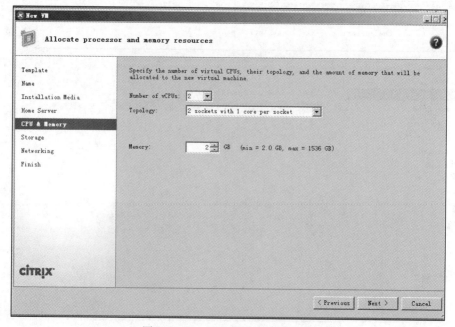

图 2-2-55 CPU 和内存设置界面

⑦ 在存储设置界面选择添加虚拟磁盘的个数和大小，如图 2-2-56 所示，默认该 VM 文件存储在共享存储上，单击"Next"按钮。如果单击"Add"按钮，则可以新增虚拟磁盘；如果单击"Edit"按钮，则可以调整虚拟磁盘的大小。

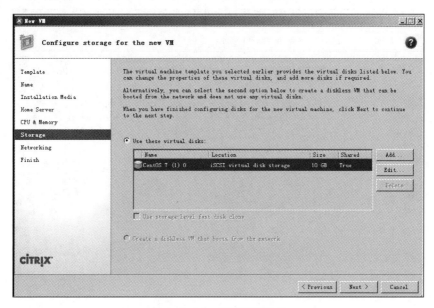

图 2-2-56　存储设置界面

⑧ 在网络连接设置界面设置需要添加的虚拟网络接口的数量，如图 2-2-57 所示，也可以通过"Add"（添加）或"Delete"（删除）按钮来添加或移除虚拟网络接口，单击"Next"按钮。

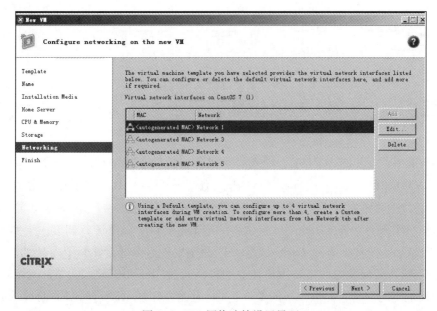

图 2-2-57　网络连接设置界面

⑨ 在准备创建虚拟机界面，如图 2-2-58 所示，可以选中"Start the new VM automatically"（自动启动 VM）复选框，可确保新 VM 在安装后立即启动，单击"Create Now"（立即创建）按钮。

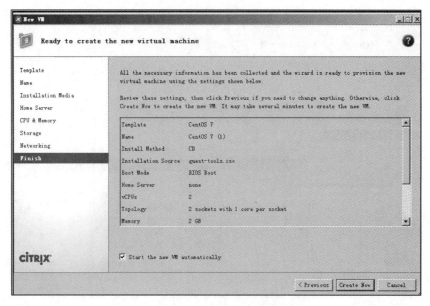

图 2-2-58　准备创建虚拟机界面

启动虚拟机，加载 CentOS 系统安装光盘，开始安装系统。虚拟机操作系统的安装过程同物理服务器操作系统的安装过程类似。在本项目部署完成后，可将原来的 15 台物理服务器上的业务迁移到虚拟机上；也可以使用 Citrix XenConvert 工具实现物理到虚拟（P2V）的迁移，XenConvert 可将工作负载从运行 Windows 的服务器的桌面计算机转换到 XenServer 中的虚拟机、虚拟设备、虚拟磁盘或链接到虚拟磁盘。工作负载可以包含 Windows 操作系统、应用程序和数据。

2.3　任务 2：KVM 虚拟化基础平台构建

KVM 虚拟化基础平台构建

KVM（Kernel Virtual Machine）是由一个以色列的创业公司 Qumranet 开发的。为了简化开发，KVM 的开发人员并没有选择从底层开始新编写一个 Hypervisor，而是选择了基于 Linux Kernel，通过加载新的模块从而使 Linux Kernel 本身变成一个 Hypervisor。在 KVM 架构中，虚拟机实现为常规的 Linux 进程，由标准 Linux 调度程序进行调度。事实上，每个虚拟 CPU 显示为一个常规的 Linux 线程。这使 KVM 能够享受 Linux 内核的所有功能。KVM 本身不执行任何模拟，需要用户在空间程序通过/dev/kvm 接口设置一个客户机虚拟服务器的地址空间，向它提供模拟的 I/O，并将它的视频显示映射回宿主的显示屏，这个应用程序就是所谓的 QEMU。

2.3.1 KVM 服务器虚拟化方案概述

鉴于本项目的实际情况，选用 3 台服务器作为 KVM 宿主机，主机名分别为 KVMServer01、KVMServer02、KVMServer03。KVM 管理工具安装在 KVMSever01 上，环境拓扑图如图 2-3-1 所示。新购存储设备创建 1 个 LUN，3 台 XenServer 共享 1 个 LUN。KVM 宿主机、虚拟机均配置为 10.255.14.0/27 网段的 IP 地址，存储网络采用 192.168.1.0/27 网段的 IP 地址。本节主要描述 3 台 KVM 宿主机 KVMServer01、KVMServer02、KVMServer03 的安装和配置过程，包括操作系统的安装、网络的配置、服务器硬件配置、KVM 相关组件和工具的安装。

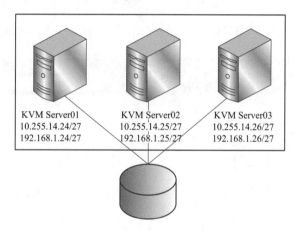

图 2-3-1 KVM 虚拟化方案网络拓扑图

2.3.2 KVM 宿主机的安装和配置

从 CentOS 官网下载 CentOS 的安装镜像文件 CentOS-7-x86_64-DVD-1908.iso，并刻录成 CD 光盘，将光盘放入服务器光驱。重启服务器，进入服务器的 BIOS 配置，打开服务器的虚拟化功能，并设置服务器从 CD/DVD 启动。

1. KVM 宿主机操作系统的安装

【步骤1】进入 CentOS 7 安装界面，选择安装宿主机操作系统(Install CentOS 7)。

【步骤2】在语言环境设置界面中，如图 2-3-2 所示，根据使用习惯，选择"中文"→"简体中文（中国）"项，单击"继续"按钮。

【步骤3】在安装信息摘要界面中，如图 2-3-3 所示，选择系统类别的安装位置。

【步骤4】弹出安装目标位置界面中，如图 2-3-4 所示，在"设备选择"选项区域中选中"本地标准磁盘"，单击"完成"按钮。

【步骤 5】返回安装信息摘要界面，单击"开始安装"按钮。

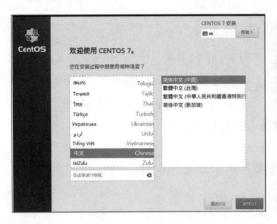

图 2-3-2 语言环境设置界面

图 2-3-3 安装信息摘要界面

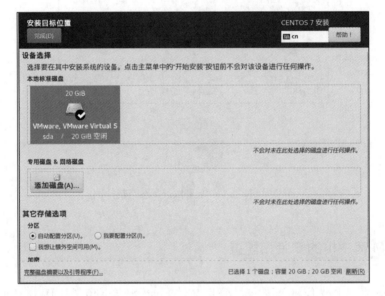

图 2-3-4 安装目标位置界面

【步骤 6】在配置界面中选择"用户设置"下的"ROOT 密码"，对 root 账户的密码进行设置，如果需要创建其他用户，可以选择"创建用户"，本例选择不创建。

【步骤 7】安装完成后单击"重启"按钮，重启宿主机。

2. KVM 宿主机的网络配置

CentOS 7 系统可以将多个网络接口绑定在一起，作为单一接口去给上层应用使用。将多个网卡绑定到一起，让两个或多个接口作为一个接口，提供网络链路的冗余，当其中一块网卡有故障的时候，不会中断服务器的业务。KVM 宿主机配置网络分别绑定网络适配器 1~网络适配器 4，创建桥接网络 br0 和 br1。KVMServer01 的网络配置步骤如下。

【步骤1】进入网络配置文件所在的目录，具体的命令如下。

```
[root@ KVMServer01 ~ ]# cd /etc/network-scripts
```

【步骤2】新增并编辑配置文件 ifcfg-bond0，具体命令如下。

```
[root@ KVMServer01 network-scripts]# vi ifcfg-bond0
```

【步骤3】输入 i 进入编辑修改模式，添加以下配置。

```
TYPE = Bond                 #该接口类型为 Bond
BOOTPROTO = none            #不使用 boot 协议
DEVICE = bond0              #设备名 bond0
ONBOOT = yes               #激活设备
USERCTL = no               #非 root 用户不允许控制该设备
BRIDGE = br0
```

【步骤4】修改完成后，按 Esc（退出）键，并输入:wq!保存并退出。

【步骤5】新增并编辑配置文件 ifcfg-br0，具体命令如下。

```
[root@ KVMServer01 network-scripts]# vi ifcfg-br0
```

【步骤6】输入 i 进入编辑修改模式，添加以下配置。

```
TYPE = bridge                  #该接口类型为 bridge
BOOTPROTO = static             #使用 static 协议
DEVICE = br0                   #该接口名称为 br0
NAME = br0                     #网络连接的名称为 br0
ONBOOT = yes                   #激活设备
USERCTL = no                   #非 root 用户不允许控制该设备
IPADDR = 10. 255. 14. 21       #该接口 IP 地址
NETMASK = 255. 255. 255. 224   #子网掩码
GATEWAY = 10. 255. 14. 1       #网关设置
DNS1 = 8. 8. 8. 8              #DNS 服务器
DNS2 = 4. 2. 2. 2             #DNS 服务器
```

【步骤7】修改完成后，按 Esc（退出）键，并输入:wq!保存并退出。

【步骤8】查看网卡配置文件 ifcfg-br0，编辑该文件，具体命令如下。

```
[root@ KVMServer01 network-scripts]# ls ifcfg-ens33
ifcfg-en33
[root@ KVMServer01 network-scripts]# vi ifcfg-ens33
```

【步骤9】输入 i 进入编辑修改模式，添加或修改配置如下。

```
TYPE = Ethernet                #该设备类型为 Ethernet
BOOTPROTO = none              #不使用 DHCP 等协议
```

```
DEVICE = ens33              #设备名称
ONBOOT = yes               #开机自动启用网络连接
USERCTL = no               #非 root 用户不允许控制该设备
MASTER = bond0             #指定绑定的主接口的名称
SLAVE = yes                #作为备用接口
```

【步骤 10】修改完成后，按 Esc（退出）键，并输入 :wq!保存并退出。

【步骤 11】查看网卡配置文件 ifcfg，编辑该文件，具体命令如下。

```
[root@ KVMServer01 network-scripts]# ls ifcfg-ens34
     ifcfg-en34
[root@ KVMServer01 network-scripts]# vi ifcfg-ens34
```

【步骤 12】输入 i 进入编辑修改模式，添加或修改配置如下。

```
TYPE = Ethernet            #该设备类型为 Ethernet
BOOTPROTO = none           #不使用 DHCP 等协议
DEVICE = ens34             #设备名称
ONBOOT = yes               #开机自动启用网络连接
USERCTL = no               #非 root 用户不允许控制该设备
MASTER = bond0             #指定绑定的主接口的名称
SLAVE = yes                #作为备用接口
```

【步骤 13】修改完成后，按 Esc（退出）键，并输入 :wq!保存并退出。

【步骤 14】根据【步骤 1】~【步骤 13】，再创建一个 bond1 和 br1，将 en35 和 en36 绑定在一起，设置 br1 的 IP 地址为 192.168.1.24/27。

【步骤 15】重启网络，具体的命令如下。

```
[root@ KVMServer01 ~]# systemctl restart network
```

【步骤 16】取消防火墙 Firewalld 开机自启动，具体的命令如下。

```
[root@ KVMServer01 ~]# systemctl disable firewalld
```

【步骤 17】停止 Firewalld 服务，具体的命令如下。

```
[root@ KVMServer01 ~]# systemctl stop firewalld          #关闭正在运行的防火墙
```

【步骤 18】打开 Selinux 配置文件，具体的命令如下。

```
[root@ KVMServer01 ~]# vi /etc/sysconfig/selinux
```

【步骤 19】修改 Selinux 配置文件中的配置项，具体配置如下。

```
SELINUX = disabled
```

【步骤 20】修改完成后，按 Esc（退出）键，并输入 :wq!保存并退出。

3. KVM 宿主机硬件配置

宿主机系统安装完成后，需要打开 CPU 的硬件虚拟化特性，因为 KVM 的使用必须有硬件虚拟化的支持。进入 BIOS，将 Virtualization Technology 配置为 enabled。不同的厂商服务器，功能键的定义会有一些差别，读者可以根据设备提示来操作。

如果实验使用的是 VMware Workstation 或者 VirtualBox 等平台在 PC 上创建的服务器，则需要在虚拟机设置中设置该虚拟机的 CPU 支持虚拟化。例如，打开 VMware Workstation 左边导航栏中找到该主机，如图 2-3-5 所示，右击该虚拟机，在弹出的快捷菜单中选择"设置"命令，在弹出的"虚拟机设置"对话框中选中"虚拟化 IntelVT-x/EPT 或 AMD-V/RVI（V）"复选框，单击"确定"按钮，如图 2-3-6 所示。

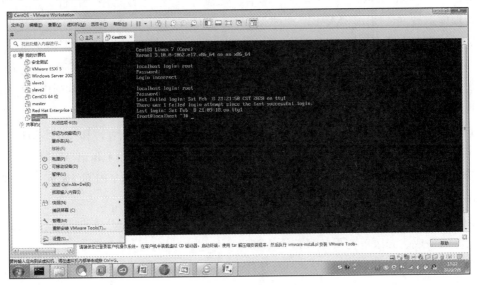

图 2-3-5 打开虚拟机设置

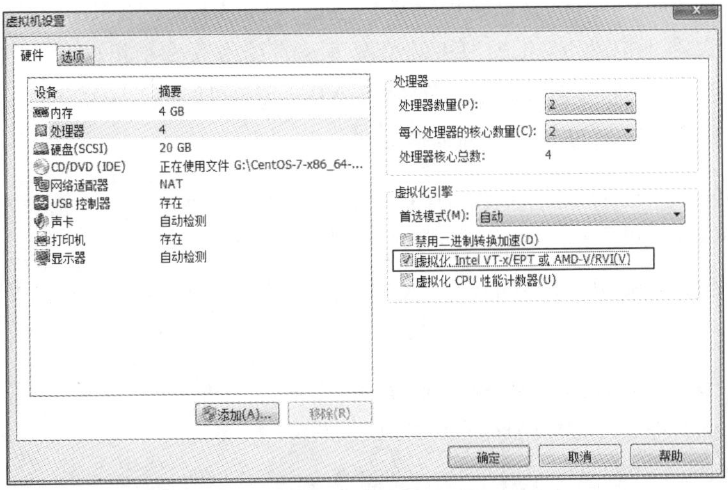

图 2-3-6 设置虚拟机 CPU 支持虚拟化

在系统中可以执行命令查看宿主机的 CPU 硬件虚拟化特性是否打开。

```
[root@ KVMServer01~]# grep -E 'vmx|svm' /proc/cpuinfo
```

此命令的意义在于搜索/proc/cpuinfo 文件有关 vmx 或者 svm 文件内容，如果有输出显示，则表示支持 CPU 虚拟化。其中，如果服务器的 CPU 是 Intel 系列，则有 vmx 相关输出显示，如果服务器的 CPU 是 AMD 系列，则有 svm 相关输出显示。

4. KVM 宿主机的组件和工具安装

在 KVM 环境中，有如下一些管理工具是必需的。

① Qemu-KVM 用户态管理工具。KVM 负责 CPU 虚拟化和内存虚拟化，但是并不能模拟其他设备。Qemu 可以模拟 IO 设备（网卡、磁盘等），它运行在用户控件，实际模拟创建、管理虚拟硬件。Qemu-KVM 工具对 KVM 和 Qemu 进行了整合。

② Qemu-img 磁盘管理工具。在 Qemu-KVM 源代码编译后就会默认编译好 Qemu-img 这个二进制文件，该工具提供磁盘镜像文件格式的创建、查看、修改、快照管理等命令。

③ Libvirt 命令行管理工具。它提供了一个方便的方式来管理虚拟机和其他虚拟化功能的软件的集合，如存储和网络管理接口，这些软件包括了一个可调用的 API 库、一个守护进程（Libvirtd）和一个命令行使用程序（Virsh），使用 Virsh 等命令可以管理和控制虚拟机。

④ Libvirt-python 工具。Libvirt-python 是一个支持 Python 调用 Libvirt API 的工具。

⑤ Virt-install 工具。它是一个能够为 KVM 或其他支持 Libvirt API 的 Hypervisor 创建虚拟机并完成 Guest OS 的安装等功能的命令行工具。

⑥ Virt-manager 工具。虚拟机的生成需要依赖于预定义的 XML 格式的配置文件，虚拟机文件的生成、修改等需要依赖这个工具。

⑦ Bridge-utils 桥接设备管理工具。使用这个工具可实现虚拟机网络和宿主机物理网卡的桥接。

⑧ Libguestfs-tools 虚拟机磁盘管理工具。这是一组用来访问虚拟机的磁盘映像文件的 API。该工具可以在不启动 KVM 虚拟机的情况下，直接查看虚拟机内的文件内容，也可以直接向镜像中写入文件和复制文件到外面的物理机，也支持挂载操作。

⑨ 这些工具的安装可以使用下列命令安装。

```
[root@ KVMServer01~]# yum -y install qemu-kvm qemu-img libvirt
libvirt-python virt-manager libguestfs-tools bridge-utils virt-install
```

⑩ 查看是否安装成功，具体的命令如下，命令执行后输出显示中有以下工具表明安装成功。

```
[root@ KVMServer01~]# rpm -qa | grep -E 'qemu | libvirt | virt'
libvirt-client-4.5.0-23.el7_7.5.x86_64
ipxe-roms-qemu--20180825-2.git133f4c.el7.noarch
```

```
libvirt-python-4. 5. 0-1. el7. x86_64
qemu-kvm-1. 5. 3-167. el7_7. 4. x86_64
virt-manager-1. 5. 0-7. el7. noarch
libvirt-4. 5. 0-23. el7_7. 5. x86_64
virt-viewer-5. 0-15. el7. x86_64
virt-top-1. 0. 8-24. el7. x86_64
virt-what-1. 18-4. el7. x86_64
qemu-img-1. 5. 3-167. el7_7. 4. x86_64
```

⑪ KVM 宿主机、虚拟机及相关设备的管理需要 virt-manager 图形化界面工具通过网络远程连接宿主机，为了能使用 OpenSSH 协议来加密远程控制和文件传输过程中的数据，宿主机还需要安装一个图形化界面下可验证密码的工具 Openssh-askpass，具体的安装命令如下。

```
[root@ KVMServer01 ~ ]# sudo yum -y install openssh-askpass
```

KVMServer02 和 KVMServer03 宿主机的安装和配置过程同 KVMServer01 的类似，这里不再赘述。

2.3.3　KVM 管理工具的安装和配置

虚拟机相比于物理机，其中一个优势就是快速创建，所以一般都会使用 ISO 镜像文件安装第一台虚拟机，然后将这台虚拟机做成虚拟机模板，之后的虚拟机都由这个模板生成，本节将介绍常用工具 Virt-Manager 来创建和管理虚拟机。

【步骤 1】Virt-Manager 是一个图形化的虚拟机管理工具，它提供了一个简易的虚拟机操作界面，若要使用它，则需要先安装图形化界面，具体的命令如下。

```
[root@ KVMServer01 ~ ]# yum groupinstall -y "GNOME Desktop"
"Graphical Administration Tools"
```

【步骤 2】修改 CentOS 默认启动模式为图形化模式，具体命令如下。

```
[root@ KVMServer01 ~ ]# systemctl set-default graphical. target
```

【步骤 3】重启 CentOS 系统，具体命令如下。

```
[root@ KVMServer01 ~ ]# reboot
```

【步骤 4】系统重启完成后，进入图形化初始配置界面，如图 2-3-7 所示，选择"汉语"，单击"前进"按钮。

【步骤 5】在键盘布局方式配置界面，如图 2-3-8 所示，选择"汉语"，单击"前进"按钮。

【步骤 6】在位置服务设置界面，如图 2-3-9 所示，关闭位置服务，单击"前进"按钮。

图 2-3-7 图形化初始配置界面

图 2-3-8 键盘布局方式配置界面

图 2-3-9 位置服务设置界面

【步骤 7】在时区设置界面，如图 2-3-10 所示，搜索所在城市，单击"前进"按钮。

【步骤 8】在连接在线账号设置界面，如图 2-3-11 所示，单击"跳过"按钮。

图 2-3-10 时区设置界面

图 2-3-11 连接在线账号设置界面

【步骤9】在完成设置界面中设置全名和用户名，单击"前进"按钮。

【步骤10】在密码设置界面的"密码"和"确认"文本框中输入相同的密码，单击"前进"按钮。

【步骤11】再次重启系统，具体命令如下。

```
[root@ KVMServer01~]# reboot
```

【步骤12】如图2-3-12所示，在系统登录界面选择以root账户身份登录。

【步骤13】完成设置后进入桌面，如图2-3-13所示。设置全名和用户名，按Ctrl+Alt+F2组合键进入命令终端，也可以右击，在弹出的快捷菜单中选择"打开终端"命令。

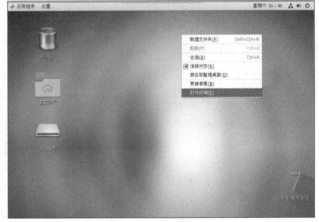

图2-3-12　系统登录界面　　　　图2-3-13　CentOS 7图形化桌面

【步骤14】安装虚拟机系统管理器工具Virt-manger，具体命令如下。

```
[root@ KVMServer01~]# yum -y install virt-manager
```

【步骤15】打开Virt-manager，具体命令如下。

```
[root@ KVMServer01~]# virt-manager
```

【步骤16】在Virt-Manager工具窗口中，如图2-3-14所示，在菜单栏中选择"文件"→"添加连接"命令。

【步骤17】在"添加连接"对话框中，如图2-3-15所示，选中"连接到远程主机"复选框，在"用户名"文本框中输入KVM宿主机的用户名，在"主机名"文本框中输入KVMServer01的管理IP地址，选中"自动连接"复选框，单击"连接"按钮。

【步骤18】弹出OpenSSH认证窗口，如图2-3-16所示，单击"OK"按钮。勾选连接到远程主机，在用户名处键入KVM宿主机的用户名，在主机名键入KVMServer01的管理IP地址，勾选自动连接，单击"连接"按钮。

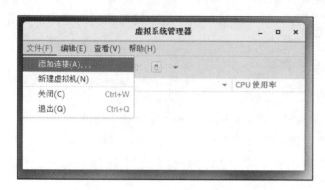
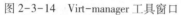

图 2-3-14   Virt-manager 工具窗口

图 2-3-15   添加连接窗口

【步骤 19】在 OpenSSH 密码输入框，如图 2-3-17 所示，选择"连接到远程主机"，在用户名处输入 KVM 宿主机的用户名，在主机名键入 KVMServer01 的管理 IP 地址，勾选自动连接，单击"连接"按钮。

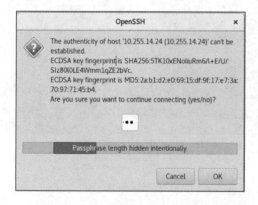

图 2-3-16   OpenSSH 认证窗口

图 2-3-17   OpenSSH 密码输入框

【步骤 20】参照【步骤 16】~【步骤 19】，再将 KVMServer02 和 KVMServer03 添加到 Virt-manager 工具窗口，如图 2-3-18 所示。

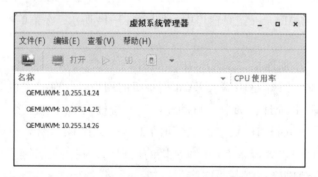

图 2-3-18   Virt-manager 工具窗口

2.3.4　KVM 宿主机共享存储的配置

【步骤 1】安装 iSCSI 启动器软件包 iscsi-initiator-utils，具体命令如下。

```
[root@ KVMServer01~]# yum -y install iscsi-initiator-utils
```

【步骤 2】发现存储设备 192.168.1.1 目标，具体的命令和命令执行显示如下，iqn.1991-05.com.microsoft：win-7r6lhi6rj3-1-target 是目标器的 IQN。

```
[root@ KVMServer01~]#iscsiadm -m discovery -t sendtargets -p \
192.168.1.1:3260
192.168.1.1:3260 iqn.1991-05.com.microsoft：win-7r6lhi6rj3-1-target
```

【步骤 3】打开虚拟系统管理器 Virt-manager，右击 QEMU/KVM：10.255.14.24，在弹出的快捷菜单中选择"详情"命令。

【步骤 4】在主机详情窗口，如图 2-3-19 所示，切换到"存储"选项卡，单击"+"按钮。

图 2-3-19　主机详情窗口

【步骤 5】在添加新存储池窗口，如图 2-2-20 所示，设置存储池名称，选择存储池的类型为"iscsi：iSCSI 目标"，单击"前进"按钮。

【步骤 6】在存储池设置窗口，如图 2-3-21 所示，在"主机名"文本框中输入存储设备的 IP 地址，在"源 IQN"文本框中输入【步骤 2】中发现的 IQN，单击"完成"按钮。

【步骤 7】存储目标添加完成后，能够在卷列表中查到，如图 2-3-22 所示。

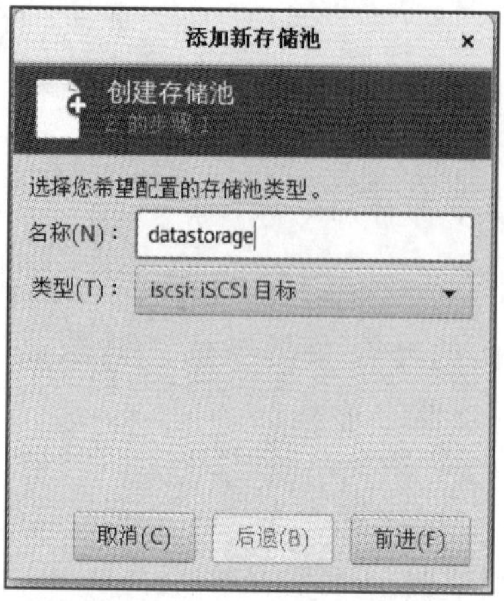

图 2-3-20　添加新存储池窗口 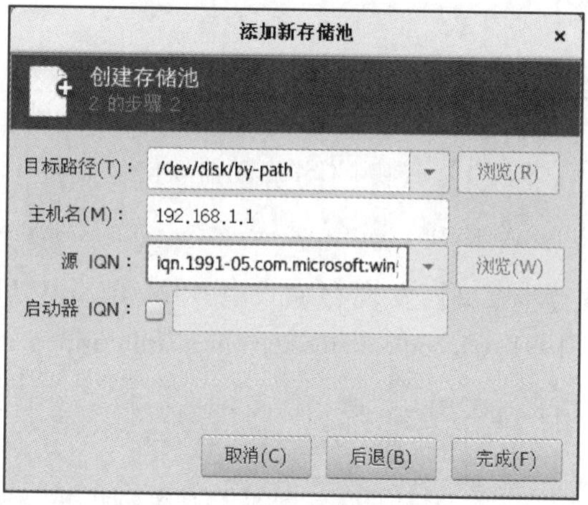　　　　　　图 2-3-21　存储池设置窗口

图 2-3-22　主机详情窗口"存储"选项卡

2.3.5　KVM 虚拟机的创建

【步骤 1】在新建虚拟机之前，需要先准备 ISO 镜像文件。如果实验中使用 VMware Workstation 创建的 KVM Server（CentOS 7）虚拟机做实验，可以用以下方法将镜像文件（如 WinServer2008R2. iso）复制到 CentOS 7 路径（如/root/）下，再执行虚拟机的创建命令。

【步骤 2】在 VMware Workstation 中选择设置 KVM Server（CentOS 7），设置共享路径，如共享 G 盘 share 文件夹，如图 2-3-23 所示。

【步骤 3】再将 ISO 镜像文件放入共享文件夹，如图 2-3-24 所示。

【步骤 4】在宿主机 KVM Server（CentOS 7）中从共享文件中将 ISO 镜像文件复制到/root/路径下，具体命令如下。

```
[root@ KVMServer01 ~ ]# cp /mnt/hgfs/share/WinServer2008R2. iso
 /root/
```

图2-3-23　设置文件共享

图2-3-24　将ISO镜像文件放入共享文件夹

【步骤5】打开Virt-manager虚拟机管理工具，具体命令如下。

```
[root@ KVMServer01 ~ ]# virt-manager
```

【步骤6】打开虚拟机管理工具后，如图2-3-25所示，选择"文件"→"新建虚拟机"菜单命令。

【步骤7】在安装虚拟机操作系统的方式选择界面，同生产环境一样，有网络安装和PXE等安装方式，本例选中"本地安装介质（ISO映像或者光驱）"单选按钮。接下来选择光盘镜像文件，根据提示选择内存、CPU、存储等配置后，控制台便会自动进入虚拟机系统安装过程。系统安装步骤同物理服务器安装操作系统步骤一致。

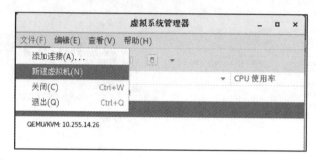

图 2-3-25　Virt-Manager 工具图形化界面

本章小结

本章以企业服务器虚拟化整合方案实施为引导，介绍了虚拟化基础架构、虚拟化与云计算、主流的虚拟化技术，重点介绍了如何利用 Citrix XenServer 和 KVM 虚拟化构建服务器虚拟化整合的基础平台。通过本章的学习，读者能安装和配置 XenServer、XenCenter，使用 XenCenter 管理 XenServer 主机、共享存储及虚拟机，能安装和配置 KVM 宿主机、管理工具 Virt-manager，使用 Virt-mananger 工具管理 KVM 主机、共享存储及虚拟机。

本章习题

一、单项选择题

1. 关于计算虚拟化的描述不正确的是（　　　）。

A. Virt-manager 是云管理平台

B. XenServer 运行于 Linux 操作系统之上

C. 运行在物理计算机系统上的虚拟化层也可以被称为虚拟机监控器（Virtual Machine Monitor，VMM）或 Hypervisor

D. 利用虚拟化架构整合传统 IT 系统会导致电力使用量增加

2. 下列说法正确的是（　　　）。

A. 在 KVM 架构中，每个虚拟 CPU 显示为一个常规的 Linux 线程

B. 在 KVM 架构中，VM 使用桥接的方式保证网络高可用性

C. Qemu-KVM 是一个磁盘管理工具

D. KVM 虚拟机与物理计算机不一样，它不需要安装操作系统

二、多项选择题

1. 在虚拟化技术中，按照被虚拟的 IT 资源类型分类，虚拟化可以分为（　　）。

A. 计算虚拟化

B. 网络虚拟化

C. 存储虚拟化

D. 设备虚拟化

2. 下列说法正确的是（　　）。

A. VM 是完全由软件组成的计算机

B. VM 可以像物理计算机一样运行自己的操作系统和应用程序

C. VM 包含自己的虚拟 CPU、RAM、硬盘和网络适配器

D. VM 必须安装特定的操作系统

3. 虚拟化有（　　）优势。

A. 资源利用率稿

B. 管理成本降低

C. 更具灵活性

D. 具有更高的可用性

三、判断题

1. 桌面云用户对计算机桌面的访问不再被限定使用特定设备、特定的时间和空间。

（　　）

2. XenServer 可以直接安装在裸机上。　　　　　　　　　　（　　）

3. XenCenter 可以管理 XenServer 主机、虚拟机及存储器等。（　　）

第3章 网络设计与部署

【学习目标】

知识目标

- 了解网络设计的原则。
- 了解 IDC 技术。
- 熟悉网络应用、网络性能、网络流量、网络安全等基本概念。
- 熟悉网络冗余技术。
- 熟悉 ARP 概念。
- 掌握网络冗余的工作原理。
- 掌握常见网络故障的现象。

技能目标

- 会设计 IDC 中心机房。
- 会路由的配置，ARP 命令的使用。
- 会排除路由故障、TCP 连接故障、ARP 攻击故障。

【认证考点】

- 了解网络设计的原则。
- 熟悉 IDC 技术。
- 掌握 IDC 机房设计。
- 掌握路由故障的分析和处理。
- 掌握 TCP 连接故障的分析和处理。
- 掌握 ARP 故障的分析和处理。

📖 项目引导：小型电商网络的设计及部署

【项目描述】

重庆有货电子商务有限公司现有数据中心机房网络采用传统以太网技术构建，基础架构为二层组网结构，核心设备为一台 MSR3600 路由器，接入交换机为各种主流品牌交换机（如 H3C、HUAWEI、DLINK 等），网管和非网管交换机都有。随着各类业务应用对业务需求的深入发展，业务部门对资源的需求正以几何级数增长，传统的 IT 基础架构方式已无法适应当前业务急剧扩展所需的资源要求，数据中心建设必须从根本上改变传统思路，构造新的数据中心 IT 基础架构。本章将通过该公司的网络数据中心搭建进行介绍。

📑 知识储备

3.1　网络系统设计原则 　　　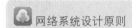

网络系统设计在整个项目中起着至关重要的作用，网络设计师要根据各方面的要求，考虑各方面的因素设计出初步的方案。网络系统设计要充分满足用户需求，应考虑以下几点设计原则。

① 系统设计原则：统筹规划和统一设计系统结构。尤其是应用系统建设结构、数据模型结构、数据存储结构以及系统扩展规划等内容，均需从全局出发、从长远的角度考虑。

② 先进性原则：系统构成必须采用成熟、具有国内先进水平，并符合国际发展趋势的技术、软件产品和设备。在设计过程中充分依照国际上的规范标准，借鉴国内外目前成熟的主流网络和综合信息系统的体系结构，以保证系统具有较长的生命力和扩展能力，保证先进性的同时还要保证技术的稳定、安全性。

③ 高可靠高安全性原则：系统设计和数据架构设计中充分考虑系统的安全和可靠。

④ 标准化原则：系统各项技术遵循国际标准、国家标准、行业和相关规范。

⑤ 成熟性原则：系统要采用国际主流、成熟的体系架构来构建，实现跨平台的应用。

⑥ 适用性原则：保护已有资源，急用先行，在满足应用需求的前提下，尽量降低建设成本。

⑦ 可扩展性原则：信息系统设计要考虑到业务未来发展的需要，尽可能设计得简单

明了，降低各功能模块耦合度，并充分考虑兼容性。系统能够支持对多种格式数据的存储。

3.2 网络系统设计需求

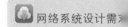

根据项目书的建设要求，将其细化为可执行的详细需求分析说明书，主要为针对项目需求进行深入的分析，确定详细的需求状况以及需求模型作为制定技术设计方案、技术实施方案、技术测试方案、技术验收方案的技术指导和依据。

3.2.1 网络需求分析

根据新建网络应用的实际情况制作综合网络的系统需求，尤其是网络资源共享、网络管理和控制及网络的安全性。总体要求如下。

① 满足公司信息化的要求，为各类应用系统提供方便、快捷的信息通路。

② 良好的性能，能够支持大容量和实时性的各类应用。

③ 能够可靠地运行，具有较低的故障率和维护要求。

④ 提供安全机制，满足保护公司信息安全的要求。

⑤ 用户使用简单，维护方便。

3.2.2 建网目标分析

建网目标的分析内容包括最终目标分析和近期目标分析。其中最终目标分析内容包括网络建设到怎样的规模；如何满足用户需求；采用的网络协议是否是 TCP/IP；体系结构是 Intranet 还是非 Intranet（即是否为企业网）；计算模式是采用传统 C/S 模式、B/S 模式还是采用 B/S/D 模式；网络上最多站点数和网络最大覆盖范围；网络安全性的要求；网络上必要的应用服务和预期的应用服务；根据应用服务需求对整个系统的数据量、数据流量及数据流向进行估计，从而可以大致确定网络的规模及其主干设备的规模和选型。网络建设的近期目标一般比较具体，容易实现，但是需要注意的是，近期建设目标所确定的网络方案必须有利于升级和扩展到最终建设目标，在升级和扩展到最终建设目标的过程中，尽可能保持近期建设目标的投资。

公司企业网项目必须实现以下的功能需求：

- 建设一个通畅、高效、安全、可扩展的公司企业网，支撑企业信息系统的运行，共享各种资源，提高公司办公和公司生产效率，降低公司的总体运行费用，网络系统必须运行稳定。

- 公司企业网需要满足公司各种计算机应用系统的大信息量的传输要求。

- 公司企业网要具备良好的可管理性。减轻维护人员的工作量，提高网络系统的运行质量。
- 公司企业网要具有良好的可扩展性。能够满足公司未来发展的需要，保护公司的投资。

3.2.3　网络应用需求分析

确定应用目标之前需要分析应用背景需求，概括当前网络应用的技术背景，明确行业应用的方向和技术趋势，以及本企业网络信息化的必然性。同时应用背景需求分析需要考虑实施网络集成的问题，包括国外同行业的信息化程度，以及取得了哪些成效，国内同行业的信息化趋势，本企业信息化的目的，本企业拟采用的信息化步骤等。

（1）分析网络应用目标的工作步骤

从企业高层管理者开始收集商业需求、收集用户群体需求、收集支持用户和用户应用的网络需求。

（2）典型网络设计目标

加强对分支机构或部署的调控能力。加强合作交流，共享重要数据资源。降低电信及网络成本，包括语音、数据、视频等独立网络的有关开销。电子商务网的运作模式会带来大量动态的 WWW 应用数据传输，会有相当一部分应用的主服务器有高速接入网络的需求。

3.2.4　网络性能需求分析

网络规划设计有严谨科学的技术指标，可以实现对设计网络性能的定量分析，因此在进行网络需求分析阶段，需要确定网络性能的技术指标。很多国际组织定义了明确的网络性能技术指标，这些指标为人们设计网络提供了一条性能基线（Baseline），主要分为两大类。

- 网元级：网络设备的性能指标。
- 网络级：将网络看作一个整体，其端到端的性能指标。

3.2.5　网络流量需求分析

1. Internet 基本行为和特性

在过去的 20 多年中，许多研究人员通过对 Internet 流量细致的分析和研究，揭示了Internet 基本行为和特性的几大规律。

（1）Internet 的通信量连续变化

Internet 通信量增长迅速，通信量的组成、协议、应用以及用户等都在变化，对现有网络收集的数据只是在 Internet 演化过程中的一个快照，不能把通信量的结构视为不变的。

（2）表征聚合的网络流量的特点很困难

Internet 具有异构性的本质，随多种协议、多种接入技术、接入速率、用户行为时间的变化而变化。

（3）网络流量具有"邻近相关性"效应

流量模式不是随机的，流量的结构域用户与在应用层发起的任务有关，各分组并非是独立的。网络流量在时间上、空间上都具有邻近相关性。同时，在主机级、路由器级和应用级都有该效应。

（4）分组流量分布并不均匀

例如，因为客户机服务器方式、地理原因等，使 10% 的主机占了总流量的 90%。

（5）分组长度呈现双模态

多段分组包括交互式的流量和确认，约占 40%，批量数据文件会使用长分组传输类型应用，这些分组尽可能长些（根据最大传输单元（Maximum Transmission Unit，MTU）要求），约占 50%。中等长度的分组很少，仅 10% 左右。

（6）多数 TCP 会话是简短的

90% 的会话交换的数据少于 10 KB，90% 的交互连接仅持续几秒，80% 的互联网文档传送小于 10 KB。

（7）网络流量具有双向性，但是通常并不对称

网络流量数据通常在两个方向流动，两个方向的数据量往往相差很大，尤其是下载互联网的大文件，多数应用都是使用 TCP/IP 流量。

2. 网络规划设计

综上分析可知，分析和确定当前网络通信量和未来网络容量需求是网络规划设计的基础。

（1）具体内容

① 参考 Internet 流量当前的特征。

② 需要通过基线网络来确定通信数量和容量。

③ 需要估算网络流量及预测通信增长量的实际操作方法。

（2）具体步骤

① 分析产生流量的应用的特点和分布情况，因而需要搞清楚现有应用和新应用的用户组和数据存储方式。

② 将网络划分成易于管理的若干区域，这种划分往往与网络的管理等级结构是一致的。在网络结构图上标注出工作组和数据存储方式的情况，定性分析出网络流量的分布情况。

③ 辨别出逻辑网络边界和物理边界，进而找出易于进行管理的域。其中，网络逻辑边界是能够根据使用一个或一组特定的应用程序的用户群来区分，或者根据虚拟局域网确

定的工作组来区分，网络物理边界可通过逐个连接来确定一个物理工作组，通过网络边界可以很容易地分割网络。

④ 分析网络通信流量特征包括辨别网络通信的源点和目的地，并分析源点和目的地之间数据传输的方向和对称性。因为在某些应用中，流量是双向对称的；而在某些应用中，却不具有这些特征。例如，用户机发送少量的查询数据，而服务器则发送大量的数据。而且在广播式应用中，流量是单向非对称的。

⑤ 在分析网络流量的最后，还需要对现有网络流量进行测量，一种是主动式的测量，通过主动发送测试分组序列测量网络行为；另一种是被动式的测量，通过被动俘获流经测试点的分组测量网络行为。通信流量的种类包括客户机/服务器方式（C/S）、对等方式（P2P）、分布式计算方式等。估算的通信负载一般包含应用的性质、每次通信的通信量、传输对象大小、并发数量、每天各种应用的频度等。

3.2.6　网络安全需求分析

满足基本的安全要求是网络成功运行的必要条件，在此基础上提供强有力的安全保障，是网络系统安全的重要原则。网络内部部署了众多网络设备、服务器。要保护这些设备的正常运行，维护主要业务系统的安全，是网络的基本安全需求。对于各种各样的网络攻击，如何在提供灵活且高效的网络通信及信息服务的同时，抵御和发现网络攻击并且提供跟踪攻击的手段是网络基本的安全要求。

（1）网络基本安全要求的主要表现

① 网络正常运行，在受到攻击的情况下，能够保证网络系统继续运行。

② 网络管理/网络部署的资料不被窃取。

③ 具备先进的入侵检测及跟踪体系。

④ 提供灵活而高效的内外通信服务。

（2）应用系统的安全体系

与普通网络应用不同的是，应用系统是网络功能的核心。对于应用系统应该具有最高的网络安全措施。

① 检查安全漏洞：通过对安全漏洞的周期检查，即使攻击可到达攻击目标，也可使绝大多数攻击无效。

② 攻击监控：通过对特定网段、服务建立的攻击监控体系、实时检测出绝大多数攻击，并采取相应的行动（如断开网络连接、记录攻击过程、跟踪攻击源等）。

③ 加密通信：主动的加密通信可使攻击者不能了解、修改敏感信息。

④ 认证：良好的认证体系可防止攻击者假冒合法用户。

⑤ 备份和恢复：良好的备份和恢复机制可在攻击造成损失时，尽快地恢复数据和系统服务。

⑥ 多层防御：攻击者在突破第一道防线后延缓或阻断其到达攻击目标。

⑦ 隐藏内部信息：使攻击者不能了解系统内的基本情况。

3.2.7 网络冗余及灾难恢复需求分析

容灾技术是系统的高可用性技术的组成部分，容灾系统更加强调处理外界环境对系统的影响，特别是灾难性事件对整个 IT 节点的影响，提供节点级别的系统恢复功能。根据容灾系统对灾难的抵抗程度，可分为数据容灾和应用容灾。

数据容灾是指建立一个异地的数据系统，该系统是对本地系统关键应用数据实时复制。当出现灾难时，可由异地系统迅速接替本地系统而保证业务的连续性。

应用容灾比数据容灾层次更高，即在异地建立一套完整的、与本地数据系统相当的备份应用系统（可以同本地应用系统互为备份，也可与本地应用系统共同工作）。在灾难出现后，远程应用系统迅速接管或承担本地应用系统的业务运行。设计一个容灾备份系统，需要考虑多方面的因素，如备份/恢复数据量大小、应用数据中心和备份数据中心之间的距离和数据传输方式、灾难发生时所要求的恢复速度、备援中心的管理及投入资金等。

根据这些因素和不同的应用场合，通常可将容灾备份分为 4 个等级。

- 第 0 级：没有备份中心。这一级容灾备份，实际上没有灾难恢复能力，它只在本地进行数据备份，并且被备份的数据只在本地保存，没有送往异地。

- 第 1 级：本地磁带备份，异地保存。在本地将关键数据备份，然后送到异地保存。灾难发生后，按预定的数据恢复程序恢复系统和数据。这种方案成本低、易于配置。但当数据量增大时，存在存储介质难管理的问题，并且当灾难发生时存在大量数据难以及时恢复的问题。为了解决此问题，灾难发生时，先恢复关键数据，后恢复非关键数据。

- 第 2 级：热备份站点备份。在异地建立一个热备份点，通过网络进行数据备份，也就是通过网络以同步或异步方式，把主站点的数据备份到备份站点。备份站点一般只备份数据，不承担业务。当出现灾难时，备份站点接替主站点的业务，从而维护业务运行的连续性。

- 第 3 级：活动备份中心。在相隔较远的地方分别建立两个数据中心，它们都处于工作状态，并进行相互数据备份。当某个数据中心发生灾难时，另一个数据中心接替其工作任务。这种级别的备份根据实际要求和投入资金的多少，又可分为两种：两个数据中心之间只限于关键数据的相互备份；两个数据中心之间互为镜像，即零数据丢失等。零数据丢失是目前要求最高的一种容灾备份方式，它要求不管什么灾难发生，系统都能保证数据的安全。所以，它需要配置复杂的管理软件和专用的硬件设备，需要的投资相对而言是最大的，但恢复速度也是最快的。

为保证数据业务网的核心业务的不中断运行，在网络整体设计和设备配置上都是按照双备份要求设计的。在网络连接上消除单点故障，提供关键设备的故障切换。关键设备之间的物理链路采用双路冗余连接，按照负载均衡方式或 active-active 方式工作。关键主机可采用双路网卡来增加可靠性。全冗余的方式使系统达到电信级可靠性。要求网络具有设备/链中故障毫秒的保护倒换能力。

📖 项目实施

项目以"重庆有货电子商务有限公司"的网络架构为背景，在传统网络架构上进行改造升级，完成 IDC 机房的设计与部署。

需要完成的任务如下。

- 能够进行 IDC 机房的多区域设计。
- 能够进行多地数据备份与同步设计。
- 能够实现系统远程维护。

3.3　任务 1：IDC 机房网络设计及部署

IDC 机房网络设计与部署

IDC 作为提供资源外包服务的基地，它可以为企业和各类网站提供专业化的服务器托管、空间租用、网络批发带宽甚至 ASP、EC 等业务。简单理解，IDC 是对入驻企业、商户或网站服务器群托管的场所；是各种模式电子商务赖以安全运作的基础设施，也是支持企业及其商业联盟（其分销商、供应商、客户等）实施价值链管理的平台。形象地说，IDC 是个高品质机房，在其建设方面，对各个方面都有很高要求。

3.3.1　IDC 多区域网络设计

随着云计算技术的兴起，特别是虚拟化技术的引入，不仅有效缓解了当前的瓶颈，同时也带来新的业务增长点。在许多 IDC 机房开始逐步建设云资源池，具体包含云主机、云存储、云网络等云业务。

1. IDC 建设的基础

开展云计算业务对 IDC 网络建设提出了新的要求，总的来说就是 IDC 网络云建设，主要有以下 3 点：

（1）服务器虚拟化要求建设大二层网络

云计算业务的主要技术依靠虚拟化，目前主要是指服务器的虚拟化。服务器虚拟化的重要特点之一是可以根据物理资源等使用情况，在不同物理机之间进行虚拟机迁移和扩展。这种迁移和扩展要求不改变虚拟机的 IP 地址和 MAC 地址，因此只能在二层网络中实现，当资源池规模较大时，二层网络的规模随之增大。当前 IDC 机房大力开展云计算资源池建设，对于网络而言，大二层网络的建设是重要的基础。

（2）不同租户之间需二层隔离

对于云计算业务而言，用户规模很大，网络的二层规模也很大。从 IDC 业务角度而言，不同租户之间互相隔离是必然需求。在传统的隔离实现中，VLAN 隔离是非常常用的技术手段，但在一个大规模的二层网络中使 VLAN 来隔离不同租户是不现实的。在一个局域网中，VLAN 的最大数量为 4 096，而 IDC 的租户数量却远远超过这个数值。因此对于运营云计算业务的 IDC 网络而言，如何在满足大规模租户数量的同时实现租户之间隔离是需要重点考虑的问题。

（3）云主机等业务的访问需要 NAT 设备

针对云主机业务租户而言，运营商通常规划私网 IP 地址给租户使用，而实际使用者则位于公网，实现公网和私网间的互访，必须配置防火墙设备实现 NAT 功能，同时防火墙也实现了内外网的隔离，起到保护内网的作用。

2. IDC 网络的层次架构

重庆有货电子商务有限公司的传统网络结构和云资源池 IDC 网络有较大区别，但从逻辑拓扑而言，都可以分为出口路由区、核心交换区、接入网络区和公司业务区 4 个区域，如图 3-3-1 所示。

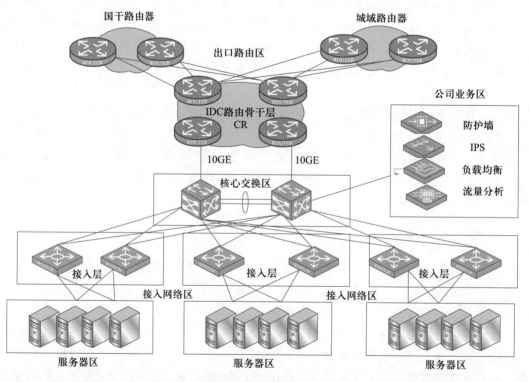

图 3-3-1　IDC 网络结构

（1）出口路由区

出口路由区的主要功能是作为 IDC 机房的出口，与国干网和城域网互联，完成外部网络和 IDC 内网的三层互通，通常由两台 CR 路由器组成。对于某些城市建设有多个 IDC 机房，若每个 IDC 机房之间与国干网和城域网互联，则会比较浪费国干网和城域网设备的端口资源和线路资源。因此，通常再建设一个 IDC 路由三层网络，骨干层中的两台 CR 路由器直接与国干网和城域网互联，各机房 IDC 出口 CR 路由器则与骨干层出口路由器互联。

（2）核心交换区

核心交换区配置 IDC 内网核心交换机，作为接入层与出口路由区的互联设备，起到汇聚流量的作用，同时 IDC 内部流量互通也可以通过核心交换机完成。在云计算业务兴起后，为扩大二层网络规模，同时提高内网效率，网络交换大多采用核心层加接入层的扁平化组网，不再设置汇聚层。为了实现高密接入，核心交换机通常采用数据中心级设备，具有高吞吐、大缓存等特点，同时通过 IRF2 网络虚拟化技术，将多台核心交换机虚拟成一台，既提高接入密度，又方便管理。

（3）接入网络区

接入网络区下联物理服务器，上联核心交换机，主要部署千兆或万兆交换机。由于物理服务器数量多，且每台物理服务器均有多个端口，这就要求接入层交换机需要实现高密接入。当前，在 IDC 网络中，接入交换机通常以 TOR 方式在每个机柜部署两台，实现本机柜的服务器接入。接入交换机通常采用千兆下行（连接服务器），万兆上行（连接核心交换机）的连接方式，并通过 RF2 技术进行虚拟化部署。

（4）公司业务区

公司业务区部署与公司业务相关的设备，包括防火墙、IPS、负载均衡等设备。这些设备通常以旁挂核心交换机的方式进行设计，根据业务需求，在核心交换机上将流量引到增值业务区处理。

对于云主机等业务，由于规划使用私网 IP 网段，因此必须使用防火墙实现 NAT 转换，该防火墙设备通常也以旁挂方式部署在核心交换机上。

3.3.2　多机房数据备份及同步网络设计

单一机房出现故障时，业务停止，数据无法访问。不同地域的用户请求响应延时不同，CDN 只能解决静态资源访问加速。多机房可以备份用户和系统数据，保证数据安全，一个机房出现故障可以切换到另外机房，提高系统可用性，按用户地域合理分配，访问就近的机房。

1. 备份方式

目前比较实用的数据备份方式可分为本地备份异地保存、远程磁带库与光盘库、远程关键数据与定期备份、远程数据库复制、网络数据镜像、远程镜像磁盘 6 种。

（1）本地备份异地保存

按一定的时间间隔（如一天）将系统某一时刻的数据备份到磁带、磁盘、光盘等介质上，然后及时传递到远离运行中心的安全地方保存起来。

（2）远程磁带库与光盘库

通过网络将数据传送到远离生产中心的磁带库或光盘库系统。本方式要求在生产系统与磁带库或光盘库系统之间建立通信线路。

（3）远程关键数据与定期备份

该方式定期备份全部数据，同时生产系统实时向备份系统传送数据库日志或应用系统交易流水等关键数据。

（4）远程数据库复制

在与生产系统相分离的备份系统上建立生产系统上重要数据库的一个镜像拷贝，通过通信线路将生产系统的数据库日志传送到备份系统，使备份系统的数据库与生产系统的数据库数据变化保持同步。

（5）网络数据镜像

指对生产系统的数据库数据和重要的数据与目标文件进行监控与跟踪，并将对这些数据及目标文件的操作日志通过网络实时传送到备份系统，备份系统则根据操作日志对磁盘中数据进行更新，以保证生产系统与备份系统数据同步。

（6）远程镜像磁盘

利用高速光纤通信线路和特殊的磁盘控制技术将镜像磁盘安放到远离生产系统的地方，镜像磁盘的数据与主磁盘数据以实时同步或实时异步方式保持一致。磁盘镜像可备份所有类型的数据。

2. 备份拓扑网络结构

重庆有货电子商务公司拥有两个不同地点的中心机房（即滨江中心机房和渝北区中心机房），在这个基础上是可以构建一个异地容灾的数据备份系统，以确保本单位的系统正常运营并能对关键业务数据进行有效的保护，如图 3-3-2 所示。

本方案中，采用 EMC 的 CDP 保护技术来实现数据的连续保护和容灾系统。

① 在滨江数据中心部署一台 EMC 480 统一存储平台，配置一个大容量光纤磁盘存储设备，作为整个系统数据集中存储平台。

② 在渝北区数据中心部署一台 EMC 480 统一存储系统，配置一个大容量光纤磁盘存储设备，作为整个平台的灾备存储平台。

③ 两地各部署两台 EMC RecoverPoint/SE RPA，采用 CLR 技术，即 CDP（持续数据保护）+CRR（持续远程复制），实现并发的本地和远程数据保护。

④ 在滨江区数据中心本地采用 EMC RecoverPoint/SE CDP（持续数据保护）技术实现本地的数据保护。

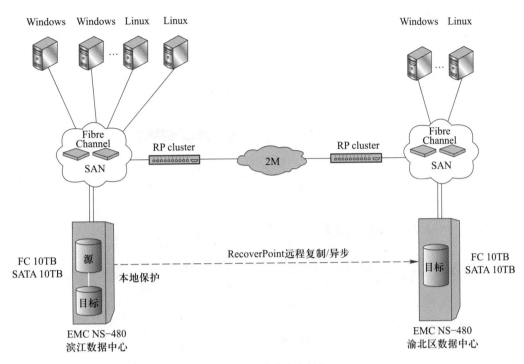

图 3-3-2　异地容灾结构

两地采用 EMC RecoverPoint/SE CRR（持续远程复制）技术，实现远程的数据保护。由于两地之间专线的带宽有限，可以采用 EMC Recoverpoint/SE 异步复制技术，将滨江数据中心 EMC480 上的数据定时复制到渝北区数据中心。根据带宽的大小，如果后期专线带宽有所增加，RecoverPoint 会自动切换同步、异步、快照时间点 3 种复制方式，尽最大可能保证数据的零丢失。

3. 持续数据保护（CDP）设计

当服务器对生产卷有写命令操作时，存储系统将需要写入的数据写入到存储器的同时，利用 CLARIION 拆分器（Spliter）将写命令同时传送一份到 RPA 上，RPA 收到写命令返回写成功给服务器，同时将数据连同时间戳、应用事件或标签等一并写入日志卷，RPA 再根据日志卷信息分布地将数据写入复制卷，如图 3-3-3 所示。

4. 持续远程数据复制过程（CRR）设计

当服务器对生产卷有写命令操作时，存储系统将需要写入的数据写入到存储器的同时，利用 CLARIION 拆分器（Spliter）将写命令同时传送一份到 RPA 上，RPA 收到写命令返回写成功给服务器，经过 RPA 处理（对数据进行压缩），通过专线网络将数据传送到渝北区数据中心的 RecoverPoint 设备处，形成历史快照后，再写入到渝北区中心的 EMC 480 磁盘阵列系统中，保持与滨江区数据中心 EMC 480 阵列上的数据一致性，如图 3-3-4 所示。

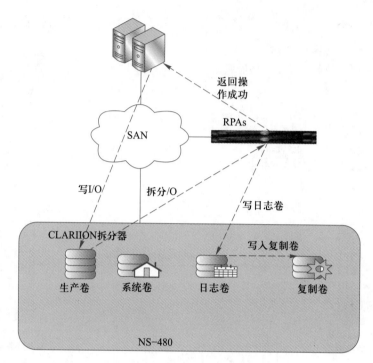

图 3-3-3 本地数据保护设计

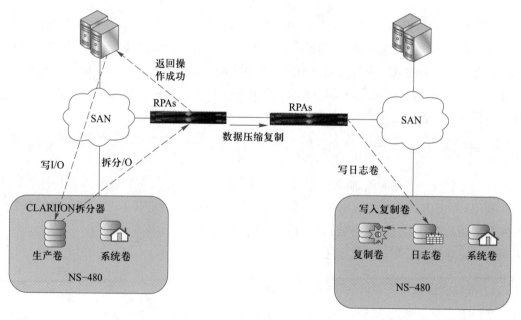

图 3-3-4 远程数据复制过程设计

5. 数据恢复过程设计

- **本地恢复:** 在本地如发生服务器故障、数据损坏、软件错误、病毒和最终用户错误等常见问题造成的数据丢失，利用本地的 CDP 即可快速恢复到任意时间点的数据。

- 异地恢复：在渝北区数据中心配置与滨江区本地系统相同的应用服务器作为备用，一旦滨江区本地数据中心灾难发生，由于数据已经传送到渝北区数据中心，可以直接将数据附加到已配置好的灾备服务器上，配置好网络路由等细节，即可启动应用，恢复原业务系统。

RecoverPoint/SE 不经过主机不影响主机性能，无须安装任何软件，完全独立地运行。通过 IP 网络，搭建数据容灾架构，延长容灾的距离，充分利用现有资源，完成数据的容灾保护，为保障数据的高安全性和可靠性打下良好基础。

3.3.3　IDC 远程运维网络设计及部署

运维的终端设备越来越多，数据中心维护人员选择哪种远程运维方式非常重要。适合的公司网络方案，不但提升运维效率，还能保证安全。以下就是几种常见的远程运维方式。

1. VPN

VPN 是比较常见的一种运维方式，VPN 是系统集成的网络连接方式，并且是能够实现跨平台的操作。同时这种方式的操作非常简单，而且有很好的安全性保护，当前不少厂家推出了自己的 VPN 解决方案，这些方案在安全性和易用性方面有了很大的提高。如果公司采用这样的方案，那进行运维就方便很多。

2. 专业运维

针对越来越多的远程运维方案，也有不少公司开始推出专业的远程运维方案。这些运维方案对网络设备进行维护，既可以在设备的近端安装客户端实现，也可以在远离设备的地方安装客户端实现。这是需要公司投资的，而且需要在各个网络节点进行部署，所以需要很大的资金支持，如果公司有这个实力的话，还是需要部署的。

3. 第三方软件

利用第三方软件来实现远程运维是一个非常不错的方式，而且这种方式相对来说更便宜，但是安全性和稳定性参差不齐，因此若业务非常重要，还是尽量选择其他的方式运维。

重庆有货电子商务有限公司的 VPN 远程安全运维结构，如图 3-3-5 所示。

该方案的核心步骤如下：

① 定义一个企业网内的专用运维网段，网段的可用 IP 与运维人员规模相匹配。

② 搭建 VPN 网关，将运维网段设为 VPN 网关的地址分配池。

③ 在 VPN 网关上为运维人员分配账号，并对账号可访问的目标地址和端口进行权限控制。

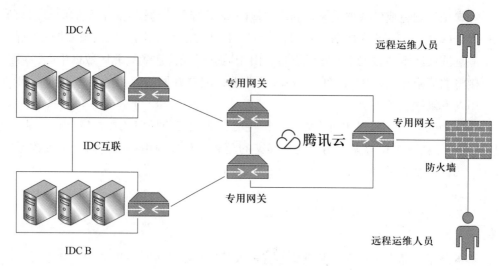

图 3-3-5　采用 VPN 技术实现远程运维

④ 对所有安全敏感的网络设备和应用，仅允许运维网段的访问。VPN 网关作为唯一中间跳板，运维人员仅能先登录 VPN 网关，才能再登录网络设备或服务器。

⑤ 搭建通用日志服务器，统一收集网络设备、服务器和 VPN 网关的相关日志，完成基本的审计功能。

3.4　任务 2：典型网络故障处理　

典型网络故障处理

网络故障（Network Failure）是指由于硬件的问题、软件的漏洞、病毒的侵入等引起网络无法提供正常服务或降低服务质量的状态。

3.4.1　路由故障的诊断与处理

对当前大多数网络来说，无论是实现网络互联还是访问 Internet，路由是不可或缺的。由于路由的重要性，对它的管理就成了网络维护人员的日常工作中重要的一部分，而路由的故障分析和排除也是令许多网络维护人员极为困扰的问题之一。路由的故障非常多，本节将以华三路由设备为例进行讲解。

1. 路由故障的诊断与处理步骤

对路由故障的诊断与测试，关键在于找出故障点范围，然后再根据请求报文的报头信息（源 IP 地址和目标 IP 地址），结合故障点范围内的三层设备的路由表的分析，找出所缺的路由或回程路由，从而实现对故障的解决处理。

对路由故障的诊断分析，可遵循以下步骤和方法来进行。

① 从用户主机或某一网络设备 ping 目标主机或目标网络设备，检查网路是否通畅。若不能 ping 通，则使用 tracert 命令进行路由追踪，诊断确定出网路中的故障点位置。

② 根据出去的请求报文的目标 IP 地址，沿报文出去的路径，在故障点范围内的各三层设备上，依次查看路由表信息，重点检查有没有请求报文要到达的目标网络的路由。

③ 若某一个三层设备上有请求报文要到达的目标网络的路由，则继续沿出去的路径，检查相邻的下一个三层设备上是否也有相关的路由。按照这种检查方式，一路查找分析下去，直到报文要到达的目标主机为止。

④ 若发现某一个三层设备上没有相应的路由，则添加相应的路由，路由添加后，再进行 ping 测试，若能 ping 通，则故障点找到，故障解决。

⑤ TCP 建立连接是双向的，有去就有回。如果请求报文能正确到达目标主机，接下来就应诊断分析响应报文回来的路径上，各三层设备是否都配置好了回程路由。

⑥ 增加考虑报文的目标端口和源端口号，分别沿请求报文出去的路径和响应报文回来的路径，诊断分析是否有三层设备上的 ACL 报文过滤规则，禁止了 ICMP 报文通过或禁止访问某一目标端口。

⑦ 如果网络上的三层设备上没有配置 ACL 报文过滤规则，或者 ACL 报文过滤规则没有做相关的限制，则接下来分别检查源主机和目标主机的防火墙设置。

2. 路由故障实例网络拓扑结构

采用重庆有货电子商务有限公司的网络结构来分析路由故障，如图 3-4-1 所示。

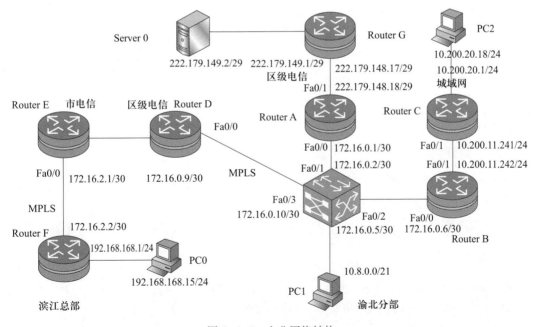

图 3-4-1　企业网络结构

滨江总部网络使用 192.168.0.0/16 的网络地址。滨江总部给渝北分部分配指定的网络地址为 10.8.0.0/21，渝北分部所在的城域网给渝北分部分配使用的网络地址是 10.200.11.0/24。渝北分部申请到的公网地址为 222.179.148.16/29。

现规划渝北分部局域网的三层设备互连接口使用 172.16.0.0/24 网段，通过子网划分来提供各互连接口地址子网段。

3. 配置路由故障实现环境

（1）配置互连接口 IP 地址

各三层设备的互连链路采用路由工作模式。为此，需要在互连的三层设备的互连接口上配置接口 IP 地址、路由和回程路由。

（2）配置中心交换机接口地址

```
Fa0/1 接口地址：172.16.0.2/30        255.255.255.252
Fa0/2 接口地址：172.16.0.5/30        255.255.255.252
Fa0/3 接口地址：172.16.0.10/30       255.255.255.252
```

（3）RouterA 路由器的接口地址

RouterA 路由器的 Fa0/0 与中心交换机互联。

```
Fa0/0 接口地址：172.16.0.1         255.255.255.252
```

Fa0/1 用于连接 ISP 服务商，接口地址为公网地址。

```
Fa0/1 接口地址：222.179.148.18      255.255.255.248
```

（4）配置路由与回程路由

中心交换机的出口有 3 条，因此要配置 3 条路由。到 Internet 的路由配置成默认路由，其下一跳地址应是 RouterA 路由器与之互联的接口地址。其余两条根据所能通达的目标网络地址，配置成静态路由。

① 配置到 Internet 的路由。

```
ip route-static 0.0.0.0 0.0.0.0 172.16.0.1
```

② 配置访问滨江总部网络的路由。

```
ip route-static 192.168.0.0 255.255.0.0 172.16.0.9
```

③ 配置访问城域网的路由。

```
ip route-static 10.200.0.0 255.255.0.0 172.16.0.6
```

④ 配置 RouterA 路由器的路由与回程路由。

```
RouterA(config)#ip route-static 0.0.0.0 0.0.0.0 222.179.148.17
RouterA(config)#ip route-static 10.8.0.0 255.255.248.0 172.16.0.2
```

⑤ 配置滨江总部 RouterF 路由器，添加到渝北分部的回程路由。

```
RouterF(config)#interface fastEthernet 0/0
RouterF(config-if)#ip address 172. 16. 2. 2 255. 255. 255. 252
RouterF(config-if)#quit
RouterF(config)#ip route 10. 8. 0. 0 255. 255. 248. 0 172. 16. 2. 1
```

⑥ 在 RouterB 路由器上，配置到城域网的默认路由和回程路由。

```
Router(config)#sysname RouterB
RouterB(config)#interface fastEthernet 0/0
RouterB(config-if)#ip address 172. 16. 0. 6 255. 255. 255. 252
RouterB(config-if)#interface fastEthernet 0/1
RouterB(config-if)#ip address 10. 200. 11. 242 255. 255. 255. 0
RouterB(config-if)#quit
RouterB(config)#ip route-static 0. 0. 0. 0 0. 0. 0. 0 10. 200. 11. 241
RouterB(config)#ip route-static 10. 8. 0. 0 255. 255. 248. 0 172. 16. 0. 5
```

以下方面的配置内容由城域网的网管人员和 ISP 运营商的网管人员，在他们自己的网络设备上要做相应配置，以保证整个网络的通畅。由于此处是实验，这部分配置内容，也应是实训人员完成，以保证本实训环境的网络能正常运行。

（5）城域网的网管人员应对 RouterC 路由器做的配置

```
Router(config)#sysname RouterC
RouterC(config)#interface fastEthernet 0/1
RouterC(config-if)#ip address 10. 200. 11. 241 255. 255. 255. 0
RouterC(config-if)#quit
RouterC(config)#ip route-static 10. 200. 11. 0 255. 255. 255. 0 10. 200. 11. 242
```

（6）ISP 服务商应做的相关配置

ISP 服务商应对 RouterD、RouterE 和 RouterG 路由器进行相应配置。该配置工作由电信服务商完成。

① 配置 RouterD 路由器。

```
Router(config)#sysname RouterD
RouterD(config)#interface fastEthernet 0/0
RouterD(config-if)#ip address 172. 16. 0. 9 255. 255. 255. 252
RouterD(config-if)#interface fastEthernet 0/1
RouterD(config-if)#ip address 172. 16. 2. 5 255. 255. 255. 252
RouterD(config-if)#quit
RouterD(config)#ip route-static 192. 168. 0. 0 255. 255. 0. 0 172. 16. 2. 6
RouterD(config)#ip route-static 10. 8. 0. 0 255. 255. 248. 0 172. 16. 0. 10
```

② 配置 RouterE 路由器。

```
Router(config)#sysname RouterE
RouterE(config)#interface fastEthernet 0/1
RouterE(config-if)#ip address 172.16.2.6 255.255.255.252
RouterE(config-if)#interface fastEthernet 0/0
RouterE(config-if)#ip address 172.16.2.1 255.255.255.252
RouterE(config-if)#quit
RouterE(config)#ip route-static 192.168.0.0 255.255.0.0 172.16.2.2
RouterE(config)#ip route-static 10.8.0.0 255.255.248.0 172.16.2.5
```

③ 配置 RouterG 路由器。

```
Router(config)#sysname RouterG
RouterG(config)#interface fastEthernet 0/1
RouterG(config-if)#ip address 222.179.148.17 255.255.255.248
RouterG(config-if)#quit
RouterG(config)#ip route-static 222.179.148.16 255.255.255.248 222.179.148.17
```

到此为止,实训环境的三层设备的互连互通配置就完成了。

(7) 配置测试机的 IP 地址及网关地址

对 PC0、PC1、PC2 和 Server0 测试机分别配置 IP 地址和网关地址。对于与路由器直接相连的测试机,其网关地址设置为与之互连的路由器的接口地址。对于连接在中心交换机 Fa0/4 端口的 PC1 测试机,其网关地址设置为所在 VLAN 的 VLAN 接口地址(10.8.0.1)。

(8) 配置与测试机相连的路由器的接口地址,并在中心交换机上创建 VLAN

① 配置 RouterF 路由器。

```
RouterF(config)#interface fastEthernet 0/1
RouterF(config-if)#ip address 192.168.168.1 255.255.255.0
```

② 配置 RouterG 路由器。

```
RouterG(config)#interface fastEthernet 0/0
RouterG(config-if)#ip address 222.177.149.1 255.255.255.248
```

③ 配置 RouterC 路由器。

```
RouterC(config)#interface fastEthernet 0/0
RouterC(config-if)#ip address 10.200.20.1 255.255.255.0
```

④ 在中心交换机上创建 VLAN,将测试机连接的 Fa0/4 划入该 VLAN。

```
Switch(config)#vlan 10
Switch(config-vlan)# port fastEthernet 0/4
Switch(config-if)#interface vlan 10
Switch(config-if)#ip address 10.8.0.1 255.255.255.0
```

4. 网络通畅性测试与路由追踪

（1）测试渝北分部与滨江总部网络的互访

在 PC1 主机中测试能否访问滨江总部内网中的 PC0 主机。

在测试之前，首先 ping PC1 主机的网关地址，看能否 ping 通，若能 ping 通，再 ping PC0 主机的 IP 地址，若能 ping 通，则说明渝北分部到滨江总部的网络通畅。

在 PC1 主机的命令行，ping PC1 主机的网关地址。

```
PC>ping 10.8.0.1
PC>ping 192.168.168.15
```

检查结果：通畅。

从检查结果可见，渝北分部到滨江总部的网络通畅。下面在 PC1 主机上，追踪到滨江总部网络报文所走的路径，以进一步验证报文所走的路径是否正确。

```
PC>tracert 192.168.168.15
Tracing route to 192.168.168.15 over a maximum of 30 hops:
  1    32 ms      31 ms      31 ms      10.8.0.1
  2    63 ms      47 ms      63 ms      172.16.0.9
  3    78 ms      93 ms      78 ms      172.16.2.6
  4    110 ms     125 ms     110 ms     172.16.2.2
  5    125 ms     156 ms     141 ms     192.168.168.15
Trace complete.
```

从以上追踪情况可见，报文所走的路径正常，网路通畅。

在 PC0 主机中，ping PC1 主机的 IP 地址，检查滨江总部用户能否访问渝北分部的网络。

```
PC>ping 10.8.0.2
```

检查结果：通畅。

从以上检查可见，渝北分部与滨江总部网络之间的互访正常，网路通畅，没有问题。

（2）检测渝北分部与城域网的互访

在 PC1 主机中，ping 位于城域网中的 PC2 主机，检查网路是否通畅。

```
PC>ping 10.200.20.18
```

检查结果：不通！

下面进行路由追踪，确定故障点的大致位置。

```
PC>tracert 10.200.20.18
Tracing route to 10.200.20.18 over a maximum of 30 hops:
1    31 ms     31 ms     32 ms     10.8.0.1
2    63 ms     47 ms     48 ms     172.16.0.6
```

3	*	*	*	Request timed out.
4	*	*	*	Request timed out.
5	*	*	*	Request timed out.

从输出信息可见，网路通达一部分，报文能正确到达 RouterB 路由器的 Fa0/0 接口（172.16.0.6），从中心交换机出来所走的路径正确，但链路的后续部分不能通达，说明故障点在 RouterB 路由器与 RouterC 路由器之间的范围。

（3）检测渝北分部用户对 Internet 的访问

在 PC1 主机中，ping Internet 中的 Server0 服务器，检查到达 Internet 的网络是否通畅。

```
PC>ping 222.177.149.2
```

检查结果：不通！

下面进行路由追踪，确定故障点的大致位置。

```
PC> tracert 222.177.149.2
Tracing route to 222.177.149.2 over a maximum of 30 hops：
1    31 ms      32 ms      31 ms      10.8.0.1
2    62 ms      62 ms      63 ms      172.16.0.1
3    *          *          *          Request timed out.
4    *          *          *          Request timed out.
```

从输出信息可见，网路通达一部分，报文能正确到达 RouterA 路由器的 Fa0/0 接口（172.16.0.1），从中心交换机出来所走的路径正确，但链路的后续部分不能通达，说明故障点在 RouterA 路由器与 Server0 服务器之间的范围。

5. 路由故障的诊断分析与处理

在前面对故障的诊断检测中，初步诊断出网络故障范围为 RouterB 路由器至 PC2 主机之间的网络。

下面在 PC2 主机中，检查其 IP 地址设置和网关地址设置是否正确，然后再 ping 其网关地址 10.200.20.1，若能 ping 通网关地址，则故障范围可进一步缩小为 RouterB 路由器与 RouterC 路由器之间。

① 查看 PC2 主机的 IP 地址和网关地址设置是否正确。

② ping 网关地址（10.200.20.1）检查该主机到网关的网络。

通过以上两方面的检查，没有问题，说明网络故障点在城域网的 RouterC 路由器和渝北分部的 RouterB 路由器之间。

沿渝北分部访问城域网的请求报文出去的路径，在 RouterB 与 RouterC 之间，检查分析出去的路由是否配置，配置是否正确。

RouterB 的路由配置如下。

```
ip route-static 0.0.0.0 0.0.0.0 10.200.11.241
ip route-static 10.8.0.0 255.255.248.0 172.16.0.5
ip route-static 0.0.0.0 0.0.0.0 10.200.11.241
```

配置访问请求报文出去的默认路由，其下一跳地址为 10.200.11.241，即 RouterC 路由器的 Fa0/1 的接口地址。根据该条路由，访问请求报文是可以成功到达 RouterC 路由器的。由于 PC2 主机是与 RouterC 路由器直连，因此，访问请求报文能成功到达 PC2 主机。第 2 条路由规则为响应报文回渝北分部网络的回程路由。

从中可见，RouterB 路由器的路由配置是正确的，没有问题。

沿响应报文回来的路径，检查 RouterC 与 RouterB 路由器的路由配置。

PC2 主机收到访问请求报文后，其响应报文的目的地址将是 10.8.0.2，接下来在 RouterC 路由器上就应重点检查分析是否有到 10.8.0.0/24 网络的回程路由。

查看 RouterC 的路由规则如下。

```
ip route-static 10.200.11.0 255.255.255.0 10.200.11.242
```

该条路由是由城域网的网管人员配置的。从中可见，该路由器没有到 10.8.0.0/21 网络的路由，响应报文到达 RouterC 之后，就无法再转发了，从而导致网路不通。

分析故障原因如下。

导致 RouterC 路由器缺相应回程路由的原因比较特殊。城域网分配给渝北分部使用的网络地址（10.200.11.0/24）与滨江总部分配给渝北分部的网络地址（10.8.0.0/21）不在同一个网络，导致网络不通。

城域网管理员在配置 RouterC 路由器添加路由时，只会添加到 10.200.11.0/24 网络的路由，不会添加到 10.8.0.0/21 网络的路由，因为城域网内的 10.8.0.0/21 这个地址，有可能分配给其他单位在使用。

解决方案如下。

明白故障原因是缺少回程路由导致的，而且这缺少的回程路由不可能被添加，就必须想其他办法来进行解决。

找到故障产生的根源后，在 RouterB 路由器中，将与 RouterC 互连的接口地址配置使用 10.200.11.0/24 网段的某一个地址，如 10.200.11.242/24，然后在访问请求报文离开 RouterB 路由器时，对报文进行网络地址转换（NAT），将报文的源 IP 地址，替换修改为路由器的 Fa0/1 接口的地址（10.200.11.242），这样，响应报文的目标地址就会是 10.200.11.242。

由于 RouterC 路由器上有到达该网络的路由，这样，响应报文就能正常路由到 RouterB 路由器，响应报文到达 RouterB 路由器后，RouterB 再对接收到的响应报文进行目标地址的替换修改，将报文的目标地址修改为发起访问请求的源主机的 IP 地址。经过对目标地址修改后的报文，经 RouterB 路由器的路由转发后，就能最终到达发起访问请求的源主机，访问就会获得成功，网络链路也就能正常工作。

在前面的网络诊断测试中，渝北分部的内网用户也无法 ping 通 Internet 主机，内网用户也无法访问 Internet 主机，下面进一步详细诊断分析其故障原因和解决办法。

Internet 中的服务器与 Internet 互联的通畅性不用考虑，故障的诊断分析重点放在用户的局域网络与 Internet 接入服务商之间。

中心交换机配置有默认路由，下一跳指向服务商的 RouterG，因此，局域网的请求报文是可以到达 RouterG 路由器的。

由于局域网使用的是私网地址，而 Internet 路由器会丢弃含有私网地址的报文，因此，请求报文在到达 RouterG 路由器后，不会被转发，而被直接丢弃，这就是网路不通的原因。

故障解决方法如下。

在局域网的边界路由器 RouterA 上配置网络地址转换来解决。

通过配置 NAT，请求报文在发往 Internet 离开 RouterA 时，进行源地址的替换修改，将其修改为 RouterA 的 Fa0/1 的接口地址（公网地址），这样经修改后的报文就可在 Internet 中被正常路由转发。响应报文回到 RouterA 后，再进行目标地址的替换修改。

在路由器上配置好 NAT 之后，对源地址和目标地址的替换修改操作，是由路由器自动完成的。

配置好 NAT 之后，再进行 ping 测试，这时网路通畅。

✎【提示】实验时，在 RouterG 路由器上只能添加配置到 222.179.148.16/29 网络的路由，不能添加到 10.8.0.0/21 网络的回程路由（实际应用中，该条路由不可能被添加），否则，不配置 NAT，网路也是通畅的，原因是配置了路由。

3.4.2　TCP 连接故障的诊断与处理

传输控制协议（Transmission Control Protocol，TCP）和用户数据报协议（User Datagram Protocol，UDP）是传输层所使用的协议。TCP 提供面向连接的可靠传输服务，利用 TCP 协议传送数据时，要经过"建立连接→传送数据→释放连接"的过程。

1. TCP 连接的建立过程

TCP 协议主要是建立连接，然后从应用层的应用进程中接收数据并进行传输。利用 TCP 协议传送数据之前，应首先建立起 TCP 连接，其连接的建立过程又称为 TCP 的 3 次握手，如图 3-4-2 所示。

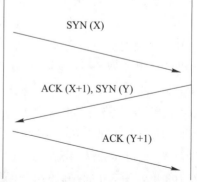

图 3-4-2　TCP 的 3 次握手建立连接

2. TCP 连接故障的诊断与处理步骤

TCP 连接故障是指无法正常建立起 TCP 连接，导致连接访问失败的一类网络故障。

TCP 连接故障大体分为两类：一种是在建立 TCP 连接的 3 次握手过程中出现问题，导致无法建立起 TCP 连接；另一种是由于要访问连接的目标主机的端口，在网络中的某一设备（如三层交换机、路由器或防火墙）上被封，导致无法建立起 TCP 连接。

因缺乏路由进一步导致无法建立 TCP 连接的故障，归类为路由故障。

TCP 故障诊断分析方法如下。

可从 TCP 连接请求报文出去的方向和响应报文回来的方向分别进行诊断分析，检查 TCP 请求报文能否正常到达目标主机，响应报文能否顺利回到源主机。在整个出去的链路和回来的链路上，还要检查相关的端口是否被封禁。

因此，在诊断分析过程中，对报文的源 IP 和源端口，目标 IP 和目标端口必须十分清楚，报文在转发过程中，源 IP 和源端口以及目标 IP 和目标端口的变化过程也要十分清楚，这样才有助于诊断分析出故障原因和故障点。

3. TCP 故障诊断与处理实例

（1）TCP 故障实例网络拓扑结构，如图 3-4-3 所示

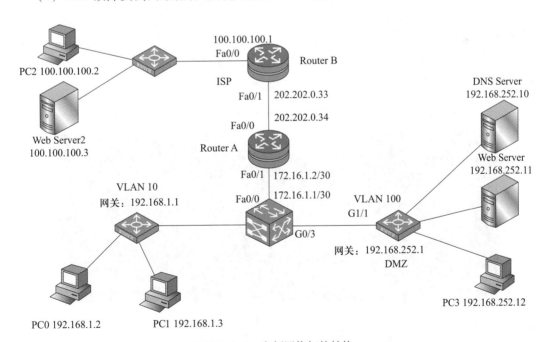

图 3-4-3　实例网络拓扑结构

（2）案例网络环境公网地址规划与配置说明

本案例局域网络申请到 8 个公网地址（202.202.0.32/29），为节约公网地址，这 8 个

地址就不再划分子网。除去网络地址（202.202.0.32）和广播地址（202.202.0.39）不能使用外，用户最终可用的公网地址数为 6 个。

202.202.0.33 作为网关地址，202.202.0.34 作为 RouterA 路由器的外网接口地址。内网用户访问 Internet 进行基于端口的网络地址转换时，将转换成该接口的公网地址。

（3）访问测试

内网用户访问 Internet，在内网的 PC0 主机上访问 Internet 中的 WebServer2 这台 Web 服务器，检查内网能否正常访问 Internet，如图 3-4-4 所示。

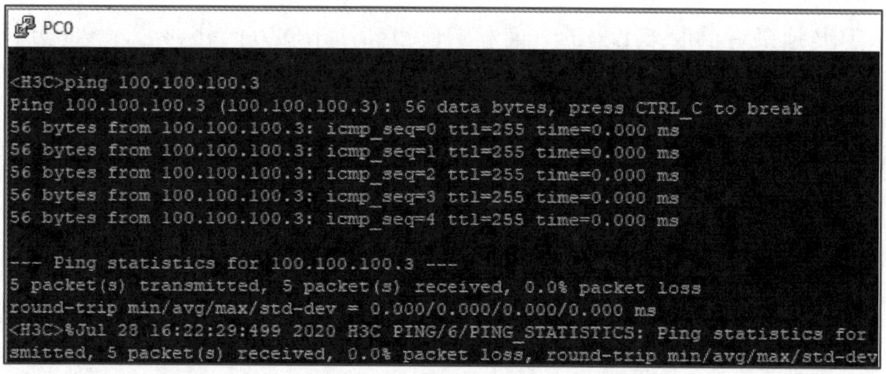

```
PC0

<H3C>ping 100.100.100.3
Ping 100.100.100.3 (100.100.100.3): 56 data bytes, press CTRL_C to break
56 bytes from 100.100.100.3: icmp_seq=0 ttl=255 time=0.000 ms
56 bytes from 100.100.100.3: icmp_seq=1 ttl=255 time=0.000 ms
56 bytes from 100.100.100.3: icmp_seq=2 ttl=255 time=0.000 ms
56 bytes from 100.100.100.3: icmp_seq=3 ttl=255 time=0.000 ms
56 bytes from 100.100.100.3: icmp_seq=4 ttl=255 time=0.000 ms

--- Ping statistics for 100.100.100.3 ---
5 packet(s) transmitted, 5 packet(s) received, 0.0% packet loss
round-trip min/avg/max/std-dev = 0.000/0.000/0.000/0.000 ms
<H3C>%Jul 28 16:22:29:499 2020 H3C PING/6/PING_STATISTICS: Ping statistics for
smitted, 5 packet(s) received, 0.0% packet loss, round-trip min/avg/max/std-dev
```

图 3-4-4　PC0 主机访问 WebServer2

访问结果：访问成功。

Internet 用户访问位于内网的 Web 服务器，PC2 使用 http://202.202.0.35 访问位于内网且使用内网地址的 Web 服务器，如图 3-4-5 所示。

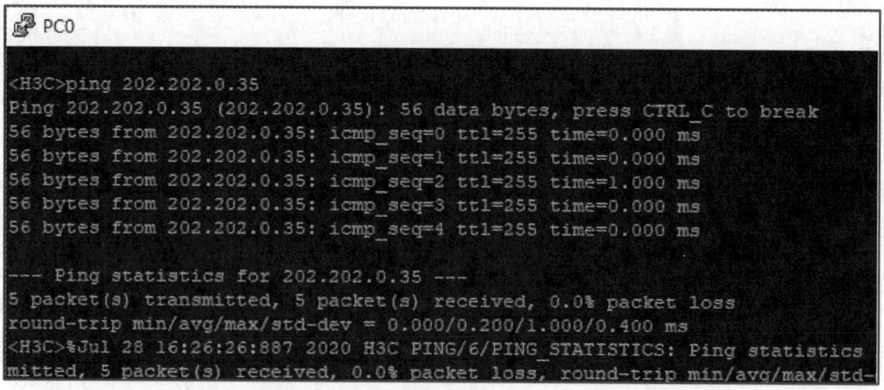

```
PC0

<H3C>ping 202.202.0.35
Ping 202.202.0.35 (202.202.0.35): 56 data bytes, press CTRL_C to break
56 bytes from 202.202.0.35: icmp_seq=0 ttl=255 time=0.000 ms
56 bytes from 202.202.0.35: icmp_seq=1 ttl=255 time=0.000 ms
56 bytes from 202.202.0.35: icmp_seq=2 ttl=255 time=1.000 ms
56 bytes from 202.202.0.35: icmp_seq=3 ttl=255 time=0.000 ms
56 bytes from 202.202.0.35: icmp_seq=4 ttl=255 time=0.000 ms

--- Ping statistics for 202.202.0.35 ---
5 packet(s) transmitted, 5 packet(s) received, 0.0% packet loss
round-trip min/avg/max/std-dev = 0.000/0.200/1.000/0.400 ms
<H3C>%Jul 28 16:26:26:887 2020 H3C PING/6/PING_STATISTICS: Ping statistics
mitted, 5 packet(s) received, 0.0% packet loss, round-trip min/avg/max/std-
```

图 3-4-5　PC2 访问位于内网的 Web 服务器

访问结果：访问成功。

内网用户使用内网地址访问内网 Web 服务器，在内网 PC0 主机上，使用内网地址 192.168.252.11 来访问内网 Web 服务器，如图 3-4-6 所示。

图 3-4-6　内网用户使用内网地址访问内网 Web 服务器

访问结果：访问成功。

内网用户使用内网服务器的公网地址进行访问，在内网主机 PC0 上，使用内网 Web 服务器的公网地址（202.202.0.35）进行访问，查看访问能否获得成功，如图 3-4-7 所示。

图 3-4-7　内网主机 PC0 使用内网 Web 服务器的公网地址访问内网 Web 服务器

访问结果：访问失败。

内网用户使用内网服务器的公网地址访问内网服务器为什么会失败呢？无法访问的原因是什么呢？

4. TCP 故障实例诊断分析

（1）发出访问请求报文

在 PC0 主机的浏览器中输入 http://202.202.0.35 并按 Enter 键后，此时就触发了 TCP 连接访问请求。PC0 主机就会发出与目标主机建立 TCP 连接的第一个访问请求报文，该报文的源 IP 为 192.168.1.2、目标 IP 为 202.202.0.35、源端口为 TCP 1025、目标端口为 TCP 80。

（2）访问请求报文路由到达出口路由器 RouterA

访问请求报文经接入交换机到达核心交换机，然后被核心交换机路由转发到出口路由器 RouterA。报文从 RouterA 的 Fa0/1 接口进入后，源地址经网络地址转换被修改为 202.202.0.34，目标地址（202.202.0.35）不变，然后报文被交给路由引擎进行路由转发。

☞【说明】路由器配置有 NAT，报文从内网口进入时，对报文的源地址进行替换修改，将其修改为 NAT 地址，然后再路由转发。从中可见，是先 NAT，后路由。

（3）出口路由器对报文进行路由转发处理

路由引擎检查发现报文的目标地址与 RouterA 路由器的 Fa0/0 接口地址处于同一网络，认为是可以直达的，不需要进行路由转发。接下来路由器发出一个 ARP 广播报文，以查询目标主机（202.202.0.35）的 MAC 地址。

ARP 查询广播报文经 RouterA 的出口（Fa0/0）到达 ISP_RouterB 路由器，随后 ARP 报文被丢弃。由于找不到目标主机，就没有任何一台主机会回复该 ARP 查询报文，无法获得目标主机的 MAC 地址，最后 RouterA 丢弃该访问请求报文。

（4）访问请求报文的走向及报文中 IP 的变化情况（如图 3-4-8 所示）

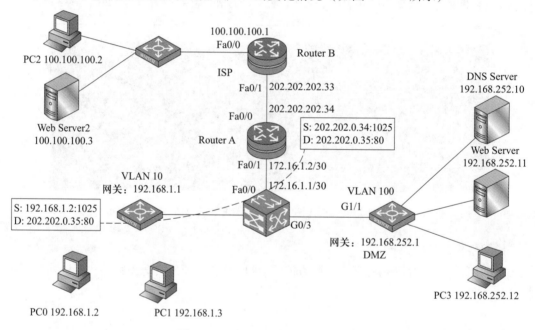

图 3-4-8　报文走向及 IP 变化情况

5. 案例故障的进一步测试与故障处理

路由器外网接口地址与 NAPT 地址在同一网段或相同，IP 映射公网地址在另一个网段。

（1）第 1 次重新规划设计公网地址的使用方式

将这 8 个公网地址划分成 2 个子网，除去网络地址和广播地址不能使用之外，每个子网有 2 个地址可以使用。

将 202.202.0.32/30 这个子网的两个有效地址，用作 RouterA 与 ISP RouterB 路由器的互连接口地址，202.202.0.36/30 子网用作内网服务器 IP 映射的公网地址使用，将 202.202.0.37 与内网服务器 192.168.252.11 建立 IP 映射。

（2）访问测试并追踪分析 TCP 报文

根据新的 IP 地址规划重新配置网络后，下面进行测试分析。

在 PC0 主机的浏览器中输入 http://202.202.0.37 并按 Enter 键，采用公网地址访问内网服务器。

TCP 连接请求报文由 PC0 主机发出后，经接入层交换机到达核心交换机，然后核心交换机将其路由转发到 RouterA 路由器。报文进入 RouterA 路由器时，源 IP 地址为 192.168.1.2，目标 IP 地址为 202.202.0.37，源端口为 TCP 1025，目标端口为 TCP 80。

报文从 RouterA 路由器的内网接口进入后，将进行网络地址转换，报文的源 IP 被替换修改为 202.202.0.34。

由于报文要到达的目的地址不在 RouterA 路由器的本地接口地址所处的网段，路由引擎将对其进行路由转发，走默认路由，报文将被路由转发到 ISP RouterB 路由器。

报文路由到 ISP RouterB 路由器之后，ISP RouterB 路由器又将其路由回 RouterA 路由器。

当报文再次从 RouterA 路由器的外网口 Fa0/0 进入路由器时，该报文就成为一个来自外部网络的报文，此时 RouterA 路由器就会检查 NAT 表，看是否有匹配项目以进行网络地址转换。

报文从外部网络进入路由器时，是对目的地址进行替换修改，最后报文的目的地址被替换修改为内网服务器的内网地址 192.168.252.11。

由于报文的源地址与 RouterA 路由器的某个本地接口（Fa0/0）的地址相同，此时路由器会丢弃该报文，报文无法到达内网服务器。从中可见，在这种网络配置方案下，内网用户使用公网地址也无法访问内网服务器。

请求报文的走向与报文头中的 IP 变化情况，如图 3-4-9 所示。

（3）第 2 次重新规划设计公网地址的使用方式

重新规划地址，使 NAPT 地址和服务器 IP 映射的公网地址在同一个网段，路由器外网接口地址在另一个网段。

202.202.0.32/30 子网作为 RouterA 和 ISP RouterB 的互连接口地址。202.202.0.36/30 子网中的 202.202.0.37 作为 NAPT 地址，将其定义成 NAT 地址池中的地址。202.202.0.38 作为内网服务器 IP 映射的公网地址，将其映射到内网的 192.168.252.11 服务器。

（4）访问测试

根据 IP 地址规划，重新配置网络，然后再访问测试。

在内网 PC0 主机的浏览器中，使用 http://202.202.0.38 地址访问内网的 Web 服务器，如图 3-4-10 所示。

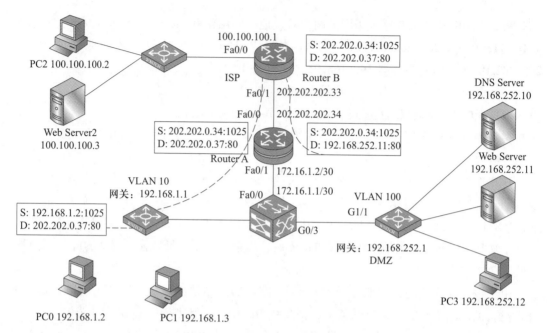

图 3-4-9   报文走向及 IP 变化情况

```
PC0
<H3C>%Aug  4 10:00:04:901 2020 H3C SHELL/5/SHELL_LOGIN: Console logged in from
<H3C>ping 202.202.0.38
Ping 202.202.0.38 (202.202.0.38): 56 data bytes, press CTRL_C to break
56 bytes from 202.202.0.38: icmp_seq=0 ttl=255 time=0.000 ms
56 bytes from 202.202.0.38: icmp_seq=1 ttl=255 time=0.000 ms
56 bytes from 202.202.0.38: icmp_seq=2 ttl=255 time=0.000 ms
56 bytes from 202.202.0.38: icmp_seq=3 ttl=255 time=0.000 ms
56 bytes from 202.202.0.38: icmp_seq=4 ttl=255 time=0.000 ms

--- Ping statistics for 202.202.0.38 ---
5 packet(s) transmitted, 5 packet(s) received, 0.0% packet loss
round-trip min/avg/max/std-dev = 0.000/0.000/0.000/0.000 ms
<H3C>%Aug  4 10:00:28:216 2020 H3C PING/6/PING_STATISTICS: Ping statistics for
mitted, 5 packet(s) received, 0.0% packet loss, round-trip min/avg/max/std-dev
```

图 3-4-10   重新规划后的内网 PC0 主机使用公网地址访问内网的 Web 服务器

访问结果：成功访问。

（5）诊断分析可以访问的原因

报文的源 IP 为 192.168.1.2，源端口为 TCP 1025，目的 IP 为 202.202.0.38，目的端口为 TCP 80。

TCP 报文由内网到达 RouterA 后从 Fa0/1 接口进入，之后对报文进行 NAT 转换，源 IP 替换为 NAT 地址池的地址 202.202.0.37。然后报文路由转发到 ISP RouterB，ISP RouterB 又重新路由回 RouterA。

当报文路由回 RouterA 时，成为一个从外部网络进来的报文，进行 NAT 操作中的目标地址替换修改。报文目标地址替换修改为 192.168.252.11，然后再进行路由转发，从而到达服务器。

内网服务器收到访问请求报文后，生成的响应报文的源 IP 为 192.168.252.11，源端口为 TCP 80，目的 IP 为 202.202.0.37，目的端口为 TCP 1025。

响应报文经 DMZ 交换机到达核心交换机，再由核心交换机路由到 RouterA 路由器。

响应报文由内网进入 RouterA 路由器之后，进行网络地址转换，源 IP 被替换修改为 202.202.0.38。

然后进行路由转发到达 ISP RouterB，ISP RouterB 又将其路由回 RouterA。

3.4.3 ARP 攻击网络故障的诊断与处理

数据链路层是根据 MAC 地址进行寻址和转发，而在网络层是根据 IP 地址进行寻址和转发，在 IP 地址与 MAC 地址之间，就必须要有能实现相互转换的机制和协议。

ARP（Address Resolution Protocol）协议用于将 IP 地址转换为对应的 MAC 地址。RARP（Reverse Address Resolution Protocol）协议用于将 MAC 地址转换为对应的 IP 地址。

1. ARP 协议工作原理

为避免每次转发数据帧时，都要进行目标主机 MAC 地址的查询，ARP 协议规定每台主机都应建立起一个 ARP Cache（ARP 缓冲区），用于存储 IP 地址与 MAC 地址的对应列表，即 ARP 列表。

2. ARP 协议的缺陷

ARP 协议是无状态的协议，建立在信任所有节点的基础上，这种运行机制高效，但不安全。

ARP 协议没有规定主机必须要收到 ARP 请求报文后才能发送 ARP 应答报文，也没有规定主机一定要发送过 ARP 请求报文后才能接收 ARP 应答报文。因此，用户主机不会检查自己是否发过请求报文，也不管是否是合法的应答报文，只要收到目标 MAC 地址是自己的 ARP 响应报文或 ARP 广播报文，都会接收这些报文并更新自己的 ARP 缓存，这就为 ARP 欺骗提供了可能。

3. ARP 欺骗原理与攻击源的定位

弄清 ARP 协议的工作原理和存在的缺陷之后，利用其缺陷，通过伪造 ARP 请求报文或响应报文，就可发起 ARP 欺骗攻击。

在 ARP 欺骗中，最常见的是网关欺骗。其原理是攻击者周期性地广播伪造的 ARP 响应报文，广播自己的地址是网关地址，方法是在伪造的响应报文中设置源 IP 地址为网关地址，而源 MAC 则为攻击者自己的 MAC 地址，这样，网内用户发往网关的报文，就会被误发到攻击者的主机，攻击者经过自己想要的处理后，再转发报文给正确的网关。

4. ARP 命令

使用 ARP 命令，可对 ARP 缓存中的记录进行操作。

（1）Windows 系统的 ARP 命令

① 查看 ARP 缓存。

命令用法： ARP -a ［IP_Address］

② 在 ARP 缓存中增加静态记录。

命令用法： ARP -s IP_Address   MAC_Address

命令功能：向 ARP 缓存中添加 ARP 静态记录。

③ 删除 ARP 缓存中的记录。

命令用法： ARP -d［IP_Address］

命令功能：若默认 IP_Address 参数，则清除 ARP 缓存中的所有记录。若指定 IP 地址，则删除与该 IP 地址对应的记录。

（2）Linux 系统的 ARP 命令

① 删除 ARP 缓存中的记录。

命令用法： arp［-i <if>］-d <IP_Address>

命令功能：删除与指定 IP 地址匹配的 ARP 记录。

② 从指定文件静态绑定 IP 与 MAC 地址。

命令用法： arp［-i <if>］-f［filename］

命令功能：从指定的文件中获取 IP 与 MAC 地址的对应关系，然后进行静态绑定。

（3）华三交换机的 ARP 命令

① 查看 ARP 缓存。

命令用法： display arp［dynamic|static］［IP_Address］

命令功能：查看交换机的 ARP 缓存。该命令在管理级（super）和系统视图（system-view）模式下都可以运行。

② 添加静态 ARP 记录。

命令用法： arp static IP_Address MAC_Address

该命令在系统视图（system-view）模式下运行。

③ 删除 ARP 缓存记录。

命令用法： reset arp［dynamic|static|interface interface-type interface-number］

命令功能：删除 ARP 缓存中指定的 ARP 记录。该命令在管理级（super）下运行。

通过查看 ARP 缓存记录，判断是否存在 ARP 攻击并找到攻击源的 MAC 地址。

```
[Student1]display arp
IP Address          MAC Address        Port Name        Aging   Type
192.168.6.148       00e0-4c3b-71ff     Ethernet0/19     20      Dynamic
192.168.6.3         00e0-4c4c-1133     Ethernet0/19     20      Dynamic
```

192.168.6.79	00e0-4c4c-1133	Ethernet0/19	20	Dynamic
192.168.6.123	00e0-4c4c-1133	Ethernet0/19	20	Dynamic
192.168.6.207	00e0-4c4c-1133	Ethernet0/19	20	Dynamic
192.168.6.222	00e0-4c4c-1133	Ethernet0/19	20	Dynamic
192.168.4.227	0016-363c-a970	Ethernet0/22	13	Dynamic

从显示的列表可以看出多个 IP 地址对应 00e0-4c4c-1133 这个 MAC 地址。

5. 预防 ARP 攻击的常用措施

（1）端口隔离

将要参与隔离的端口加入到隔离组中，即可实现端口的隔离。

将当前以太网端口加入到隔离组中，使用 port isolate 命令；将当前的以太网端口从隔离组中删除使用 undo port isolate 命令；查看已经加入到隔离组中的以太网端口信息使用 display isolate port 命令。

（2）广播风暴抑制

默认情况下，交换机不对广播流量、组播和未知单播流量进行抑制，但可以配置指定端口上允许接收的广播流量和组播流量的大小。当广播流量和组播流量超过用户设定的阈值后，交换机将对超出流量限制的数据帧进行丢弃，从而使广播和组播流量所占的流量比例降低到合理的范围，保证网络业务的正常运行。

通过配置交换机的广播风暴抑制功能，可预防和减弱因部分主机感染蠕虫病毒，可能爆发的广播风暴。

① 配置广播风暴抑制，命令如下。

broadcast-suppression ratio|bps max-bps

该命令用于限制端口上允许通过的广播流量的大小。

② 配置组播风暴抑制，命令如下。

multicast-suppression bps max-bps

该命令用于配置端口允许接收的未知组播流量的大小，由 max-bps 参数指定，单位为 kbit/s，步长为 64。配置完成后，交换机将同时对未知组播和未知单播流量进行抑制。

6. 防 ARP 欺骗和设备抗 ARP 攻击防范技术

（1）防网关 ARP 欺骗的防范原理

在交换机用于接入用户的端口上，配置防网关 ARP 欺骗功能，来防止针对网关的 ARP 欺骗。防网关 ARP 欺骗配置后，交换机将在配置该功能的端口上，检查 ARP 报文的源 IP 是否是所配置的网关 IP。如果是，则丢弃该 ARP 报文，以防止用户收到错误的 ARP 响应报文。

（2）配置防网关 ARP 欺骗

配置命令：anti-arp-spoofing ip 网关地址

命令功能：防止冒充网关的 ARP 欺骗。

配置说明：网关地址为该端口所属网段的网关地址。该命令在接口配置模式下运行。哪些端口需要配置启用防止冒充网关的 ARP 欺骗功能，则在这些端口下面配置该条命令。

对于上行级联端口，不能配置该功能。

（3）ARP 报文过滤技术

ARP 欺骗有很多种，网关 ARP 欺骗仅是其中的一种。ARP 报文过滤技术用于防止网内用户遭到 ARP 欺骗攻击。

为了解决 ARP 欺骗的问题，就需要对经过交换机的所有 ARP 报文做合法性检查，将 ARP 欺骗报文丢弃。为此，锐捷公司推出了基于软件的动态 ARP 检测（Dynamic ARP Inspection，DAI）和基于硬件的 ARP-Check 两种技术。

为了防止用户或者网络设备被非法 ARP 报文欺骗，将所有通过交换机的 ARP 报文都送到交换机的 CPU 进行合法性检查的技术，称为动态 ARP 检测，简称为 DAI。

DAI 技术以 DHCP-Snooping 数据库为检测依据，必须启用 DHCP-Snooping 功能后，才能提供 DHCP-Snooping 数据库，这样 DAI 功能才会生效。

（4）ARP 抗攻击技术

设备收到一个 ARP 报文（报文 A），若当前设备 ARP 表中已有与报文 A 源 IP 地址对应的 ARP 表项，但报文 A 携带的源 MAC 地址和现有 ARP 表项中的 MAC 地址不相同，设备就需要判断当前 ARP 表项的正确性以及报文 A 的真实性。

ARP 报文源 MAC 一致性检查功能可以用来防御以太网数据帧首部中的源 MAC 地址和 ARP 报文中的源 MAC 地址不同的 ARP 攻击。

配置本功能后，网关设备在进行 ARP 学习前将对 ARP 报文进行检查。如果以太网数据帧首部中的源 MAC 地址和 ARP 报文中的源 MAC 地址不同，则认为是攻击报文，将其丢弃，否则继续进行 ARP 学习。

如果网络中有主机通过向设备发送大量目标 IP 地址不能解析的 IP 报文来攻击设备，则会造成下面的危害：

设备向目的网段发送大量 ARP 请求报文，加重目的网段的负载；设备会试图反复地对目标 IP 地址进行解析，增加了 CPU 的负担。

为避免这种 IP 报文攻击所带来的危害，设备提供了下列两个功能。

① 如果发送攻击报文的源是固定的，可以采用 ARP 源抑制功能。开启该功能后，如果网络中某主机向设备某端口连续发送目标 IP 地址不能解析的 IP 报文，当每 5 s 内由此主机发出 IP 报文触发的 ARP 请求报文的流量超过设置的阈值，那么对于由此主机发出的 IP 报文，设备不允许其触发 ARP 请求，直至 5 s 后再处理，从而避免了恶意攻击所造成的危害。

② 如果发送攻击报文的来源不固定，可以采用 ARP 黑洞路由功能。开启该功能后，

一旦接收到目标 IP 地址不能解析的 IP 报文，设备立即产生一个黑洞路由，使得设备在一段时间内将去往该地址的报文直接丢弃。等待黑洞路由老化时间过后，如有报文触发则再次发起解析，如果解析成功则进行转发，否则仍然产生一个黑洞路由将去往该地址的报文丢弃。这种方式能够有效防止 IP 报文的攻击，减轻 CPU 的负担。

本章小结

本章主要介绍了网络规划设计的相关原则、各种需求分析、IDC 技术和 IDC 机房设计、网络冗余、数据备份、网络故障排除等内容，并通过重庆有货电子商务公司网络升级改造案例进行了网络架构设计实施，最后对网络路由、TCP 连接、ARP 攻击出现的网络故障进行诊断与排除。

本章习题

单项选择题

1. 网络规划设计需要遵循一定的原则，主要包括以下（　　）方面。
① 标准化开放性　② 先进性与实用性　③ 可靠性　④ 可扩展性　⑤ 安全性。
A. ①②③④⑤　　　　　B. ③④⑤　　　　　C. ①②③④　　　　　D. ①②④⑤

2. 网络设计涉及的核心标准是（　　）和 IEEE 两大系列。
A. RFC　　　　　B. TCP/IP　　　　　C. ITU-T　　　　　D. Ethernet

3. 大型系统集成项目的复杂性体现在技术、成员、环境、（　　）4 个方面。
A. 时间　　　　　B. 投资　　　　　C. 制度　　　　　D. 约束

4. 网络安全应当遵循（　　）原则，严格限制登录者的操作权限，并且谨慎授权。
A. 最小授权　　　　　B. 安全第一　　　　　C. 严格管理　　　　　D. 系统加密

5. 网络冗余设计主要是通过重复设置（　　）和网络设备，以提高网络的可用性。
A. 光纤　　　　　B. 双绞线　　　　　C. 网络服务　　　　　D. 网络链路

6. 在分层网络设计中，如果汇聚层链路带宽低于接入层链路带宽的总和，称为（　　）式设计。
A. 汇聚　　　　　B. 聚合　　　　　C. 阻塞　　　　　D. 非阻塞

7. 下面（　　）命令不可以用于检查路由器上的局域网的连通性问题。
A. show interfaces　　　B. tracert　　　C. show ip route　　　D. ping

8. 下列（　　）符合故障处理的基本原则。
A. 先局外后局内，先本端后对端　　　　　B. 先局内后局外，先对端后本端

C. 先重点后一般，先调通后修复   D. 先重点后一般，先修复后调通

9. 互联网接入层不具备联网接入条件的 IDC 节点可接入（   ）。

A. 省内城域网核心/汇聚层   B. CMNET 省网或本地城域网

C. CMNET 省网核心层或汇接层   D. 省网核心层

10. IDC 的 VPN 接入方式分为 IPSec VPN 和 SSL VPN 两种。下列说法不正确的是（   ）。

A. IPSec（IP Security）VPN 在 IP 层通过加密与数据源验证，以保证数据包在互联网网上传输时的私有性、完整性和真实性

B. SSL VPN 通信基于标准 TCPUDP，因而不受 NAT 限制，能够穿越防火墙，用户在任何地方都能通过 SSL VPN 网关代理访问 IDC 内网

C. SSL VPN 不需要安装任何客户端软件，只要用标准的浏览器就可以实现对内网资源的访问

D. SSL VPN 适用于 site-to-site 的连接方式。IPSec VPN 适用于 point-to-site 的远程连接方式

11. 在 IDC 日常维护测试项目中，以下（   ）项不是以每天为测试周期单位的检测项目。

A. 对网络与主机系统进行安全检查   B. IDC 网络及系统的安全状况

C. 路由器、局域网交换机状态是否正常   D. 主机设备、存储设备状态是否正常

12. 使用私网地址的局域网用户无法直接访问 Internet 的原因是（   ）。

A. Internet 中的路由器会丢弃含有私网地址的报文，不会进行路由转发

B. 路由器不会转发含有私网地址的报文

C. 三层交换机不会转发含有私网地址的报文

D. 使用私网地址不能访问 Internet，必须使用合法的公网地址才能访问 Internet

13. 如果某局域网用户数量较多，高峰时期 TCP 连接数量可达到 25 万多个，为保证局域网用户的上网速度，至少应使用（   ）个公网地址来构建 NAT 地址池，才能胜任和提供这个数量级的 TCP 连接需求。

A. 2   B. 3   C. 4   D. 8

14. 将 IP 地址转换为对应的 MAC 地址，使用的协议是（   ）。

A. DNS   B. ARP   C. RARP   D. DHCP

第4章 Linux服务管理

【学习目标】

知识目标

- 了解 Netfilter 管理工具。
- 了解 Nftables 命令行工具。
- 理解防火墙概念。
- 理解进程和线程的概念。
- 掌握 SELinux 强制访问控制。
- 掌握 Firewall 防火墙。
- 掌握设计和配置 PAM 高级规则。
- 掌握进程的创建、调度和销毁。
- 掌握查看系统进程命令。
- 掌握配置网络的方法。
- 掌握配置静态路由的方法。
- 理解双网卡配置方法。
- 掌握系统定时任务。
- 掌握 at 命令的使用。

技能目标

- SELinux 强制访问控制方法。
- Firewall 防火墙配置。
- 设计和配置 PAM 高级规则。
- 进程的创建、调度和销毁。
- 查看系统进程命令。
- 配置网络的方法。
- 配置静态路由的方法。
- 系统定时任务。
- at 命令的使用。

【认证考点】

- 掌握 SELinux 强制访问控制方法。
- 掌握 Firewall 防火墙配置。
- 掌握设计和配置 PAM 高级规则。
- 掌握进程的创建、调度和销毁。
- 掌握查看系统进程命令。
- 掌握配置网络的方法。
- 掌握配置静态路由的方法。
- 掌握系统定时任务。
- 掌握 at 命令的使用。
- 了解 Netfilter 管理工具。
- 了解 Nftables 命令行工具。
- 理解防火墙概念。
- 理解进程和线程的概念。

📖 项目引导：Linux 服务器网络配置与自动化管理

【项目描述】

　　对于软件工程师、网络运维工程师来说，一定会遇到 Linux 的典型应用场景，如 Linux 系统的网络配置、Linux 自动化管理等。本次项目以 Linux 系统为背景，设计一个网络配置案例和自动化管理任务案例。其中网络配置案例主要涉及自动获取 IP、静态 IP、静态路由、双网卡绑定、SELiunx 等网络安全的基本配置；自动化管理任务案例涉及 crontab 周期性计划和 at 一次性计划等内容。

📑 知识储备

4.1　系统安全

　　Linux 操作系统是一种开源的、普遍使用的操作系统，不管是个人还是企业运维人员经常在该系统中进行服务器搭建、网络配置等操作，这也成为许多网络攻击者的目标之一。如何让系统更加安全稳定地运行，也成为人们关注的问题之一。本节将从访问控制、防火墙、nftables、netfilter 及 PAM 等方面讲解 Linux 系统安全。

4.1.1　SELinux 强制访问控制

　　SELinux（Secure Enhanced Linux）是提供安全访问控制安全策略的机制，它是一项功能或者服务，主要用于将用户限制为系统管理员而设置的某些政策和规则。

　　1. SELinux 的来源

　　SELinux 是由美国国家安全局针对计算机基础结构安全开发的一个全新的 Linux 安全策略机制。从 Linux2. 6 内核之后就将 SELinux 集成在内核当中，因为 SELinux 是内核级别的，所以对其配置文件的修改都是需要重新启动操作系统才能生效的。现在主流的 Linux 版本里面都集成了 SELinux 机制，如 CentOS/RHEL 版本都默认开启 SELinux 机制。

　　2. SELinux 基本概念

　　Linux 操作系统的安全机制其实就是对进程和系统资源（如文件、网络套接字、系统调用等）做出限制。在初级教材的第 6 章“Linux 操作系统基础”中已经详细讲解了 Linux 操作系统是通过用户和组的概念来对系统资源进行限制，每个进程都需要一个用户才能执行。

在 SELinux 中有了两个新的基本概念，分别为域（domain）和上下文（context）。域就是用来对进程进行限制，上下文就是对系统资源进行限制。

可以通过 ps -Z 命令来查看当前进程的域信息，也是进程的 SELinux 信息，如图 4-1-1 所示。

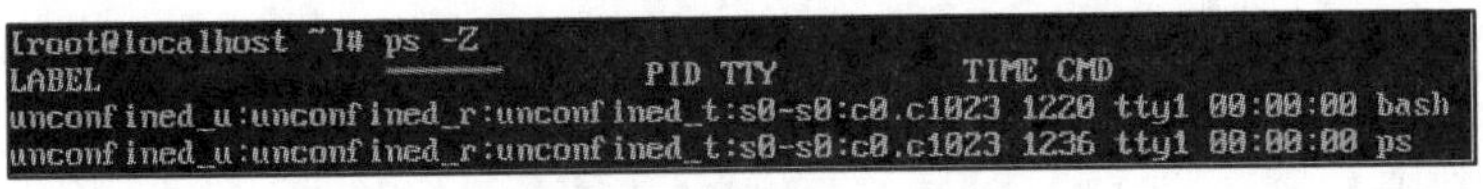

```
[root@localhost ~]# ps -Z
LABEL                                                    PID TTY          TIME CMD
unconfined_u:unconfined_r:unconfined_t:s0-s0:c0.c1023 1220 tty1 00:00:00 bash
unconfined_u:unconfined_r:unconfined_t:s0-s0:c0.c1023 1236 tty1 00:00:00 ps
```

图 4-1-1 查看进程

通过 ls -Z 命令查看文件上下文信息，也是文件的 SELinux 信息，如图 4-1-2 所示。

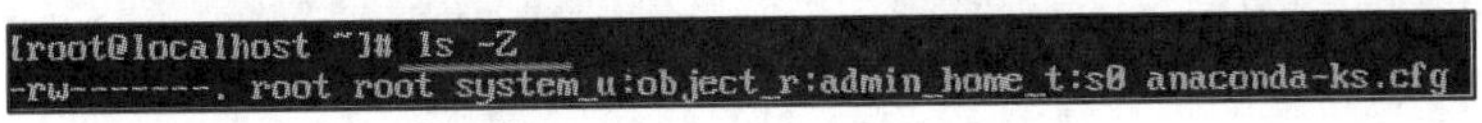

```
[root@localhost ~]# ls -Z
-rw-------. root root system_u:object_r:admin_home_t:s0 anaconda-ks.cfg
```

图 4-1-2 查看文件上下文信息

3. 策略

在 SELinux 中是通过定义策略来控制哪些域可以访问哪些上下文。在 SELinux 中，预置了多种策略模式，不需要自己去定义策略，除非是需要对一些服务或者程序进行保护。

在 CentOS/RHEL 系统中，其默认使用的是目标（target）策略。目标策略定义了只有目标进程受到 SELinux 限制，非目标进程就不会受到 SELinux 限制，通常网络应用程序都是目标进程，如 httpd、mysqld、dhcpd 等网络应用程序。

CentOS 系统中 SELinux 配置文件是存放在/etc/sysconfig/目录下的 selinux 文件，通过 cat 命令查看其中内容，如图 4-1-3 所示，代码如下。

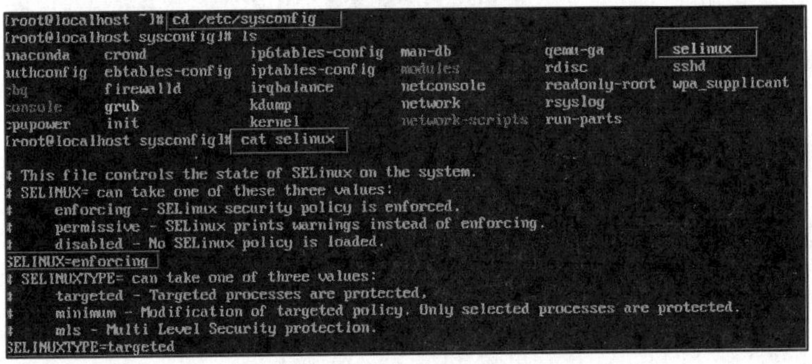

```
[root@localhost ~]# cd /etc/sysconfig
[root@localhost sysconfig]# ls
anaconda    crond             ip6tables-config  man-db           qemu-ga        selinux
authconfig  ebtables-config   iptables-config   modules          rdisc          sshd
cbq         firewalld         irqbalance        netconsole       readonly-root  wpa_supplicant
console     grub              kdump             network          rsyslog
cpupower    init              kernel            network-scripts  run-parts
[root@localhost sysconfig]# cat selinux

# This file controls the state of SELinux on the system.
# SELINUX= can take one of these three values:
#     enforcing - SELinux security policy is enforced.
#     permissive - SELinux prints warnings instead of enforcing.
#     disabled - No SELinux policy is loaded.
SELINUX=enforcing
# SELINUXTYPE= can take one of three values:
#     targeted - Targeted processes are protected,
#     minimum - Modification of targeted policy. Only selected processes are protected.
#     mls - Multi Level Security protection.
SELINUXTYPE=targeted
```

图 4-1-3 查看 selinux 文件

4. SELinux 工作模式

SELinux 的工作模式有 3 种，分别为 enforcing、permissive 和 disabled。

① enforcing（强制模式）：是指只要是违反策略的行为都会被禁止，并作为内核信息

记录，如图 4-1-4 所示，SELinux 的工作模式设置为 enforcing。使用 getenforce 命令查看 SELinux 的工作模式，如图 4-1-4 所示。

② permissive（允许模式）：是指违反策略的行为不会被禁止，但是会提示警告信息。

③ disabled（禁用模式）：是指禁用 SELinux，与不带 SELinux 系统是一样的，通常情况下会在不了解 SELinux 时，将模式设置成 disabled，这样在访问一些网络应用时就不会出问题。

SELinux 默认的工作模式是 enforcing，可以将其修改为 permissive 或者 disabled。查看当前 SELinux 的工作状态，可以使用 getenforce 命令，如图 4-1-5 所示。

图 4-1-4　查看 SELinux 工作状态　　　　　图 4-1-5　设置 SELinux 模式

设置当前的 SELinux 工作状态，可以使用 setenforce [0|1] 命令，setenforce 0 表示设置成 permissive 模式，setenforce 1 表示 enforcing 模式，如图 4-1-5 所示。

↳【注意】通过 setenforce 命令来设置 SELinux 只是临时修改，当系统重启后就会失效了，所以如果要永久修改，还是需要通过修改 SELinux 主配置文件 selinux。setenforce 命令无法在 disabled 的模式下进行模式的切换。

5. 上下文信息

通过 ls -Z 命令来查看文件的上下文信息，也就是 SELinux 信息，比传统的 ls 命令多了 "system_u:object_r:admin_home_t:s0" 信息，如图 4-1-6 所示。

```
[root@localhost ~]# ls
anaconda-ks.cfg
[root@localhost ~]# ls -Z
-rw-------. root root system_u:object_r:admin_home_t:s0 anaconda-ks.cfg
```

图 4-1-6　命令 ls -Z 与 ls 对比

分析下面语句所代表的含义。

system_u:object_r:admin_home_t:s0

这条语句划分成 4 段，第 1 段 system_u 代表的是用户，第 2 段 object_r 表示的是角色，第 3 段 admin_home 是 SELinux 中最重要的信息，表示的是类型，最后一段 s0 是跟 MLS、MCS 相关。

① system_u 是指的是 SELinux 用户，root 表示 root 账户身份，user_u 表示普通用户就是指无特权用户，system_u 表示系统进程，通过用户可以确认身份类型，一般搭配角色使用。身份和不同的角色搭配其权限是不同的，虽然可以使用 su 命令切换用户但对于 SELinux 的用户并没有发生本质改变，在 targeted 策略环境下用户标识没有实质性作用。

② object_r 为文件目录的角色，system_r 为进程的角色，在 targeted 策略环境中用户的角色为 system_r。用户的角色类似用户组的概念，不同的角色具有不同的身份权限，一个用户可以具备多个角色，但是同一时间只能使用一个角色。在 targeted 策略环境下角色没有实质作用，在 targeted 策略环境中所有进程文件的角色都是 system_r 角色。

③ admin_home 文件和进程都有一个类型，SELinux 依据类型的相关组合来限制存取权限。

④ s0 是与 MLS、MCS 相关的内容。

4.1.2 Firewall 防火墙

防火墙主要作用是及时发现并处理计算机网络运行时可能存在的安全风险、数据传输等问题，其中处理措施包括隔离与保护，同时可对计算机网络安全当中的各项操作实施记录与检测，以确保计算机网络运行的安全性，保障用户资料与信息的完整性，为用户提供更好、更安全的计算机网络使用体验。

在 CentOS7 操作系统中默认使用 Firewall 作为防火墙，使用 Firewalld 命令来启动、查看、配置防火墙。

1. Firewalld 的基本使用

① 启动，代码如下。

```
systemctl start firewalld
```

② 查看状态，代码如下。

```
systemctl status firewalld
```

③ 禁用，禁止开机启动，代码如下。

```
systemctl disable firewalld
```

④ 停止运行，代码如下。

```
systemctl stop firewalld
```

Firewalld 的基本使用如图 4-1-7 所示。

2. 配置 firewalld-cmd

firwall-cmd 是 Linux 提供的操作 Firewall 的一个工具，firewall-cmd 的常见操作如图 4-1-8 所示。

① 查看版本，代码如下。

```
firewall-cmd -version
```

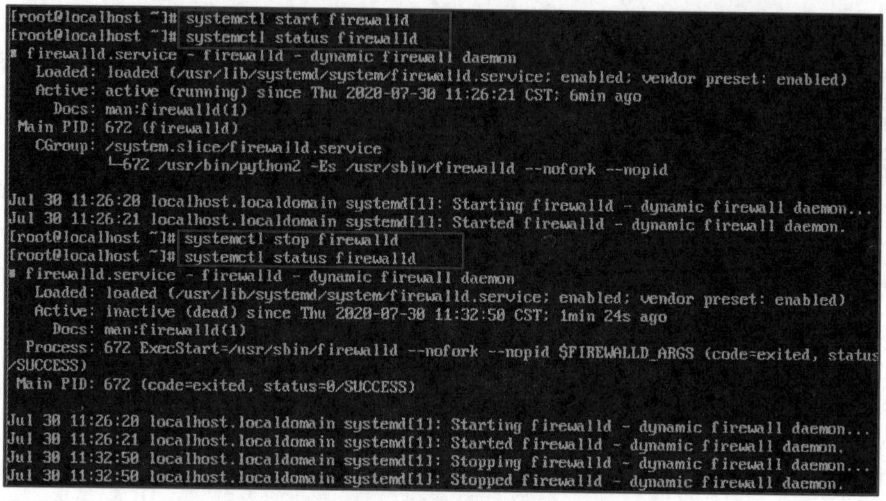

```
[root@localhost ~]# systemctl start firewalld
[root@localhost ~]# systemctl status firewalld
● firewalld.service - firewalld - dynamic firewall daemon
   Loaded: loaded (/usr/lib/systemd/system/firewalld.service; enabled; vendor preset: enabled)
   Active: active (running) since Thu 2020-07-30 11:26:21 CST; 6min ago
     Docs: man:firewalld(1)
 Main PID: 672 (firewalld)
   CGroup: /system.slice/firewalld.service
           └─672 /usr/bin/python2 -Es /usr/sbin/firewalld --nofork --nopid

Jul 30 11:26:20 localhost.localdomain systemd[1]: Starting firewalld - dynamic firewall daemon...
Jul 30 11:26:21 localhost.localdomain systemd[1]: Started firewalld - dynamic firewall daemon.
[root@localhost ~]# systemctl stop firewalld
[root@localhost ~]# systemctl status firewalld
● firewalld.service - firewalld - dynamic firewall daemon
   Loaded: loaded (/usr/lib/systemd/system/firewalld.service; enabled; vendor preset: enabled)
   Active: inactive (dead) since Thu 2020-07-30 11:32:50 CST; 1min 24s ago
     Docs: man:firewalld(1)
  Process: 672 ExecStart=/usr/sbin/firewalld --nofork --nopid $FIREWALLD_ARGS (code=exited, status
/SUCCESS)
 Main PID: 672 (code=exited, status=0/SUCCESS)

Jul 30 11:26:20 localhost.localdomain systemd[1]: Starting firewalld - dynamic firewall daemon...
Jul 30 11:26:21 localhost.localdomain systemd[1]: Started firewalld - dynamic firewall daemon.
Jul 30 11:32:50 localhost.localdomain systemd[1]: Stopping firewalld - dynamic firewall daemon...
Jul 30 11:32:50 localhost.localdomain systemd[1]: Stopped firewalld - dynamic firewall daemon.
```

图 4-1-7 Firewalld 基本使用

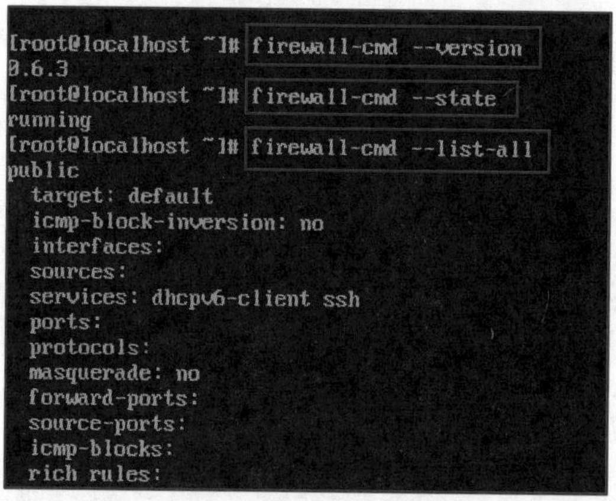

```
[root@localhost ~]# firewall-cmd --version
0.6.3
[root@localhost ~]# firewall-cmd --state
running
[root@localhost ~]# firewall-cmd --list-all
public
  target: default
  icmp-block-inversion: no
  interfaces:
  sources:
  services: dhcpv6-client ssh
  ports:
  protocols:
  masquerade: no
  forward-ports:
  source-ports:
  icmp-blocks:
  rich rules:
```

图 4-1-8 firewall-cmd 命令

② 查看帮助，代码如下。

```
firewall-cmd -help
```

③ 显示状态，代码如下。

```
firewall-cmd -state
```

④ 查看防火墙规则，代码如下。

```
firewall-cmd --list-all
```

⑤ 查询端口是否开放，命令格式如下。

```
firewall-cmd --permanent -- ****
```

【实例 4-1-1】Firewall 开放端口、移出端口等操作，如图 4-1-9 所示。

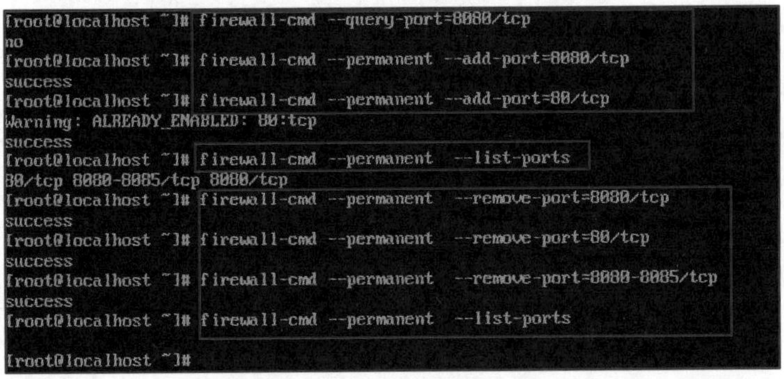

图4-1-9　firewall-cmd 端口命令

如开放 80、8080-8085 端口，代码如下。

firewall-cmd --permanent --add-port=80/tcp

firewall-cmd --permanent --add-port=8080-8085/tcp

移除端口，如移出 8080 端口，代码如下。

firewall-cmd --permanent --remove-port=8080/tcp

查看防火墙的开放的端口，代码如下。

firewall-cmd --permanent --list-ports

#查看所有打开的端口

firewall-cmd --zone=public --list-ports

⑥ 重启防火墙，修改配置后要重启防火墙，代码如下。

firewall-cmd -reload

#更新防火墙规则，重启服务

firewall-cmd --completely-reload

【实例4-1-2】新增端口，重启 Firewall，如图4-1-10 所示。

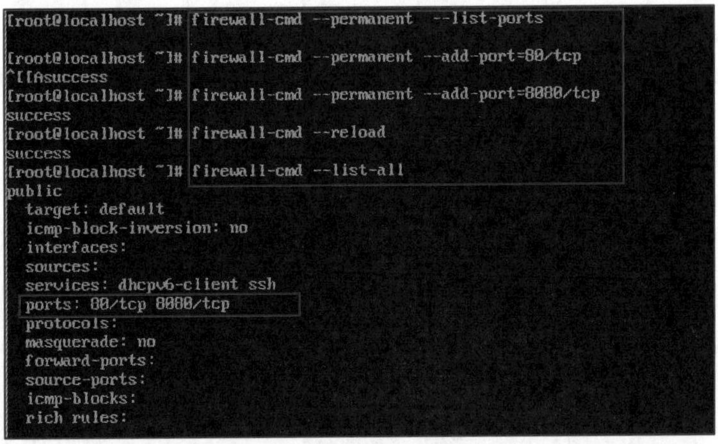

图4-1-10　重新 firewall 配置

⑦ 查看已激活的 Zone 信息，代码如下。

```
firewall-cmd --get-active-zones。
#查看指定接口所属区域
firewall-cmd --get-zone-of-interface=eth0
```

拒绝所有包，代码如下。

```
firewall-cmd --panic-on
```

取消拒绝状态，代码如下。

```
firewall-cmd --panic-off
```

查看是否拒绝，代码如下。

```
firewall-cmd --query-panic
```

3. 管理服务

【实例 4-1-3】以 smtp 服务为例，添加到 work zone，如图 4-1-11 所示。

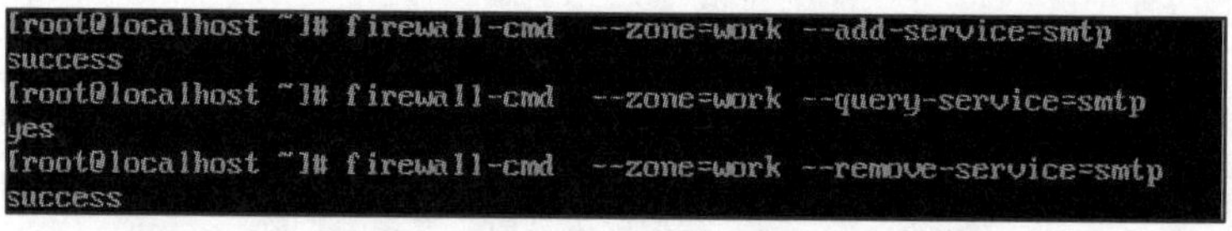

```
[root@localhost ~]# firewall-cmd  --zone=work --add-service=smtp
success
[root@localhost ~]# firewall-cmd  --zone=work --query-service=smtp
yes
[root@localhost ~]# firewall-cmd  --zone=work --remove-service=smtp
success
```

图 4-1-11　添加、查看、删除 tmtp 服务

添加，代码如下。

```
firewall-cmd --zone=work --add-service=smtp
```

查看，代码如下。

```
firewall-cmd --zone=work --query-service=smtp
```

删除，代码如下。

```
firewall-cmd --zone=work --remove-service=smtp
```

4. 配置 IP 地址伪装

查看，代码如下。

```
firewall-cmd --zone=external --query-masquerade
```

打开，代码如下。

```
firewall-cmd --zone=external --add-masquerade
```

关闭，代码如下。

```
firewall-cmd --zone=external --remove-masquerade
```

5. 端口转发

打开端口转发，首先需要打开 IP 地址伪装，代码如下。

```
firewall-cmd --zone=external --add-masquerade
```

如转发 tcp 22 端口至 3753，代码如下。

```
firewall-cmd --zone=external --add-forward-port=22:porto=tcp:toport=3753
```

如转发端口数据至另一个 IP 的相同端口，代码如下。

```
firewall-cmd --zone=external--add-forward-port=22:porto=tcp:toaddr=192.168.1.6
```

转发端口数据至另一个 IP 的 3753 端口，代码如下。

```
firewall-cmd --zone=external
--add-forward-port=22:porto=tcp:toport=3753:toaddr=192.168.1.6
```

4.1.3 Netfilter 管理工具

Netfilter 是集成到 Linux 内核协议栈中的一套防火墙系统，用户可通过运行在用户空间的工具来把相关配置下发给 Netfilter。Netfilter 是 Linux 2.4.x 引入的一个子系统，它是一个通用的、抽象的框架，提供一整套 hook 函数的管理机制，使得如数据包过滤、网络地址转换（NAT）和基于协议类型的连接跟踪成为可能。

Netfilter 提供了整个防火墙的框架，各个协议基于 Netfilter 框架来自己实现防火墙功能。每个协议都有自己独立的表来存储配置信息，它们之间完全独立进行配置和运行。

1. Netfilter 的功能模块

Netfilter 的功能模块主要是数据报过滤模块，包括连接跟踪模块（Conntrack）、网络地址转换模块（NAT）、数据报修改模块（Mangle）及其他高级功能模块。

2. Netfilter 实现

Netfilter 主要通过表、链来实现规则。Netfilter 是表的容器，表是链的容器，链是规则的容器，最终形成对数据报处理规则的实现。

3. Netfilter 工具 iptables

防火墙 Netfilter 工具是 iptables。iptables 在 RHEL7.2 之后会被撤掉，这里简单介绍一下 iptables 工具。iptables 是一个命令行工具，位于用户空间，可以用这个工具操作 Netfilter

框架。

4. iptables 命令行工具

iptables 按照规则来办事。规则其实就是网络管理员预定义的条件，一般定义为"如果数据包头符合这样的条件，就这样处理这个数据包"。规则存储在内核空间的信息包过滤表中，这些规则分别指定了源地址、目的地址、传输协议（如 TCP、UDP、ICMP）和服务类型（如 HTTP、FTP 和 SMTP）等。当数据包与规则匹配时，iptables 就根据规则所定义的方法来处理这些数据包，如放行（accept）、拒绝（reject）和丢弃（drop）等。配置防火墙的主要工作就是添加、修改和删除这些规则。

iptables 命令的选项参数有：-t 表示指定表，-A 表示在最上面增加一条规则，-I 表示在最下面增加一条规则，-D 表示删除一条规则，-A-I-D 表示后面跟链的名称 INPUT，-s 表示跟源地址，-p 表示跟协议（如 TCP、UDP、ICMP 等协议），--sport/--dport 表示后跟源端口/目标端口，-d 表示跟目的 IP，-j 表示跟动作（如 DROP 表示丢掉，REJECT 表示拒绝，ACCEPT 表示允许）。

iptables 中的 3 个表，分别为表、链、规则。其中表下有链，链下有规则。

例如 filter 表用于过滤包，是系统预设的表。filter 表里有 3 个链，分别是 INPUT、OUTPUT、FORWARD，其中 INPUT 作用是进入本机的包，OUTPUT 作用是送出本机的包，FORWARD 作用是与本机无关的包。代码如下。

```
iptables -t filter -nuL
```

代码中-t 指定表名，-n 不针对 IP 解析主机名，-u 详细信息，-L 列出的意思。

例如表 nat 用于网络地址转换，它也有 3 个链，分别是 PREROUTING、OUTPUT、POSTROUTING。其中 PREROUTING 链的作用是在包刚刚到达防火墙时改变它的目的地址，OUTPUT 链的作用是改变本地产生的包的目的地址，POSTROUTING 链的作用是包就要离开防火墙之前改变其源地址。代码如下。

```
iptables -t nat -nuL
```

4.1.4　Nftables 命令行工具

Nftables 是新的数据包分类框架，是 Linux 防火墙管理程序，它要求在 Linux 内核版本高于版本 3.13 时使用。Nftables 独有命令行工具 ntf，其语法与 iptables 不同，能在 Nftables 内核框架之上运行 iptables 命令。Nftables 旨在替换现有的 tables（如 ip、ip6、arp、eb 等）框架，为 tables（如 ip、ip6 等）提供一个新的包过滤框架。

1. Nftables 特点

① 拥有一些高级的类似编程语言的能力，如定义变量和包含外部文件，即拥有使用

额外脚本的能力。Nftables 也可以用于多种地址簇的过滤和处理。

② 不同于 iptables，Nftables 并不包含任何内置表。

③ 表包含规则链，规则链包含规则。

2. Nftables 相比于 iptables 的优点

① 更新速度更快。在 iptables 中添加一条规则，会随着规则数量增多而变得非常慢。

② 内核更新更少。使用 iptables，每一个匹配或投递都需要内核模块的支持。在使用 iptables 时，如果要添加新功能时都需要重新编译内核。Nftables 就不存在这种状况，在 Nftables 中，大部分工作是在用户状态下完成的，内核只知道一些基本指令就可以了。例如对 icmpv6 的支持是通过 nft 工具的一个简单补丁来实现的，而在 iptables 中这种类型的更改需要内核和 iptables 都升级才可以。

3. Nftables 的主要组件

Nftables 由 3 个主要组件组成，分别为内核实现、libnl netlink 通信和 Nftables 用户空间前端。内核提供了一个 netlink 配置接口以及运行时规则和评估，libnl 包含了与内核通信的基本函数，Nftables 前端是指用户通过 nft 进行交互。

4. 安装 Nftables

安装用户空间实用程序包 nftables 或者 git 版本 nftables-git，如图 4-1-12 所示。

```
[root@VM-0-10-centos file]# yum -y install nftables
Loaded plugins: fastestmirror, langpacks
Repository epel is listed more than once in the configuration
Loading mirror speeds from cached hostfile
Resolving Dependencies
--> Running transaction check
---> Package nftables.x86_64 1:0.8-14.el7 will be installed
--> Processing Dependency: libnftnl.so.7(LIBNFTNL_5)(64bit) for package:
4.el7.x86_64
```

图 4-1-12　安装 Nftables

🖇【注意】大部分 iptables 前端没有直接或间接支持 Nftables，但可以导入其中。Firewalld 是一个同时支持 Nftables 和 iptables 的图形前端。

5. Nftables 用法

Nftables 是指区分命令行输入的临时规则、从文件加载、保存到文件的永久规则。Nftables 默认配置文件是/etc/nftables. conf，它已经包含一个名为 inet filter 的简单 ipv4/ipv6 防火墙列表。

（1）启动 Nftables

```
systemctl start nftables
```

（2）增加表、链、规则

如增加表 f1、链、规则，如图 4-1-13 所示，代码如下。

```
nft add table f1
#增加链
nft add chain f1 input ｜ type filter hook input priority 0 \; ｜
#要和 hook(钩子)相关联
nft add rule f1 input tcp dport 22 accept
```

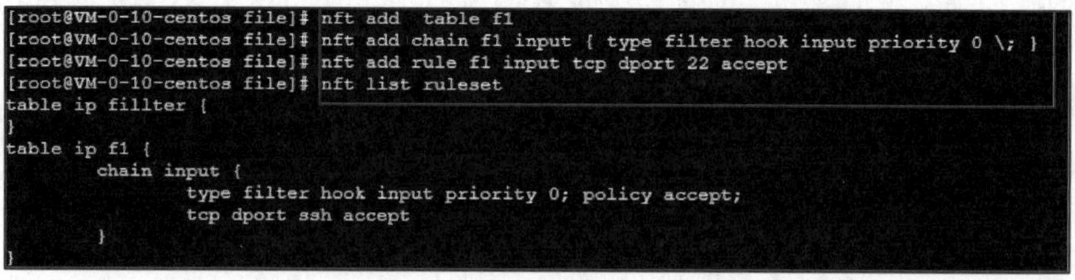

```
[root@VM-0-10-centos file]# nft add  table f1
[root@VM-0-10-centos file]# nft add chain f1 input { type filter hook input priority 0 \; }
[root@VM-0-10-centos file]# nft add rule f1 input tcp dport 22 accept
[root@VM-0-10-centos file]# nft list ruleset
table ip fillter {
}
table ip f1 {
        chain input {
                type filter hook input priority 0; policy accept;
                tcp dport ssh accept
        }
}
```

图 4-1-13　增加表、链、规则

（3）列出规则

如列出所有规则、列出所有表、列出 f1 表等，如图 4-1-14 所示，代码如下。

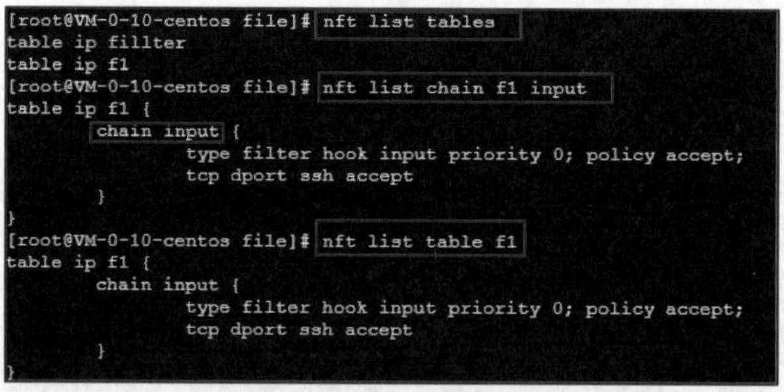

```
[root@VM-0-10-centos file]# nft list tables
table ip fillter
table ip f1
[root@VM-0-10-centos file]# nft list chain f1 input
table ip f1 {
        chain input {
                type filter hook input priority 0; policy accept;
                tcp dport ssh accept
        }
}
[root@VM-0-10-centos file]# nft list table f1
table ip f1 {
        chain input {
                type filter hook input priority 0; policy accept;
                tcp dport ssh accept
        }
}
```

图 4-1-14　列出规则

【实例 4-1-4】若需要监听 80 或 443 端口，可以添加以下规则，代码如下。

```
nft add rule inet f1 TCP tcp dport 80 accept
nft add rule inet f1 TCP tcp dport 443 accept
```

4.1.5　设计和配置 PAM 高级规则

在 Linux 中执行某些程序时，在执行前首先要对启动的用户进行认证，符合一定要求之后才允许执行，如 login、su 等。在 Linux 中进行身份或状态的验证程序是由 PAM（Pluggable Authentication Modules）来进行的，PAM 可动态加载验证模块。PAM 可以动态地对验证的内容进行变更，能提高验证的灵活性。

1. PAM

PAM 也叫 Linux 可插入认证模块，它是一套共享库，能使本地系统管理员可以随意选择程序的认证方式。在 PAM 这种方式下，就算升级本地认证机制，也不用修改程序。

PAM 使用配置为/etc/pam. d/，用来管理对程序的认证方式，如图 4-1-15 所示。应用程序调用相应的配置文件，从而调用本地认证模块。认证模块放置在/lib/security 目录中，以加载动态库的形式进行，如使用 su 命令时，系统会提示输入 root 用户密码，这就是 su 命令通过调用 PAM 模块实现的。

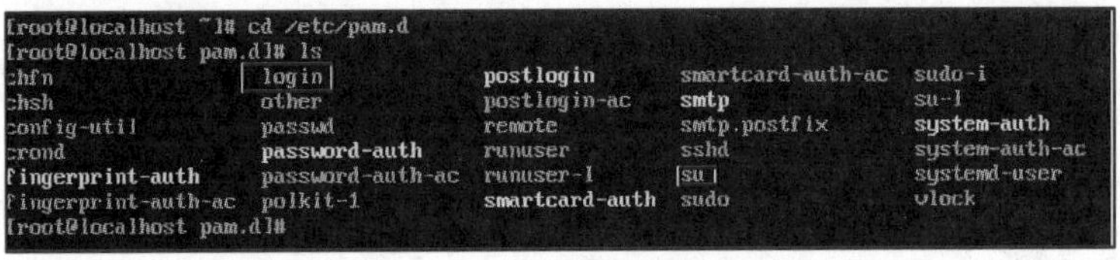

```
[root@localhost ~]# cd /etc/pam.d
[root@localhost pam.d]# ls
chfn                 login              postlogin        smartcard-auth-ac  sudo-i
chsh                 other              postlogin-ac     smtp               su-l
config-util          passwd             remote           smtp.postfix       system-auth
crond                password-auth      runuser          sshd               system-auth-ac
fingerprint-auth     password-auth-ac   runuser-l        su                 systemd-user
fingerprint-auth-ac  polkit-1           smartcard-auth   sudo               vlock
[root@localhost pam.d]#
```

图 4-1-15　PAM 配置目录

2. PAM 的配置文件

PAM 配置文件有两种写法。方法 1 是写在/etc/pam. conf 文件中，但 CentOS 6 之后的系统中，这个文件就没有了；方法 2 是将 PAM 配置文件放到/etc/pam. d/目录下，其规则内容都是不包含 service 部分，即不包含服务名称，在/etc/pam. d 目录下文件的名字就是服务名称，如 vsftpd、login 等，只是少了最左边的服务名列。

例如使用 cat 命令查看/etc/pam. d/sshd，如图 4-1-16 所示。

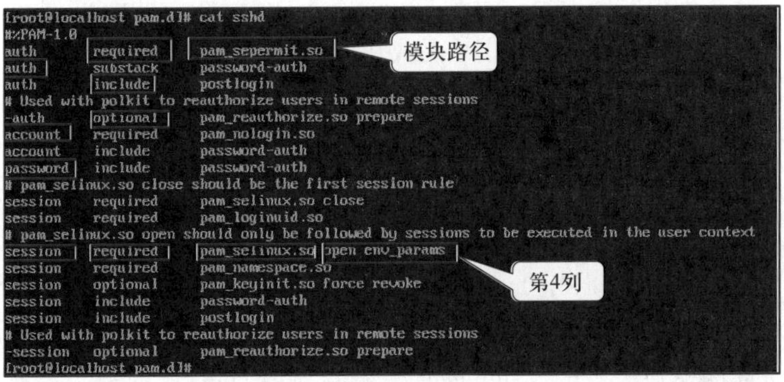


```
[root@localhost pam.d]# cat sshd
#%PAM-1.0
auth       required     pam_sepermit.so
auth       substack     password-auth
auth       include      postlogin
# Used with polkit to reauthorize users in remote sessions
-auth      optional     pam_reauthorize.so prepare
account    required     pam_nologin.so
account    include      password-auth
password   include      password-auth
# pam_selinux.so close should be the first session rule
session    required     pam_selinux.so close
session    required     pam_loginuid.so
# pam_selinux.so open should only be followed by sessions to be executed in the user context
session    required     pam_selinux.so open env_params
session    required     pam_namespace.so
session    optional     pam_keyinit.so force revoke
session    include      password-auth
session    include      postlogin
# Used with polkit to reauthorize users in remote sessions
-session   optional     pam_reauthorize.so prepare
[root@localhost pam.d]#
```

图 4-1-16　查看 sshd

从图 4-1-16 上面的 PAM 模块文件内容看，可以将 PAM 配置文件分为 4 列，其中第 1 列代表模块类型，第 2 列代表控制标记，第 3 列代表模块路径，第 4 列代表模块参数。

(1) 第 1 列 PAM 的模块类型

第 1 列 PAM 的模块类型有 4 种模块类型，分别代表 4 种不同的任务，分别是认证管理（auth）、账号管理（account）、会话管理（session）和密码管理（password），一个类型可能有多行，它们按顺序依次由 PAM 模块调用。

① auth 认证管理：表示鉴别类接口模块类型用于检查用户名和密码，并分配权限。这种类型的模块为用户验证提供两方面服务，分别为让应用程序提示用户输入密码或者其他标记，确认用户合法性。通过它的凭证许可权限，设定组成员关系或者其他优先权。

② account 账号管理：表示账户类接口，主要负责账户合法性检查、确认账号是否过期、是否有权限登录系统等，它执行的是基于非验证的账号管理。account 账号管理主要用于限制/允许用户对某个服务的访问时间和当前有效系统资源及限制用户位置。

☞【注意】多数情况下 auth 和 account 会一起用来对用户登录和使用服务的情况进行限制，这样的限制会更加完整。

③ session 会话管理：会话类接口。它实现从用户登录成功到退出的会话控制，处理为用户提供服务之前/后需要做的一些事情，主要包括开启/关闭交换数据的信息、监视目录、设置用户会话环境等。session 会话管理是在系统正式进行服务提供之前的最后一道关口。

④ password 密码管理：是口令类接口，它控制用户更改密码的全过程。

☞【注意】接口在使用的时候，每行只能指定一种接口类型，如果程序需要多种接口的话，可在多行中分别予以规定。

（2）第 2 列 PAM 的控制标记

PAM 使用控制标记来处理和判断各个模块的返回值，它规定如何处理 PAM 模块鉴别认证的结果，简而言之就是鉴别认证成功或者失败之后会发生什么事，如何进行控制。单个应用程序可以调用多种底层模块，通常称为"堆叠"，对某程序按照配置文件中出现顺序执行的所有模块称为"堆"，堆中的各模块的地位与出错时的处理方式由 control_flag 栏的取值决定，它有 4 种可能的取值，分别为 required、include、sufficient 或 optional。

① required 表示该行以及所涉及模块是成功的，它是用户通过鉴别的必要条件。换句话说，只有当应用程序的所有带 required 标记的模块全部成功后，该程序才能通过鉴别。同时，如果任何带 required 标记的模块出现了错误，PAM 并不立刻将错误消息返回给应用程序，而是在所有模块都调用完毕后才将错误消息返回调用它的程序。

② sufficient 是指模块验证成功，它是用户通过鉴别的充分条件。sufficient 表示只要标记为 sufficient 的模块一旦验证成功，那么 PAM 便立即向应用程序返回成功结果而不必尝试任何其他模块。即便后面的层叠模块使用了 requisite 或者 required 控制标志也是一样。当标记为 sufficient 的模块失败时，sufficient 模块会当做 optional 对待。因此拥有 sufficient 标志位的配置项在执行验证出错时并不会导致整个验证失败，但执行验证成功之时则大门敞开，所以该控制位的使用务必慎重。

③ optional 表示为即便该行所涉及的模块验证失败用户仍能通过认证。在 PAM 体系中，带有该标记的模块失败后将继续处理下一模块，也就是说即使本行指定的模块验证失败，也允许用户享受应用程序提供的服务。使用该标志，PAM 框架会忽略这个模块产生的验证错误，继续顺序执行下一个层叠模块。

④ include 表示是在验证过程中调用其他的 PAM 配置文件。在 RHEL 系统中有相当多的应用通过完整调用/etc/pam. d/system-auth 来实现认证而不需要重新逐一去写配置项。这也就意味着在很多时候只要用户能够登录系统，绝大多数的应用程序也能同时通过认证。

（3）模块路径

模块路径，即要调用模块的位置，如果是 64 位系统，一般保存在/lib64/security 目录中，如 pam_unix. so。同一个模块，可以出现在不同类型中，它在不同类型中所执行的操作都不相同，这是由于每个模块针对不同的模块类型，编制了不同的执行函数。

（4）模块参数

模块参数，即传递给模块的参数。参数可以有多个，用空格分隔开，如 password required pam_unix. so nullok obscure min=4 max=8 md5。

3. PAM 模块的工作原理和流程

PAM 安装之后有两大部分，分别在/lib/security 目录下的各种 PAM 模块以及/etc/pam. d 和/etc/pam. d/目录下的针对各种服务和应用已经定义好的 PAM 配置文件。当某一个有认证需求的应用程序需要验证的时候，一般在应用程序中就会定义负责对其认证的 PAM 配置文件。

当程序需要认证时已经找到相关的 PAM 配置文件，认证过程是如何进行的可以通过解读/etc/pam. d/system-auth 文件来了解。

首先声明，system-auth 是一个非常重要的 PAM 配置文件，主要负责用户登录系统的认证工作。并且该文件不仅只是负责用户登录系统认证，其他程序和服务通过 include 接口也可以调用它，从而节省了很多重新自定义配置的工作。

以下是/etc/pam. d/system-auth 文件的全部内容，如图 4-1-17 所示。

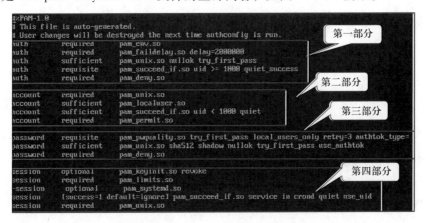

图 4-1-17　system-auth 文件内容

第一部分，表示当用户登录时，首先会通过 auth 类接口对用户身份进行识别和密码认证，所以在该过程中验证会经过几个带 auth 的配置项。其中的第一步是通过 pam_env. so 模块来定义用户登录之后的环境变量，pam_env. so 允许设置和更改用户登录时候的环境变量，默认情况下，若没有特别指定配置文件，将依据/etc/security/pam_env.conf 进行用户登录之后环境变量的设置。

第二部分的 3 个配置项主要表示通过 account 账户类接口来识别账户的合法性以及登录权限。通过 pam_unix.so 模块来提示用户输入密码，并将用户密码与/etc/shadow 中记录的密码信息进行对比，如果密码比对结果正确则允许用户登录，而且该配置项使用的是 sufficient 控制位，即表示只要该配置项的验证通过，用户即可完全通过认证而不用继续下面的认证项。不过在特殊情况下，用户允许使用空密码登录系统，例如，当将某个用户在/etc/shadow 中的密码字段删除之后，该用户可以只输入用户名直接登录系统。

第三部分表示通过 password 接口确认用户使用的密码或者口令的合法性。第一行配置项表示需要的情况下将调用 pam_cracklib 来验证用户密码复杂度。如果用户输入密码不满足复杂度要求或者密码错，最多将在 3 次这种错误之后直接返回密码错误的提示，否则期间任何一次正确的密码验证都允许登录。需要指出的是，pam_cracklib.so 是一个常用的控制密码复杂度的 PAM 模块。

第四部分通过 session 会话类接口为用户初始化进行会话连接。使用 pam_keyinit.so 表示当用户登录时为其建立相应的密钥环，并在用户退出时予以撤销。不过该行配置的控制位使用的是 optional，表示这并非必要条件。之后通过 pam_limits.so 限制用户登录时的会话连接资源，相关 pam_limit.so 配置文件是/etc/security/limits.conf，默认情况下对每个登录用户都没有限制。

4. 常用的 PAM 模块介绍

常用的 PAM 模块有 pam_unix.so、pam_shells.so、pam_deny.so 等，见表 4-1-1 所示。

表 4-1-1   常见 PAM 模块

PAM 模块	结合管理类型	说　　明
pam_unix.so	auth	提示用户输入密码，并与/etc/shadow 文件相比对，匹配返回 0
	account	检查用户的账号信息（包括是否过期等），账号可用时，返回 0
	password	修改用户的密码，将用户输入的密码，作为用户的新密码更新 shadow 文件
pam_shells.so	auth account	如果用户想登录系统，那么它的 Shell 必须是在/etc/shells 文件中之一的 Shell
pam_deny.so	account auth password session	该模块可用于拒绝访问
pam_permit.so	auth account password session	模块任何时候都返回成功

续表

PAM 模块	结合管理类型	说　　明
pam_securetty. so	auth	如果用户要以 root 登录时，则登录的 tty 必须在/etc/securetty 中
pam_listfile. so	auth account password session	访问应用程序的控制开关
pam_cracklib. so	password	这个模块可以插入到一个程序的密码栈中，用于检查密码的强度
pam_limits. so	session	定义使用系统资源的上限，root 用户也会受此限制，可以通过/etc/security/limits. conf 或/etc/security/limits. d/ * . conf 来设定

5. PAM 模式使用说明

（1）pam_access. so 模块

pam_access. so 模块主要的功能和作用是根据主机名（包括普通主机名或者 FQDN）、IP 地址和用户实现全面的访问控制。pam_access. so 模块的具体工作行为根据配置文件/etc/security/access. conf 来决定。该配置文件的主体包含了 3 个字段，分别为权限、用户和访问发起方。格式上是一个用“"""”隔开的表。

第 1 个字段权限（permission），使用“+”表示授予权限，用“-”表示禁止权限。第 2 个字段用户（user），定义了用户、组以及用“@”表示的在不同主机上的同名用户和同一主机上不同名用户。第 3 个字段访问发起方（origins），定义了发起访问的主机名称、域名称、终端名称。

（2）pam_listfile. so 模块

pam_listfile. so 模块的功能和 pam_access. so 模块类似，目标是实现基于用户/组、主机名/IP、终端的访问控制。不过其实现方式和 pam_access. so 有些不同，因为它没有专门的默认配置文件。访问控制是靠 PAM 配置文件中的控制选项和一个自定义的配置文件来实现的。此外，pam_listfile. so 模块还能够控制 ruser、rhost 所属用户组和登录 Shell。

【实例 4-1-5】不允许 bobo 账号通过 SSH 方式登录。

【步骤 1】更改/etc/pam. d/sshd 文件，并在该文件中添加一行（一定要添加到第 1 行），如图 4-1-18 所示，代码如下。

```
vi /etc/pam. d/sshd
auth    required    pam_listfile. so
item = user sense = deny file =/etc/pam. d/denyusers onerr = succeed
......
```

【步骤 2】创建 bobo 账号，如图 4-1-19 所示。

【步骤 3】建立文件/etc/pam. d/denyusers，并在文件中写入用户信息，如图 4-1-20 所示。

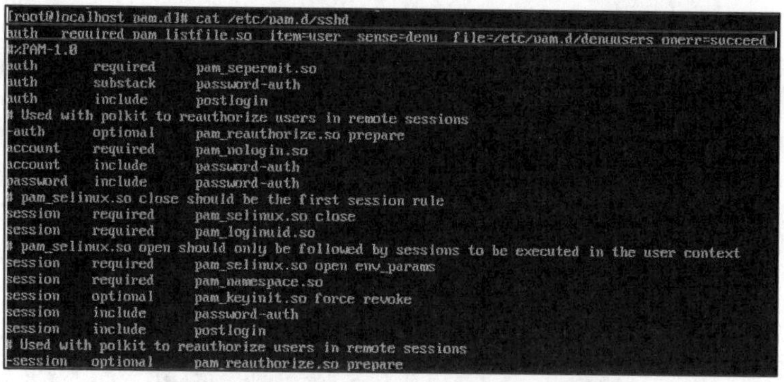

```
[root@localhost pam.d]# cat /etc/pam.d/sshd
auth   required pam_listfile.so  item=user  sense=deny  file=/etc/pam.d/denyusers onerr=succeed
#%PAM-1.0
auth       required     pam_sepermit.so
auth       substack     password-auth
auth       include      postlogin
# Used with polkit to reauthorize users in remote sessions
-auth      optional     pam_reauthorize.so prepare
account    required     pam_nologin.so
account    include      password-auth
password   include      password-auth
# pam_selinux.so close should be the first session rule
session    required     pam_selinux.so close
session    required     pam_loginuid.so
# pam_selinux.so open should only be followed by sessions to be executed in the user context
session    required     pam_selinux.so open env_params
session    required     pam_namespace.so
session    optional     pam_keyinit.so force revoke
session    include      password-auth
session    include      postlogin
# Used with polkit to reauthorize users in remote sessions
-session   optional     pam_reauthorize.so prepare
```

图 4-1-18 更改“/etc/pam.d/sshd”文件

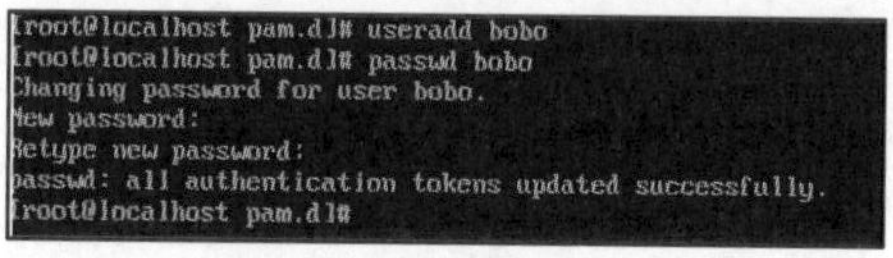

```
[root@localhost pam.d]# useradd bobo
[root@localhost pam.d]# passwd bobo
Changing password for user bobo.
New password:
Retype new password:
passwd: all authentication tokens updated successfully.
[root@localhost pam.d]#
```

图 4-1-19 创建 bobo 账号

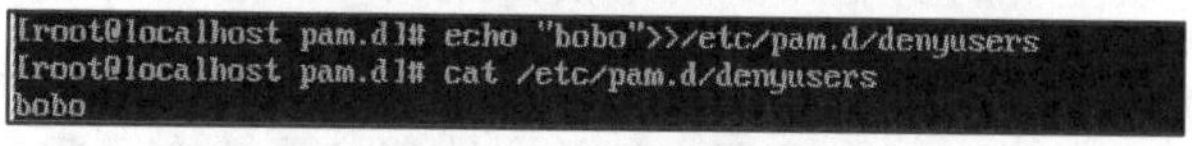

```
[root@localhost pam.d]# echo "bobo">>/etc/pam.d/denyusers
[root@localhost pam.d]# cat /etc/pam.d/denyusers
bobo
```

图 4-1-20 用户信息写入文件

【步骤 4】测试 bobo 账号通过 SSH 方式。如图 4-1-21 所示。

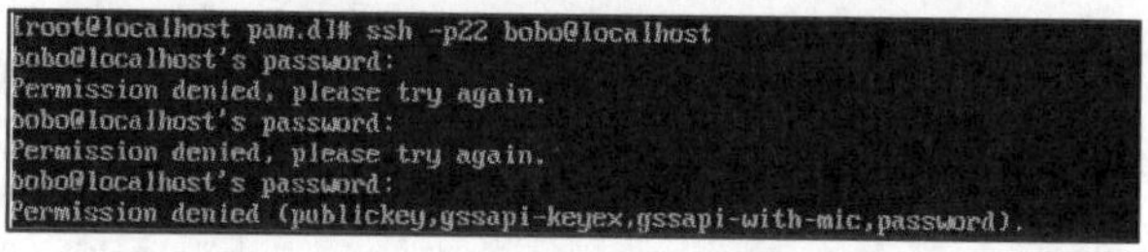

```
[root@localhost pam.d]# ssh -p22 bobo@localhost
bobo@localhost's password:
Permission denied, please try again.
bobo@localhost's password:
Permission denied, please try again.
bobo@localhost's password:
Permission denied (publickey,gssapi-keyex,gssapi-with-mic,password).
```

图 4-1-21 测试 bobo 用户登录

表示用户以 SSH 登录必须要通过 pam_listfile. so 模块进行认证，认证的对象类型是用户，采用的动作是禁止，禁止的目标是/etc/pam. d/denyuser 文件中所定义的用户。通过设置，使 bobo 账号从其他主机远程 SSH 访问服务器会出现密码错误的提示，但是使用 root 或者其他用户则访问能够成功。

（3）pam_limits. so 模块

pam_limits. so 模块的主要功能是限制用户会话过程中对各种系统资源的使用。默认情况下该模块的配置文件是/etc/security/limits. conf。

【注意】 如果没有任何限制可以使用“-”号，并且针对用户限制的优先级一般要比针对组限制的优先级更高。

【实例 4-1-6】pam_limits. so 模块也可以使用在对一般应用程序使用的资源限制方面。如果需要在 SSH 服务器上对来自不同用户的 SSH 访问进行限制，就可以调用该模块来实现相关功能。例如，当需要限制用户 bobo 登录到 SSH 服务器时的最大连接数（防止同一个用户开启过多的登录进程）时。

由于/etc/pam. d/system-auth 中，默认就会通过 pam_limits. so 限制用户最多使用多少系统资源，如图 4-1-22 所示。

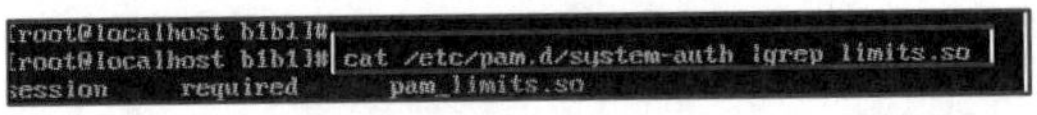

```
[root@localhost b1b1]#
[root@localhost b1b1]# cat /etc/pam.d/system-auth |grep limits.so
session     required       pam_limits.so
```

图 4-1-22　显示 limits. so

在/etc/security/limits. conf 文件中增加一行对 bobo 用户产生的连接数进行限定，代码如下。

```
vi /etc/security/limits. conf
……
bobo    hard    maxlogins    2
```

测试从客户端以 bobo 身份登录 SSH 服务器时，在客户端上可以打开两个控制台登录。但当客户端开启第 3 个登录窗口时会被服务器拒绝，但其他用户不会受到限制。

【注意】限制的只是从客户端以 ssh 方式登录次数的场景，如果从 xshell 登录，则不受限制。

（4）pam_rootok. so 模块

pam_rootok. so 模块的主要作用是使 uid 为“0”的用户即 root 用户能够直接通过认证而不用输入密码。pam_rootok. so 模块的一个典型应用是插入到一些应用程序的认证配置文件中，当 root 用户执行这些命令时可以不用输入口令而直接通过认证。如 su 命令，当以 root 用户执行 su 切换到普通用户身份的时候不需要输入任何口令就可以直接切换过去。

【实例 4-1-7】root 用户使用 su 切换到其他用户需要输入口令。

【步骤 1】查看一下/etc/pam. d/su 文件的内容，如图 4-1-23 所示。

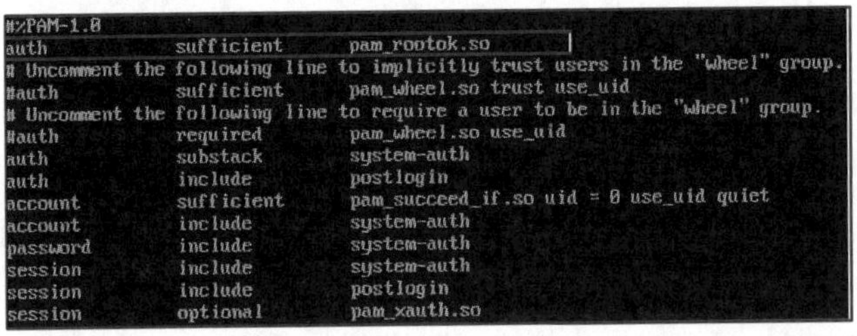

```
#%PAM-1.0
auth        sufficient    pam_rootok.so
# Uncomment the following line to implicitly trust users in the "wheel" group.
#auth       sufficient    pam_wheel.so trust use_uid
# Uncomment the following line to require a user to be in the "wheel" group.
#auth       required      pam_wheel.so use_uid
auth        substack      system-auth
auth        include       postlogin
account     sufficient    pam_succeed_if.so uid = 0 use_uid quiet
account     include       system-auth
password    include       system-auth
session     include       system-auth
session     include       postlogin
session     optional      pam_xauth.so
```

图 4-1-23　查看 su 文件

在 su 文件第 1 行，sufficient 不是登录 pam_rootok. so 的必要条件，所以不需要输入口令。

【步骤 2】将该行配置注释掉的情况下，就会发现即便以 root 用户切换普通用户时仍然要求输入口令，如图 4-1-24 所示。

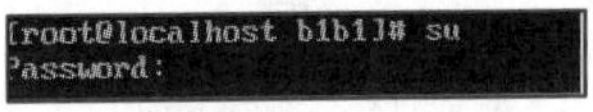

```
[root@localhost b1b1]# su
Password:
```

图 4-1-24　root 用户使用 su 命令

（5）pam_userdb. so 模块

pam_userdb. so 模块的主要作用是通过一个轻量级的 Berkeley 数据库来保存用户和口令信息。这样用户认证将通过该数据库进行，而不是传统的/etc/passwd 和/etc/shadow 或者其他一些基于 LDAP 或者 NIS 等类型的网络认证，所以存在于 Berkeley 数据库中的用户也称为虚拟用户。

pam_userdb. so 模块的一个典型用途就是结合 vsftpd 的配置实现基于虚拟用户访问的 FTP 服务器。

（6） pam_cracklib. so 模块

pam_cracklib. so 是一个常用且非常重要的 PAM 模块。该模块主要的作用是对用户密码的强健性进行检测，即检查和限制用户自定义密码的长度、复杂度和历史等。如不满足上述强度的密码将拒绝用户使用。

（7） pam_pwhistroy. so 模块

pam_pwhistory. so 模块是一个常用模块，一般辅助 pam_cracklib. so、pam_tally. so 及 pam_unix. so 等模块来加强用户使用密码的安全度。pam_pwhistory. so 模块的另一个作用是专门为用户建立一个密码历史档案，防止用户在一定时间内使用已经用过的密码。

4.2　进程管理

在 Linux 操作系统中，每个执行的程序（代码）都称为一个进程，每一个进程都分配一个 ID 号。每一个进程，都会对应一个父进程，而这个父进程可以复制多个子进程，每个进程都可能以两种方式存在的，分别为前台与后台，所谓前台进程就是用户目前的屏幕上可以进行操作的，后台进程则是实际在操作但屏幕上无法看到的进程。一般系统的服务都是以后台进程的方式存在，而且都会常驻在系统中，直到关机才结束。

4.2.1　进程和线程的概念

进程（Process）是计算机中的程序关于某数据集合上的一次运行活动，是系统进行资源分配和调度的基本单位，是操作系统结构的基础。在早期面向进程设计的计算机结构中，进程是程序的基本执行实体；在当代面向线程设计的计算机结构中，进程是线程的容器。程序是指令、数据及其组织形式的描述，进程是程序的实体。

1. 进程的状态

运行中的进程可能具有以下 3 种基本状态。

① 就绪状态（Ready）。进程已获得除处理器外的所需资源，等待分配处理器资源，只要分配了处理器进程就可执行。就绪进程可以按多个优先级来划分队列。

② 运行状态（Running）。进程占用处理器资源，此状态的进程的数目小于等于处理器的数目。

③ 阻塞状态（Blocked）。由于进程等待某种条件（如 I/O 操作或进程同步），在条件满足之前无法继续执行。该事件发生前即使把处理器资源分配给该进程，也无法运行。

2. 线程

线程（Hhread）是操作系统能够进行运算调度的最小单位。它被包含在进程之中，是进程中的实际运作单位。一条线程指的是进程中一个单一顺序的控制流，一个进程中可以并发多个线程，每条线程并行执行不同的任务。在多线程操作系统中，通常是在一个进程中包括多个线程，每个线程都是作为利用 CPU 的基本单位，是花费最小开销的实体。

4.2.2　进程的创建、调度和销毁

1. 进程的创建

在 Linux 中主要提供了 fork、vfork、clone 这 3 种进程创建方法。在 Linux 源码中这 3 个调用的执行过程是执行 fork( ) 或 vfork( ) 或 clone( ) 函数，通过一个系统调用表映射到 sys_fork( ) 或 sys_vfork( ) 或 sys_clone( ) 函数，再在这 3 个函数中去调用 do_fork( ) 去做具体的创建进程工作。

（1）fork

fork 创建一个进程时，子进程只是完全复制父进程的资源，复制出来的子进程有自己的 task_struct 结构和 PID，但却复制父进程其他所有的资源。例如父进程打开了 5 个文件，那么子进程也有 5 个打开的文件，而且这些文件的当前读写指针也停在相同的地方，这一步所做的是复制。这样得到的子进程独立于父进程，具有良好的并发性，但是二者之间的通信需要通过专门的通信机制，如"pipe"、共享内存等机制，另外通过 fork 创建子进程，需要将上面描述的每种资源都复制一个副本。

fork 是一个开销十分大的系统调用，这些开销并不是所有情况下都是必需的，例如，某进程 fork 创建出一个子进程后，其子进程仅仅是为了调用 exec 执行另一个可执行文件，那么在 fork 过程中对于虚存空间的复制将是一个多余的过程。但由于现在 Linux 中是采取了 copy-on-write（COW 写时复制）技术，为了降低开销，fork 最初并不会真的产生两个不同的拷贝，因为在那时，大量的数据其实完全是一样的。写时复制是在推迟真正的数据拷贝。若后来确实发生了写入，那意味着 parent（父）和 child（子）的数据不一致了，于是产生复制动作，每个进程拿到属于自己的那一份，这样就可以降低系统调用的开销。

fork( ) 调用执行一次返回两个值，对于父进程，fork 函数返回子程序的进程号，而对于子程序，fork 函数则返回零，这就是一个函数返回两次的本质。

【实例 4-2-1】用 fork 函数创建进程。

【步骤 1】fork 函数的原型，代码如下。

```
pid_t fork( void) ;
```

其中 pid_t 是一个 long 类型的量。

【步骤 2】编写程序，取名为 fork.c，代码如下。

```
#include    <sys/types. h>
#include <unistd. h>
#include <stdio. h>
#include <stdlib. h>
int main( void) |
    pid_t pid;
    char * message;
    int x;
    pid = fork( );
    if( pid<0) |
    perror( "fork failed" );
    exit( 1) ;
    |
    if( pid = = 0) |
message = "this is the child\n" ;
x = 0;
    |
    else |
    message = "this is the parent\n" ;
    x = 10;
    sleep( 2) ;
|
    printf( %s I am %d,my father is :%d\n" ,message. getpid( ) ,getppid( ) );
    return 0;
    |
|
```

【步骤 3】编译，执行 fork.c 程序，如图 4-2-1 所示。

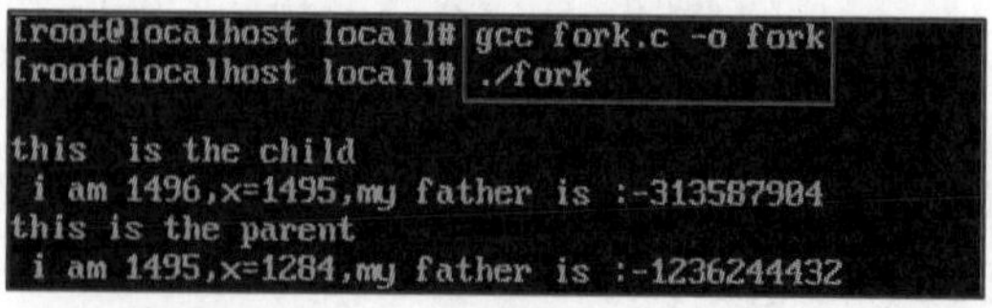

图 4-2-1   编译执行 fork.c 程序

【步骤 4】程序分析。在图 4-2-1 中，fork 在创建一个进程时，先执行父进程，然后执行子进程，子进程复制父进程的资源，子进程有自己的 task_struct 结构和 pid。

（2）vfork

vfork 系统调用不同于 fork，用 vfork 创建的子进程与父进程共享地址空间，也就是说子进程完全运行在父进程的地址空间上，如果这时子进程修改了某个变量，这将影响到父进程。

【实例 4-2-2】用 vfork 函数创建进程。

【步骤 1】创建 vfork. c 文件，代码如下。

```c
#include   <sys/types. h>
#include <unistd. h>
#include <stdio. h>
#include <stdlib. h>
int main( void) {
  pid_t pid;
  char  * message;
  int x;
  pid = vfork( ) ;
  if( pid<0) {
  perror( "fork failed" ) ;
  exit( 1 ) ;
  }
  if( pid = = 0) {
message = "this is the child\n" ;
x = 0;
  }
  else {
  message = "this is the parent\n" ;
  x = 10;
  sleep( 2 ) ;
}
  printf( "%s I am %d,my father is :%d\n" ,message. getpid( ) ,getppid( ) ) ;
  return 0;
  }
}
```

【步骤 2】编译、执行 vfork. c 文件，如图 4-2-2 所示。

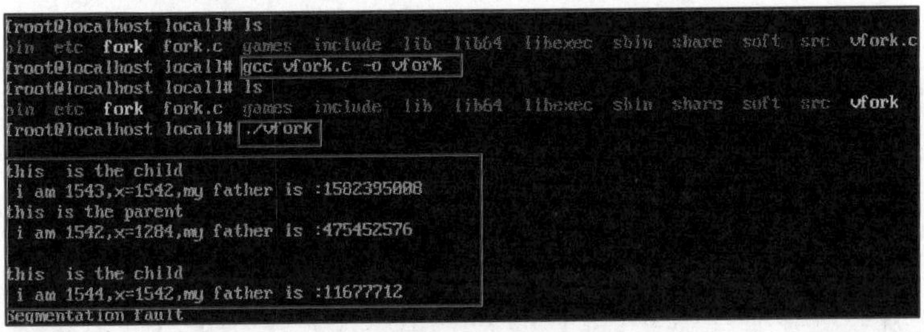

图 4-2-2 编译执行 vfork. c 文件

【步骤 3】程序分析。vfork 创建的子进程与父进程共享地址空间,父进程与子进程运行的变量值相等。

↪【注意】用 vfork( )创建的子进程必须显示调用 exit( )来结束,否则子进程将不能结束,而 fork( )则不存在这个情况。vfork 也是在父进程中返回子进程的进程号,在子进程中返回 0。

用 vfork 创建子进程后,父进程会被阻塞直到子进程调用 exec 或 exit。vfork 的好处是在子进程被创建后往往仅仅是为了调用 exec 执行另一个程序,因为它不会对父进程的地址空间有任何引用,所以对地址空间的复制是多余的,因此通过 vfork 共享内存可以减少不必要的开销。

(3)clone

系统调用 fork( )和 vfork( )是无参数的,而 clone( )则带有参数。fork( )是全部复制,vfork( )是共享内存,而 clone( )是将父进程资源有选择地复制给子进程,而没有复制的数据结构则通过指针的复制让子进程共享,具体要复制哪些资源给子进程,由参数列表中的 clone_flags 来决定。另外,clone( )返回的是子进程的 PID。

2. 进程的调度

进程调度决定了将执行哪个进程,以及执行的时间。操作系统进行合理的进程调度,使得资源得到最大化的利用。

(1)进程的优先级

现在的操作系统为了协调多个进程"同时"运行,最基本的手段就是给进程定义优先级。进程的优先级有两种方式确定,这两种方法分别为由用户程序指定和由内核的调度程序动态调整。

Linux 内核将进程分成两个级别,分别为普通进程和实时进程。实时进程的优先级都高于普通进程,除此之外,它们的调度策略也有所不同。

(2)进程的调度策略

① 先进先出策略 SCHED_FIFO:表示只有先被执行的进程变为非可执行状态,后来的进程才被调度执行。先来的进程可以执行 sched_yield 系统调用,自愿放弃 CPU,让权给后来的进程。

② 轮转策略 SCHED_RR:轮转策略表现为实时进程分配时间片,在时间片用完时,让下一个进程使用 CPU。

在 Linux 操作系统中,实时进程采用的调度策略为 SCHED_FIFO 和 SCHED_RR。SCHED_FIFO 进程运行前,实时优先级更高的先执行,SCHED_FIFO 进程开始执行后除非有优先级更高的实时进程就绪或者当前 SCHED_FIFO 进程主动休眠或者 SCHED_FIFO 进程执行完毕,否则该进程将会一直占用 CPU。SCHED_RR 进程运行前,实时优先级最高的先执行,执行的时间片由 SCHED_RR 进程的 nice 值决定,SCHED_RR 进程开始执行后时间片到 0 时,则执行下一个 SCHED_RR 进程。所有 RR 进程可以自行休眠或者被更高优先级的实时进程所抢占。

3. 进程的销毁

销毁进程现象为释放资源，表现为进程的终止、进程的退出等。

（1）进程终止方式

Linux 的进程终止方式有 8 种，其中 5 种是正常终止，分别是从 main 函数返回；调用 exit 函数；调用_exit 或_Exit；最后一个线程从其启动例程返回；最后一个线程调用 pthread_ exit。异常终止有 3 种，分别为调用 abort 函数，接收到信号并终止，最后一个线程对取消请求做出响应。

（2）进程退出

当一个进程运行完毕或者因为触发系统异常而退出时，最终会调用到内核中的函数 do_exit( )。

4.2.3 查看系统进程

进程是在 CPU 及内存中运行的程序代码，而每个进程可以创建一个或多个进程，在 Linux 操作系统中进程属性有哪些？如何查看进程呢？

1. 进程的属性

Linux 操作系统在管理进程时，按照进程的相关属性对进程进行管理，常见进程的属性如下。

① 进程标识（PID）：每个进程在创建时会分配一个唯一的 PID。

② 父进程标识（PPID）：通过父进程标识和进程标识可以判别进程之间的亲缘关系。

③ 进程的状态：运行态 running（运行或准备运行）、等待态 sleeping（包括可中断不可中断状态）、停止台 stopped、僵死态 zombie。

④ 进行执行的优先级、进程连接的终端以及进程占用的 CPU、内存等资源。

2. 进程的查看

ps 指令是一条基本且强大的进程查看命令，可以查看有哪些进程信息，如进程的运行状态、是否结束、有没有僵死、进程占用的资源，也可以监控后台进程的工作情况。ps 的语法结构如下。

ps［选项］

当 ps 指令无参数时，显示当前终端的系统进程，ps 的选项，见表 4-2-1。

表 4-2-1   ps 指令的选项

选　　项	说　　明
−a	显示当前终端上所有的进程，包括其他用户进程的信息
−e	显示系统中所有的进程，包括其他用户进程和系统进程的信息
−l	以长格式显示进程的信息
−u	显示面向用户的格式（如用户名、CPU 及内存等）
−x	显示后台进程的信息
−f	显示进程的所有信息

【实例 4-2-3】查看进程的详细信息，如图 4-2-3 所示。

```
[root@localhost local]# ps -l
F S   UID   PID  PPID  C PRI  NI ADDR SZ WCHAN  TTY          TIME CMD
4 S     0  1284   672  0  80   0 - 28885 do_wai tty1     00:00:00 bash
0 R     0  1912  1284  0  80   0 - 38337 -      tty1     00:00:00 ps
```

图 4-2-3   显示进程详细信息

在图 4-2-3 中，进程的信息如下。

① S：表示进程状态。R 表示进程运行转态，S 表示休眠状态，T 表示暂停或终止状态，Z 表示僵死状态。

② UID：进程启动者用户的 ID。

③ C：表示进程最近使用 CPU 的估算。

④ PRI：表示进程的优先级。

⑤ TIME：表示进程启动后占用 CPU 的总时间。

⑥ CMD：表示启动该进程的命令名称。

⑦ TTY：表示进程所在的终端的终端号，启用图形界面用 pts/0 表示，字符界面的终端用 tty2-tty6，"?"表示进程不占用终端。

【实例 4-2-4】查看 ssh 进程是否正在运行，如图 4-2-4 所示。

```
[root@localhost local]# ps -ef|grep ssh
root      1021     1  0 19:28 ?        00:00:00 /usr/sbin/sshd -D
root      2006  1284  0 22:13 tty1     00:00:00 grep --color=auto ssh
```

图 4-2-4   查询 SSH 进程

【实例 4-2-5】显示所有用户正在运行的进程，代码如下。

```
ps -aux|more
```

3. top 指令

top 命令与 ps 命令的基本作用是相同的，显示当前进程及其状态。但 top 命令是一个动态显示的过程，用户通过按刷新键不断刷新当前状态。如果在前台执行该命令，直到用户按下 q 键终止该程序。

top 命令提供了实时的对系统处理器的监控状态，它可以显示系统中最敏感的任务列表，该命令可以按 CPU、内存使用或执行时间对任务进行排序。top 的语法格式如下。

> top [选项]

top 常见选项的含义，见表 4-2-2。

表 4-2-2　top 常见选项

选　　项	说　　明
-u<用户名|UID>	监视指定用户的进程
-p<进程 PID>	监视指定进程 ID 的进程
-d<时间间隔秒数>	监控进程执行状态的间隔时间，单位为秒（s）

【实例 4-2-6】使用 top 命令动态显示进程，代码如下。

> top

【实例 4-2-7】使用 top -u root 显示 root 用户的进程，部分进程信息如图 4-2-5 所示。

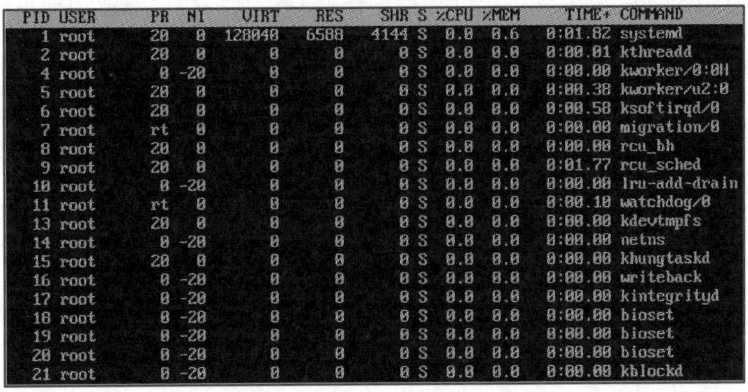

图 4-2-5　显示 root 用户的进程

4.2.4　系统管理命令

系统中每一个进程都有一个进程号，用于系统识别和系统调用，启动一个进程主要有两个途径，分别为手工启动和调度启动。用户输入命令，直接启动一个进程叫手工启动，手动启动分为前台启动和后台启动。

1. 进程的前后台

（1）前台启动

前台就是指一个程序控制着标准的输出和输入，当前台运行一个程序时，用户不能执行其他程序。

（2）后台启动

后台就是指一个程序不从标准输入设备接收输入，一般也不将结果输出到标准输出设备上。

例如 ls -a> text &，表示 Shell 检测到命令后面后一个 &，就生成一个子 Shell 在后台运行这个程序，并立即显示提示符等待用户下一个命令。

例如 cat fork.c｜grep file｜wc -l，表示同时启动了 3 个进程，它们都是当前 Shell 的子程序，称为兄弟进程。

2. 进程的前后台调用

（1）Ctrl+Z 组合键

将当前进程挂起，即调入后台并停止运行。

（2）jobs 命令

查看处理后台的任务列表，如图 4-2-6 所示。

```
[root@localhost local]# jobs
[1]+  Done                    cat fork.c > text
```

图 4-2-6   查看后台任务列表

（3）bg 命令

将前台作业切换到后台运行，若没有指定作业号，则将前台作业切换后台。

（4）fg 命令

将处于后台的进程恢复到前台运行，需指定任务序号。

（5）Ctrl+C 组合键

中断正在执行的命令。

【实例 4-2-8】进程前后台调度，代码如下。

```
man bg
#Ctrl+Z 将 man 挂起
vi &            #vi 启动后台运行
jobs 1          #查看后台任务
bg 1            #将 1 号作业 man bg 从前台切换到后台
fg 1            #将 1 号作业 man bg 从后台恢复到前台
```

3. kill 命令

kill 命令是终止进程的命令，用于终止指定 PID 号的进程，语法格式如下。

```
kill［-9］进程号
```

-9 表示可选项，表示强制终止。

4. 进程的优先级

nice 值是 Linux/UNIX 系统反映一个进程优先级状态的值，其取值范围是-20～19，一共 40 个级别。这个值越小，表示进程优先级越高，而值越大优先级越低。

【实例 4-2-9】通过 nice 命令来对一个将要执行的 bash 命令进行 nice 值设置，如图 4-2-7 所示。

图 4-2-7　设置 nice 值

【步骤 1】打开 bash，设置 nice 值，代码如下。

```
nice -n 10 bash
```

打开了一个 bash，并且设置 nice 值设置为 10，而默认情况下，进程的优先级应该是从父进程继承来的，这个值一般是 0。

【步骤 2】查看 nice 值，通过 nice 命令直接查看到 nice 值，代码如下。

```
nice
10
```

【步骤 3】退出 bash，如退出当前 nice 值为 10 的 bash，代码如下。

```
exit
```

【步骤 4】打开一个正常的 bash，查看到 nice 值，代码如下。

```
bash
nice
```

📖 项目实施

对于软件工程师、网络运维工程师来说，一定会遇到 Linux 的应用场景，如 Linux 网络配置、Linux 防火墙设置、Linux 进程管理及 Linux 自动化管理等。尤其 Linux 服务器网络配置和自动化管理是软件工程师和网络运维工程师必备要掌握知识和技能。

需要完成的任务如下：

- 网络配置与管理。
- 自动化管理。

4.3　任务 1：网络配置与管理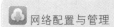

Linux 系统的底层配置参数都存储在相应的配置文件中，启动系统或网络服务时，系统通过读取这些配置文件获得相应参数，从而实现对系统和网络设备的控制。搭建网络服务前要先完成系统的基本网络设置，尤其是 IP 配置。当 Linux 运行在虚拟机环境下时，进行基本网络配置时还需要注意结合虚拟机的配置，综合理解联网问题。

4.3.1　配置网络

1. 配置 IP 地址

配置主机 IP 地址有 3 种方式，分别为图形界面配置、命令行命令配置和直接修改配置文件。以 CentOS 系统为例配置 IP 地址。

图形界面配置 IP。在 CentOS 系统下，操作 IP 配置通过应用程序主菜单中选择"系统工具"→"设置"→"网络"，打开网络连接设置接口，如图 4-3-1 所示。

图 4-3-1　网络连接接口配置

在图 4-3-1 中，选择"有线"，单击其右侧带齿轮形状的"设置"按钮，打开更高级的设置参数界面，可以查看连接的 IP 地址、硬件 MAC 地址、默认路由地址等重要信息，选中"自动连接"复选项，若"自动连接"复选项未选中，每次系统启动时，网络接口卡不会自动联网，如图 4-3-2 所示。

在图 4-3-2 中，在窗口选择"IPv4"标签，进入配置 IP 标签页面，可以查看或修改 IP 的具体设置，如图 4-3-3 所示。

2. IP 地址命令

在 Linux 操作系统中查询 IP 的命令有 ifconfig、ip addr，如图 4-3-4 所示。

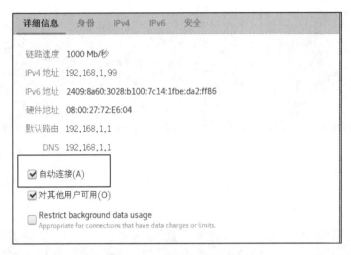

图 4-3-2 IP 地址详情界面

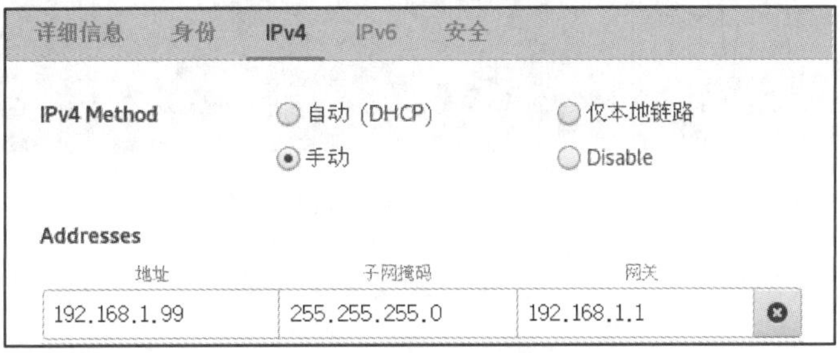

图 4-3-3 IPv4 设置

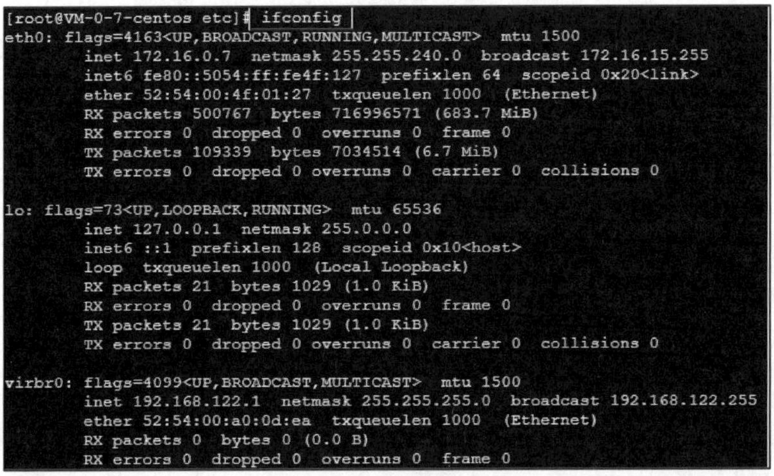

图 4-3-4 查询 IP 命令

网络配置文件。不同 Linux 版本、配置文件名及所处的目录是不同的，以 CentOS 7 系统为例进行讲解。网络配置文件在/etc/sysconfig/network-scripts 目录下，如图 4-3-5 所示。

```
[root@VM-0-7-centos etc]# cd  /etc/sysconfig/network-scripts
[root@VM-0-7-centos network-scripts]# ls
ifcfg-eth0     ifdown-ppp        ifup-ib       ifup-Team
ifcfg-lo       ifdown-routes     ifup-ippp     ifup-TeamPort
ifdown         ifdown-sit        ifup-ipv6     ifup-tunnel
ifdown-bnep    ifdown-Team       ifup-isdn     ifup-wireless
ifdown-eth     ifdown-TeamPort   ifup-plip     init.ipv6-global
ifdown-ib      ifdown-tunnel     ifup-plusb    network-functions
ifdown-ippp    ifup              ifup-post     network-functions-ipv6
ifdown-ipv6    ifup-aliases      ifup-ppp      route6-eth0
ifdown-isdn    ifup-bnep         ifup-routes
ifdown-post    ifup-eth          ifup-sit
```

图 4-3-5　配置文件目录

使用 cat 命令查看配置文件，默认情况下配置为动态获取 IP，配置内容如图 4-3-6 所示。

```
[root@VM-0-7-centos network-scripts]# cat ifcfg-eth0
# Created by cloud-init on instance boot automatically, do not edit.
#
BOOTPROTO=dhcp
DEVICE=eth0
HWADDR=52:54:00:4f:01:27
NM_CONTROLLED=no
ONBOOT=yes
PERSISTENT_DHCLIENT=yes
TYPE=Ethernet
USERCTL=no
```

图 4-3-6　配置文件内容

如果用户要修改网络配置文件，使用 VIM 文本编辑修改配置文件，配置静态 IP 地址，如图 4-3-7 所示。

```
root@localhost network-scripts]# cat enp0s3-copy
YPE="Ethernet"
ROXY_METHOD="none"
ROWSER_ONLY="no"
BOOTPROTO="dhcp"  #号注释掉dhcp
OOTPROTO="static"
PADDR="192.168.1.131"
ETMASK="255.255.255.0"
ATEWAY="192.168.1.1"
NS1="222.85.85.85"
NS2="8.8.8.8"
EFROUTE="yes"
PV4_FAILURE_FATAL="no"
PV6INIT="yes"
PV6_AUTOCONF="yes"
PV6_DEFROUTE="yes"
PV6_FAILURE_FATAL="no"
PV6_ADDR_GEN_MODE="stable-privacy"
AME="enp0s3"
UID="b7151b64-018e-44f6-985b-2ee1bd3b78d8"
EVICE="enp0s3"
NBOOT="yes"
```

图 4-3-7　配置静态 IP

配置文件修改后，需要重启服务，代码如下。

```
service network restart
#用 systemctl 重启
systemctl restart network. service
```

4.3.2　配置静态路由

路由器的功能是实现一个网段到另一个网段之间的通信,路由分为静态路由、动态路由、默认路由和直连路由。静态路由是手工指定的,使用静态路由的好处是网络安全保密性高。动态路由因为需要路由器之间频繁地交换各自的路由表,而对路由表的分析可以揭示网络的拓扑结构和网络地址等信息。因此,网络出于安全方面的考虑也可以采用静态路由,不占用网络带宽,因为静态路由不会产生更新流量。

1. 查看本机网络环境或路由信息

本机的网络环境网络信息及路由信息使用 ip addr 或 route −n 命令查看,如图 4-3-8 所示,默认网关为 172.16.0.1。

```
[root@VM-0-13-centos ~]# ip addr ;route -n
1: lo: <LOOPBACK,UP,LOWER_UP> mtu 65536 qdisc noqueue state UNKNOWN group default
 qlen 1000
    link/loopback 00:00:00:00:00:00 brd 00:00:00:00:00:00
    inet 127.0.0.1/8 scope host lo
       valid_lft forever preferred_lft forever
    inet6 ::1/128 scope host
       valid_lft forever preferred_lft forever
2: eth0: <BROADCAST,MULTICAST,UP,LOWER_UP> mtu 1500 qdisc mq state UP group defau
lt qlen 1000
    link/ether 52:54:00:36:cc:c6 brd ff:ff:ff:ff:ff:ff
    inet 172.16.0.13/20 brd 172.16.15.255 scope global eth0
       valid_lft forever preferred_lft forever
    inet6 fe80::5054:ff:fe36:ccc6/64 scope link
       valid_lft forever preferred_lft forever
3: virbr0: <NO-CARRIER,BROADCAST,MULTICAST,UP> mtu 1500 qdisc noqueue state DOWN
group default qlen 1000
    link/ether 52:54:00:a0:0d:ea brd ff:ff:ff:ff:ff:ff
    inet 192.168.122.1/24 brd 192.168.122.255 scope global virbr0
       valid_lft forever preferred_lft forever
4: virbr0-nic: <BROADCAST,MULTICAST> mtu 1500 qdisc pfifo_fast master virbr0 stat
e DOWN group default qlen 1000
    link/ether 52:54:00:a0:0d:ea brd ff:ff:ff:ff:ff:ff
Kernel IP routing table
Destination     Gateway         Genmask         Flags Metric Ref    Use Iface
0.0.0.0         172.16.0.1      0.0.0.0         UG    0      0        0 eth0
169.254.0.0     0.0.0.0         255.255.0.0     U     1002   0        0 eth0
172.16.0.0      0.0.0.0         255.255.240.0   U     0      0        0 eth0
192.168.122.0   0.0.0.0         255.255.255.0   U     0      0        0 virbr0
```

图 4-3-8　查看路由

2. 使用 route 命令

使用 route 命令添加路由,其常用参数有 add(增加路由)、del(删除路由)、−net(设置到某个网段的路由)、−host(设置到某台主机的路由)、gw(出口网关 IP 地址)、dev(出口网关物理设备名)。

ᗌ【注意】route 命令,机器重启或者网卡重启后路由就失效了。

(1)添加到主机的路由

【步骤1】确认当前工作的网卡,这里使用的是 eth0,如图 4-3-9 所示。

```
[root@VM-0-13-centos network-scripts]# ls
ifcfg-eth0    ifdown-isdn       ifup             ifup-plip        ifup-tunnel
ifcfg-lo      ifdown-post       ifup-aliases     ifup-plusb       ifup-wireless
ifdown        ifdown-ppp        ifup-bnep        ifup-post        init.ipv6-global
ifdown-bnep   ifdown-routes     ifup-eth         ifup-ppp         network-functions
ifdown-eth    ifdown-sit        ifup-ib          ifup-routes      network-functions-ipv6
ifdown-ib     ifdown-Team       ifup-ippp        ifup-sit         route6-eth0
ifdown-ippp   ifdown-TeamPort   ifup-ipv6        ifup-Team
ifdown-ipv6   ifdown-tunnel     ifup-isdn        ifup-TeamPort
[root@VM-0-13-centos network-scripts]# route -n
Kernel IP routing table
Destination     Gateway         Genmask         Flags Metric Ref    Use Iface
0.0.0.0         172.16.0.1      0.0.0.0         UG    0      0        0 eth0
169.254.0.0     0.0.0.0         255.255.0.0     U     1002   0        0 eth0
172.16.0.0      0.0.0.0         255.255.240.0   U     0      0        0 eth0
```

图 4-3-9　查看网卡

☝【注意】如果计算机中存在多块网卡，可以为不同网卡指定不同的静态路由。例如，有 eth1、eht2 两张网卡，依次为每块网卡创建一个对应的路由配置文件：route-eth0，route-eth1，oute-eth2。

【步骤 2】将路由添加到主机，如图 4-3-10 所示。

```
[root@VM-0-13-centos ~]# route add -host 172.16.2.0 dev eth0
[root@VM-0-13-centos ~]# route add -host 172.16.2.0 gw 172.16.0.1
[root@VM-0-13-centos ~]# route -n
Kernel IP routing table
Destination     Gateway         Genmask         Flags Metric Ref    Use Iface
0.0.0.0         172.16.0.1      0.0.0.0         UG    0      0        0 eth0
169.254.0.0     0.0.0.0         255.255.0.0     U     1002   0        0 eth0
172.16.0.0      0.0.0.0         255.255.240.0   U     0      0        0 eth0
172.16.2.0      172.16.0.1      255.255.255.255 UGH   0      0        0 eth0
172.16.2.0      0.0.0.0         255.255.255.255 UH    0      0        0 eth0
192.168.122.0   0.0.0.0         255.255.255.0   U     0      0        0 virbr0
```

图 4-3-10　添加主机路由

添加两条静态路由，如网卡 eth0，设置主机路由 IP 地址 172.16.2.0，设置网关地址为 172.16.0.1，代码如下。

```
route add -host 172.16.2.0 dev eth0
route add -host 172.16.2.0 gw 172.16.0.1
```

（2）添加到网络的路由

添加网络路由，如图 4-3-11 所示，代码如下。

```
route add -net 172.16.2.0 netmask 255.255.255.0 gw 172.16.0.1
```

```
[root@VM-0-13-centos ~]# route add -net 172.16.2.0 netmask 255.255.255.0 gw 172.16.0.1
[root@VM-0-13-centos ~]# route -n
Kernel IP routing table
Destination     Gateway         Genmask         Flags Metric Ref    Use Iface
0.0.0.0         172.16.0.1      0.0.0.0         UG    0      0        0 eth0
169.254.0.0     0.0.0.0         255.255.0.0     U     1002   0        0 eth0
172.16.0.0      0.0.0.0         255.255.240.0   U     0      0        0 eth0
172.16.2.0      172.16.0.1      255.255.255.255 UGH   0      0        0 eth0
172.16.2.0      0.0.0.0         255.255.255.255 UH    0      0        0 eth0
172.16.2.0      172.16.0.1      255.255.255.0   UG    0      0        0 eth0
192.168.122.0   0.0.0.0         255.255.255.0   U     0      0        0 virbr0
```

图 4-3-11　添加网络路由

（3）添加默认网关

```
# route add default gw 172.16.0.1
```

（4）删除路由

```
# route del -host 172.16.2.0 dev eth0
```

3. 添加永久路由

通过编辑配置文件，实现添加永久路由。假设访问 172.16.2.100 时通过 172.16.0.1；访问 172.16.2.100 时通过 172.16.1.1。通过修改网卡配置文件，执行 vi /etc/sysconfig/network-scripts/route-eth0 命令打开配置文件，如图 4-3-12 所示，在配置文件中添加代码。

图 4-3-12　编辑文件

通过命令 service network restart 重启网络服务，用 route -n 命令查看配置是否生效，如图 4-3-13 所示，此时发现路由信息已经添加到路由表，这时无论是重启主机还是重启网络服务路由信息都不会丢失。

```
[root@VM-0-13-centos network-scripts]# service network restart
Restarting network (via systemctl):                              [  OK  ]
[root@VM-0-13-centos network-scripts]# route -n
Kernel IP routing table
Destination     Gateway         Genmask         Flags Metric Ref    Use Iface
0.0.0.0         172.16.0.1      0.0.0.0         UG    0      0        0 eth0
169.254.0.0     0.0.0.0         255.255.0.0     U     1002   0        0 eth0
172.16.0.0      0.0.0.0         255.255.240.0   U     0      0        0 eth0
172.16.2.100    172.16.0.1      255.255.255.255 UGH   0      0        0 eth0
172.16.2.200    172.16.1.1      255.255.255.255 UGH   0      0        0 eth0
192.168.122.0   0.0.0.0         255.255.255.0   U     0      0        0 virbr0
```

图 4-3-13　重启网络服务

4.3.3　双网卡配置

双网卡绑定特别适合使用在生产环境 7×24 小时的网络传输服务，采取双网卡绑定模式不仅可以提高网络传输速度，更重要的是，还可以确保其中一块网卡出现故障时，依然可以有正常高效可靠的措施。Linux 主机安装双网卡，共享一个 IP 地址，对外提供访问，其目的是实现路由器功能、网关、实现冗余、负载均衡等。

1. 常用的 3 种模式

① 平衡负载模式 mode0：平时两块网卡均工作，且自动备援，但需要在与服务器本地网卡相连的交换机设备上进行端口聚合来支持绑定技术。

② 自动备援模式 mode1：平时只有一块网卡工作，在它故障后自动替换为另外的网卡。

③ 平衡负载模式 mode6：平时两块网卡均工作，且自动备援，无须交换机设备提供辅助支持。

2. 逻辑网卡 bond

网卡 bond 是通过多张网卡绑定为一个逻辑网卡，实现本地网卡的冗余、带宽扩容和负载均衡，是一种常用技术。Kernels 2.4.12 及以后的版本均提供 bonding 模块，以前的版本可以通过 patch 实现。

（1）bond 的模式

bond 的模式常用的有 mode=0 和 mode=1 两种。其中 mode=0 表示负载分担 round-robin，并且是轮询的方式，如第 1 个包走 eth0，第 2 个包走 eth1，直到数据包发送完毕，其优点是流量提高一倍，缺点是需要为接入交换机做端口聚合，否则可能无法使用 mode=1 表示主备模式，即同时只有一块网卡在工作，其优点是冗余性高，缺点是链路利用率低，两块网卡只有一块在工作。

（2）bond 配置

【步骤 1】配置前准备。

查看当前操作系统，如图 4-3-14 所示。

```
[root@VM-0-3-centos etc]# cat /etc/redhat-release
CentOS Linux release 7.7.1908 (Core)
[root@VM-0-3-centos etc]# uname -r
3.10.0-1062.12.1.el7.x86_64
```

图 4-3-14   查看当前操作系统

关闭当前的两张网卡，如图 4-3-15 所示。

```
[root@localhost network-scripts]# ifdown enp0s3
Device 'enp0s3' successfully disconnected.
[root@localhost network-scripts]# ifdown enp0s8
Device 'enp0s8' successfully disconnected.
```

图 4-3-15   关闭网卡

【步骤 2】配置网络文件。

① 创建绑定文件，配置逻辑网卡 bond0。

配置网卡 bond0，如果没有这个配置文件，就新建一个，代码如下。

```
TYPE="bond"
BOOTPROTO="none"
NAME="bond0"
DEVICE="bond0"
IPADDR="192.168.1.20"
NETMASK="255.255.255.0"
GATEWAY="192.168.1.1"
```

```
DNS1 = " 192. 168. 1. 1"
DNS2 = "8. 8. 8. 8"
ONBOOT = " yes"
```

查看绑定文件，如图 4-3-16 所示。

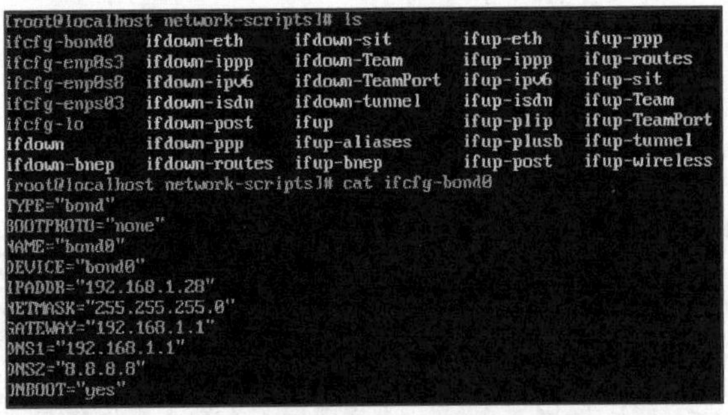

图 4-3-16 查看绑定文件

② 配置物理网卡 1。

编辑需要绑定的物理网卡，并且指定主从。物理网卡 1 为 ifcfg-enp0s3，配置代码如下。

```
TYPE = " Ethernet"
BOOTPROTO = " none"
NAME = " enp0s3"
DEVICE = " enp0s3"
MASTER = " bond0"
SLAVE = " yes"
ONBOOT = " yes"
```

查看配置文件，如图 4-3-17 所示。

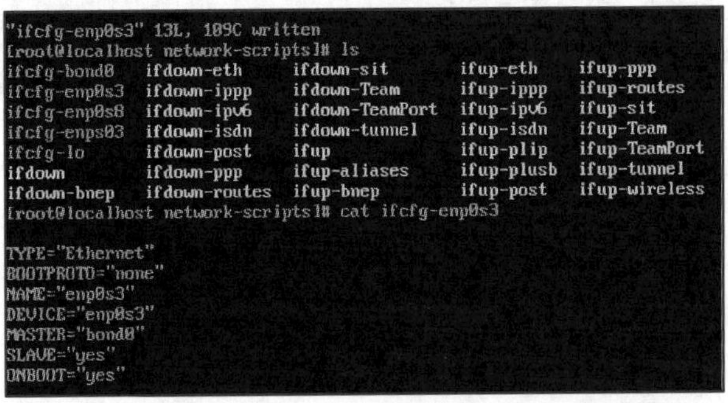

图 4-3-17 查看物理网卡 1 的配置文件

③ 配置物理网络 2。

物理网卡 2 为 ifcfg-enp0s8，配置代码如下。

```
TYPE = "Ethernet"
BOOTPROTO = "none"
NAME = "enp0s8"
DEVICE = "enp0s8"
MASTER = "bond0"
SLAVE = "yes"
ONBOOT = "yes"
```

查看配置文件，如图 4-3-18 所示。

```
[root@localhost network-scripts]# ls
ifcfg-bond0    ifdown-eth     ifdown-sit      ifup-eth     ifup-ppp
ifcfg-enp0s3   ifdown-ippp    ifdown-Team     ifup-ippp    ifup-routes
ifcfg-enp0s8   ifdown-ipv6    ifdown-TeamPort ifup-ipv6    ifup-sit
ifcfg-enps03   ifdown-isdn    ifdown-tunnel   ifup-isdn    ifup-Team
ifcfg-lo       ifdown-post    ifup            ifup-plip    ifup-TeamPort
ifdown         ifdown-ppp     ifup-aliases    ifup-plusb   ifup-tunnel
ifdown-bnep    ifdown-routes  ifup-bnep       ifup-post    ifup-wireless
[root@localhost network-scripts]# cat ifcfg-enp0s8

TYPE=Ethernet
BOOTPROTO=none
ONBOOT=yes
MASTER=bond0
SLAVE=yes
NAME=enp0s8
DEVICE=enp0s8
```

图 4-3-18　查看配置文件

【步骤 3】创建 bond 文件，并设定为主备的模式，让系统支持 bonding。

配置 cat/etc/modprobe. conf 文件，如果该目录不存在的话，可手动创建，也可以放在 modprobe. d 下面，如图 4-3-19 所示，代码如下。

```
vi /etc/modprobe. d/bonding. conf
alias bond0 binding
options bond0 miimon = 100 mode = 1
```

```
[root@localhost modprobe.d]# ls
bonding.conf  dccp-blacklist.conf  firewalld-sysctls.conf  modprobe.conf  tuned.conf
[root@localhost modprobe.d]# cat bonding.conf
alias bond0 binding
options bond0 miimon=100 mode=1
```

图 4-3-19　创建 bond 文件

配置 bond0 的链路检查时间为 100ms，模式为 1。关于 mode 的说明，其中 mode = 0 表示平衡循环，mode = 1 表示主备，mode = 3 表示广播，mode = 4 表示链路聚合。

运用 service network restart 命令，重启网络服务。

4.4　任务 2：自动化管理 　　　　自动化管理

Linux 操作系统的自动化管理主要分为定时任务和一次性任务管理。通过系统定时任务可以周期性对 Linux 操作系统进行定时管理，通过 at 命令对 Linux 操作系统进行一次性管理。

4.4.1 系统定时任务

在 Linux 操作系统中，定时任务命令是 crond，crond 就是计划任务，类似闹钟，定点执行。

1. 使用定时任务的缘由

计划任务主要是做一些周期性的任务，如凌晨 3 点定时备份数据、晚上 23 点开启网站抢购接口、凌晨 0 点关闭抢占接口等。计划任务主要分为以下两种使用情况，场景 1，系统级别的定时任务，主要是临时文件清理、系统信息采集、日志文件切割等；场景 2，用户级别的定时任务，主要是定时向互联网同步时间、定时备份系统配置文件、定时备份数据库的数据等。

2. 安装 crontabs 服务

安装 crontabs 并设置开机自启，如图 4-4-1 所示，代码如下。

```
yum install crontabs
systemctl enable crond
```

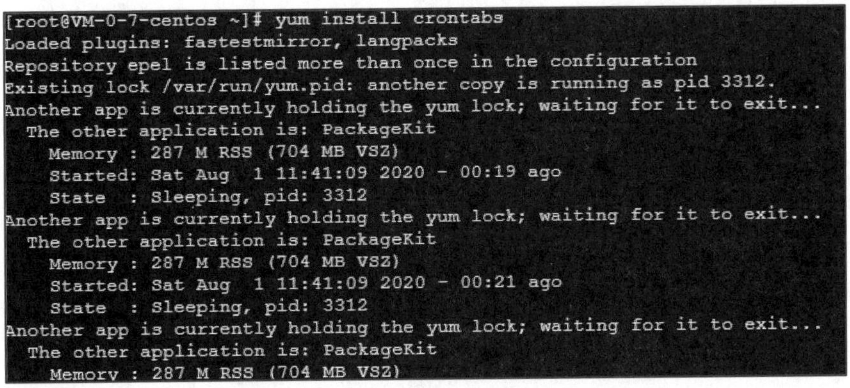

```
[root@VM-0-7-centos ~]# yum install crontabs
Loaded plugins: fastestmirror, langpacks
Repository epel is listed more than once in the configuration
Existing lock /var/run/yum.pid: another copy is running as pid 3312.
Another app is currently holding the yum lock; waiting for it to exit...
  The other application is: PackageKit
    Memory : 287 M RSS (704 MB VSZ)
    Started: Sat Aug  1 11:41:09 2020 - 00:19 ago
    State  : Sleeping, pid: 3312
Another app is currently holding the yum lock; waiting for it to exit...
  The other application is: PackageKit
    Memory : 287 M RSS (704 MB VSZ)
    Started: Sat Aug  1 11:41:09 2020 - 00:21 ago
    State  : Sleeping, pid: 3312
Another app is currently holding the yum lock; waiting for it to exit...
  The other application is: PackageKit
    Memory : 287 M RSS (704 MB VSZ)
```

图 4-4-1 安装 crontabs

3. crontab 配置文件

crontab 命令是 cron table 的简写，它是 cron 的配置文件，也可以叫它作业列表。它的配置文件如下。

① /var/spool/cron/目录下存放的是每个用户包括 root 的 crontab 任务，每个任务以创建者的名字命名。

② /etc/crontab 文件负责调度各种管理和维护任务。

③ /etc/cron. d/目录用来存放任何要执行的 crontab 文件或脚本。

也可以把脚本放在/etc/cron. hourly、/etc/cron. daily、/etc/cron. weekly、/etc/cron. monthly 目录中，让它每小时/天/星期/月执行一次。

使用 cat 命令查看配置文件，如图 4-4-2 所示。

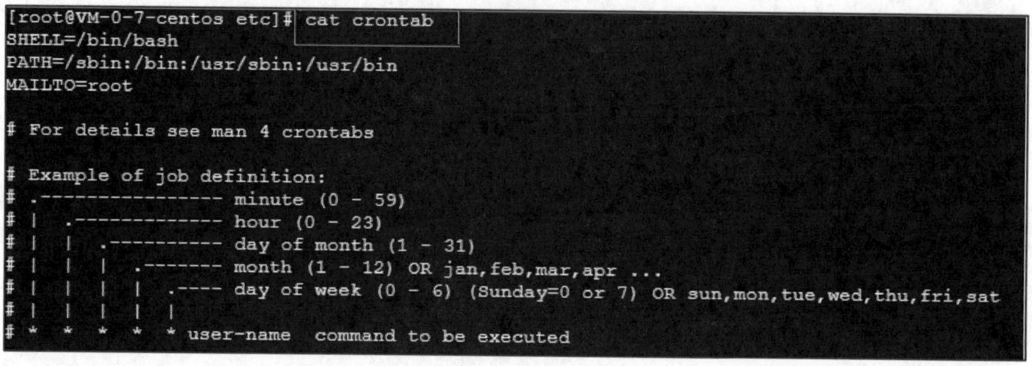

```
[root@VM-0-7-centos etc]# cat crontab
SHELL=/bin/bash
PATH=/sbin:/bin:/usr/sbin:/usr/bin
MAILTO=root

# For details see man 4 crontabs

# Example of job definition:
# .---------------- minute (0 - 59)
# |  .------------- hour (0 - 23)
# |  |  .---------- day of month (1 - 31)
# |  |  |  .------- month (1 - 12) OR jan,feb,mar,apr ...
# |  |  |  |  .---- day of week (0 - 6) (Sunday=0 or 7) OR sun,mon,tue,wed,thu,fri,sat
# |  |  |  |  |
# *  *  *  *  *  user-name  command to be executed
```

图 4-4-2　查看配置文件

✍【注意】每行是一条命令，crontab 的命令构成为时间+动作，其时间有分、时、日、月、周 5 种，操作符有"*"表示任意的（分、时、日、月、周）时间都执行；"-"表示一个时间范围段，如 5~7 点；","表示分隔时段，如 6、0、4 表示周六、周日、周四；"/1"表示每间隔的单位时间，如"*/10"表示每间隔 10 min。

4. crontab 命令

（1）crontab 命令选项

crontab 命令选项，-e 表示编辑定时任务，-l 表示查看定时任务，-r 表示删除定时任务，-u 表示指定其他用户，如图 4-4-3 所示。

```
[root@VM-0-7-centos etc]# crontab -l
*/1 * * * * /usr/local/qcloud/stargate/admin/start.sh > /dev/null 2>&1 &
0 0 * * * /usr/local/qcloud/YunJing/YDCrontab.sh > /dev/null 2>&1 &
```

图 4-4-3　crontab 命令选项

（2）crontab 运用

例如，每隔 30 min root 执行一次 updatedb 命令，如图 4-4-4 和图 4-4-5 所示，代码如下。

```
crontab -e
*/30 * * * * root updatedb1
```

例如，每天早上 5 点定时重启系统，代码如下。

```
0 5 * * * root reboot1
```

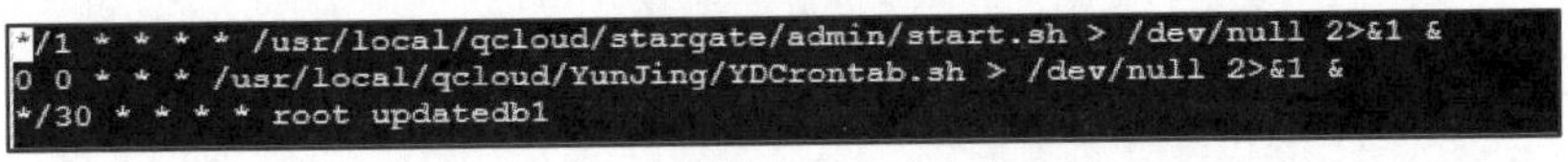

图 4-4-4 每隔 30 min 智能 root updatedb1

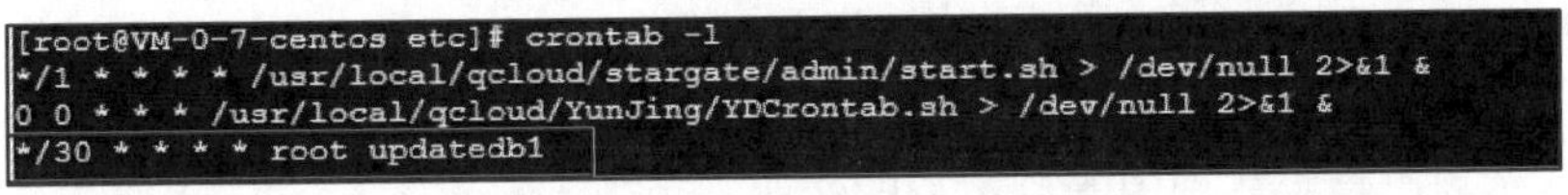

图 4-4-5 查看编辑的 crontab 内容

例如，每晚 21:30 重启 SMB，代码如下。

```
30 21  *  *  *  /etc/init. d/smb restart
```

例如，每月 1、10、22 日的 4：45 重启 SMB，代码如下。

```
45 4 1,10,22  *  *  /etc/init. d/smb restart
```

4.4.2 使用 at 计划一次性任务

at 是 Linux 操作系统的单次的计划任务，如果在某时间点只要求任务运行一次，这就需要用到 at 命令。以 CentOS7 为例，讲解 at 命令。

1. 安装 at

如果系统没有 at，就需要安装，代码如下。

```
yum -y install at
```

2. 启动 atd 服务

at 是由 atd 服务提供的，启动 atd 服务，如图 4-4-6 所示，代码如下。

```
systemctl status atd. service    #查看服务状态
systemctl start atd              #启动服务
systemctl stop    atd            #关闭服务
```

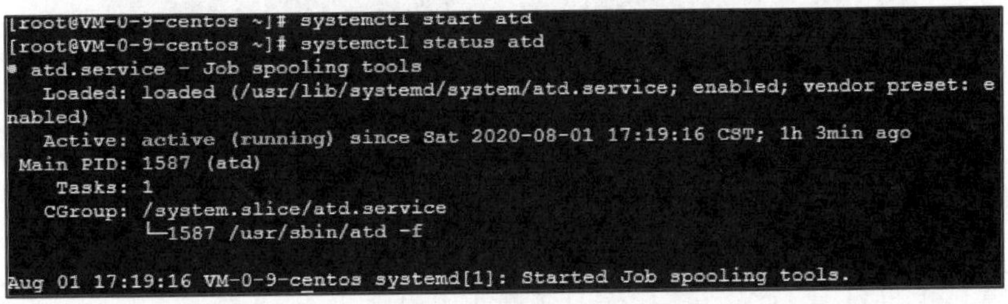

图 4-4-6 启动与查看 atd

3. at 语法

```
at [option] TIME
```

（1）option（常用的选项）

① -V 表示显示版本信息。

② -l 表示列出指定队列中等待运行的作业，相当于 atq。

③ -d 表示删除指定的作业，相当于 atrm。

④ -c 表示查看具体作业任务。

⑤ -f 表示从指定的文件中读取任务。

⑥ -m 表示当任务被完成后，将给用户发送邮件，即使没有标准输出。作业执行命令的结果中的标准输出和错误以邮件通知给相关用户。

（2）TIME

定义出什么时候进行 at 这项任务，TIME 的时间格式如下。

① HH:MM [YYYY-mm-dd]。

② noon、midnight、teatime（4pm）。

③ tomorrow。

④ now+#{minutes, hours, days, OR weeks}。

⑤ HH:MM 表示在今日的 HH:MM 进行，若该时刻已过，则明天此时执行任务，命令，如 at 02:00。

⑥ HH:MM YYYY-MM-DD 表示规定在某年某月的某一天的特殊时刻进行该项任务，如 at 02:00 2016-09-20、at 04pm March 17、at 17:20 tomorrow 等。

⑦ HH:MM[am | pm] + number [minutes | hours | days | weeks] 表示在某个时间点再加几个时间后才进行该项任务，如 at now + 5 minutes、at 02pm + 3 days。

4. at 命令实例

【实例 4-4-1】在当前时间 1 min 后，修改 ca2 目录名为 at2，如图 4-4-7 所示。

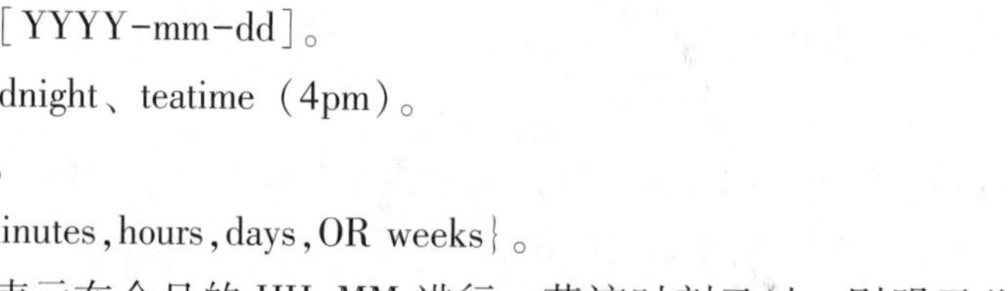

```
[root@VM-0-9-centos local]# mkdir ca2
[root@VM-0-9-centos local]# ls
at1  ca2  games    lib    libexec  sbin   src
bin  etc  include  lib64  qcloud   share  yd.socket.server
[root@VM-0-9-centos local]# at now +1min
at> mv ca2 at2
at> <EOT>
job 3 at Sat Aug  1 18:59:00 2020
[root@VM-0-9-centos local]# ls
at1  bin  games    lib    libexec  sbin   src
at2  etc  include  lib64  qcloud   share  yd.socket.server
```

图 4-4-7 1 分钟后修改 ca2 目录名为 at2

【注意】 退出 at 使用组合键 Ctrl+D 或者 Crtl+\退出。

【实例 4-4-2】同时执行多个任务命令，如用 echo 输出 123、678、90 等 3 个任务，如图 4-4-8 所示。

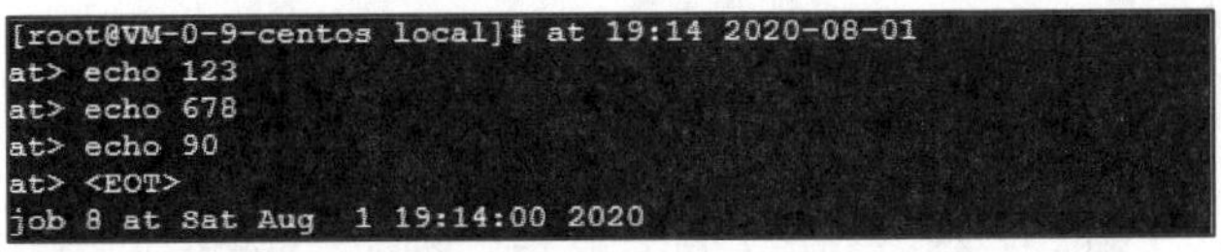

```
[root@VM-0-9-centos local]# at 19:14 2020-08-01
at> echo 123
at> echo 678
at> echo 90
at> <EOT>
job 8 at Sat Aug  1 19:14:00 2020
```

图 4-4-8　同时执行多个任务

【实例 4-4-3】多个执行命令全部放在专门文件中然后去调用的方法。

创建 atcmd 任务文件，如图 4-4-9 所示，代码如下。

```
vi atcmd
mkdir cd1
mkdir cd2
mv cd1 cd
mv cd2 cd22
pwd
```

用 at -f　atcmd now +1min 命令去调用执行这个文件 ，-f 表示调用。

```
at -f  atcmd now +1min
```

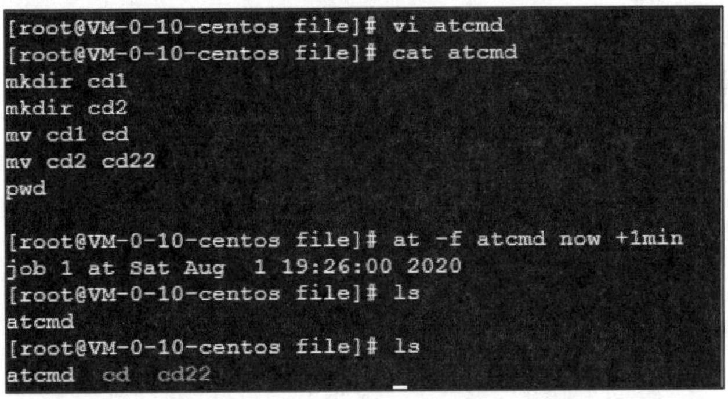

```
[root@VM-0-10-centos file]# vi atcmd
[root@VM-0-10-centos file]# cat atcmd
mkdir cd1
mkdir cd2
mv cd1 cd
mv cd2 cd22
pwd

[root@VM-0-10-centos file]# at -f atcmd now +1min
job 1 at Sat Aug  1 19:26:00 2020
[root@VM-0-10-centos file]# ls
atcmd
[root@VM-0-10-centos file]# ls
atcmd  cd  cd22
```

图 4-4-9　at 调用文件执行

【实例 4-4-4】计划任务没有标准输入，加上-m 表示强制发邮件来提醒计划任务执行完毕，如图 4-4-10 所示。

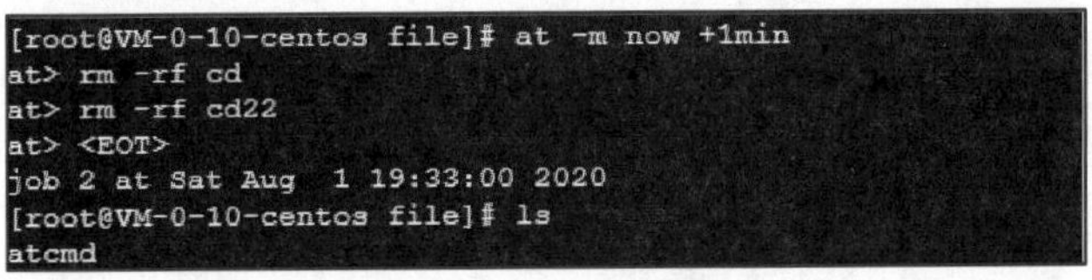

```
[root@VM-0-10-centos file]# at -m now +1min
at> rm -rf cd
at> rm -rf cd22
at> <EOT>
job 2 at Sat Aug  1 19:33:00 2020
[root@VM-0-10-centos file]# ls
atcmd
```

图 4-4-10　邮件提醒任务完成

本章小结

　　本章主要讲解了 Linux 系统安全、Linux 进程管理、Linux 的网络配置与管理及 Linux 自动化管理。通过本章的学习，读者应掌握 SELinux 强制访问控制、Firewall 防火墙的配置、了解 Netfilter 管理工具的使用和 Nftables 命令行工具、掌握 PAM 高级规则的设计和配置、理解进程和线程的概念、掌握进程的创建、调度和销毁、掌握网络配置的方法、掌握静态路由的配置方法、掌握系统定时任务和 at 一次性任务等知识和技能。

本章习题

　　一、单项选择题

　　1. SELinux 是（　　）。

　　A. 文件传输机制

　　B. 安全访问控制安全策略的机制

　　C. 邮件传输机制

　　D. Linux 读写访问机制

　　2. ls Z 命令表示为（　　）。

　　A. 查看文件上下文信息

　　B. 列出当前目录下文件

　　C. 搜索文本文件

　　D. 复制文件的命令

　　3. （　　）模式指违反策略的行动不会被禁止，但是会提示警告信息。

　　A. disabled

　　B. enforcing

　　C. permissive

　　二、多项选择题

　　1. SELinux 的工作模式有 3 种，分别是（　　）。

　　A. enforcing

　　B. permissive

　　C. disabled

　　D. ppt

2. Natfilter 是集成到 Linux 内核协议栈中的一套防火墙系统，它主要作用有（　　）。

A. 数据包过滤

B. 网络地址转换（NAT）

C. 基于协议类型的连接跟踪

D. 文件传输

3. 下列（　　）属于 PAM 的模块类型。

A. 认证管理（auth）

B. 账号管理（account）

C. 会话管理（session）

D. 文件管理（file）

第5章 Web服务器管理

【学习目标】

知识目标

- 了解 Apache、Tomcat、IIS 服务器的特点。
- 理解 Nginx 服务器的功能。
- 理解 HTTP 工作原理及 HTTP 负载均衡。
- 掌握 Nginx 服务器的安装与部署。
- 掌握 Nginx 服务器的配置。
- 理解 Redis 服务器的应用。

技能目标

- HTTP 配置与代理。
- Nginx 服务器的安装与部署。
- Nginx 服务器的配置方法。
- Redis 服务器的应用。

【认证考点】

- 了解 Apache、Tomcat、IIS 服务器的功能与特点。
- 理解 HTTP 工作原理、安装与配置。
- 理解 HTTP 负载均衡的工作原理。
- 掌握 Nginx 服务器的安装、部署、配置及应用。
- 能掌握 Redis 安装、连接、查询数据、状态监测等操作。

📖 项目引导：Nginx 服务器性能优化

【项目描述】

　　某公司的 Web 应用在早期仅用一个单服务器就能满足负载需求，随着用户的增加，访问量越来越大，系统功能也越来越多，这时单台的服务器不能支撑访问压力。公司技术人员想通过负载均衡对流量进行减压，但是负载均衡设备比较昂贵，想通过负载均衡软件来实现。同时要兼顾公司内部安全，计算机都处在局域网环境办公，技术人员准备在局域网和外网之间加一个代理服务器，实现局域网的计算机访问外网的功能。根据综合的调研，技术人员准备采用 Nginx 服务器实现代理服务器和负载均衡。

📑 知识储备

5.1　常见 Web 服务器　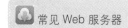

　　Web Server 中文名称叫网页服务器或 Web 服务器。Web 服务器也称为 WWW 服务器，主要功能是提供网上信息浏览服务。Web 服务器可以解析 HTTP 协议，当 Web 服务器接收到一个 HTTP 请求，会返回一个 HTTP 响应，如送回一个 HTML 页面。为了处理 HTTP 一个请求，Web 服务器可以响应一个静态页面或图片，进行页面跳转，或者把动态响应的产生委托给一些其他的程序，如 CGI 脚本、JSP 脚本、PHP 脚本、服务器端 JavaScript 脚本或者一些其他的服务器端技术，这些服务器端的程序通常产生一个 HTML 的响应来让浏览器可以浏览。常见的 Web 服务器有 Apache、IIS、Tomcat、Nginx 等。

5.1.1　Apache 服务器

　　Apache（Apache HTTP Server）是世界上使用排名最高的 Web 服务器软件，它几乎可以运行在所有计算机平台上。由于 Apache 是开源免费的，有很多人参与到新功能的开发设计，不断对其进行完善。Apache 的特点是简单、速度快、性能稳定，并可作为代理服务器使用。早期的 Apache 只用于小型或试验 Internet 网络，后来逐步扩充到各种 UNIX 系统中，尤其对 Linux 的支持相当完美。到目前为止 Apache 是应用最多的 Web 服务器之一，市场占有率达 60%。

1. Apache 支持的技术

Apache 有多种产品，可以支持 SSL 技术，支持多台虚拟主机。Apache 是以进程为基础的结构，进程要比线程消耗更多的系统开支，不太适合于多处理器环境，因此，在一个 Apache Web 站点扩容时，通常是增加服务器或扩充群集节点而不是增加处理器。

2. Apache 的特点

（1）安装简单

在 Linux 系统下安装 Apache 服务器时，用户只需要会使用 Linux 下的文本编辑工具，如 vi、emacs 等，并且对 Shell 有所了解即可。Apache 服务器给用户提供已经预编译好的可执行文件或没有编译的源文件。

预编译好的可执行文件包含了服务器的基本功能，用户直接执行即可。如果用户对服务器的功能有特殊设置，可以自己修改编译配置文件 Configuration 以控制编译时要包含的源文件模块，生成满足自己需要的可执行程序。

Apache 服务器在安装时提供了良好的图形用户界面（GUI），使得用户安装起来非常方便。用户也可以使用命令行的模式来安装 Apache 服务器。

（2）配置简单

Apache 服务器在启动或重新启动时，将读取 3 个配置文件（srm. conf、access. conf 和 http. conf）来控制它的工作方式，这 3 个文件默认安装，用户只需在这 3 个文件中添加或删除相应的控制指令即可。

在 Windows 下也提供了许多图形化的界面，用户完全可以不直接修改这 3 个文件，只要通过一些设置，系统就会自动修改配置文件，因此很容易完成 Apache 服务器的配置。

（3）服务器功能扩展或裁减方便

Apache 服务器的源代码完全公开，用户可以通过阅读和修改源代码来改变服务器的功能，这要求用户对服务器功能和网络编程有较深的了解，否则所做的修改很有可能使服务器无法正常工作。此外，Apache 还使用了标准模块的组织方式，用户可以开发某个方面的软件包，并以模块的形式添加在 Apache 服务器中。

5.1.2　IIS 服务器

Microsoft 的 Web 服务器为 IIS（Internet Information Server），IIS 是允许在公共 Intranet 或 Internet 上发布信息的 Web 服务器。IIS 是目前最流行的 Web 服务器产品之一，很多著名的网站都是建立在 IIS 的平台上。IIS 提供了一个图形界面的管理工具，称为 Internet 服务管理器，可用于监视配置和控制 Internet 服务。

1. IIS 的构成

IIS 是一种 Web 服务组件，包括 Web 服务器、FTP 服务器、NNTP 服务器和 SMTP 服务器，分别用于网页浏览、文件传输、新闻服务和邮件发送等方面。IIS 使在网络上发布信息成了一件很容易的事，除此 IIS 还提供 ISAPI（Intranet Server API）作为扩展 Web 服务器功能的编程接口；同时它还提供一个 Internet 数据库连接器，可以实现对数据库的查询和更新。

2. IIS 的功能

IIS 可以赋予一部主机电脑一组以上的 IP 地址，而且还可以有一个以上的域名作为 Web 网站，用户可以利用 TCP/IP 设置两组以上的 IP 地址，除了为网卡再增加一组 IP 地址之外，必须在负责这个点的 DNS 上为这组 IP 地址指定另一个域名，通过这些操作会生成一台虚拟 Web 服务器。对于 IIS 来说，所有服务器都是它的虚拟服务器。

5.1.3 Tomcat 服务器

Tomcat 服务器是一个免费的开放源代码的 Web 应用服务器，属于轻量级应用服务器，在中小型系统和并发访问用户不是很多的场合下被普遍使用，是开发和调试 JSP 程序的首选。

1. Tomcat 服务器的构成

Tomcat 是由 Apache 开发的一个 Servlet 容器，实现了对 Servlet 和 JSP 的支持，并提供了作为 Web 服务器的一些特有功能，如 Tomcat 管理和控制平台、安全域管理和 Tomcat 阀等。

由于 Tomcat 本身也内含了一个 HTTP 服务器，它也可以被视作一个单独的 Web 服务器，它包含了一个配置管理工具，也可以通过编辑 XML 格式的配置文件进行配置。

2. Tomcat 服务器的特点

（1）占用系统资源少

Tomcat 运行时占用的系统资源少，扩展性好，支持负载均衡与邮件服务等开发应用系统常用的功能。

（2）开源的 Web 服务器

Tomcat 是开源的 Web 服务器，经过长时间的发展，性能、稳定性等方面都非常好。Tomcat 开源免费且功能强大易用。

（3）能动态生成资源

与 Apache HTTP Server 相比，Tomcat 能够动态地生成资源并返回客户端。

（4）静态页面处理能力不强

在静态页面处理能力上，Tomcat 不如 Apache 服务器。

5.1.4　Nginx 服务器

Nginx 是一款高性能的 HTTP 服务器，也是反向代理服务器，电子邮件（IMAP/POP3）代理服务器。其特点就是高性能，占用内存少，支持高并发，运行稳定。

1. Nginx 的发展

Nginx 是 2011 年正式成立的，来自于俄罗斯，采用 C 语言开发的 Web 服务器，堪称以性能为王。Nginx 的稳定性、功能集、示例配置文件和低系统资源的消耗的优势，使得它在全球活跃的网站中占有较高的使用率。

2. Nginx 的常用功能

（1）HTTP 代理

HTTP 代理和反向代理功能是作为 Web 服务器最常用的功能之一。Nginx 在做反向代理时，提供性能稳定和配置灵活的转发功能。Nginx 可以根据不同的正则匹配，采取不同的转发策略，如文件服务器、动态页面 Web 服务器。Nginx 根据返回结果进行错误页跳转、异常判断，如果被分发的服务器存在异常，它将请求重新转发给另外一台服务器，然后自动去除异常服务器。

（2）负载均衡

Nginx 提供的负载均衡策略有两种，分别为内置策略和扩展策略。内置策略为轮询、加权轮询、IP Hash 等算法；扩展策略可以参照所有的负载均衡算法来实现。

（3）Web 缓存

Nginx 可以对不同文件做不同的缓存处理，配置灵活，并且支持 FastCGI_Cache。FastCGI_Cache 主要用于对 FastCGI 的动态程序进行缓存。Nginx 配合着第三方的 ngx_cache_purge，能对 URL 缓存内容进行增删管理。

3. Nginx 的特点

（1）更快

更快主要表现在性能方面，主要通过两方面来表现，一方面单词请求会得到更快的响应，另一方面 Nginx 能比其他 Web 服务器响应更快的请求。

（2）高扩展性

Nginx 的设计具有极强的扩展性，它由不同功能、不同层次、不同类型且耦合度低的模块组成。因此对某一个模块修复 Bug 或进行升级时，可以仅仅专注于模块自身。例如在 HTTP 模块中，设计了 HTTP 过滤器模块，一个正常的 HTTP 模块处理请求后，会有一串

HTTP 过滤模块对请求的结果进行处理，这样在开发一个新的 HTTP 模块时，可以原封不动地复制大量已有的 HTTP 过滤器模块。

（3）高可靠性

高可靠性是选择 Nginx 的基本条件，在很多高流量网站的核心服务器上都大规模地使用 Nginx。Nginx 的高可靠性是基于它的核心框架代码的优秀设计和模块设计的简单性，每个 WORKER 进程相对独立，MASTER 进程在每个 WORKER 进程出错时都可以快速拉起新的 WORKER 子进程。

（4）低内存消耗

一般情况下，10 000 个非活跃的 HTTP Keep-Alive 链接在 Nginx 中仅消耗 2.5 MB 内存，这是 Nginx 支持高并发链接的基础。

（5）单机支持 10 万以上的并发链接

随着互联网的发展及用户数量的成倍增长，各大公司、网站需要应付海量的并发请求，一个能够在峰值顶住 10 万以上并发请求的 Server，无疑会受到欢迎，理论上 Nginx 支持并发链接取决于内存，10 万并发还远未封顶。

（6）热部署

MASTER 管理进程和 WORKER 进程是采用分离设计，使得 Nginx 能够提供热部署功能，即可以在 7×24 小时不间断服务的前提下，Nginx 也能进行升级可执行文件、更新配置、更换日志文件等操作。

（7）最自由的许可协议

许可协议不只是允许用户免费使用 Nginx，它还允许用户在自己的项目中直接使用或修改 Nginx 源码，然后发布。

5.2　HTTP 与 Web 服务器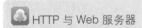

自 1999 年 HTTP/1.1 通过以来，Web 发生了翻天覆地的变化，从几千字节，到基于文本的网页，到如今发展为平均大小超过 2MB 的富媒体网站。然而用来传输 Web 内容的 HTTP 协议这些年没有什么变化，直到 2015 年正式发布了 HTTP/2，该协议能更好地适应复杂页面，并且不降低传输速度，目前越来越多的网站管理员采用 HTTP/2 协议来提高 Web 的性能。

5.2.1　HTTP 简介

HTTP（Hyper Text Transfer Protocol）协议是超文本传输协议，是用于从万维网（WWW）服务器传输超文本到本地浏览器的传送协议。它基于 TCP/IP 通信协议来传递数据，如传输 HTML 文件、图片文件、查询结果等数据。

1. HTTP 协议的发展历程

1989 年 HTTP 开始走进人们的视野，经过随后几年的发展，HTTP 逐渐流行起来，在 1995 年，世界上超过 18 000 台服务器在 80 端口处理 HTTP 请求。

（1）HTTP/0.9

HTTP/0.9 是一个相对简单的协议，它包含了一个方法 GET，作用是获取 HTML 文本。

（2）HTTP/1.0

HTTP/1.0 在原有版本的基础上，增加了大量的内容，它主要包含了首部、响应码、重定位、错误、条件请求、内容编码、更多的请求方法等，虽然 1.0 版本相对于 0.9 版本有了一个巨大的飞跃，但是也存在很多瑕疵，尤其是不能让多个请求共用一个链接，缓存也十分简陋，影响了 Web 的发展。

（3）HTTP/1.1

HTTP/1.0 刚制定，HTTP/1.1 就接踵而来，它修复了 1.0 版本的大量问题，强制客户端提供 Host 的首部，让虚拟主机托管成为可能，让一个 IP 提供多个 Web 服务。HTTP/1.0 在缓存相关首部进行了扩展，如更新了 OPTIONS 方法、Upgrade 首部、Range 请求、压缩与传输码、管道化等内容。但随着 Web 的不断发展与变化，网站的交互式和实用性超出了当前文档库的想象，随之出现了 Web 性能专家，在原有的协议基础上提升网页的加载速度。

（4）HTTP/2.0

在 2015 年正式发布了 HTTP/2.0 协议，相比于 HTTP/1.1，HTTP/2.0 改善了用户感知的延迟，解决了 HTTP 中的对头阻塞，实现了并行的实现机制不依赖于服务器，并能建立多个连接，从而提升 TCP 连接利用率。

HTTP/2.0 保留 HTTP/1.1 的语义，可以利用已有的文档资源、HTTP 方法、状态码、URL 和首都字段，能合理综合运用新的扩展点和策略。

2. HTTP 工作原理

HTTP 协议是工作在客户端/服务端架构上。浏览器作为 HTTP 客户端，通过 URL 向 HTTP 服务端即 Web 服务器发送所有请求，Web 服务器根据接收到的请求，向客户端发送响应信息，HTTP 通信流程如图 5-2-1 所示。HTTP 默认端口号为 80，但也可改为 8080 或者其他端口。

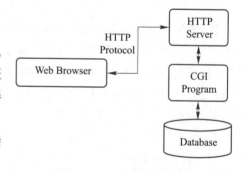

图 5-2-1　HTTP 通信流程

在图 5-2-1 中，CGI（Common Gateway Interface）是 HTTP 服务器与机器上的程序进行 "交谈" 的一种工具，其程序须运行在网络服务器上。绝大多数的 CGI 程序被用来解释处理来自表单的输入信息，并在服务器产生相应的处理，或将相应的信息反馈给浏览器，CGI 程序使网页具有交互功能。

浏览器显示的内容有 HTML、XML、GIF、Flash 等，浏览器是通过 MIME Type 来区分它们。MIME Type 是指资源的媒体类型，MIME Type 是经过互联网（IETF）组织协商，以 RFC（一系列以编号排定的文件，几乎所有的互联网标准都有收录在其中）的形式作为建议的标准发布在网上的，大多数的 Web 服务器和用户代理都会支持这个规范。媒体类型通常通过 HTTP 协议，由 Web 服务器告知浏览器，主要通过 Content-Type 来表示，如 Content-Type：text/HTML。

【HTTP 注意事项】

（1）HTTP 是无连接的

无连接的含义是限制每次连接只处理一个请求。服务器处理完客户的请求，并收到客户的应答后，即断开连接。采用这种方式可以节省传输时间。

（2）HTTP 是媒体独立的

HTTP 是媒体独立的，这意味着，只要客户端和服务器知道如何处理的数据内容，任何类型的数据都可以通过 HTTP 发送。客户端以及服务器指定使用适合的 MIME-type 内容类型。

（3）HTTP 是无状态的

HTTP 协议是无状态协议，无状态是指协议对于事务处理没有记忆能力。缺少状态意味着如果后续处理需要前面的信息，则它必须重传，这样可能导致每次连接传送的数据量增大。

5.2.2 HTTP 的安装过程

早期互联网数据传输是基于 TCP/IP 模型完成数据交换，其各层对传输的数据包进行各协议的封装，从数据的发送方到接收方进行的数据交换都是基于明文传输。在传输的过程中数据可以被中间人进行拦截或抓取，对数据的保密性、完整性等产生威胁。为了保障数据传输安全，采用加密和解密的方式来抵御各种安全攻击。

在加密通信时，需要加密通信的协议 SSL（Secure Sockets Layer），该协议位于 TCP/IP 协议与各种应用层协议之间，为数据通信提供安全支持。Netscape 公司在推出第 1 个 Web 浏览器的同时，提出了 SSL 协议标准。其目标是保证两个应用间通信的保密性和可靠性，可在服务器端和用户端同时实现支持，已经成为 Internet 上保密通信的工业标准。SSL 协议可分为 SSL 记录协议和 SSL 握手协议。SSL 记录协议是建立在可选的传输协议（如 TCP）之上，为高层协议提供数据封装、压缩、加密等基本功能的支持；SSL 握手协议是建立在 SSL 记录协议之上，用于在实际的数据传输之前，通信双方进行身份认证、协商加密算法、交换加密的密钥等。

TLS 安全传输层协议是开源 SSL 的实现，由 IETF 公司于 1999 年发布，其支持多种算法。TLS 协议为互联网通信提供安全及数据完整性保障，用于两个通信应用程序之间。

搭建一个 HTTP 服务器，需要两个过程：首要获取安装一个支持 HTTP/2.0 的 Web 服务器，然后安装一张 TLS 证书，使浏览器和服务器通过 HTTP/2 链接。

1. TLS 证书

证书获取主要采用 3 种方法，分别是使用在线资源、用户自己创建一张证书、从数字证书认证机构（CA）申请一张证书。前面两种方法获取是自签名证书，仅用于测试，由于自签名证书不是由（CA）签发，浏览器要发出报警。

（1）在线证书生成器

在很多在线服务可以生成自签名的证书，在网上能找到很多这样的资源，使用该工具将生成的证书和秘钥分别保存在两个本地文件中，并分别命名为 s1.key 和 s1.csr。

（2）自签名证书

OpenSSL 能够生成 TSL 证书。OpenSSL 是一个开放源代码的软件库包，应用程序可以使用该包来进行安全通信，避免窃听，同时确认另一端连接者的身份。这个包广泛被应用在互联网的网页服务器上。OpenSSL 工具是广泛应用且容易获得的工具，可以生成自签名和私钥。

在 UNIX/Linux 或者 MacOS 操作系统上，已有 OpenSSL 工具，直接打开终端就可以申请自签名证书。生成 CA 证书的步骤为：

【步骤1】生成私钥，使用 genrsa 命令生成私钥。

在使用公钥加密之前第一步是生成私钥，代码如下：

```
openssl genrsa -out mykey.pem 2048
```

【步骤2】key 的生成，使用 genrsa 命令生成 RSA 秘钥。

OpenSSL 支持 RSA、DSA、ECDSA 秘钥算法。在生成 Web 服务器秘钥时，使用 RSA 算法，因为 DNS 效率问题会限制在 1 024 位，并且 IE 浏览器不支持更长的 DSA 秘钥。ECDSA 秘钥大部分还未得到 CA 的支持。对于 SSH 而言，一般使用 DSA 和 RSA 秘钥。

建议使用密码去保存秘钥，受密码保护的秘钥可以被安全地存储、传输与备份。但采用密码保存秘钥也会带来不便，如果忘记密码了就无法使用秘钥了，每次重新启动 Web 服务器的时候就要求输入密码，如果遭遇了入侵，在生产环境中使用密码保护过的秘钥其实并没有提高安全性，因为一旦使用密码解密后，私钥就会被明文保存到程序内存中，攻击者如果能登录服务器，那么就容易获得秘钥了。所以使用密码方式保存秘钥这种方式只有在私钥并没有被放在生产环境的服务器上的时候采用。如果想使生产环境的私钥更加安全，那么需要采用硬件解决方案。

秘钥长度，默认的秘钥长度一般不够安全，所以要自定义配置的秘钥长度，如 RSA 秘钥的长度为 512，如果用户的服务器还在使用 512 位秘钥，入侵者可以先取得用户的证书，使用暴力破解方式算出对应的私钥，就可以冒充用户的站点了。现在一般认为 2 048 位 RSA 秘钥是安全的。DSA 秘钥也不少于 2 048 位，ECDSA 秘钥应该在 256 位以上了。

【实例5-2-1】用 AES-128 算法来保存生存的 mykey.key 私钥，代码如下：

```
openssl genrsa -aes128 -out mykey. key 2048
```

生成的 mykey.key 是秘钥文件名，如图 5-2-2 所示。

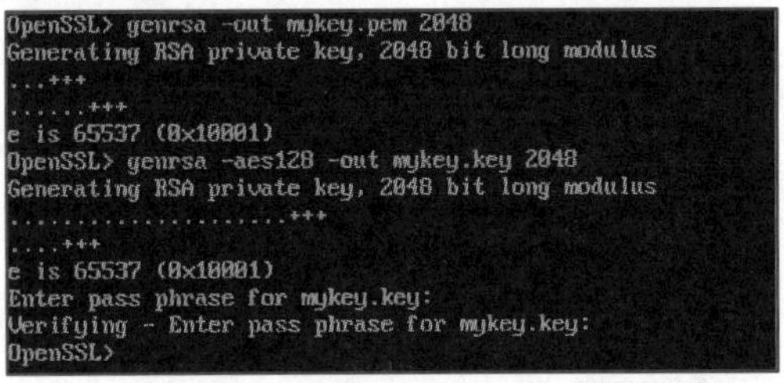

图 5-2-2　生成 KEY 和 CSR 命令

私钥用 PEM 格式存储，该格式仅包含文本，如图 5-2-3 所示。查看秘钥文件，代码如下：

```
$ cat mykey. key
```

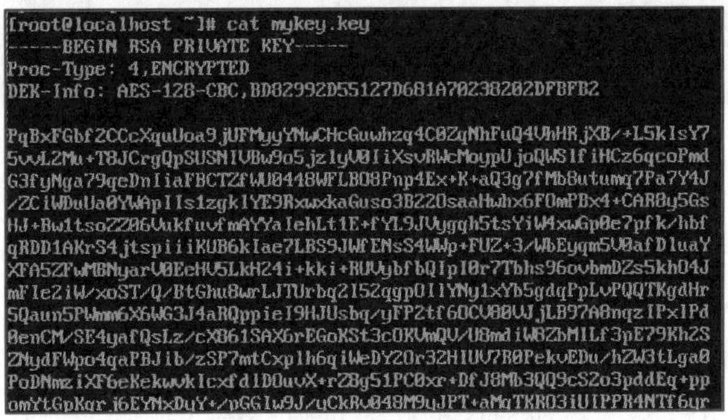

图 5-2-3　查看秘钥文件

乍一看私钥是一堆随机数据，其实不是，可以使用 rsa 命令解析私钥的结构，如图 5-2-4 所示，代码如下：

```
rsa -text -in mykey. key
```

图 5-2-4　使用 rsa 命令解析私钥的结构

如果要看私钥的公开部分，则可以使用 rsa 命令，如图 5-2-5 所示，代码如下：

```
rsa -in mykey. key -pubout -out f1. key
```

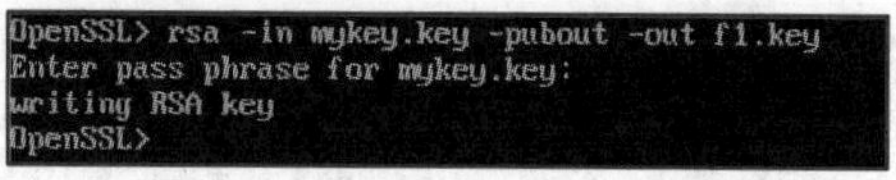

图 5-2-5　查看私钥公开部分

查看生成的 f1. key 文件，就会发现是明文的表示，表示这部分是公开的信息，如图 5-2-6 所示，代码如下：

```
$ cat f1. key
```

图 5-2-6　秘钥的公开部分

【步骤 3】CSR 文件的生成。

一旦有了私钥，就可以创建证书签名申请 CSR，这是要求 CA 给证书签名的一种正式申请，该申请包含申请证书实体的公钥以及该实体的某些信息，该数据成为证书的一部分。CSR 始终使用它携带的公钥所对应的私钥进行签名。代码如下：

```
openssl req -new -key mykey. key -out mykey. csr
```

在生成 CSR 文件时，需依次输入国家、地区、组织、E-mail。最重要的是有一个 common name，可以输入名字或者域名。如果为了 HTTPS 申请，就必须与域名吻合，否则会引发浏览器警报。生成的 CSR 文件将 CA 签名后形成服务端自己的证书。生成 KEY 和 CSR 文件，如图 5-2-7 所示。

图 5-2-7　生成 KEY 和 CSR 文件

CSR 生成后，可以使用它直接进行证书签名或者将它发给公共的 CA 让它们对证书进行签名，在签名之前先检查一遍 CSR 是否正确，命令如下：

```
$ openssl req -text -in fd. csr -noout
```

【步骤 4】CRT 的生成，代码如下：

```
openssl x509 -req -days 365 -in mykey. csr -signkey mykey. key -out mykey. crt
```

生成的 CRT 文件，如图 5-2-8 所示。

```
OpenSSL> x509 -req -days 365 -in mykey.csr -signkey mykey.key -out mykey.crt
Signature ok
subject=/C=cc/ST=cc/L=cc/O=cc/OU=cc/CN=cc/emailAddress=cc@123
Getting Private key
Enter pass phrase for mykey.key:
```

图 5-2-8　生成的 CRT 文件

（3）认证机构获申请证书

Let's Encrypt 是 CA 领域的新厂家，让所有人能获得免费的 TLS 证书，能从 Let's Encrypt 获得证书，需要验证域名，需要修改 DNS 和 Web 服务器来证明。在 Linux 操作系统中，在运行的 Web 服务器的设备上执行以下命令：

```
$ wget https://dl.eff.org/certbot-auto
$ chmod a+x cerbot-auto
```

下载后，执行命令如下：

```
$  ./certbot-auto certonly --webroot -w <your web root> -d <your domain>
```

以上命令中参数设置为本地 Web 服务器的文件目录或者域名，将自动安装所有用到的包。

2. 运行 HTTP/2.0 服务器

很多包文件可支持 HTTP/2.0 服务器，以 nghttp2 包为例进行讲解。nghttp2 是由 Tatsuhiro Tsujikawa 开发，是一个实现 IETF 官方 HTTP/2 和 HPACK 头压缩算法的 C 库，它还实现了 HTTP2 的客户端、服务器、代理服务器以及压测工具。

Linux CentOS 平台上安装 nghttp2，命令如下：

```
#下载安装包
wget https://github.com/nghttp2/nghttp2/releases/download/v1.24.0/nghttp2-1.24.0.tar.bz2
#解压
tar jxvf nghttp2-1.24.0.tar.bz2
#进入目录
cd nghttp2-1.24.0
./configure
make
make install
```

利用已有的证书，启动 nghttp2，命令如下：

```
$ ./nghttpd -v -d <webroot> <port> <key> <cert>
```

其中<webroot>是网站的路径，<port>是服务器要监听的端口，<key>和<cert>是私钥和证书路径。

启动浏览器，访问新安装的服务器，如果是创建一张自签名的证书，则会出现安全警告，这是自创建证书的问题，然后单击接受警告，现在就可以使用基于 HTTP/2 的服务了。

5.2.3 HTTP 配置与代理

如果环境要求使用 HTTP 或 HTTPS 代理以访问外部网站，这时候就需要对 HTTP 设置代理服务器。

1. HTTP 代理简介

公司为了安全考虑，员工的计算机都处在局域网环境下办公。为了给局域网的计算机访问外网的权限，公司会在局域网和外网之间加一台代理服务器（代理服务器本身可以访问外网），然后局域网的计算机可以通过这个代理服务器访问外网。

2. HTTP 代理设置

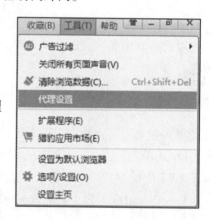

不同浏览器设置代理服务器方法有细微的区别。

（1）火狐浏览器（Firefox）设置代理服务器

【步骤 1】在火狐浏览器选择"工具"→"代理设置"命令，如图 5-2-9 所示。

【步骤 2】在弹出的窗口中选择"连接"选项卡，单击"局域网设置"按钮，如图 5-2-10 所示。

【步骤 3】分别选中"自动检测设置"和"使用自动配置脚本"和"代理服务器"其中之一的复选项进行设置，如图 5-2-11 所示，三者之间区别见表 5-2-1。

图 5-2-9　火狐浏览器
"代理设置"命令

表 5-2-1　代理服务器设置选项

选　　项	说　　明
自动检测设置	选中"自动检测设置"复选项以使 Internet Explorer 尝试自动检测代理设置
使用自动配置脚本	选中"使用自动配置脚本"复选项，然后输入代理管理员提供的配置脚本的地址
代理服务器	a. 选择为 LAN 使用代理服务器 b. 在地址文本框中，输入代理服务器的地址 c. 在"端口"文本框中，输入要用于连接的代理服务器的端口

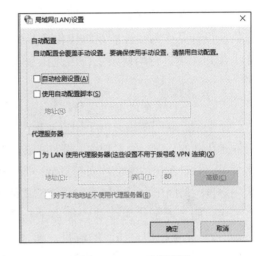

图 5-2-10   选择设置   图 5-2-11   选择配置

（2）IE 浏览器设置代理服务器

【步骤 1】启动 Internet Explorer。

【步骤 2】选择"工具"→"Internet 选项"命令。

【步骤 3】单击"连接"选项卡下的"局域网设置"按钮。

【步骤 4】选择一个或多个代理配置选项，见表 5-2-1。

如果代理服务器需要进行身份验证，则可以使用以下两种方法之一存储代理，见表 5-2-2。

表 5-2-2   存储代理

选　项	说　明
存储在 Internet Explorer 中	如果使用的是 Internet Explorer 11，则可以使其存储代理凭据。如果使用的是 Internet Explorer 10，则可以改用凭据管理器存储凭据。 a. 在 Internet Explorer 11 中，访问某个需要代理的地址。 b. 当出现提示时，输入用户名和密码。 c. 选择"记住我的凭据"，然后单击"确定"按钮
存储在凭据管理器中	a. 在"开始"选择"所有程序"→"控制面板"命令，在打开的窗口中单击"用户账户"超链接。 b. 单击"管理您的凭据"超链接。 c. 单击"添加普通凭据"超链接。 d. 在"Internet 地址或网络地址"文本框中，输入代理的地址。不包括端口号。 e. 在"用户名"文本框中，输入用户名。 f. 在"密码"文本框中，输入密码。 g. 单击"确定"按钮

5.2.4　HTTP 的负载均衡

在一个典型的高并发、大用户量的 Web 互联网系统的架构设计中，对 HTTP 集群的负载均衡设计是作为高性能系统优化环节中必不可少的方案。HTTP 负载均衡的本质上是将 Web 用户流量进行均衡减压，因此在互联网的大流量项目中，其重要性不言而喻。

1. 负载均衡

早期的互联网应用，由于用户流量比较小，业务逻辑也比较简单，往往一台单服务器就能满足负载的需求。随着现在互联网的流量越来越大，对于稍微好一点的系统，访问量就非常大了，并且系统功能也越来越复杂，那么单台服务器就算将性能优化得再好，也不能支撑大用户量的访问压力了，这个时候就需要使用多台服务器并设计成高性能的集群来应对。

多台服务器是使用负载均衡器来均衡流量，组成高性能的集群的。负载均衡（Load Balancer）是指把用户访问的流量，通过负载均衡器，根据某种转发的策略，均匀地分发到后端多台服务器上，后端的服务器可以独立地响应和处理请求，从而实现分散负载的效果。负载均衡技术提高了系统的服务能力，增强了应用的可用性。

2. 主流负载均衡方案

目前市面上最常见的负载均衡技术方案主要有 3 种，分别为基于 DNS 负载均衡、基于硬件负载均衡（如 F5）和基于软件负载均衡（如 Nginx、Squid）。

3 种方案各有优劣，DNS 负载均衡可以实现在地域上的流量均衡，硬件负载均衡主要用于大型服务器集群中的负载需求，而软件负载均衡大多是基于机器层面的流量均衡。在实际应用场景中，这 3 种负载均衡技术是可以组合在一起使用。

（1）基于 DNS 负载均衡

基于 DNS 来做负载均衡其实是一种最简单的实现方案，通过在 DNS 服务器上进行简单配置即可。其原理是指当用户访问域名的时候，会先向 DNS 服务器去解析域名对应的 IP 地址，这个时候可以让 DNS 服务器根据不同地理位置的用户返回不同的 IP。例如我国南方的用户就返回广州业务服务器的 IP，如果我国北方的用户进行访问，就返回北京业务服务器所在的 IP，如图 5-2-12 所示。

DNS 负载均衡，用户采用就近原则对请求进行分流了，既减轻了单个集群的负载压力，也提升了用户的访问速度。使用 DNS 做负载均衡的方案，其天然优势就是配置简单，实现成本非常低，无须额外的开发和维护工作。

DNS 负载均衡也有缺点，主要表现在当修改配置后，生效不及时，这是由 DNS 的特性导致的。DNS 一般会有多级缓存，当修改了 DNS 配置之后，由于缓存的原因，会导致 IP 变更不及时，从而影响负载均衡的效果。另外，使用 DNS 做负载均衡时，大多数是采用基于地域或 IP 轮询，没有更高级的路由策略，所以这也是 DNS 方案的局限所在。

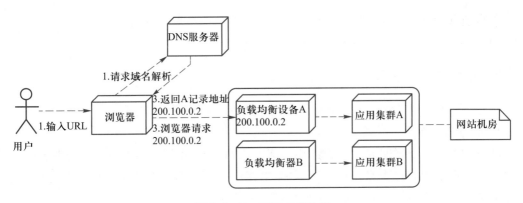

图 5-2-12　DNS 负载均衡

（2）基于硬件负载均衡

硬件负载均衡，如知名的 F5 Network Big-IP，也就是常说的 F5。它是一个网络设备，可以理解成类似于网络交换机设备，完全通过硬件来抗压力，性能非常好，每秒能处理的请求数达到百万级，其价格当然也就非常昂贵。因为这类设备一般用在大型互联网公司的流量入口最前端，及政府部门、国企等。硬件负载均衡如图 5-2-13 所示。

采用硬件负载均衡优势很多，如性能高、省心省事，一台就能满足一般的业务需求。硬件负载均衡在算法方面支持很多灵活的策略，同时也具备一些防火墙等安全功能。其缺点就是负载均衡设备比较贵。

（3）基于软件负载均衡

软件负载均衡是指使用软件的方式来分发和均衡流量。软件负载均衡分为七层协议和四层协议。网络协议有 7 层，基于第 4 层传输层来做流量分发的方案称为四层负载均衡，如 LVS，如图 5-2-14 所示。基于第 7 层应用层来做流量分发的称为七层负载均衡，如 Nginx。这两种在性能和灵活性上是有些区别的，基于四层的负载均衡性能要高一些，而基于七层的负载均衡处性能要低一些。

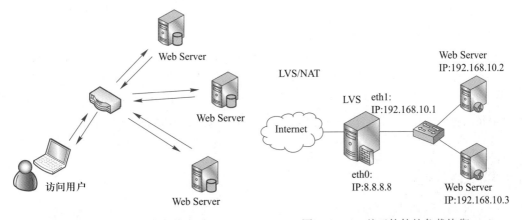

图 5-2-13　硬件负载均衡　　　　　　　　图 5-2-14　基于软件的负载均衡

软件负载均衡一大优势就是便宜，只需在正常的服务器上部署即可，无须额外采购，软件负载均衡是互联网公司中用得最多的一种方式。

3. 常用的负载均衡算法

常用的负载均衡算法有轮询策略、负载度策略、响应策略、哈希策略。

（1）轮询策略

轮询策略其实很好理解，就是当用户请求时，负载均衡器将请求轮流的转发到后端不同的业务服务器上。这个策略在 DNS 方案中使用的比较多，无须关注后端服务的状态，只要有请求，就往后端轮流转发，非常的简单、实用。

在实际应用中，轮询也会有多种方式，有按顺序轮询的、随机轮询的和按照权重来轮询的。前两种比较好理解，第 3 种按照权重来轮询，是指给每台后端服务设定一个权重值，如性能高的服务器权重高一些，性能低的服务器给的权重低一些，通过这样的设置，在分配流量的时候，给权重高的更多流量，可以充分地发挥出后端机器的性能。

（2）负载度策略

负载度策略是指当负载均衡器往后端转发流量的时候，会先去评估后端每台服务器的负载压力情况，对于压力比较大的后端服务器转发的请求就少一些，对于压力比较小的后端服务器可以多转发一些请求给它。这种方式就充分地结合了后端服务器的运行状态，来动态分配流量。

负载度策略也有些弊端，因为需要动态的评估后端服务器的负载压力，负载均衡器除了转发请求以外，还要做很多额外的工作，如采集连接数、请求数、CPU 负载指标、I/O 负载指标等，通过对这些指标进行计算和对比，判断出哪一台后端服务器的负载压力较大。因此这种方式带来了效果优势的同时，也增加负载均衡器的实现难度和维护成本。

（3）响应策略

响应策略是指当用户请求时，负载均衡器会优先将请求转发给当前时刻响应最快的后端服务器。也就是说，不管后端服务器负载高不高，也不管配置如何，只要觉得这台服务器在当前时刻能最快的响应用户的请求，那么就优先把请求转发给它，对于用户的体验也最好。

（4）哈希策略

哈希策略就是将请求中的某个信息进行 Hash 计算，然后根据后端服务器台数取模，得到一个值，算出相同值的请求就被转发到同一台后端服务器中。常见的用法是对用户的 IP 或者 ID 进行这个策略，然后负载均衡器就能保证同一个 IP 来源或者同一个用户永远会被送到同一台后端服务器上了，一般用于处理缓存、会话等功能时效果最好。

📖 项目实施

随着用户的增加，某公司的 Web 应用访问量越来越大，单台服务器不能满足负载的需求，本着节约成本出发的原则，技术人员准备采用负载均衡软件来分摊流量，同时要考虑公司内部安全，准备采用代理服务器来实现局域网访问外网的功能。经过前期的调研，技术人员决定采用 Nginx 服务器来实现代理服务器和负载均衡。

需要完成的任务：

- Nigix 服务器部署与优化。

5.3　任务：Nginx 服务器部署与优化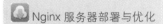

Nginx 是一个跨平台的 Web 服务器，可以运行在 Linux、FreeFSB、Solaris、AIX、MacOS、Windows 等操作系统上，通过 Nginx 优化配置能提高当前操作系统的性能。

5.3.1　Nginx 服务器的安装部署

Nginx 服务器支持跨平台，可以安装到不同的操作系统上。以 Linux CentOS 操作系统为例，安装 Nginx。

以 Linux 系统为例，需要安装在一个内核为 Linux 2.6 或其版本以上的系统，因为 2.6 版本及以上的系统内核支持 epoll，在 Linux 上使用 select 或 poll 来解决事件的多路复用。

使用 uname -a 命令来查询 Linux 内核版本，命令如下：

```
uname -a
```

1. 安装 Nginx 前的准备

要使用 Nginx 的正常功能，首先要确保操作系统上至少安装了如下软件。

（1）GCC 编译器

GCC 编译器可用来编译 C 语言程序。Nginx 不会直接提供二进制的可执行程序，可以使用 yum 命令来安装 GCC。代码如下：

```
yum install  -y gcc
```

（2）PCRE 库

PCRE 库是由 Philip Hazel 开发的函数库，目前被很多软件使用，该库文件支持正则表达式。如果在 Nginx 的配置文件 nginx.conf 中使用了正则表达式，那么在编译 Nginx 时就必须把 PCRE 库编译进 Nginx，因为 Nginx 的 HTTP 模块要靠它来解析正则表达式。代码如下：

```
yum install -y pcre pcre-devel
```

pcre-devel 是 PCRE 进行二次开发时所需要的开发库，包括了文件头等，这也是编译

Nginx 所必需的。

（3）ZLIB 库

ZLIB 库是对 HTTP 包的内容做 gzib 格式的压缩，如果在配置文件 nginx. conf 中设置 gzip＝on，并指定对某些类型的 HTTP 响应使用 gzip 来进行压缩以减少网络传输量，那么就必须把 zlib 编译进 ginx 中。代码如下：

```
yum install -y    zlib zlib-devel
```

（4）OpenSSL

OpennSSL 在前面 5.2 节已经讲过了，这里就不再详细讲解，代码如下：

```
yum install -y openssl openssl-devel
```

Nginx 是高度自由化的 Web 服务器，其功能是由许多模块来支持的，这些模块根据需求来定制的，如果使用了某些模块，而这些模块使用了一些类似 zlib 或 OpenSSL 等第三方库，那么就要先安装这些软件。

（5）磁盘目录

要使用 Nginx，还需要准备以下目录。

① Nginx 源代码存放目录。

该目录用于存放官网下载的 Nginx 的源码文件，以及第三方或者自己所写模块的代码文件。

② Nginx 编译阶段产生的中间文件存放目录。

该目录用于存放 configure 命令执行后生成的源文件及目录，以及 make 命令执行后生成的目标文件和最终链接成功的二进制文件。默认情况下该目录命名为 objs，并放在 Nginx 源代码目录下。

③ 部署目录。

该目录存放实际 Nginx 服务运行期间所需要的二进制文件、配置文件等。默认情况下，该目录为/usr/local/nignx。

④ 日志文件存放目录。

日志文件通常比较大，当研究 Nginx 底层架构时，需要打开 debug 级别的日志，该级别的认知非常详细，会导致日志文件的大小增长地极快，需要预先分配一个拥有更大磁盘空间的目录。

2. 安装 Nginx

（1）获取 Nginx 服务器的安装文件

Nginx 服务器软件版本包括 Windows 版本和 Linux 版本，在官网上就可以找到对应的版本进行下载。

（2）在 Windows 下安装 Nginx 服务器

在官网下载 Nginx 安装包，如图 5-3-1 所示。在 Windows 操作系统中，Nginx 只需要解压安装后即可直接使用，如图 5-3-2 所示。

nginx: download

Mainline version

CHANGES　　nginx-1.17.5 pgp　　nginx/Windows-1.17.5 pgp

Stable version

CHANGES-1.16　　nginx-1.16.1 pgp　　nginx/Windows-1.16.1 pgp

Legacy versions

CHANGES-1.14　　nginx-1.14.2 pgp　　nginx/Windows-1.14.2 pgp
CHANGES-1.12　　nginx-1.12.2 pgp　　nginx/Windows-1.12.2 pgp
CHANGES-1.10　　nginx-1.10.3 pgp　　nginx/Windows-1.10.3 pgp
CHANGES-1.8　　nginx-1.8.1 pgp　　nginx/Windows-1.8.1 pgp

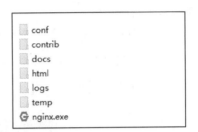

conf
contrib
docs
html
logs
temp
nginx.exe

图 5-3-1　Nginx 安装包的下载　　　　　图 5-3-2　Nginx 解压后的文件

Windows 版本的 Nginx 服务器在效率上要比 Linux 版本要差一些，并且 Nginx 一般在 Linux/UNIX 系统中实际使用，为了便于后续的学习，对加压的文件和目录进行简单的介绍。

① conf 目录中存放的是 Nginx 的配置文件，包含 Nginx 服务器的基本配置文件和对部分特殊的配置文件。

② docs 目录中存放的是 Nginx 服务器的文档资料，包含 Nginx 服务器的 LICENSE、OpenSSL 的 LICENSE、PCRE 的 LICENSE，还包括本版本 Nginx 服务器的升级版本变更说明，以及 README 文件。

③ html 目录中存放了两个后缀名为 html 的静态网页文件。这两个文件与 Nginx 服务器的运行相关。

④ logs 文件中存放了 Nginx 服务器的运行日志文件。

（3）在 Linux 下安装 Nginx

【步骤 1】安装相关依赖包，如 GCC、PCRE、ZLIB 和 OpenSSL 等。

【步骤 2】下载安装包。在 local 目录下新建一个 nginx 目录，将下载的 Ngnix 安装包存放在该目录下。这里下载的 Nginx 是 1.9 版本的，如图 5-3-3 所示。代码如下：

```
[root@VM-0-9-centos local]# cd nginx
[root@VM-0-9-centos nginx]# ls
[root@VM-0-9-centos nginx]# wget http://nginx.org/download/nginx-1.9.11.tar.gz
--2020-07-24 20:57:43--  http://nginx.org/download/nginx-1.9.11.tar.gz
Resolving nginx.org (nginx.org)... 52.58.199.22, 3.125.197.172
Connecting to nginx.org (nginx.org)|52.58.199.22|:80... connected.
HTTP request sent, awaiting response... 200 OK
Length: 895373 (874K) [application/octet-stream]
Saving to: 'nginx-1.9.11.tar.gz'

49% [====================>                        ] 445,910     13.0KB/s   eta 2
100%[============================================>] 895,373     10.7KB/s   in 64s

2020-07-24 20:58:47 (13.6 KB/s) - 'nginx-1.9.11.tar.gz' saved [895373/895373]

[root@VM-0-9-centos nginx]# ls
nginx-1.9.11.tar.gz
```

图 5-3-3　下载 Nginx

```
//创建一个文件夹
cd /usr/local
mkdir nginx
cd nginx
//下载 tar 包
wget http://nginx.org/download/nginx-1.9.11.tar.gz
```

【步骤 3】解压安装包。解压安装包后，如图 5-3-4 所示，代码如下：

```
tar -xvf nginx-1.9.11.tar.gz
```

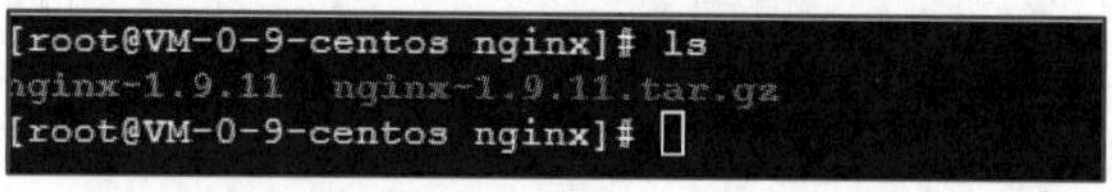

图 5-3-4　解压 Nginx

【步骤 4】安装 Nginx。用 cd 命令进入创建好的 nginx/nginx-1.9.11 目录，安装 Nginx，执行配置命令 ./configure，如图 5-3-5 所示，代码如下：

```
//进入 nginx 目录
cd /usr/local/nginx/nginx-1.9.11
//执行配置命令
./configure nginx-1.9.11
```

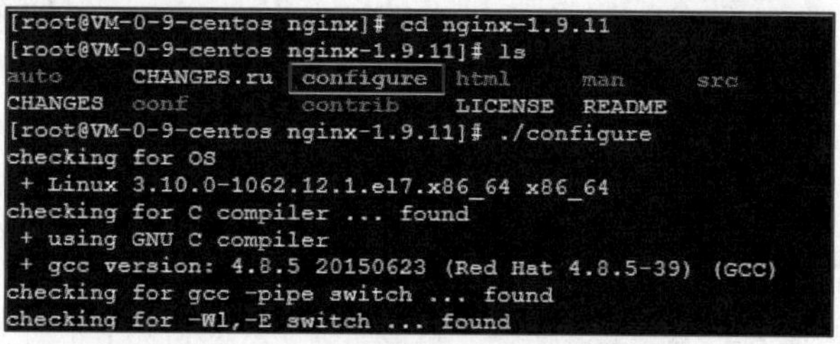

图 5-3-5　执行 Nginx 配置文件

执行编译 make 和 make install 命令，代码如下：

```
//执行 make 命令
make
//执行 make install 命令
make install
```

【步骤 5】配置 nginx.conf。

```
#打开配置文件
vi /usr/local/nginx/conf/nginx.conf
```

将端口号改为 8089，因为 Apache 可能会占用 80 端口，尽量不要修改 Apache 端口，可修改 nginx 端口，如图 5-3-6 所示。localhost 修改为本地服务器 IP 地址。

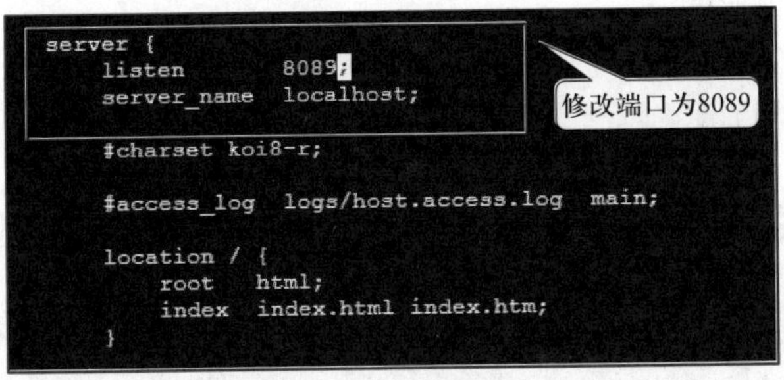

```
server {
    listen        8089;
    server_name   localhost;
                                          修改端口为8089

    #charset koi8-r;

    #access_log  logs/host.access.log  main;

    location / {
        root    html;
        index   index.html index.htm;
    }
```

图 5-3-6　修改端口为 8089

【步骤 6】启动 Nginx。Nginx 服务器的安装目录中主要包含了 conf、html、logs、sbin 4 个目录。目录结构与 Windows 下的 Ngnix 类似，只是 sbin 目录下存放的是 Nginx 的主程序，如图 5-3-7 所示。

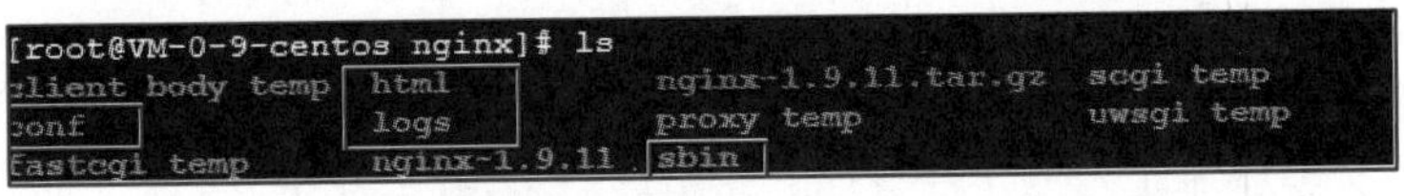

```
[root@VM-0-9-centos nginx]# ls
client_body_temp    html              nginx-1.9.11.tar.gz   scgi_temp
conf                logs              proxy_temp            uwsgi_temp
fastcgi_temp        nginx-1.9.11      sbin
```

图 5-3-7　安装目录下的文件

如果是使用 yum 安装 Nginx 的启动指令，则 Nginx 启动的代码如下：

```
#启动指令
systemctl start nginx
```

如果是使用源码安装，则 Nginx 启动的代码如下：

```
./sbin/nginx
```

5.3.2　Nginx 服务器的配置

1. Nginx 进程

运行中的 Nginx 使用 master 进程来管理多个 worker 进程，在一般情况下，worker 进程的数量与服务器上的 CPU 核心数是相等的，每个 worker 进程真正提供互联网的服务，而 master 进程则监控和管理 worker 进程。通过 worker 的一些进程之间的通信机制来实现负载均衡。

master 进程的主要作用有读取并验证配置信息；创建、绑定及关闭套接字；启动、终止 worker 进程以及维护 worker 进程的个数；无须终止服务而重新配置工作；控制非中断式程序升级，启用新的二进制程序并在需要时回滚到老版本；重新打开日志文件；编译嵌入式 perl 脚本等。

worker主要作用有接收、传入并处理来自客户端的连接；提供反向代理及过滤功能；Nginx仍能完成的其他任务。

查看Nginx进程，如图5-3-8所示，代码如下：

```
ps -ef
```

```
[root@VM-0-9-centos nginx]# ps -ef
UID        PID  PPID  C STIME TTY          TIME CMD  local/qcloud/YunJing/YDLive/
root      3179  1766  0 20:23 ?        00:00:00 sshd: root@pts/0
root      3186  3179  0 20:23 pts/0    00:00:00 -bash
root      5711     1  0 20:35 ?        00:00:00 /usr/sbin/crond -n
root      9276     1  0 21:01 ?        00:00:00 /usr/sbin/anacron -s
root     12491     2  0 21:10 ?        00:00:00 [kworker/1:0]
root     14665     2  0 21:22 ?        00:00:00 [kworker/0:2]
root     15435     2  0 21:27 ?        00:00:00 [kworker/0:0]
root     15533     1  0 21:28 ?        00:00:00 nginx: master process ./sbin/ngin
root     16123     2  0 21:32 ?        00:00:00 [kworker/0:1]
nobody   16290 15533  0 21:34 ?        00:00:00 nginx: worker process
root     16651   846  0 21:36 ?        00:00:00 sleep 60
```

图5-3-8 查看Nginx进程

2. Nginx的配置

Nginx的配置文件都放在安装目录的conf中，主配置文件为nginx.conf。nginx.conf主配置文件中主要是Nginx服务器的基础配置，默认的配置也存放在此。修改配置文件后，Nginx服务需要重新启动，进入安装sbin目录，代码如下：

```
./nginx -s reload
```

（1）nginx.conf配置文件

在nginx.conf文件中，注释标志为“#”。

```
#全局生效
worker_processes    1;
#在events部分中生效
events {
    worker_connections    1024;
}
#以下制定在http部分生效
http {
    include         mime.types;
    default_type    application/octet-stream;
    #以下指令在http的server部分生效
    server {
        listen          80;
        server_name     localhost;
#以下指令在http/server的location部分生效
```

```
        location / {
              root    html;
              index   index. html index. htm;

        }
      error_page    500 502 503 504   /50x. html;
location = /50x. html {
        root    html;

        }

}
```

初始的 Nginx 服务器文件比较长，其结构和内容是比较清晰的。

（2）nginx. conf 配置文件结构

① 全局块是默认配置文件从开始到 events 块之间一部分内容，主要设置一些影响
Nginx 服务器整体运行的配置指令，其作用域是 Nginx 服务器的全局。

② events 块主要影响 Nginx 服务器与用户的网络链接。常用的设置包括是否开启对多
个 worker 进程下的网络进行序列化，是否允许同时接收多个网络链接，选取事件驱动模型
处理链接请求，每个 worker 进程可以同时支持的最大连接数等。这部分的指令对 Nginx 服
务器性能影响很大，在配置过程中根据具体情况进行灵活调整。

③ http 块是 Nginx 服务器配置中重要部分，代理、缓存和日志定义等大部分功能和第
三方模块的配置都可以在这里设置。

http 块中可以包含自己的全局块，也可以包含 server 块，server 块中可以进一步包含
location 块，可以在 http 全局块中的配置指令包括文件引入、日志定义、MIME-Type 定义、
是否使用 sendfie 传输文件、链接超时时间、单链接请求上限等。

④ server 块和虚拟主机的概念密切相关。虚拟主机又称为虚拟服务器、主机空间和网
页空间，它是一种技术。该技术是为了节省互联网服务器硬件成本而出现的。虚拟主机技
术主要应用于 HTTP、FTP 及 EMAIL 等多项服务，将一台服务器的某项或者全部服务内容
逻辑划分为多个服务单位，对外表现为多台服务器，从而充分利用服务器硬件资源。

在 Nginx 服务器提供 Web 服务时，利用虚拟主机技术就可以避免为每一个要运行的网
站提供单独的 Nginx 服务器，也无须为每个网站对应运行一组 Nginx 进程。虚拟主机技术
使得 Nginx 服务器可以在同一台服务器上只运行一组 Nginx 进程，就可以运行多个网站。
如何对 Nginx 进行配置才能达到这种效果呢？

每一个 http 块可以包含多个 server 块，而每个 server 块就相当于一台虚拟主机，其内
部可由多台主机联合提供服务，共同对外提供一组服务。

server 块可以包括自己的全局块，同时可以包含多个 location 块。在 server 全局块中，
最常见的两个配置项是本虚拟主机的监听配置和本虚拟主机的名称和 IP 配置。

⑤ location 块。每个 server 块中可以包含多个 location 块，可以认为 location 块是 server
块的一个指令，Nginx 服务器在许多功能上的灵活性往往在 location 指令的配置中体现

出来。

3. Nginx 服务的基本配置

（1）是否以守护进程方式运行 Nginx

```
daemon on |off;
```

守护进程 daemon，默认为 darmon on。daemon 是脱离终端并且在后台运行的进程。它脱离终端是为了避免进程执行过程中的信息在任何终端上显示，这样，进程也不会被任何终端产生的信息打断。Nginx 需要一个守护进程运行的服务。

（2）是否以 master/worker 方式工作

```
master_process on|off;
```

默认为 master_process on。

（3）error 日志的设置

```
error_log file |stderr [debug] | info|notice |warn |error |crit |alert |emerg;
```

在全局块、http 块和 server 块中都可以对日志进行相关配置。默认为 error_log logs/error. log error。error 是 Nginx 问题的最佳工具之一，日志输出到固定一个文件 file 或输出到标准错误输出 stdrr 中；日志的级别是可选项，由低到高分为 debug、info、notice、warn、error、crit、alert、emerg 等，在设置某一级别时，比这一级别高的日志也会记录，如设置 error，则 error、crit、alert、emerg 的日志都会被记录下来。

↪【注意】指定文件对于运行 Nginx 进程的用户具有写权限，否则 Nginx 进程会出现报错。

（4）是否处理几个特殊的调试点

```
debug_points[ stop |abort ];
```

该配置是为了帮助用户跟踪调试 Nginx，如果 debug_points 设置为 stop，则 Nginx 代码执行到这些调试点时就会发出 SIFSTOP 信号以用于调试，人工 debug_points 设置为 abort，则会产生一个 coredump 文件，可以使用 gdb 来查看 Nginx 当时的各种信息。一般不使用这个配置。

（5）仅对指定的客户端输出 debug 级别信息

```
debug_connection [ IP |CIDR ];
```

该配置属于事件类配置，因此需要放在 events{ } 中才有效，其值可以是 IP 也可以是CIDR。

（6）限制 coredump 核心转储文件的大小

```
worker_rlimit_core size;
```

在 Linux 操作系统中，当进程发生错误或收到信号而终止时，系统就会将进程执行时的内存（核心映射）写入一个文件，以作为调试之用，这就是核心转储（coredump），生成核心转储文件 core。该 core 文件中许多信息不一定是用户需要的，如果不加以限制，该 core 文件就会很快达到数 GB。

（7）制定 coredump 文件的生成目录

```
worker_directory path;
```

4. 正常运行的配置项

（1）定义环境变量

```
env VAR|VAR=value
```

该配置项是可以让用户直接设置操作系统上的环境变量，如：

```
env TESTPATH=/temp/;
```

（2）嵌入其他配置文件

```
include/path/file;
```

include 配置项目可以将其他配置文件嵌入到当前的 nginx.conf 文件中，其参数既可以是绝对路径，也可以是相对路径（相对于 nginx.conf 所在目录）。

```
include mine.types
include vhost/*.conf
```

参数值可以是一个明确的文件，也可以使用含有通配符 * 的文件，可以同时嵌入多个配置文件。

（3）配置 Nginx 进程 PID 的存放路径

Nginx 进程作为系统的守护进程运行，需要在某个文件中保护当前运行程序的主进程号。Nginx 支持对它的存放路径进行自定义配置，指令为 pid，语法格式为：

```
pid path/file;
```

其中 file 指定存放的路径和文件名称。配置文件默认将进程的 pid 放在 logs 目录下，如图 5-3-9 所示。

可以通过 nginx.conf 的配置文件限选，如将 nginx.conf 文件放置到 sbin 目录下，并重新命名为 web_nginx。

```
pid   sbin/web_nginx;
```

✍【注意】在指定路径时，一定要包括文件名，仅仅设置了路径，没有设置文件名则会报错。

（4）配置运行 Nginx 服务器用户（组）

用于配置运行的 Nginx 服务器组的指令为 user，其语法格式为：

```
user   user［group］;
```

user，指定可以运行 Nginx 服务器的用户。group 为可选项，指定可以运行 Nginx 服务器的用户组。

只有被设置的用户或者用户组成员才有权启动 Nginx 进程，如果是其他用户（test_user）失败，引起错误的原因是 nginx. conf 的第 2 行，即配置 Nginx 服务器用户（组）的内容。

```
nginx:［emerg］getpwnam("test_user") failed (2;No such file or directory) in /Nginx/conf/nginx. conf:2
```

如果希望所有用户都可以启动 Nginx 进程，有两种方法，其一是将配置文件的指令行注释掉。

```
#user［user］［group］
```

其二是将用户（和用户组）设置为 nobody：

```
user nobody nobody;
```

这也是 user 指令的默认配置，user 指令只能全局块中配置，如图 5-3-10 所示。

图 5-3-9　pid 默认存放在 logs 目录下 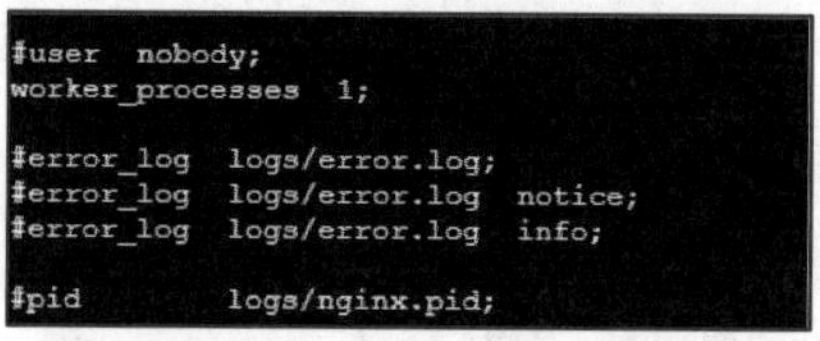　　图 5-3-10　user 指令默认值被注释

↘【注意】Nginx 配置文件中每一条指令用";"结束。

（5）指定 Nginx worker 进程可以打开的最大句柄描述符个数

```
Worker_rlimit_nofile limit;
```

设置一个 worker 进程可以打开的最大文件句柄数。

（6）限制信号队列

```
worker_rlimit_singpending limit;
```

设置每个用户发往 Nginx 的信号队列的大小，当某个用户的信号队列满时，这个用户再发送的信号量会被丢掉。

5. 优化性能的配置项

（1）配置允许生成的 worker process 数

worker process 是 Nginx 服务器实现并发处理服务的关键，从理论来说 worker process 的值最大，支持的并发数最多，但还是要受到软件本身、操作系统本身资源和硬件设备等的制约。配置 worker process 的指令为：

```
worker_processes number | auto;
```

number 指可以产生的 worker proces 的数量，auto 自动检测。

在默认的配置文件中，number = 1。启动 ps 命令可以看到 Nginx 服务器除了 master process 进程外，还有一个 worker process 进程。

```
ps ax | grep nginx
```

☞【注意】该指令只能在全局块设置。

（2）绑定 Nginx worker 进程到制定的 CPU 内核

```
worker_cpu_affinity cpumask[ cpumask...]
```

绑定 worker 进程到 CPU 内核的原因，假设每一个 worker 进程都是非常繁忙的，如果多个 worker 进程都在抢同一个 CPU，那么这就会出现同步问题，如果每个 worker 进程都独享一个 CPU，就在内核的策略上实现完全的开发。假设有 4 颗 CPU 内核，就可以采用如下的配置：

```
worker_processes 4;
worker_cpu_affinity 1000 0100 0010 0001;
```

☞【注意】worker_cpu_affinity 的配置仅仅对 Linux 操作系统有效，Linux 操作系统采用 sched_setaffinity( ) 系统来调用实现该功能。

（3）SSL 硬件加速

```
ssl_engine device;
```

如果服务器中有 SSL 硬件加速设备，那么就可以进行配置以加速 SSL 协议的处理速度。用户可以使用 OpenSSL 提供的命令来查看是否有 SSL 硬件加速设备。

```
openssl   engine -t
```

（4）系统调用 gettimeofday 的执行频率

```
timer_resolution t;
```

在默认情况下，每次内核时间调用（如 epoll、select、poll、kqueue 等）返回时，都会执行一次 gettimeofday，实现用内核的时钟来更新 Nginx 中的缓存时钟。当需要降低 gettimeofday 的调用频率时，可以用 timer_resolution 配置，代码如下：

```
timer_resolution 100 ms;
```

表示每 100 ms 调用一次 gettimeofday。

（5）Nginx worker 优先级设置

```
worker_priority nice;
```

默认 worker_priority 0；该配置用于设置 Nginx worker 进程的 nice 优先级。对于 Linux

或其他操作系统，当许多进程都处于可执行状态时，按照所有进程的优先级来决定本次内核选择哪一个进行执行。

静态优先级和内核根据进程执行情况所做的动态调整（目前只有正负 5 调整），nice 值是进程的静态优先级，其取值范围为−20~+19，−20 是最高优先级，+19 是最低优先级。

6. 事件类配置项

（1）是否打开 accept 锁

```
accept-mutex[ on | off];
```

accept_mutex 是 Nginx 的负载均衡锁，accept_mutex 锁可以让多个 worker 进程轮流地、序列化地与新的客户端建立 TCP 链接，当一个 worker 进程建立的连接数量达到 worker_connections 配置的连接数的 7/8 时，会大大地减少该 worker 进程试图建立新的 TCP 链接的机会，此时所有的 worker 进程上处理的客户端请求数尽量接近。

accept 锁默认是打开的，如果关闭它，那么建立 TCP 连接的耗时会更短，但 worker 进程之间的负载会非常的不均衡，所以建议不关闭它。

（2）lock 文件的路径

```
lock_file path/file;
```

默认 lock_file logs/nginx. lock，accept 锁需要该 lock 文件，如果 accept 锁关闭，lock_file 配置则完全不生效。

（3）使用 accept 锁喉到真正建立连接之间的延迟时间

```
accept_mutex_delay Nms;
```

默认 accept_mutex_delay 500 ms。在使用 accept 锁时，同一个时间只有一个 worker 进程能够取到 accept 锁，该 accept 锁不是阻塞锁，如果有一个 worker 进程试图取 accept 锁而没有取到，它至少要等 accept_mutex_delay 定义的时候间隔后才能再次试图取锁。

（4）批量建立新连接

```
Multi_accept[ on | off];
```

默认为 off，当事件模型通知有新连接时，尽可能地对本次调度中客户端发起的所有 TCP 请求都建立连接。

（5）选择事件模型

```
use [ kqueue | rstig | epoll | /dev/poll | select | poll | eventport];
```

Nginx 会自动使用最合适的事件模型。对 Linux 操作系统事件模型有 poll、select、epoll 这 3 种，epoll 性能是最高的一种。

（6）每个 worker 的最大连接数

```
worker_connections number;
```

定义每个 worker 进程可以同时处理的最大连接数。

7. 用 HTTP 核心模块配置一个静态 Web 服务器

静态 Web 服务器的主要功能是由 ngx_http_core_module 模块（HTTP 框架的主要成员）实现，一个完整的静态 Web 服务器还有许多功能是由其他的 HTTP 模块实现的。一个典型的静态 Web 服务器还包含了多个 server 块和 location 块。

所有的 HTTP 配置都必须直属于 http 块、server 块、location 块、upstream 块或 if 块等，这些都要包含在 http｛｝块值内。Nginx 为配置一个完整的 Web 服务器提供了非常多的功能，主要分为 8 种类型，包括虚拟主机与请求分发、文件路径的定义、内存与磁盘资源的分配、网络连接的设置、MIME 类型的社会、对客户端请求的限制、文件操作的优化、对客户端请求的特殊处理。http 块的结构如下：

```
http {
    include mime. types;
    default_type application/octet-stream;
    server {
        listen 80;
        server_name localhost;
        location/ {
            root html;
            index index. html index. htm;
        }
        error_page 500 502 503 504 /50x. html;
        location =/50x. html {
            root html;
        }
        location ~/\. ht {
            deny all;
        }
    }
}
```

虚拟主机的配置。由于 IP 地址的数量限制，存在多个主机域名对应同一个 IP 地址的情况，可以通过 nginx. conf 的 server 块中 server_name（对应用户请求的主机域名）来进行设置。每个 server 块就是一台虚拟主机，它只处理与之相对应的主机域名的请求，这样一台 Nginx 就能以不同的方式处理访问不同主机域名的 HTTP 请求。

① 监听端口，代码如下：

```
listen address:port[default(deprecated in 0.8.21)|default_server |[backlog=num|
rcvbuf=size|sndsize=size|accept_filter=filter|deferred|bind|ipv6only=[on|off]|ssl]];
```

listen 参数决定了 Nginx 服务器监听端口，在 listen 后可以只加 IP 地址、端口或主机名，非常灵活。代码如下：

```
listen 127. 0. 0. 1:8000;
#不加端口默认端口为 80
listen 127. 0. 0. 1;
listen 8000;
listen localhost:8000;
listen *. 8000;
```

如果使用 IPv6，代码如下：

```
listen [::] :8000;
listen [fe80::1];
```

② 主机。

这里的"主机"，就是指 server 块对外提供的虚拟主机。设置主机的名称并配置好 DNS，用户就可以使用这个名称向此虚拟主机发送请求。配置主机名称的指令为 server_name，其语法为：

```
server_name name...;
```

对于 name 就是名称，可以有多个名称并且之间用空格隔开，每个名称就是一个域名，由两段或三段组成，之间由点号"."隔开，代码如下：

```
server_name myserver. com www. myserver. com;
```

Nginx 规定第 1 名称作为虚拟主机的主要名称，上面的虚拟主机为 myserver. com。在 name 中可以使用通配符 *，但该通配符只能有 3 段字符串的首段和尾段。代码如下：

```
server_name *. myserver. com www. myserver. *;
```

在 name 中还可以使用正则表达式，并使用"~"作为正则表达式字符串的开始标记，代码如下：

```
server_name ~^www\d+\. myserver\. com;
```

③ 基于 IP 的虚拟主机配置。

Linux 操作系统支持 IP 别名的添加。配置基于 IP 的虚拟主机，即为 Nginx 服务器提供的每台虚拟主机配置一个不同的 IP，因此需要将网卡设置为同时能够监听多个 IP 地址。在 Linux 平台中可以使用 ifconfig 工具为同一块平台添加多个 IP 别名。

【实例 5-3-1】eth1 为使用的网卡，IP 值为 192. 168. 1. 3，现为 eth1 添加两个 IP 别名 192. 168. 1. 31 和 192. 168. 1. 32，分别用于 Nginx 服务器提供两台虚拟主机，执行以下操作：

```
#ifconfig  eth1:0 192. 168. 1. 31 netmask 255. 255. 255. 0 up
#ifconfig  eth1:1 192. 168. 1. 32 netmask 255. 255. 255. 0 up
```

命令中 up 表示立即启动别名。

④ 重定向主机名称的处理。

```
server_name_in_redirect on|off
```

该配置要配合 server name 使用，在使用 on 命令打开时，表示在重定向请求是会使用 server_name 里配置的第 1 个主机名代替原先请求中的 Host 头部，而使用 off 命令时，表示在重定向请求时使用请求本身的 Host 头部。

⑤ 配置 location 块。

Nginx 的服务器 location 的语法：

```
location [ = | ~ | ~ * |^~ ]   uri {.... }
```

其中 uri 变量是待匹配的请求字符串，可以是不含正则表达式的字符串，如/myserver.php 等，也可以是包含正则表达式的字符串，如 \ . php $，表示 php 借宿的 URL 等，其中不包含正则表达式为标准的 uri，包含正则表达式称为正则 uri。其中"="表示标准的 uri，要求请求字符串与 uri 严格匹配，如果匹配成功，就会停止继续搜索；"~"用于表示 uri 包含正则表达式，区分大小写；"~ *"用于表示 uri 包含正则表达式，不区分大小写。

如果 uri 包含了正则表达式，就必须要使用"~"或者"~ *"标识。

⑥ 配置请求的根目录。

当 Web 服务器接收网络请求之后，首先要在服务器制定目录中寻找请求资源。在 Nginx 服务器中，指令 root 就是用来配置这个根目录的，其语法为：

```
root path;
```

如：

```
location /data/
｛
root /locationtest1;
｝
```

当 location 块接收到"/data/index. html"的请求时，将在/localtiontest1/data/目录下找到 index. html 相应请求。

⑦ 更改 location 的 url。

在 location 块中，除了使用 root 指令指明请求处理根目录，还可以使用 alias 指令改变 location 接收到 url 的请求路径，其语法格式如下：

```
alias path;
```

其中，path 即为修改后的根路径，同时，此变量中可以包含除了$document_root 和$realpath_root 之外的其他 Nginx 服务器预设变量。代码如下：

```
location ~ ^/data/( . + \. ( html ｜ html ) ) $
｜
alias /locationtest1/other/$1;
｜
```

当 location 块收到/data/index. html 的请求时，匹配成功，之后根据 alias 指令的配置，Nginx 服务器将在/locationtest1/other 目录下找在 index. html 并响应请求。可以看到，通过 alias 指令的配置，根路径已经从/data 更改为 locationtest1/other 了。

⑧ 设置网站的默认首页。

```
index file …;
```

默认为 index、index. html。有时访问站点的 url，这时一般会返回网站的首页，index 后面可以包含很多参数，Nginx 会按顺序来访问这些文件。

```
location / ｛
root　path;
Index /index. html /html/index. php/index. php;
｜
```

5. 3. 3　Nginx 服务器的应用

Nginx 服务器的基本应用主要有基本 HTTP 服务和高级 HTTP 服务。基本 HTTP 服务包括可以作为 HTTP 代理服务器和反向代理服务器，支持通过缓存加速访问，可以完成简单的负载均衡和容错，支持包过滤功能 SSL。高级 HTTP 服务，可以进行自定义配置，支持虚拟主机、URL 重定向、网络监控、流媒体传输等。

1. HTTP 代理

代理客户机的 http 访问，主要代理浏览器访问网页，它的端口一般为 80、8080 等。

【实例 5-3-2】 Nginx 设置虚拟主机。

经过对 Nginx 配置文件的配置，生成虚拟主机，实现不同的域名访问不同的页面。虚拟主机技术是指主要应用于 HTTP 服务，将一台服务器的某项或多个服务内容逻辑划分为多个服务单位，对外表现为多台服务器，从而可以充分利用服务器的硬件资源。具体配置如下：

【步骤 1】 进入 Nginx 的配置目录 conf，如图 5-3-11 所示。

```
[root@localhost nginx-1.9.11]# ls
auto     CHANGES.ru  configure  html      Makefile  obj.s    src
CHANGES  conf        contrib    LICENSE   man       README
[root@localhost nginx-1.9.11]#
```

图 5-3-11　Nginx 配置目录 conf

【步骤 2】编辑 nginx.conf 配置文件，如图 5-3-12 所示，代码如下：

```
vi nginx.conf
```

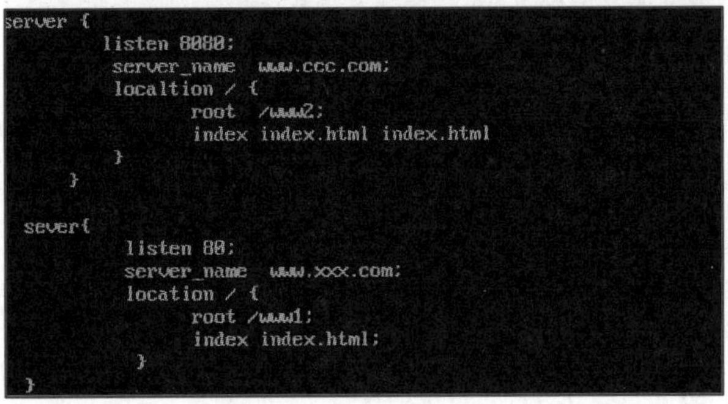

图 5-3-12 编辑配置文件

并启动 nginx 服务，代码如下：

```
./sbin/nginx -s   reload
```

【步骤 3】创建网页目录与网站的首页文件。

在 html 根目录下建立 www1 和 www2 目录，并编辑 index.html 默认发布文件，如图 5-3-13 所示。

图 5-3-13 创建 www1 和 www2 目录

编辑首页网页，如图 5-3-14 所示。

图 5-3-14 编辑首页网页

【步骤 4】添加本地映射。假设 CentOS 主机地址为"192.168.56.100"，将虚拟主机写入到/etc/hosts 中，如图 5-3-15 所示，代码如下：

```
echo "192.168.56.100 www.xxx.com   www.ccc.com" >>/etc/hosts
```

图 5-3-15 添加本地映射

【步骤 5】curl 访问测试，如图 5-3-16 所示，代码如下：

```
curl www.xxx.com
curl www.ccc.com
```

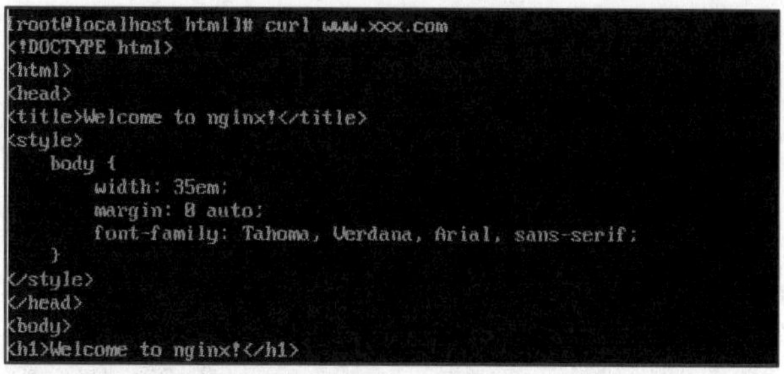

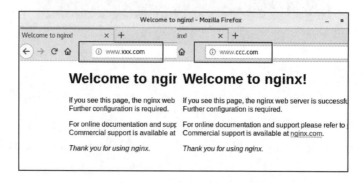

图 5-3-16　curl 测试

【步骤 6】浏览器访问虚拟主机测试，如图 5-3-17 所示。

图 5-3-17　浏览器访问虚拟主机测试

【备注】在 CentOS 系统中如果要打开浏览器，则需要安装图形化界面，如安装 GNOME 桌面。代码如下：

```
#此过程会联网安装图形化界面,所需时间比较长
yum groupinstall 'GNOME Desktop' -y
```

启动 GNOME，在命令行中输入 startx 命令即可。

2. Nginx 反向代理

对于一般上线的项目，出于安全性的考虑，是不允许外网直接访问的，此时 Nginx 的反向代理功能就起到了关键作用。通常表现为，在生产服务器上部署项目和代理服务器，客户端不能直接访问生产服务器，需要通过 Nginx 接收客户端传来的请求，然后转发给生产服务器，再将服务器的回应发送给客户端。在这个闭合过程中，Nginx 充当一个中转站，用户不需要配置任何代理 IP 和端口，或者用户端根本就不知道自己访问的是真实的服务器还是代理服务器，这样能有效地保证内网的安全。

【实例 5-3-3】设置反向代理。使用 Nginx+Tomcat 实现此项目的反向代理。在一台服务器上面实现，一台虚拟机安装了两个 Tomcat 服务器。

虚拟机环境：

服务器 IP：192.168.1.100，Nginx 端口：8080，Tomcat1 端口：8085，Tomcat2 端口：

8086。一台服务器安装了两个 Tomcat，使用不同端口实现。

【步骤 1】 在 CentOS 下安装 Tomcat 服务器。

【步骤 2】 测试搭建的 Nginx，Tomcat 是否正常访问。

测试 Nginx 服务器是否可用，如图 5-3-18 所示。

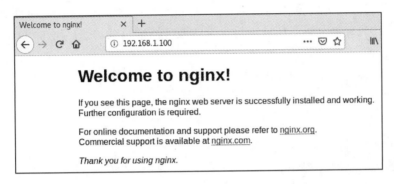

图 5-3-18 测试 Nginx 是否可用

测试 Tomcat 服务器是否可用，如图 5-3-19 所示。

【步骤 3】 配置反向代理。

修改 Nginx 的配置文件 nginx. conf，代码如下：

```
vi nginx. conf
```

在 server 段里面的 "location" 加上 "proxy_pass" 设置为 "http://ip：端口"，如图 5-3-20 所示。

图 5-3-19 测试 Tomcat 服务器是否可用   图 5-3-20 反向代理配置

Nginx 配置完成后进行重启。通过浏览器窗口访问，如图 5-3-21 所示，反向代理就完成了。

图 5-3-21 反向代理成功

3. Nginx 负载均衡

负载均衡建立在现有的网络结构上，提供了一种廉价、有效、透明的方法扩展网络设备和服务器的带宽，增加吞吐量，加强网络数据处理能力，提高网络的灵活性和可用性。Nginx 不仅可以作为强大的 Web 服务器，也可以作为反向代理服务器，而且 Nginx 还可以按照调度规则实现动静分离，还可以对后端的服务器做负载均衡。Nginx 自带负载均衡策略如下：

① 轮询（默认）。每个请求按时间顺序逐一分配到不同的后端服务器，如果后端服务器关机，能够自动剔除。配置代码如下：

```
upstream backserver {
server 192. 168. 1. 14;
server 192. 168. 1. 15;
}
```

② 指定权重。指定轮询几率，weight 和访问比率成正比，用于后端服务器性能不均的情况。配置代码如下：

```
upstream backserver {
server 192. 168. 0. 14 weight = 8;
server 192. 168. 0. 15 weight = 10;
}
```

③ IP 绑定 ip_hash。每个请求按访问 IP 的 Hash 结果分配，这样每个访客固定访问一个后端服务器，可以解决 session 的问题。配置代码如下：

```
upstream backserver {
ip_hash;
server 192. 168. 0. 14:88;
server 192. 168. 0. 15:80;
}
```

④ fair。按后端服务器的响应时间来分配请求，响应时间短的优先分配。配置代码如下：

```
upstream backserver {
server server1;
server server2;
fair;
}
```

⑤ url_hash。按访问 url 的 hash 结果来分配请求，使每个 url 定向到同一个后端服务器，后端服务器为缓存时比较有效。配置代码如下：

```
upstream backserver {
server squid1:3128;
server squid2:3128;
hash $request_uri;
hash_method crc32;
}
```

本章小结

　　本章主要讲解了常见 Web 服务器、HTTP 与 Web 服务器和 Nginx 服务器部署与优化。通过本章的学习，读者应掌握常见 Web 服务器，如 Apache、Tomcat、IIS、Nginx 服务器等各自的特点、HTTP 配置与代理、HTTP 负载均衡类型及各自的特点、Nginx 服务器的安装与部署、Nginx 服务器的配置及 Nginx 服务器的应用等知识与技能。

本章习题

一、单项选择题

1. Web 服务器解析（　　）协议。

A. FTP

B. HTTP

C. POP3

D. IP

2. HTTP（Hyper Text Transfer Protocol）是（　　）协议。

A. 邮件传输协议

B. 文件传输协议

C. 超文本传输协议

D. 远程桌面协议

3. HTTP 协议是工作在（　　）架构上。

A. 服务器端

B. 客户端

C. 远程端

D. 客户端/服务端

4. TLS 是（　　）协议。

    A.　加密协议

    B.　安全传输层协议

    C.　解密

    D.　生成密钥协议

5. OpenSSL 生成能生成（　　　）证书。

    A.　CA 证书

    B.　TSL

    C.　OpenSSL

二、多项选择题

1. Linux 操作系统下的文本编辑器有（　　　）。

    A. vi

    B.　emacs

    C.　word

    D.　ppt

2. Apache 服务器在启动或重新启动时，将读取 3 个配置文件（　　　）来控制它的工作方式。

    A.　srm. conf

    B.　access. conf

    C.　http. conf

    D. config. conf

3. IIS 是一种 Web 服务组件，包括（　　　）。

    A.　Web 服务器

    B.　SMTP 服务器

    C.　FTP 服务器

    D.　NNTP 服务器

4. Tomcat 是由 Apache 开发的一个 Servlet 容器，实现了对（　　　）支持。

    A.　Servlet

    B.　JSP

    C. PHP

    D. C++

5. 安装 Nginx 前，首先安装相关依赖包，相关依赖包有（　　　）。

    A.　GCC

    B.　PCRE

    C.　ZLIB

    D.　OpenSSL

第6章 中间件技术

【学习目标】

知识目标

- 理解中间件概念及分类。
- 了解中间件产品及其开源产品。
- 掌握 Linux 系统下 JDK 和 Tomcat 的安装与配置。
- 掌握 RabbitMQ 的安装与配置。
- 掌握 RabbitMQ 的应用。
- 理解 RabbitMQ 的消息发布及订阅系统。

技能目标

- JDK 安装与部署。
- Tomcat 的安装与部署。
- RabbitMQ 的安装与部署。
- RabbitMQ 的消息发布与订阅系统。

【认证考点】

- 了解中间件的概念、分类及产品。
- 掌握 Linux 系统下 JDK 和 Tomcat 的安装与配置。
- 掌握 RabbitMQ 的安装与配置。
- 掌握 RabbitMQ 的应用。
- 理解 RabbitMQ 的消息发布及订阅系统。

📖 项目引导：实现消息发布及订阅系统开发

【项目描述】

场景 1：当用户在进行注册时，需要发注册邮件和注册短信，传统的做法是注册信息写入数据库后，发送注册邮件，再发送注册短信，3 个任务全部完成后才返回给客户端提示用户注册成功，但实际情况是邮件、短信不是必须项，它仅仅是一个通知。

场景 2：人们经常会在双十一购物节大量囤货，当用户下单后，订单系统通知库存系统，但库存系统出现故障时，订单就会失败。

在实践中，经常采用消息队列技术来解决上述存在的问题。例如用户注册场景，引入消息队列后，发送邮件、短信不是必需的业务逻辑，可以将它们进行异步处理 。如双十一购物节，当用户下单后将消息写入消息队列，返回用户订单下单成功，而库存系统则通过订阅下单的消息，获取下单消息。在消息队列软件中，常用的软件为 RabbitMQ，通过 RabbitMQ 进行信息发布与订阅。

📑 知识储备

6.1   中间件技术

中间件（Middleware）是处于操作系统和应用程序之间的软件，它使用系统软件所提供的基础服务，衔接网络上应用系统的各个部分或不同的应用，能够达到资源共享、功能共享的目的。

6.1.1   中间件的概念

随着计算机技术的快速发展，更多的应用软件被要求在许多不同的网络协议、不同的硬件生产厂商以及不一样的网络平台和环境上运营。这就导致了软件开发者需要面临数据离散、操作困难、系统匹配程度低，以及需要开发多种应用程序来达到运营的目的。所以，由于中间件技术的产生，在极大程度上减轻了开发者的负担，使得网络的运行更有效率。

中间件是一种独立的系统软件服务程序，分布式应用软件借助这种软件在不同的技术之间共享资源，中间件位于客户机服务器的操作系统之上，管理计算资源和网络通信。

中间件属于基础软件的一大类，属于可复用软件的范畴。顾名思义，中间件处于操作系统软件与用户的应用软件的中间。中间件在操作系统、网络和数据库之上，应用软件的下层，其作用是为处于自己上层的应用软件提供运行与开发的环境，帮助用户灵活、高效地开发和集成复杂的应用软件。

1. 使用中间件的缘由

中间件屏蔽了底层操作系统的复杂性，使程序开发人员面对一个简单而统一的开发环境，减少程序设计的复杂性，将注意力集中在自己的业务上，不必再为程序在不同系统软件中的移植而重复工作，从而大大减少了技术上的负担。中间件带给应用系统的，不只是开发的简便、开发周期的缩短，也减少了系统的维护、运行和管理的工作量，还减少了总体费用的投入。

2. 中间件的基本功能

中间件是独立的系统级软件，连接操作系统层和应用程序层，将不同操作系统提供应用的接口标准化，协议统一化，屏蔽具体操作的细节。

（1）通信支持

中间件为其所支持的应用软件提供平台化的运行环境，该环境屏蔽底层通信之间的接口差异，实现互操作，早期应用与分布式的中间件交互主要的通信方式为远程调用和消息两种方式。在通信模块中，远程调用通过网络进行通信，通过支持数据的转换和通信服务，从而屏蔽不同的操作系统和网络协议。远程调用则是提供基于过程的服务访问，为上层系统只提供非常简单的编程接口或过程调用模型。消息提供异步交互的机制。

（2）应用支持

中间件的目的就是服务上层应用，提供应用层不同服务之间的互操作机制。它为上层应用开发提供统一的平台和运行环境，并封装不同操作系统提供 API 接口，向应用提供统一的标准接口，使应用的开发和运行与操作系统无关，实现其独立性。

（3）公共服务

公共服务是对应用软件中共性功能或约束的提取。将这些共性的功能或者约束分类实现，并支持复用，作为公共服务，提供给应用程序使用。通过提供标准、统一的公共服务，可减少上层应用的开发工作量，缩短应用的开发时间，并有助于提供应用软件的质量。

6.1.2　中间件分类

中间件所包括的范围十分广泛，针对不同的应用需求涌现出多种各具特色的中间件产品。

1. 消息中间件

消息中间件适用于进行网络通信的系统，建立网络通信的通道，进行数据和文件的传送。典型的产品有 ActiveMQ、ZeroMQ、RabbitMQ、IBM webSphere MQ 等。

2. 交易中间件

交易中间件管理分布于不同操作系统的数据，实现数据一致性，保证系统的负载均衡。典型的产品有 IBM CICS、Bea tuxedo 等。

3. 对象中间件

对象中间件可保证不同厂家的软件之间的交互访问。典型的产品有 IBM componentbroker、iona orbix、borland visibroker 等。

4. 应用服务器

应用服务器是用来构造 Internet/Intranet 应用和其他分布式构件应用。典型的产品有 IBM Websphere、Bea weblogic 等。

5. 安全中间件

安全中间件以公钥基础设施（PKI）为核心，建立在一系列相关国际安全标准之上的一个开放式应用开发平台。典型的产品有 Entrust 等。

6. 应用集成服务器

应用集成服务器把工作流和应用开发技术如消息及分布式构件结合在一起，使处理能方便自动地和构件、Script 应用、工作流行为结合在一起，同时集成文档和电子邮件。典型的产品有 LSS Flowman、IBM Flowmark、Vitria Businessagiliti 等。

6.1.3 中间件的开源产品

关于中间件技术的开发思路有企业专有模式与开源开发模式两种。目前，企业专有模式已经取得很大的成绩，如 BEA 公司的 WebLogic 套件包、IBM 公司的 WebSphere 套件包，还有 HP、SUN 和 Oracle 等公司推出的专有中间件产品。

目前开源应用服务器有两种，分别为 JBOSS 应用服务器和 JOnAS 应用服务器。JOnAS 项目为"Java 开放应用服务器"的缩写，其开发活动由法国 ObjectWeb 所主持。

ObjectWeb 的发展思路是"通过联合做强、做大"，其目的是联合一切力量，不仅联合一切开发者和广大用户，而且也联合一切相关的开源开发项目。ObjectWeb 联合体的最终目标就是在开放标准的指引下，为电子商务、EAI（企业应用集成）、家庭自动化、电信以及数据仓库的连接、网格计算、企业信息处理和微内核设计等广大的软件开发领域提供传统商业化解决方案的"开源替代物"。

使用 Java 语言开发运行在服务器上的应用程序，必须遵循 SUN 公司提出的 J2EE 规范，这种规范给出了在分布式环境下开发和部署面向"组件"的 Java 应用程序应当遵循的一些具体规则。典型的 J2EE 应用程序由两部分构成，分别是表现组件（也称为 Web 组件，有 Servlets 与 JSP）和企业组件（EJB，Enterprise JavaBeans），它们定义事务处理逻辑和应用数据。J2EE 服务器提供两种"容器"，一种是负责处理 Web 组件；另一种是负责处理企业组件。JBOSS 和 JOnAS 开源应用服务器是"J2EE 服务器"，它们分别在 2004 年 6 月和 2005 年 2 月通过了 J2EE 测试认证。

6.2　JDK 与 Tomcat 应用服务器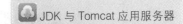

JDK（Java Development Kit）是 Java 语言的软件开发工具包，主要用于移动设备、嵌入式设备上的 Java 应用程序。Tomcat 服务器是免费的开放源代码的 Web 应用服务器，属于轻量级应用服务器，在中小型系统和并发访问用户不是很多的场合下被普遍使用，是开发和调试 JSP 程序的首选。

6.2.1　JDK 安装与配置

JDK 是整个 Java 开发的核心，它包含了 Java 的运行环境（JVM+Java 系统类库）和 Java 工具。

1. JDK 发展

SE（Java SE）标准版，从 JDK 5.0 开始，改名为 Java SE。EE（Java EE）企业版，使用这种 JDK 开发 J2EE 应用程序，从 JDK 5.0 开始，改名为 Java EE，2018 年 2 月，J2EE 改名为 Jakarta EE 。ME（J2ME）主要用于移动设备、嵌入式设备上的 Java 应用程序，从 JDK 5.0 开始，改名为 Java ME。如果没有 JDK，则无法编译 Java 程序（Java 源码 .java 文件），如果只运行 Java 程序（指 class 或 jar 或其他归档文件），则要确保已安装相应的 JRE。

2. Windows 系统中安装 JDK

在官网上下载 Java 开发工具包 JDK，根据安装向导进行安装，在安装过程中也同时安装 JRE。以 JDK8 版本为例，讲解 JDK 的安装，如图 6-2-1 所示。

环境变量配置。右击"此电脑"，在弹出的快捷菜单中选择"属性"命令，单击"高级系统设置"超链接，在打开的对话框"高级"选项卡中，单击"环境变量"按钮，如

图 6-2-2 所示。

图 6-2-1 在 Windows 下安装 JDK

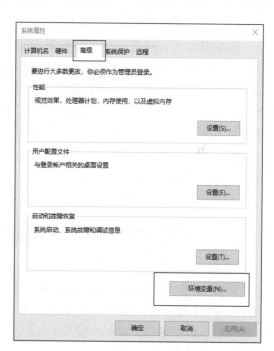

图 6-2-2 环境变量

在打开的"环境变量"对话框中设置环境变量值，在"系统变量"栏下方单击"新建"按钮。

① 设置 JAVA_HOME 环境变量值。

在打开的"编辑系统变量"对话框中，"变量名"栏输入"JAVA_HOME"，变量值为 JDK 的安装路径，如图 6-2-3 所示。

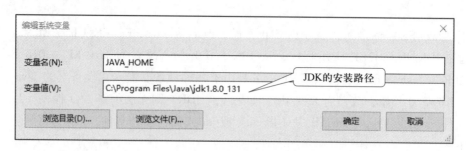

图 6-2-3 配置 JAVA_HOME 环境变量

② 编辑 path 变量值。

在"环境变量"对话框的"系统变量"栏中找到 path 变量并选中，单击"编辑"按钮，在打开的对话框中新建值设置为"%JAVA_HOME%\bin"，单击"确定"按钮，如图 6-2-4 所示。

编辑环境变量
C:\ProgramData\Oracle\Java\javapath
%SystemRoot%\system32
%SystemRoot%
%SystemRoot%\System32\Wbem
%SYSTEMROOT%\System32\WindowsPowerShell\v1.0\
%SYSTEMROOT%\System32\OpenSSH\
%JAVA_HOME%\jdk1.8.0_131\bin
%JAVA_HOME%\jre1.8.0_131in
D:\javawork
E:\jar
C:\Program Files\PuTTY\
%JAVA_HOME%\bin
新建(N)
编辑(E)
浏览(B)...
删除(D)
上移(U)
下移(O)
编辑文本(T)...
确定
取消

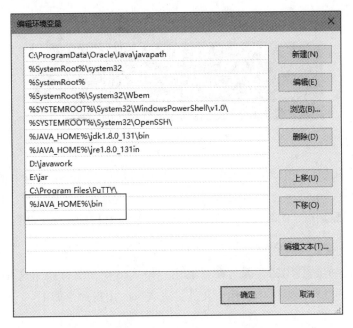

图 6-2-4 编辑 path 变量值

③ 测试 JDK。

配置好环境变量之后，查看是否配置成功。打开 DOS 命令窗口，输入 java-version 命令，查看 JDK 的版本，如图 6-2-5 所示。

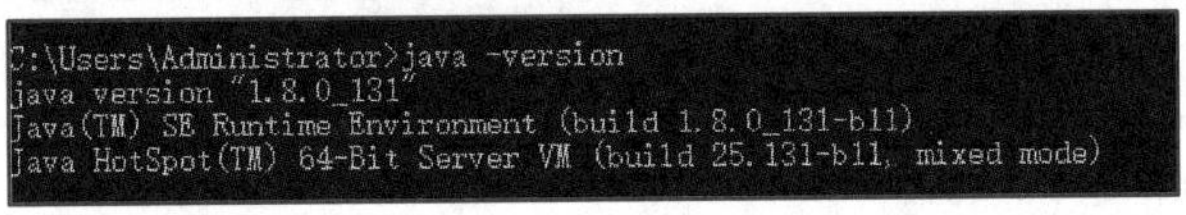

C:\Users\Administrator>java -version
java version "1.8.0_131"
Java(TM) SE Runtime Environment (build 1.8.0_131-b11)
Java HotSpot(TM) 64-Bit Server VM (build 25.131-b11, mixed mode)

图 6-2-5 JDK 测试

3. Linux 系统安装 JDK

在 Linux 系统下安装 JDK，以 CentOS（安装桌面“GNOME”）系统为例。安装过程如下：

【步骤 1】卸载系统自带的 OpenJDK 以及相关的 Java 文件。在 Linux 上一般会安装 OpenJDK，用 java -version 命令测试 Java 版本号，如图 6-2-6 所示。

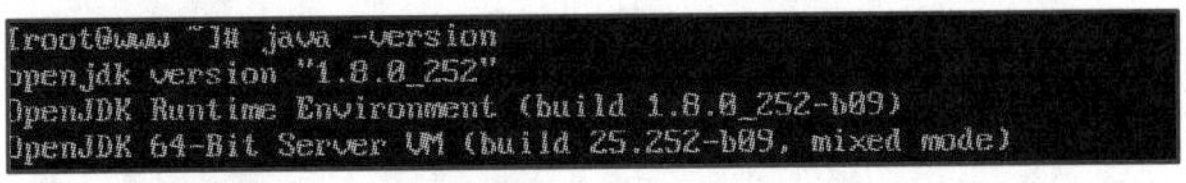

[root@www ~]# java -version
openjdk version "1.8.0_252"
OpenJDK Runtime Environment (build 1.8.0_252-b09)
OpenJDK 64-Bit Server VM (build 25.252-b09, mixed mode)

图 6-2-6 OpenJDK 版本

采用 rpm -qa 命令查询安装包，如查询 Java 安装包，命令为 rpm -qa | grep java，查找 Java 相关的安装包，如图 6-2-7 所示。命令中 rpm 表示管理套件，-qa 表示使用询问模式，查询所有套件，grep 表示查找文件里符合条件的字符串，java 表示查找包含 java 字符

串的文件。

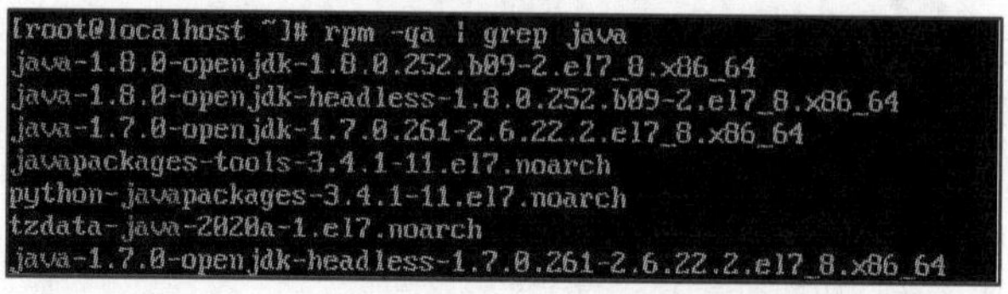

图 6-2-7　查找 Java 相关的安装包

在图 6-2-7 以上文件中，OpenJDK 的相关套件可以进行删除，noarch 文件可以不用删除。使用删除命令"rpm -e --nodeps 文件名"删除 OpenJDK 相关的文件。命令中 rpm 表示为管理套件，-e 删除指定的套件，--nodeps 表示不验证套件的相互关联性。代码如下：

```
rpm -e --nodeps java-1.7.0-openjdk-1.7.0.111-2.6.7.8.el7.x86_64
```

输入代码后，但是会出错，因为在普通用户模式下，并没有操作这几个文件的权限，进入 root 用户，可以有权限操作这几个文件。进入 root 用户命令如下：

```
su root
```

👉【注意】下面操作在 CentOS 系统的桌面界面，进入 CentOS 的桌面界面，输入 startx 命令。

删除 OpenJDK 相关文件，如图 6-2-8 所示。

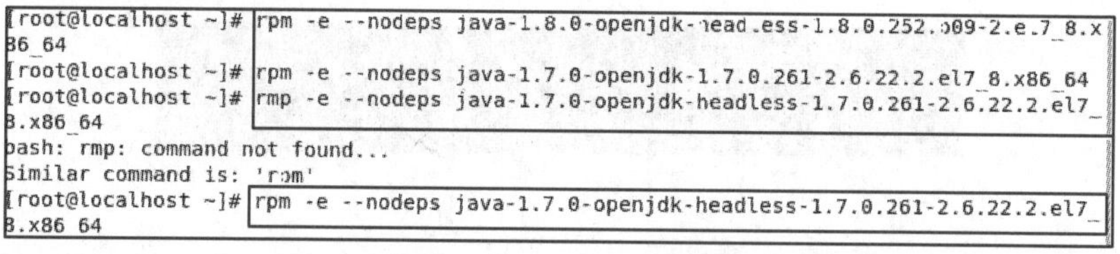

图 6-2-8　产出 OpenJDK 文件

检查是否已经删除成功，输入命令 java -version，如图 6-2-9 所示。

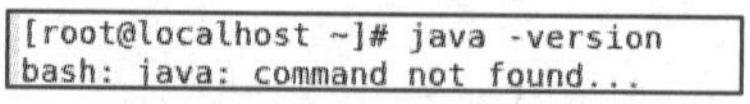

图 6-2-9　验证删除 OpenSSL

【步骤 2】下载 JDK。进入 JDK 的官网，根据系统下载相对应的 JDK 版本，这里下载的 Linux 64 位的 JDK 版本，如图 6-2-10 和图 6-2-11 所示。

| Linux x64 RPM Package | 121.53 MB | 📥 jdk-8u261-linux-x64.rpm |
| Linux x64 Compressed Archive | 136.48 MB | 根据系统版本，下载JDK　　📥 jdk-8u261-linux-x64.tar.gz |

图 6-2-10　下载 Linux 64 位的 JDK

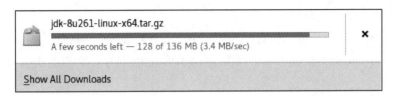

图 6-2-11　下载 JDK

如果当前登录用户是 root，那么文件下载到/root/download/jdk - 8u144 - linux - x64. tar. gz。在/usr/local/目录下创建 jdk 目录，将文件复制到 jdk 文件下，如图 6-2-12 所示。代码如下：

```
cp jdk-8u261-linux-x64. tar. gz /usr/local/jdk
```

命令说明：cp 表示复制文件或目录，jdk-8u261-linux-x64. tar. gz 表示要复制的文件名，/user/local/jdk 表示要复制的目标目录。

【步骤 3】解压 JDK。使用 tar -zxvf 命令进行解压，代码如下：

```
tar -zxvf jdk-8u261-linux-x64. tar. gz
```

解压命令 tar，-zxvf 表示备份文件。解压后文件放置 jdk1.8.0_261 文件夹，如图 6-2-13 所示。

```
[root@localhost ~]# cd /usr/local/jdk
[root@localhost jdk]# ls
jdk-8u261-linux-x64.tar.gz
[root@localhost jdk]# █
```

```
[root@localhost jdk]# ls
jdk1.8.0_261   jdk-8u261-linux-x64.tar.gz
```

图 6-2-12　把 JDK 安装包复制到 jdk 文件下 　　　图 6-2-13　解压后

【步骤 4】配置 JDK 环境变量，编辑全局变量。在 root 权限下输入命令 vim /etc/profile，vim 表示文本编辑，/etc/profile 表示/etc/目录下的全局变量文件。进入文本编辑状态下，光标移到文件最后一行，按下 i 键。

进入插入状态，在/profile 配置文件最后一行中添加配置内容，如 JAVA_HOME =/usr/local/jdk/jdk1.8.0_261，其中/usr/local/jdk/表示 JDK 的路径，如图 6-2-14 所示，代码如下：

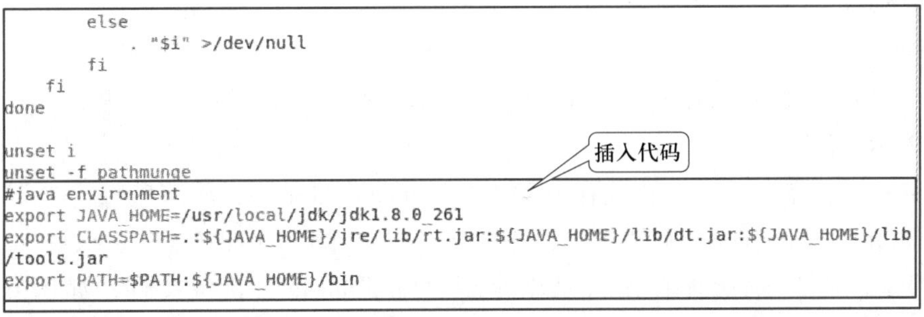

```
        else
            . "$i" >/dev/null
        fi
    fi
done

unset i
unset -f pathmunge
#java environment
export JAVA_HOME=/usr/local/jdk/jdk1.8.0_261
export CLASSPATH=.:${JAVA_HOME}/jre/lib/rt.jar:${JAVA_HOME}/lib/dt.jar:${JAVA_HOME}/lib/tools.jar
export PATH=$PATH:${JAVA_HOME}/bin
```
插入代码

图 6-2-14　配置环境变量

输入:wq 退出文本编辑器。

【步骤 5】测试环境变量。设置的环境变量生效，需要输入 source/etc/profile 命令，然后使用 java _version 命令进行查看，如果输出 JDK 的版本号，则说明 JDK 安装成功，如图 6-2-15 所示。

```
[root@localhost jdk1.8.0_261]# source /etc/profile
[root@localhost jdk1.8.0_261]# java -version
java version "1.8.0_261"
Java(TM) SE Runtime Environment (build 1.8.0_261-b12)
Java HotSpot(TM) 64-Bit Server VM (build 25.261-b12, mixed mode)
```

图 6-2-15　测试环境变量配置是否成功

6.2.2　Tomcat 安装与配置

Tomcat 是 Apache 软件基金会的 Jakarta 项目中的一个核心项目，由 Apache、SUN 和其他一些公司及个人共同开发而成，由于 SUN 的参与和支持，最新的 Servlet 和 JSP 规范在 Tomcat 中得到体现，Tomcat 5 支持 Servlet 2.4 和 JSP 2.0 规范。由于 Tomcat 技术先进、性能稳定，而且免费，因而深受 Java 爱好者的喜爱并得到了部分软件开发商的认可，成为目前比较流行的 Web 应用服务器。

Tomcat 服务器是免费的开放源代码的 Web 应用服务器，属于轻量级应用服务器，在中小型系统和并发访问用户不是很多的场合下被普遍使用，是开发和调试 JSP 程序的首选。Tomcat 是 Servlet 和 JSP 容器，实现了 JSP 规范的 Servlet 容器，Tomcat 在 Servlet 生命周期包括了包容、装载、运行和停止 Servlet 容器。

这里主要讲解在 Linux 系统下安装 Tomcat 服务器，以 CentOS 7（安装桌面"GNOME"）系统为例。安装过程如下：

【步骤 1】在/usr/local 目录下创建 tomcat 目录，将下载的 Tomcat 安装包放在该目录下。代码如下：

```
cd /usr/local
mkdir tomcat
cd tomcat
```

【步骤 2】下载 Tomcat，进入 Tomcat 官网，找到与操作系统对应的安装包，直接下载，如图 6-2-16 所示。

Tomcat 下载完毕后，会存放在 HOME/Downloads 目录中，将下载好的 Tomcat 复制到预设的/usr/local/tomcat 文件夹中，如图 6-2-17 所示。用命令 cd 进入到/usr/local/tomcat 目录，用 ls 命令查看该目录中是否存在 Tomcat 安装包文件，如图 6-2-18 所示。

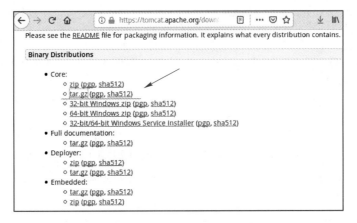

图 6-2-16　下载 Tomcat

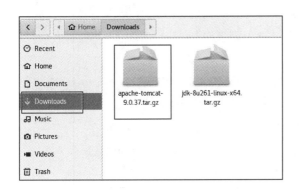

图 6-2-17　下载的 Tomcat 存放的目录

```
[root@localhost /]# cd /usr/local/tomcat
[root@localhost tomcat]# ls
apache-tomcat-9.0.37.tar.gz
```

图 6-2-18　查看目录

【步骤 3】安装 Tomcat，在安装 Tomcat 前，先要安装 JDK。解压 Tomcat 安装包，并重新命名为"tomcatfile"，如图 6-2-19 所示，代码如下：

```
tar -zxv -f apache-tomcat-8.5.37.tar.gz
mv apache-tomcat-8.5.37 tomcatfile
cd tomcatfile
```

```
[root@localhost tomcat]# ls
apache-tomcat-9.0.37  apache-tomcat-9.0.37.tar.gz
[root@localhost tomcat]# mv apache-tomcat-9.0.37 tomcatfile
[root@localhost tomcat]# ls
apache-tomcat-9.0.37.tar.gz  tomcatfile
[root@localhost tomcat]# cd tomcatfile
```

图 6-2-19　重命名

【步骤 4】启动 Tomcat。解压完后可以启动 Tomcat，检查是否安装成功，进入安装目录"Tomcat/bin"，运行 startup.sh 文件，就可以启动 Tomcat 服务器，如图 6-2-20 所示，代码如下：

```
./bin/startup.sh
```

```
[root@localhost tomcatfile]# ./bin/startup.sh
Using CATALINA_BASE:   /usr/local/tomcat/tomcatfile
Using CATALINA_HOME:   /usr/local/tomcat/tomcatfile
Using CATALINA_TMPDIR: /usr/local/tomcat/tomcatfile/temp
Using JRE_HOME:        /usr/local/jdk/jdk1.8.0_261
Using CLASSPATH:       /usr/local/tomcat/tomcatfile/bin/bootstrap.jar:/usr/local/tomcat
/tomcatfile/bin/tomcat-juli.jar
Tomcat started.
[root@localhost tomcatfile]#
```

图 6-2-20　启动 Tomcat 服务器

【步骤 5】访问服务器。在图 6-2-20 中已经成功启动了 Tomcat 服务器，现在开始访问服务器，通过 http：//ip：8080 访问服务器。例如访问服务器为 http://192.168.1.99：8080，如图 6-2-21 所示。

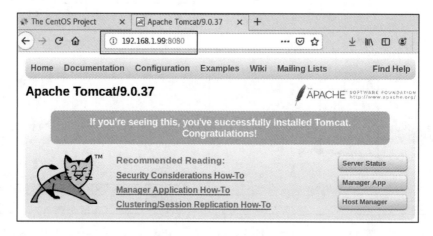

图 6-2-21　正常访问服务器

如果能正常访问，就不需要配置防火墙，如果不能访问，就需要配置防火墙，开放 8080 端口。

📖 项目实施

在用户注册场景中，通过消息队列发送邮件、短信来完成异步处理；在双十一购物节场景中，将用户下单后的消息写入消息队列，返回用户订单下单成功，而库存系统则通过订阅下单的消息，获取下单消息。如何实现消息队列？技术人员常采用 RabbitMQ 中间件来完成信息发布与订阅。

需要完成的任务：
- RabbitMQ 消息代理软件。
- 消息发布及订阅系统开发。

6.3 任务 1：RabbitMQ 安装与配置

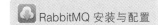

消息队列（Message Queue，MQ）是应用程序和应用程序之间的通信方法。MQ 是消息通信的模型，实现 MQ 的大致有两种主流方式，分别为高级消息队列协议 AMQP 和 Java 消息服务（Java Message Service）应用程序接口 JMS。目前市面上成熟主流的 MQ 有 Kafka、RocketMQ、RabbitMQ。本章以 RabbitMQ 产品为例详细讲解。

6.3.1 RabbitMQ

RabbitMQ 是实现了高级消息队列协议 AMQP 的开源消息代理软件，也称为面向消息的中间件。

1. RabbitMQ 概述

RabbitMQ 是使用 Erlang 编写的一个开源的消息队列，本身支持很多协议，如 AMQP、XMPP、SMTP、STOMP 等。基于此，RabbitMQ 变得非常重量级，适合于企业级的开发，它实现了 Broker 架构，其核心思想是生产者不会将消息直接发送给队列，消息在发送给客户端时先在中心队列排队，除此之外，RabbitMQ 对路由、负载均衡、数据持久化都有很好的支持。

RabbitMQ 服务能支持多种类型的操作系统，如 Linux 系列、Windows 系列、MAC OS、Solaris、FreeBSD 等。RabbitMQ 也支持多种开发语言，如 Python、Java、Ruby、PHP、C#、JavaScript、Go、Elixir、Objective-C、Swift 等。

2. RabbitMQ 的工作模式

RabbitMQ 提供了 6 种工作模式，分别为简单模式、Work 模式、Publish/Subscribe 发布与订阅模式、Routing 路由模式、Topics 主题模式、RPC 远程调用模式。其中 RPC 远程调用模式不算消息队列，这里不作讲解。RabbitMQ 的 6 种工作模式，如图 6-3-1 所示。

（1）简单模式

简单模式是指消息产生者将消息放入队列，消息的消费者监听消息队列，如果队列中有消息，就进行消费，消息被拿走后，自动从队列中删除。

简单模式的应用场景，如聊天等场景。

（2）Work 模式

Work 模式是指消息产生者将消息放入队列，消费者可以有多个，如消费者 1、消费者 2 等。消费者同时监听同一个队列，消息被消费者 1、消费者 2 等共同争抢当前的消息队列中的内容，谁先拿到谁负责消费消息。

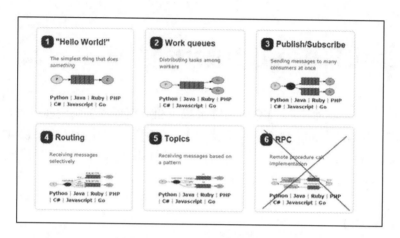

图 6-3-1　RabbitMQ 的 6 种模式

Work 模式的应用场景，如红包、大项目中的资源调度等。

（3）Publish/Subscribe 发布与订阅模式

Publish/Subscribe 发布与订阅模式如图 6-3-2 所示，X 代表交换机 RabbitMQ 内部组件，Erlang 消息产生者是由代码完成，代码的执行效率不高，消息产生者将消息放入交换机，交换机发布订阅把消息发送到所有消息队列中，对应消息队列的消费者拿到消息进行消费。

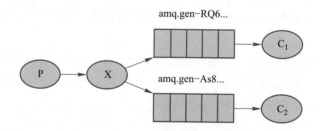

图 6-3-2　Publish/Subscribe 发布与订阅模式

Publish/Subscribe 发布与订阅模式的适用场景，如邮件群发、群聊天、广播等。

（4）Routing 路由模式

Routing 路由模式是指消息生产者将消息发送给交换机，交换机按照路由进行判断。路由是字符串构成，当前产生的消息中携带路由字符，交换机根据路由的 Key，找到匹配上路由 Key 对应的消息队列，这个对应的消费者才能消费消息。

（5）Topics 主题模式

Topics 主题模式是指根据路由功能添加模糊匹配，模糊匹配主要通过"＊""#"来完成，其中"＊"表示通配符代表多个单词，"#"表示代表一个单词。消息产生者产生消息，把消息交给交换机，交换机根据 Key 的规则模糊匹配到对应的队列，由队列的监听消费者接收消息消费。

3. RabbitMQ 的使用场合

（1）异步处理场合

场景说明，当用户注册后，需要发注册邮件和注册短信，传统的做法有两种，分别为串行方式和并行方式。采用 RabbitMQ 后，可以使用消息队列解决异步处理问题。

① 串行方式是将注册信息写入数据库后，发送注册邮件，再发送注册短信，以上 3 个任务全部完成后才返回给客户端。采用这种方式存在一个问题，即邮件、短信并不是必需的，它只是一个通知。

② 并行方式是将注册信息写入数据库后，在发送邮件的同时也发送短信，以上 3 个任务完成后，返回给客户端，并行的方式能提高处理的时间。假设 3 个业务节点分别耗时 50 ms，串行方式使用时间 150 ms，并行使用时间 100 ms。虽然并行方式已经提高了处理时间，但是，邮件和短信对正常的使用网站没有任何影响，客户端没有必要等着其发送完成才显示注册成功，应该是写入数据库后就返回注册成功。

③ 消息队列。引入消息队列后，发送邮件、短信不是必需的业务逻辑，可以将它们进行异步处理，如图 6-3-3 所示。

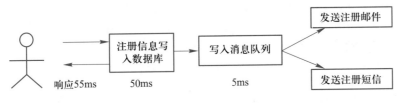

图 6-3-3　消息队列异步处理

（2）订单系统场景

场景说明，双十一是购物狂节，用户下单后，订单系统需要通知库存系统，传统的做法就是订单系统调用库存系统的接口。采用这种方法存在一个缺点，当库存系统出现故障时，订单就会失败。

消息队列可以将订单系统和库存系统进行高耦合。在订单系统中，当用户下单后，订单系统完成持久化处理，将消息写入消息队列，返回用户订单下单成功。在库存系统中，订阅下单的消息，获取下单消息，进行库操作。采用消息队列方法就算库存系统出现故障，消息队列也能保证消息的可靠投递，不会导致消息丢失。

（3）流量削峰场景

场景说明，流量削峰一般在秒杀活动中应用广泛。在秒杀活动中，一般会因为流量过大，导致应用挂掉，为了解决这个问题，一般在应用前端加入消息队列。

消息队列在削峰场景中起到的作用是可以控制活动人数，超过此一定阀值的订单直接丢弃，可以缓解短时间的高流量压垮应用。

6. 3. 2   RabbitMQ 安装与配置

通过官方地址下载 RabbitMQ 软件。由于 RabbitMQ 是基于 Erlang 语言开发的，所以必须先安装 Erlang，然后再安装 RabbitMQ。以 CentOS 操作系统为例，采用源码安装 RabbitMQ。

（1）安装 Erlang

【步骤 1】下载 Erlang。使用 wget 命令从官网中下载 Erlang。在/usr/local 目录下创建 erlang 目录，将下载的 Erlang 放在该目录下，因为 Erlang 编译安装默认是装在/usr/local 目录下的 bin 和 lib 中，这里将它统一安装到/usr/local/erlang 目录中，方便查找和使用。如图 6-3-4 所示，代码如下：

```
cd /usr/local/
mkdir erlang
cd erlang
wget http://erlang.org/download/otp_src_21.3.tar.gz
```

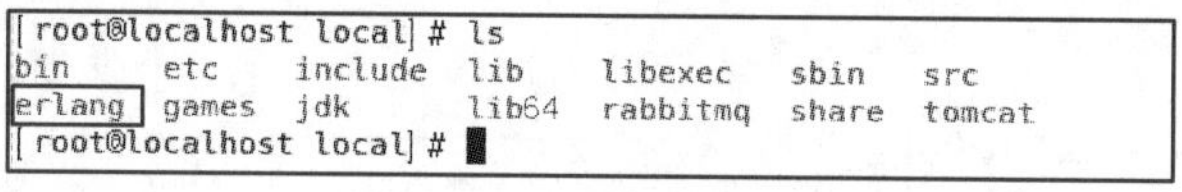

图 6-3-4   下载 erlang

☞【注意】如果 Erlang 文件不在预定的目录下，可以用 Linux 复制文件命令 cp -rp old/ new/。下载 Erlang 时间较长，需要耐心等待。

【步骤 2】解压 Erlang，使用 tar 命令进行解压，代码如下：

```
tar -zxvf otp_src_21.3.tar.gz
```

【步骤 3】安装依赖包。在编译 Eelang 之前，必须安装以下依赖包，代码如下：

```
yum install libtool
yum install libtool-ltdl-devel
yum install gcc-c++
yum install erlang-doc
yum install erlang-jinterface
```

【备注】依赖包较多，要逐一检查，除此，Erlang 的编译需要用到 Java 环境，如果没有安装 JDK，则会报错。

【步骤 4】编译与安装。进入 Erlang 解压后的目录进行编译，执行命令 ./configure 进行编译，如图 6-3-5 所示。编译成功如图 6-3-6 所示。

```
./configure --prefix=/usr/local/erlang
```

```
[root@localhost otp_src_21.3] # ls
aclocal.m4        erl-build-tool-vars.sh   make           proposed_updates.json
AUTHORS           erts                     Makefile       README.md
bin               HOWTO                    Makefile.in    scripts
bootstrap         Jenkinsfile              otp_build      system
config.log        Jenkinsfile.run-otp-tests otp_patch_apply TAR.include
config.status     Jenkinsfile.valgrind     OTP_VERSION    xcomp
configure         Jenkinsfile.windows      otp_versions.table
configure.in      lib                      plt
CONTRIBUTING.md   LICENSE.txt              prebuilt.files
[root@localhost otp_src_21.3] #
```

图 6-3-5　编译

直接执行 make 或者 make install 命令进行编译安装，这个过程需要几分钟时间。代码如下：

```
make
#或者
make install
```

【步骤 5】查看是否安装成功。进入安装路径的 bin 目录，如 Erlang 安装路径为/usr/local/erlang/otp_src_21.3，在该目录中有 cerl 文件，就说明安装成功，如图 6-3-7 所示。

```
******************** APPLICATIONS DISABLED ********************
****************************************************************

odbc            : ODBC library - link check failed

****************************************************************
******************** APPLICATIONS INFORMATION ****************

wx              : wxWidgets not found, wx will NOT be usable

****************************************************************
******************** DOCUMENTATION INFORMATION ***************
****************************************************************

documentation :
                  fop is missing.
                  Using fakefop to generate placeholder PDF files.
```

图 6-3-6　忽略错误

```
[root@localhost bin] # ll
总用量 700
-rwxr-xr-x. 1 root root  10750 7月  28 16:39 cerl
-rwxr-xr-x. 1 root root 126600 7月  28 16:39 ct_run
-rwxr-xr-x. 1 root root 124200 7月  28 16:39 dialyzer
-rwxr-xr-x. 1 root root    879 7月  28 16:39 erl
-rwxr-xr-x. 1 root root 124024 7月  28 16:39 erlc
-rwxr-xr-x. 1 root root 127544 7月  28 16:39 escript
-rw-r--r--. 1 root root   6512 7月  28 16:39 no_dot_erlang.boot
-rw-r--r--. 1 root root   7708 7月  28 16:39 no_dot_erlang.script
-rw-r--r--. 1 root root   6540 7月  28 16:39 start.boot
-rw-r--r--. 1 root root   6540 7月  28 16:39 start_clean.boot
-rw-r--r--. 1 root root   7738 7月  28 16:39 start_clean.script
-rw-r--r--. 1 root root   7526 7月  28 16:39 start_sasl.boot
-rw-r--r--. 1 root root   9025 7月  28 16:39 start_sasl.script
-rw-r--r--. 1 root root   7738 7月  28 16:39 start.script
-rw-r--r--. 1 root root 118160 7月  28 16:39 typer
drwxr-xr-x. 2 root root    267 7月  28 16:33 x86_64-unknown-linux-gnu
```

图 6-3-7　进入 bin 目录查看

【步骤 6】添加环境变量。然后将/usr/local/erlang/bin/otp_src_21.1 目录加入到环境变量中，代码如下：

```
vim /etc/profile
PATH=$PATH:/usr/local/erlang/bin
#或者
echo 'export PATH=$PATH:/usr/local/erlang/opt_src_21.1/bin' >> /etc/profile
```

刷新环境变量，代码如下：

```
source /etc/profile
```

测试安装是否成功，进入 Erlang 安装目录的 bin 目录下，直接输入 ./erl 命令，如图 6-3-8 所示，则说明 Erlang 安装成功。命令如下：

```
./bin/erl
```

```
[root@localhost bin] # echo 'export PATH=$PATH:/usr/local/erlang/otp_src_21.3/bin'>>/etc
/profile
[root@localhost bin] # source /etc/profile
[root@localhost bin] # ./erl
Erlang/OTP 21 [erts-10.3] [source] [64-bit] [smp:1:1] [ds:1:1:10] [async-threads:1] [hi
pe]

Eshell V10.3  (abort with ^G)
1> halt().
```

图 6-3-8　输入 erl 命令

【步骤 7】退出 Erlang。输入 halt( ). 命令退出（别忘记点号）。代码如下：

halt( ).

（2）安装 RabbitMQ

【步骤 1】下载 RabbitMQ。在安装 RabbitMQ 之前，需要去官网查看 RabbitMQ 版本对 Erlang 版本的支持情况，如图 6-3-9 所示。

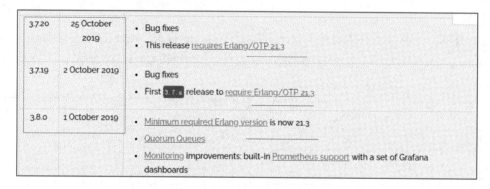

图 6-3-9　RabbitMQ 与 Erlang 版本对应

安装的 Erlang 是 21 版本，RabbitMQ 对应的版本 3. 7. 19、3. 7. 20 和 3. 8. 0。在官网上直接下载该版本的安装包，如图 6-3-10 所示。

图 6-3-10　下载 rabbitmq

【步骤 2】解压安装包。将安装包放在 "/usr/local/rabbitmq" 目录下进行解压。如果解压过程中出现错误，可能原因是压缩包是 "tar. xz" 格式造成的，需要用到 xz，没有先安装。安装 xz 代码如下：

yum install -y xz

解压用 tar -xvf 命令解压，如图 6-3-11 所示，代码如下：

```
tar -xvf rabbitmq-sever-generic-unix-3.7.19.tar.xz
```

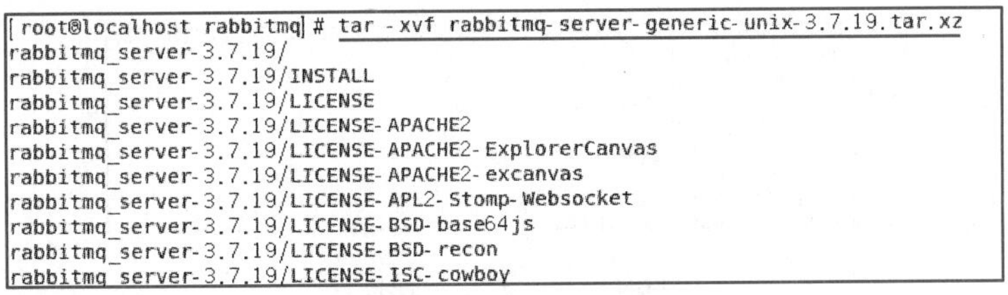

```
[root@localhost rabbitmq]# tar -xvf rabbitmq-server-generic-unix-3.7.19.tar.xz
rabbitmq_server-3.7.19/
rabbitmq_server-3.7.19/INSTALL
rabbitmq_server-3.7.19/LICENSE
rabbitmq_server-3.7.19/LICENSE-APACHE2
rabbitmq_server-3.7.19/LICENSE-APACHE2-ExplorerCanvas
rabbitmq_server-3.7.19/LICENSE-APACHE2-excanvas
rabbitmq_server-3.7.19/LICENSE-APL2-Stomp-Websocket
rabbitmq_server-3.7.19/LICENSE-BSD-base64js
rabbitmq_server-3.7.19/LICENSE-BSD-recon
rabbitmq_server-3.7.19/LICENSE-ISC-cowboy
```

图 6-3-11　解压 RabbitMQ

为了便于记忆，将名字重新命名为 rabbitmq3.7.19，如图 6-3-12 所示。

```
mv /usr/local/rabbitmq/rabbitmq_server-3.7.19   rabbitmq3.7.19
```

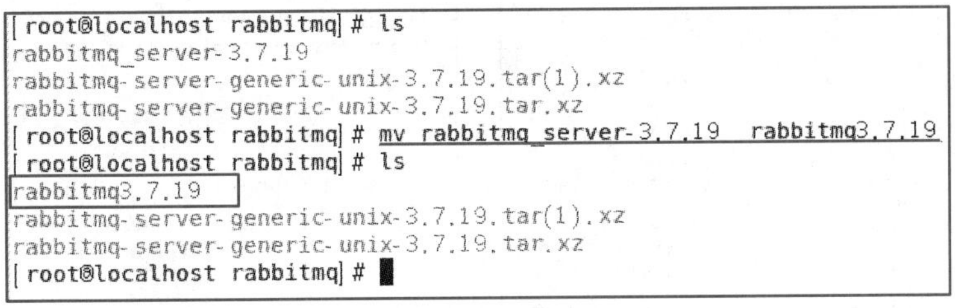

```
[root@localhost rabbitmq]# ls
rabbitmq_server-3.7.19
rabbitmq-server-generic-unix-3.7.19.tar(1).xz
rabbitmq-server-generic-unix-3.7.19.tar.xz
[root@localhost rabbitmq]# mv rabbitmq_server-3.7.19   rabbitmq3.7.19
[root@localhost rabbitmq]# ls
rabbitmq3.7.19
rabbitmq-server-generic-unix-3.7.19.tar(1).xz
rabbitmq-server-generic-unix-3.7.19.tar.xz
[root@localhost rabbitmq]#
```

图 6-3-12　重命名

【步骤 3】配置环境变量。将 RabbitMQ 安装后所在的"sbin"目录，写入环境变量，代码如下：

```
echo 'export PATH=$PATH:/usr/local/RabbitMQ/rabbitmq-3.7.19/sbin' >> /etc/profile
```

刷新环境变量，代码如下：

```
source /etc/profile
```

【步骤 4】创建配置目录，代码如下：

```
mkdir /etc/rabbitmq
```

【步骤 5】测试 RabbitMQ 是否安装成功，在 root 权限下，命令如下：

```
#开启 rabbitmq 服务
rabbitmq-server -detached
#查看服务状态
rabbitmqctl status
#开启 rabbitmq
rabbitmqctl start_app
```

【步骤6】开启管理插件，命令为 rabbitmq-plugins enable rabbitmq_management，如图 6-3-13 所示。

```
[root@localhost sbin] # rabbitmq-plugins enable rabbitmq_management
Enabling plugins on node rabbit@localhost:
rabbitmq_management
The following plugins have been configured:
  rabbitmq_management
  rabbitmq_management_agent
  rabbitmq_web_dispatch
Applying plugin configuration to rabbit@localhost...
Plugin configuration unchanged.
```

图 6-3-13　开启管理插件

运行 rabbitmq-plugins list 命令查看插件集合，如图 6-3-14 所示。

通过 IP:15672 访问可视化界面，如果 IP 为 192.168.1.4，访问可视化界面，如图 6-3-15 所示，至此 RabbitMQ 安装成功。

```
[root@localhost sbin] # rabbitmq-plugins list
Listing plugins with pattern ".*" ...
Configured: E = explicitly enabled; e = implicitly enable
| Status: * = running on rabbit@localhost
|/
| | rabbitmq_amqp1_0                       3.7.19
| | rabbitmq_auth_backend_cache            3.7.19
| | rabbitmq_auth_backend_http             3.7.19
| | rabbitmq_auth_backend_ldap             3.7.19
| | rabbitmq_auth_mechanism_ssl            3.7.19
| | rabbitmq_consistent_hash_exchange      3.7.19
| | rabbitmq_event_exchange                3.7.19
| | rabbitmq_federation                    3.7.19
| | rabbitmq_federation_management         3.7.19
| | rabbitmq_jms_topic_exchange            3.7.19
```

图 6-3-14　查看插件集合　　　　　　　　　图 6-3-15　访问可视化界面

6.3.3　RabbitMQ 的基本应用

RabbitMQ 基本使用包括启动服务、创建用户、启用 Web 管理及开机启动。

1. 创建一个用户

RabbitMQ 自带了 guest/guest 的用户名和密码，也可以创建自定义用户。创建账号为 admin，密码为 admin，如图 6-3-16 所示，代码如下：

```
[root@localhost sbin] # rabbitmqctl add_user admin admin
Adding user "admin" ...
```

图 6-3-16　创建用户

将 admin 用户赋予超级管理员权限。

```
rabbitmqctl set_user_tags admin administrator
rabbitmqctl set_permissions -p "/" admin "." "." ".*"
```

2. 启用 Web 管理

启用 Web 管理，命令如下：

```
rabbitmq-plugins enable rabbitmq_management
```

如果是通过 Java 连接使用的是 5672 端口，通过浏览器访问 IP：15672 端口来登录管理平台，以浏览器访问为例，账号密码就是之前创建的 admin，如图 6-3-17 所示。单击图 6-3-17 中的 Login 按钮进入到 RabbitMQ 的管理界面，如图 6-3-18 所示。

图 6-3-17　浏览器访问

图 6-3-18　RadditMQ 管理界面

6.4　任务 2：消息发布及订阅系统开发

消息发布及
订阅系统开发

RabbitMQ 的设计理念是只要有接收消息的队列，消息就会存放到队列里，直到订阅人取走，如果没有可以接收这个消息的消息队列，默认是抛弃这个消息的。基于这样的设计理念，RabbitMQ 可以实现消息发布和订阅系统。

6.4.1　RabbitMQ Web 端的使用

通过 IP：15672 访问 RabbitMQ Web 端的管理界面，如 IP 为 182.168.1.4：15672，首先认识 RabbitMQ Web 端的各种选项卡。

1. Overview 概览选项卡

Overview 选项卡表示概览，在该选项卡的 Totals 项中展示的是统计信息，对队列中的消息进行统计，如图 6-4-1 所示。在 Node 项显示的是 RabbitMQ 的服务节点，目前有一个节点，这里可以有多个服务节点，如图 6-4-2 所示。

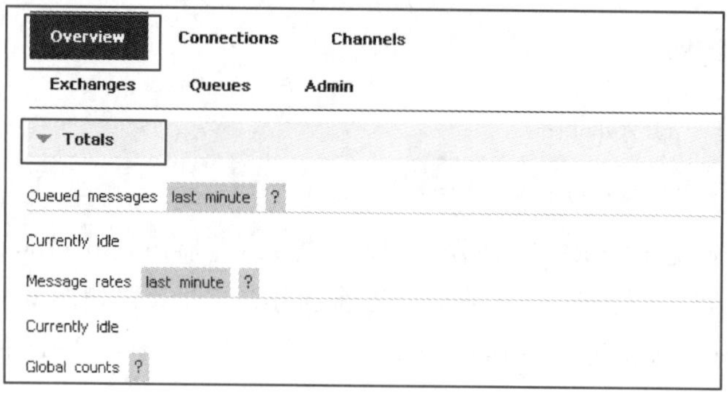

图 6-4-1   Tatals 消息统计

图 6-4-2   Nodes 节点信息

Ports and contexts 展示的是端口信息，如图 6-4-3 所示。这里一共有 3 个端口，其中 5672 是 amqp 协议的端口，15672 是 RabbitMQ 的管理工具端口，25672 是做集群的端口。如果 Java 程序要与 RabbitMQ 进行交互，需要 5672 端口交互，因为 Java 客户端需要与 RabbitMQ 服务进行数据交互，必须要遵循 amqp 协议，所以要走 5672 端口。15672 是 RabbitMQ 的管理工具的端口，与服务无关，仅仅是管理工具运行的端口。

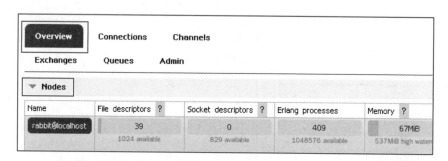

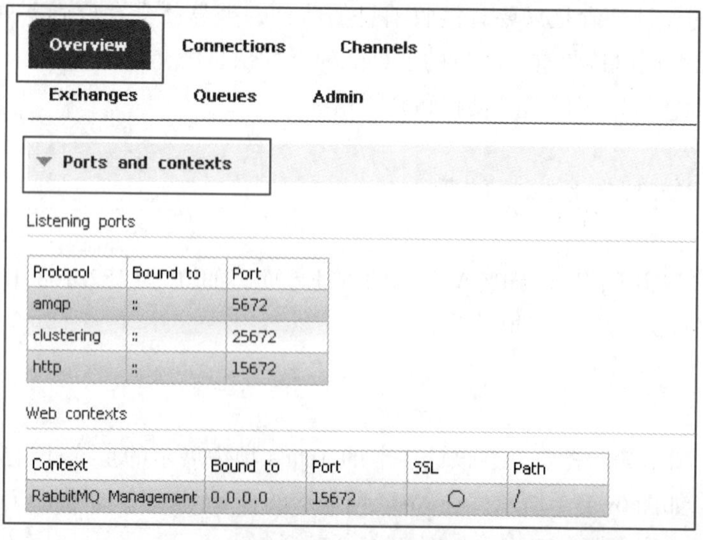

图 6-4-3   端口信息

2. Connections 连接选项卡

在 Connections 连接选项卡中可以看到客户端连接 RabbitMQ 服务的信息，目前尚未有客户端连接，所以上面看不到连接信息，如图 6-4-4 所示。

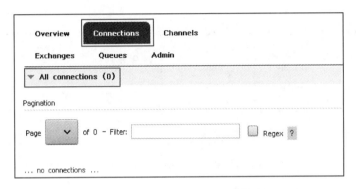

图 6-4-4　Connetions 客户端信息

3. Channels 通道选项卡

Channels 通道选项卡，如图 6-4-5 所示。

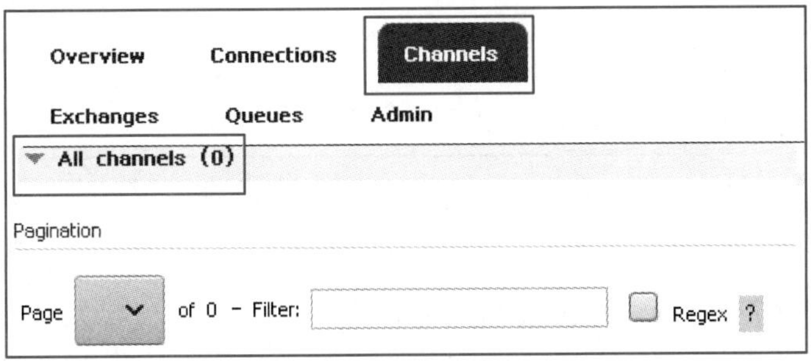

图 6-4-5　Channels 通道选项卡

4. Exchanges 通道选项卡

Exchanges 通道选项卡，如图 6-4-6 所示。

5. Queues 队列选项卡

Queues 队列选项卡，如图 6-4-7 所示，可以单击"Add a new queue"按钮手动添加新的队列。

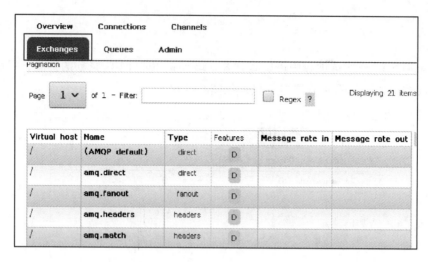

图 6-4-6 Exchanges 通道选项卡

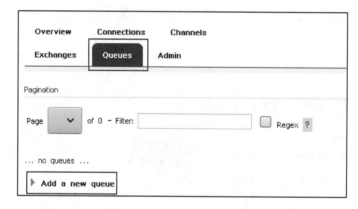

图 6-4-7 Queues 队列选项卡

6. 4. 2 RabbitMQ 用户及 Virtual Hosts 配置

RabbitMQ 中用户有超级管理员（Admin）、监控者（Monitoring）、策略制定者（Policymaker）、普通管理者（Management）及其他角色。

1. 用户

超级管理员（Admin）可登录管理控制台，可查看所有的信息，并且可以对用户、策略进行操作。

监控者（Monitoring），可登录管理控制台，同时可以查看 RabbitMQ 节点的相关信息（进程数、内存使用情况、磁盘使用情况等）。

策略制定者（Policymaker），可登录管理控制台，同时可以对策略进行管理，但无法查看节点的相关信息。

普通管理者（Management），仅可登录管理控制台，无法看到节点信息，也无法对策略进行管理。

其他角色，无法登录管理控制台，通常就是普通的生产者和消费者。

2. 增加用户

以超级管理员用户登录 RabbitMQ 管理平台，可以添加用户。选择 Admin 选项卡，选择 All users→Add a user，在界面中填写用户名和密码，设置用户权限，最后单击 Add user 按钮，用户就添加成功了，如图 6-4-8 所示。

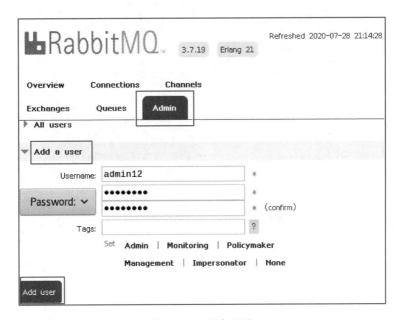

图 6-4-8　添加用户

3. 用户管理

以超级管理员用户登录 RabbitMQ 管理平台，可以对用户进行管理，如查看用户信息、查找用户、设置用户信息等，如图 6-4-9 所示。

4. Virtual Hosts 配置

RabbitMQ 能像 MySQL 拥有可以指定用户对库和表等操作的权限管理。在 RabbitMQ 中有虚拟消息服务器 Virtual Host，每个 Virtual Hosts 相当于一个相对独立的 RabbitMQ 服务器，每个 Virtual Host 之间是相互隔离的，exchange、queue、message 不能互通。创建 Virtual Hosts 步骤如下：

【步骤 1】选择 Vritual Hosts。选择 Admin→Vritual Hosts，如图 6-4-10 所示。

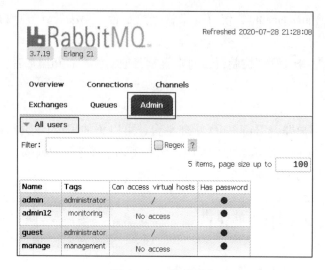

图 6-4-9   管理用户

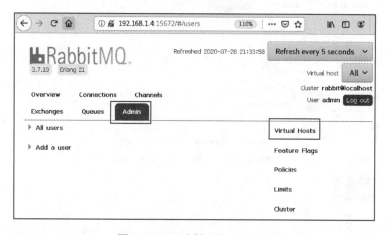

图 6-4-10   选择 Vritual Hosts

【步骤 2】设置 Virtual Hosts 的名字。单击 Add a new virtual host 按钮，设置虚拟消息服务器的名字，一般以/开头，然后单击 Add virtual host 按钮，如图 6-4-11 所示。

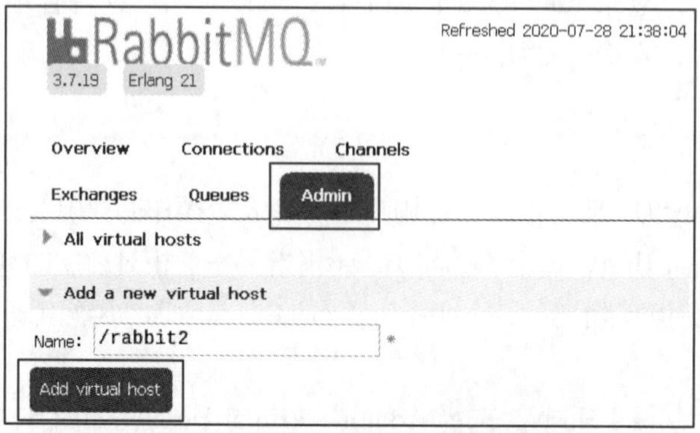

图 6-4-11   设置 Virtual Hosts 的名字

【步骤 3】设置 Virtual Hosts 权限。选择 Admin→Virtual Hosts→All virtual hosts，查看所有的创建好的 Virtual Hosts 的列表，如图 6-4-12 所示。

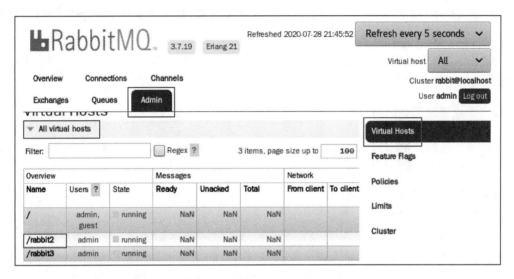

图 6-4-12　Virtual Hosts 的列表

选择要设置权限的 Virtual Hosts 的名称，如图 6-4-12 中的 rabbit2，弹出 Virtual Hosts 的权限设置页面，选择指定账号，如图 6-4-13 所示。

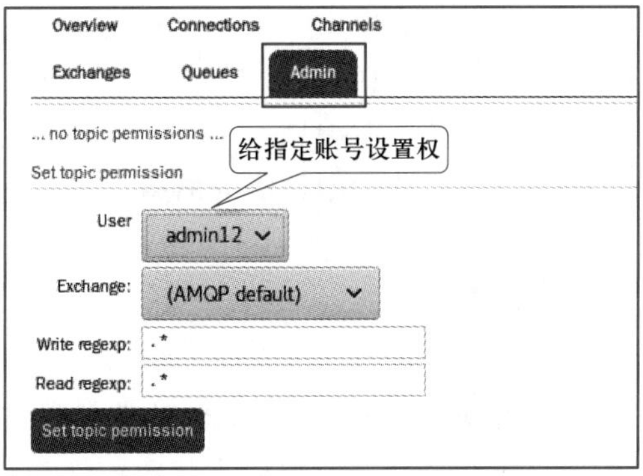

图 6-4-13　设置指定账号权限

图 6-4-13 中参数说明：User 表示用户名；Exchange 表示交互；Write regexp 表示一个正则表达式，用户对符合该正则表达式的所有资源拥有写操作的权限；Read regexp 表示一个正则表达式，用户对符合该正则表达式的所有资源拥有读操作的权限。

6.4.3　RabbitMQ 的消息发布及订阅系统开发

RabbitMQ 能实现消息发布和订阅，需要 Exchange、消息的发布者、消费者、消息队列等。具体实现思路为消息的生产者发出消息，然后经过 Exchange 转换，消息队列（Queue）需要绑定 Exchange，Exchange 把消息发送到各个消息队列中，然后，各个消费者从消息队列中取到发布者发布的消息。简单来说发布/订阅模式即生产者将消息发送给多个消费者。

在消息队列的一发一收中，RabbitMQ 是如何发送消息和接收消息？RabbitMQ 收发的过程分为发消息过程和收消息过程。

1. 生成者发消息的过程

① 首先连接到 RabbitMQ Borker，建立一个连接（Connection），开启一个信道（Channel）。

② 声明交换机（Exchange）。

③ 声明队列（Queue）。

④ 通过路由键（Binding Key）将交换机与路由器绑定。

⑤ 发送消息（消息包含路由键（Routing Key）和交换机等内容）到 RabbitMQ Borke。

⑥ 交换机根据接收到路由键去匹配到相应的队列中，如果找到则放入到对应的队列中，找不到则退回（这里是根据配置信息来的）。

⑦ 关闭。

2. 消费者收消息的过程

① 连接到 RabbitMQ Borker，建立一个连接，开启一个信道。

② 请求接收 RabbitMQ Borker 中队列的消息。

③ 等待 RabbitMQ Borker 回应返回队列中相应的消息。

④ 消费者接收到消息，返回确认（ack）。

⑤ RabbitMQ 移除队列中对应的消息。

⑥ 关闭。

【实例 6-4-1】采用 Java 开发语言实现 RabbitMQ 的消息发布与订阅。采用 Java 语言作为开发语言，分别编写发布者类代码和消息接收类代码。

3. 准备 Java 开发工具软件

Eclipse 是著名的跨平台的自由集成开发环境（IDE），主要用来 Java 语言开发。下面以 CentOS 系统为例，安装 Eclipse 软件。

【步骤 1】下载 Eclipse 软件。使用 eget 命令到官网下载与操作系统匹配的 Eclipse 软件，如操作系统是 64 位，则需要下载 64 位的 Eclipse。

【步骤 2】解压 Eclipse 软件，使用 tar 命令解压。

【步骤 3】启动 Eclipse 软件，运行命令 ./eclipse-inst，就可以直接启动了，如图 6-4-14 所示。

```
[root@localhost eclipse] # ./eclipse-inst
SWT SessionManagerDBus: Failed to connect to org.gnome.SessionManager: 连接已关闭
SWT SessionManagerDBus: Failed to connect to org.xfce.SessionManager: 连接已关闭
SWT WebkitGDBus.java: Lost GDBus name. This should never occur
SWT call to Webkit timed out after 10000ms. No return value will be provided.
Possible reasons:
1) Problem: Your javascript needs more than 10000ms to execute.
   Solution: Don't run such javascript, it blocks Eclipse's UI. SWT currently allows su
ch code to complete, but this error is thrown
      and the return value of execute()/evalute() will be false/null.

2) However, if you believe that your application should execute as expected (in under10
000 ms),
```

图 6-4-14　启动 Eclipse

4. 编写发布者类

用 Java 语言编写 Emitlog 类文件，命名为 Emitlog.java 文件，代码如下：

```java
import com.rabbitmq.client.Channel;
import com.rabbitmq.client.Connection;
import com.rabbitmq.client.ConnectionFactory;
//用 rabbitMQ 实现发布订阅
public class Emitlog {
private static final String EXCHANGE_NAME = "logs";
public static void main(String args[]) throws Exception {
        ConnectionFactory connectionFactory = newConnectionFactory();
        connectionFactory.setHost("localhost");
        Connection connection = connectionFactory.newConnection();
        Channel channel = connection.createChannel();
        channel.exchangeDeclare(EXCHANGE_NAME, "fanout");
        String msg = "发布最新消息 XXXXXXXXX";
        channel.basicPublish(EXCHANGE_NAME, "", null, msg.getBytes());
        System.out.println("[send] msg: " + msg);
        channel.close();
        connection.close();
    }
}
```

5. 编写消息接收类

用 Java 语言编写 ReceiveLogs 类文件，命名为 ReceiveLogs.java 文件，代码如下：

```java
import com.rabbitmq.client.*;
import java.io.IOException;
// RabbitMQ 实现发布订阅的功能订阅类
public class ReceiveLogs {
```

```
    private static final String EXCHANGE_NAME = "logs";
    public static void main(String[] args) throws Exception{
        ConnectionFactory factory = new ConnectionFactory();
        factory.setHost("localhost");
        Connection connection = factory.newConnection();
        Channel channel = connection.createChannel();
        channel.exchangeDeclare(EXCHANGE_NAME,"fanout");
        String queueName = channel.queueDeclare().getQueue();
        channel.queueBind(queueName,EXCHANGE_NAME,"");
        System.out.print("[*] waiting for message");
        DefaultConsumer consume = new DefaultConsumer(channel){
            @Override
            public void handleDelivery(String consumerTag, Envelope envelope, AMQP.BasicProperties
properties, byte[] body) throws IOException {
                String message = new String(body,"UTF-8");
                System.out.println("[x] receive message :" + message);
            }
        };
        channel.basicConsume(queueName,true,consume);
    }
}
```

6. 运行发布者和接收消息类

分别运行发布者类 ReceiveLogs 和接收消息类 Emitlog。
Emitlog 类运行结果为：

```
[send] msg:"发布最新消息 XXXXXXXXX";
Process finished with exit code 0
```

ReceiveLogs 类运行结果：

```
[*] waiting for message[x] receive message :发布最新消息 XXXXXXXXX
```

【实例 6-4-2】RabbitMQ/Java（发布/订阅模式），关于日志系统的完整例子，实例中
RabbitMQ 服务器的 IP 地址为 172.168.1.4。

【步骤 1】生成者发送端代码。

生成者发送端代码采用 Java 语言，编写 EmitLog.java，代码如下：

```
package sublog;
import java.io.IOException;
import com.rabbitmq.client.Channel;
```

```java
import com.rabbitmq.client.Connection;
import com.rabbitmq.client.ConnectionFactory;
public class EmitLog {
    private final static String EXCHANGE_NAME = "logs";
    public static void main(String[] args) throws IOException {
        //创建连接连接到MabbitMQ
        ConnectionFactory factory = new ConnectionFactory();
        //设置MabbitMQ所在主机ip或者主机名
        factory.setHost("115.159.181.204");
        factory.setPort(5672);
        factory.setUsername("admin");
        factory.setPassword("admin");
        //创建一个连接
        Connection connection = factory.newConnection();
        //创建一个频道
        Channel channel = connection.createChannel();
        //指定转发——广播
        ((com.rabbitmq.client.Channel) channel).exchangeDeclare(EXCHANGE_NAME, "fanout");
        for(int i=0;i<3;i++){
            //发送的消息
            String message = "Hello World!";
            ((com.rabbitmq.client.Channel) channel).basicPublish(EXCHANGE_NAME, "", null,
message.getBytes());
            System.out.println(" [x] Sent '" + message + "'");
        }
        //关闭频道和连接
        channel.close();
        connection.close();
    }
}
```

【步骤2】消费者1代码。

消费者1代码采用Java语言，编写ReceiveLogs2Console.java，代码如下：

```java
package sublog;
import java.io.IOException;
import com.rabbitmq.client.AMQP;
import com.rabbitmq.client.AMQP.Connection;
import com.rabbitmq.client.Channel;
```

```
import com. rabbitmq. client. ConnectionFactory;
import com. rabbitmq. client. Consumer;
import com. rabbitmq. client. DefaultConsumer;
import com. rabbitmq. client. Envelope;
public class ReceiveLogs2Console {
    private static final String EXCHANGE_NAME = "logs";
    public static void main(String[] argv) throws IOException, InterruptedException {
        ConnectionFactory factory = new ConnectionFactory();
        //设置主机 IP,登录用户名和端口
        factory. setHost("172. 168. 1. 4");
        factory. setPort(5672);
        factory. setUsername("admin");
        factory. setPassword("admin");
        //打开连接和创建频道,与发送端相同
        com. rabbitmq. client. Connection connection =factory. newConnection();
        final Channel channel =    connection. createChannel();
        channel. exchangeDeclare(EXCHANGE_NAME, "fanout");
        //声明一个随机队列
        String queueName =channel. queueDeclare(). getQueue();
        channel. queueBind(queueName, EXCHANGE_NAME, "");
        System. out. println(" [ * ] Waiting for messages. To exit press CTRL+C");
        //创建队列消费者
        final Consumer consumer = new DefaultConsumer(channel) {
            @ Override
            public void handleDelivery(String consumerTag, Envelope envelope, AMQP. BasicProperties
properties, byte[] body) throws IOException {
                String message = new String(body, "UTF-8");
                System. out. println(" [x] Received '" + message + "'");
            }
        };
        channel. basicConsume(queueName, true, consumer);
    }
}
```

【步骤3】消费者 2 代码。

消费者 2 采用 Java 语言,消费者 2 ReceiveLogs2File. java 代码如下:

```
package sublog;
import java. io. File;
```

```java
import java.io.FileNotFoundException;
import java.io.FileOutputStream;
import java.io.IOException;
import java.text.SimpleDateFormat;
import java.util.Date;
import com.rabbitmq.client.AMQP;
import com.rabbitmq.client.AMQP.Connection;
import com.rabbitmq.client.Channel;
import com.rabbitmq.client.ConnectionFactory;
import com.rabbitmq.client.Consumer;
import com.rabbitmq.client.DefaultConsumer;
import com.rabbitmq.client.Envelope;


public class ReceiveLogs2File {
    private static final String EXCHANGE_NAME = "logs";
    public static void main(String[] argv) throws IOException, InterruptedException {
        ConnectionFactory factory = new ConnectionFactory();
        //设置主机 IP,登录用户名和端口
        factory.setHost("192.168.1.4");
        factory.setPort(5672);
        factory.setUsername("admin");
        factory.setPassword("admin");
        //打开连接和创建频道,与发送端相同
        com.rabbitmq.client.Connection connection = factory.newConnection();
        final Channel channel = connection.createChannel();
        channel.exchangeDeclare(EXCHANGE_NAME, "fanout");
        //声明一个随机队列
        String queueName = channel.queueDeclare().getQueue();
        channel.queueBind(queueName, EXCHANGE_NAME, "");
        System.out.println(" [ * ] Waiting for messages. To exit press CTRL+C");
        //创建队列消费者
        final Consumer consumer = new DefaultConsumer(channel) {
            @Override
            public void handleDelivery(String consumerTag, Envelope envelope, AMQP.BasicProperties properties, byte[] body) throws IOException {
                String message = new String(body, "UTF-8");
                print2File(message);
```

```
                //System. out. println(" [x] Received '" + message + "'");
            }
        };
        channel. basicConsume( queueName, true, consumer);
    }

    private static void print2File( String msg) {
        try {
String dir = ReceiveLogs2File. class. getClassLoader( ). getResource( " " ). getPath( );
String logFileName = new SimpleDateFormat( "yyyy-MM-dd" ). format( new Date( ));
        File file = new File( dir, logFileName + ". log" );
        FileOutputStream fos = new FileOutputStream( file, true);
        fos. write( ( new SimpleDateFormat( "HH:mm:ss" ). format( new Date( ))+" - " +msg +
"\r\n" ). getBytes( ));
        fos. flush( );
        fos. close( );
    } catch ( FileNotFoundException e) {
        e. printStackTrace( );
    } catch ( IOException e) {
        e. printStackTrace( );
    }
    }
}
```

实例中用一个生产者用于发送 Log 消息，设置了两个消费者，一个用于打印接收到的消息，另一个除了打印接收到的消息还将其写入有日志信息的文件。

生产者声明了一个广播模式的转换器，订阅这个转换器的消费者都可以收到每一条消息。可以看到在生产者中，没有声明队列，生产者其实只关心 Exchange，至于 Exchange 会把消息转发给哪些队列，并不是生产者关心的。

存在两个消费者：一个为打印日志，另一个为写入文件。声明一下广播模式的转换器，而队列则是随机生成的，消费者实例启动后，会创建一个随机实例，这个在管理页面可以看到，如图 6-4-15 所示。而在实例关闭后，随机队列也会自动删除。最后将队列与转发器绑定。

运行的时候要先运行两个消费者实例，然后再运行生产者实例。否则获取不到实例，如图 6-4-16 所示。

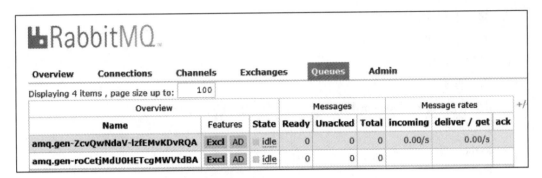

图 6-4-15　创建随机实例

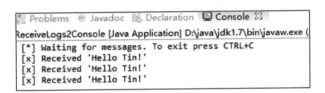

图 6-4-16　运行消费者

本章小结

　　本章主要讲解了中间件技术、JDK 与 Tomcat 引用服务器、RabbitMQ 安装与配置、消息发布与订阅系统开发。通过本章的学习，读者应理解中间件的基本概念、中间件的分类、了解常见中间件的开源产品，能在 Linux 系统下安装与配置 JDK、Tomcat，能在 Linux 系统下安装与配置 RabbitMQ，能使用 RabbitMQ，能实现 RabbitMQ 的消息发布与订阅系统的开发等知识与技能。

本章习题

一、单项选择题

1. 下列关于中间件的描述正确的是（　　）。

A. 中间件是应用型软件

B. 中间件是操作系统中的一种

C. 中间件处于操作系统和应用程序之间的软件

D. 中间件是虚拟化底层的软件

2. RabbitMQ 中间件属于（　　）类中间件。

A. 交易中间件

B. 消息中间件

C. 对象中间件

D. 应用服务器

3. JDK（Java Development Kit）是（　　）语言的软件开发工具包。

A. PHP

B. Python

C. C++

D. Java

二、多项选择题

1. 中间件的基本功能（　　）。

A. 通信支持

B. 应用支持

C. 公共服务

D. 数据存储

2. 中间件的分类有哪些（　　）。

A. 消息中间件

B. 交易中间件

C. 对象中间件

D. 应用服务器

第7章 NoSQL数据库

【学习目标】

知识目标

- 了解 NoSQL 数据库优点。
- 了解 NoSQL 数据库的类型。
- 理解 Memcached 数据库的特点。
- 掌握 Memcached 数据库的安装与配置。
- 掌握 Memcached 数据库的基本操作。
- 理解 Redis 数据库的特点。
- 掌握 Redis 数据库的安装与配置。
- 掌握 Redis 数据库的基本操作。

技能目标

- Memcached 数据库的安装与配置。
- Memcached 数据库的基本操作。
- Redis 数据库的安装与配置。
- Redis 数据库的基本操作。

【认证考点】

- 掌握 Memcached 安装、状态查看、查询数据等操作。
- 能掌握 Redis 安装、连接、查询数据、状态监测等操作。

📖 项目引导：NoSQL 数据库的部署与操作

【项目描述】

随着大数据时代的到来，应用系统中的数据库拥有的信息越来越多，随着时间的推移，数据库就会越来越慢，即使是为支持许多并发请求而精心设计的数据库管理系统也将最终达到极限。通常的解决方案是采用 NoSQL 中的缓存数据库来处理这些性能问题，缓存数据库将数据库查询的结果保存在更快、更容易访问的位置，一般情况下，直接将数据存储在内存中。由于内存的读写速度远快于硬盘，这样就直接减少了查询响应时间，降低了数据库负载从而降低了数据库的成本。

📑 知识储备

7.1　NoSQL 数据库概述

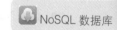

现代计算系统每天在网络上都会产生庞大的数据量。这些数据有很大一部分是由关系型数据库管理系统来处理，其严谨成熟的数学理论基础使得数据建模和应用程序编程更加简单。但随着信息化的浪潮和互联网的兴起，传统的关系数据库系统在一些业务上开始出现问题。首先，对数据库存储的容量要求越来越高，单机无法满足需求，很多时候需要用集群来解决问题，而关系数据库系统由于要支持 join、union 等操作，一般不支持分布式集群。其次，在大数据大行其道的今天，很多的数据都频繁读和增加，不频繁修改，而关系数据库系统对所有操作一视同仁，这就带来了优化的空间。另外，互联网时代业务的不确定性导致数据库的存储模式也需要频繁变更，不自由的存储模式增大了运维的复杂性和扩展的难度。

7.1.1　NoSQL

NoSQL（Not Only SQL）指的是非关系型的数据库，是对不同于传统的关系型数据库管理系统的统称。NoSQL 主要有非关系型、分布式、开源、水平可扩展等特点，最初目的是为了满足大规模 Web 应用。

1. NoSQL 的发展

NoSQL 一词最早出现于 1998 年，是 Carlo Strozzi 开发的一个轻量、开源、不提供 SQL 功能的关系数据库。到 2009 年，发起了一次关于分布式开源数据库的讨论，这时的 NoSQL 主要指非关系型、分布式、不提供 ACID 的数据库设计模式。

2. NoSQL 的优点

易扩展。NoSQL 数据库种类繁多，但是有一个共同的特点，都是去掉了关系型数据库的关系型特性，数据之间无关系，这样就非常容易扩展，为架构方面带来可扩展的能力。

海量数据，高性能。NoSQL 数据库都具有非常高的读写性能，尤其在海量的数据下，表现尤其优秀，这个主要是源于它数据的无关系性和数据库的结构简单的特点。

灵活的数据模型。NoSQL 无须事先为要存储的数据建立字段，随时可以存储自定义的数据格式，而在关系型数据库里，增删字段是一件非常麻烦的事情。

高可用。在不太影响性能的情况下，NoSQL 可以方便地实现高可用的架构，如 Cassandra、HBase 模型，通过复制模型也能实现高可用。

3. NoSQL 的缺点

没有标准。目前 NoSQL 数据库定义还没有标准。

没有存储过程。NoSQL 数据库中大多没有存储过程。

不支持 SQL。NoSQL 大多不提供对 SQL 的支持，如果不支持 SQL 这样的工业标准，将会对用户产生一定的学习和应用迁移上的成本。

7.1.2　NoSQL 数据库分类

NoSQL 数据库的分类主要有列存储、文档存储、Key-Value 存储、图存储、对象存储和 XML 数据库等类型。

1. 列存储

列存储，顾名思义，是按列存储数据的。最大的特点是能存储结构化和半结构化数据，有利于数据进行压缩，在某一列或者某几列的查询时输入输出的优势比较明显。典型的列存储数据库有 Hbase、Cassandra 和 Hypertable。

2. 文档存储

文档存储一般采用类似 json 的格式存储，存储的内容是文档型的。这样可以实现对某些字段建立索引，实现关系数据库的某些功能。典型的文档存储的数据库有 MongoDB、CouchDB。

3. Key-Value 存储

Key-Value 存储这一类数据库主要会使用到哈希表，在这个表中有一个特定的键和一个指针指向特定的数据。Key-Value 模型对于 IT 系统来说，优势在于简单、易部署。典型的 Key-Value 数据库有 Memcached、Redis 等。

4. 图存储

图形结构的数据库同其他行列以及刚性结构的 SQL 数据库不同，它是使用灵活的图形模型，并且能够扩展到多个服务器上。典型图存储数据库有 Neo4J、InfoGrid、Infinite-Graph 等。

5. 对象存储

对象存储数据库是通过类似面向对象语言的语法操作数据库，通过对象的方式存取数据。典型的数据库有 Db4o、Versant 等。

6. XML 数据库

XML 数据库存储 XML 数据，并支持 XML 的内部查询语法。典型的数据库有 Xquery、Xpath 等。

📖 项目实施

应用系统中的数据库随着时间推移，存储的信息越来越大，在对数据库进行读写时，就变得越来越慢，数据库的性能受到严重的挑战。通常的解决方案是采用 NoSQL 中的缓存数据库（如 Redis、Memcached 等）将数据库查询的结果保存到内存中，通过内存来直接读写数据，这样就可以减少数据读写的响应时间，降低数据库的负载，提高了数据库读写的性能。

需要完成的任务：
- Memcached 分布式缓存数据库部署与操作。
- Redis 数据库的部署与操作。

7.2　任务 1：Memcached 分布式缓存数据库部署与操作

 Memcached 分布式缓存数据库部署与操作

Memcached 是一个自由开源的、高性能、分布式内存对象缓存系统。它是 Danga Interactive 公司开发的一款软件。Memcached 是一种基于内存的 Key-Value 存储结构，用来存储小块的任意数据（字符串、对象）。这些数据可以是数据库调用、API 调用或者是页面渲染的结果。

Memcached 是一个高性能的分布式内存对象缓存系统，用于动态 Web 应用以减轻数据库负载。它通过在内存中缓存数据和对象来减少读取数据库的次数，从而提高动态、数据库驱动网站的速度。Memcached 基于一个存储键/值对的 Hashmap。其守护进程（daemon）是采用 C 语言编写的，但是客户端可以用任何语言来编写，并通过 Memcached 协议与守护进程通信。

7.2.1 Memcached 简介

Memcached 简洁而强大。它的简洁设计便于快速开发，减轻开发难度，解决了大数据量缓存的很多问题。它的 API 兼容大部分流行的开发语言。本质上，它是一个简洁的 Key-Value 存储系统。

1. 作用

Memcached 的作用是，通过缓存数据库查询结果，减少数据库访问次数，以提高动态 Web 应用的速度和可扩展性。

2. 特征

Memcached 作为高速运行的分布式缓存服务器，其特点主要有协议简单、基于 Libevent 的事件处理、内置内存存储方式、Memcached 不互相通信的分布式等。

① 协议简单：Memcached 的服务器客户端通信并不使用复杂的 MXL 等格式，而是使用简单的基于文本的协议。

② 基于 Libevent 的事件处理：Libevent 是个程序库，它将 Linux 的 epoll、BSD 类操作系统的 kqueue 等时间处理功能封装成统一的接口。Memcached 使用这个 Libevent 库，因此能在 Linux、BSD、Solaris 等操作系统上发挥其高性能。

③ 内置内存存储方式：为了提高性能，Memcached 中保存的数据都存储在 Memcached 内置的内存存储空间中。由于数据仅存在于内存中，因此 Memcached 重启操作系统会导致全部数据消失。另外，当内容容量达到指定的值之后，Memcached 就自动删除不适用的缓存。

④ Memcached 互不通信的分布式：Memcached 尽管是分布式缓存服务器，但服务器端并没有分布式功能。各个 Memcached 不会互相通信以共享信息。它的分布式主要是通过客户端实现的。

3. 支持的语言

Memcached 能支持的语言有 Perl、PHP、Python、Ruby、C#、C/C++、Lua 等。

4. Memcached 的内存管理

Memcached 默认情况下采用了名为 Slab Allocatoion 的机制分配，管理内存。在该机制出现以前，内存的分配是通过对所有记录简单地进行 malloc 和 free 来进行的。但是这种方式会导致内存碎片，加重操作系统内存管理器的负担。

Slab Allocator 的基本原理是按照预先规定的大小，将分配的内存分割成特定长度的块，以完全解决内存碎片问题。Slab Allocation 的原理相当简单。将分配的内存分割成各种尺寸的块（chucnk），并把尺寸相同的块分成组（chucnk 的集合）。

7.2.2　Memcached 安装与配置

Memcached 支持许多平台如 Linux、FreeBSD、Solaris、Mac OS 等，也可以安装在 Windows 上。下面讲解在 Linux 系统安装 Memcached 的方法。

（1）安装 libevent 库

在 Linux 系统安装 Memcached，首先要先安装 libevent 库，在 CentOS 系统下安装 libevent 库，如图 7-2-1 所示。代码如下：

sudo apt-get install libevent ibevent-dev	#自动下载安装(Ubuntu/Debian)
yum install libevent libevent-devel	# 自动下载安装(Redhat/Fedora/CentOS)

```
Last login: Wed Jul 22 18:59:10 2020
[root@VM-0-8-centos ~]# yum install libevent libevent-devel
Loaded plugins: fastestmirror, langpacks
Repository epel is listed more than once in the configuration
Loading mirror speeds from cached hostfile
epel                                                      | 4.7 kB  00:00:00
extras                                                    | 2.9 kB  00:00:00
os                                                        | 3.6 kB  00:00:00
updates                                                   | 2.9 kB  00:00:00
(1/7): epel/7/x86_64/group_gz                             |  95 kB  00:00:00
(2/7): extras/7/x86_64/primary_db                         | 205 kB  00:00:00
(3/7): os/7/x86_64/group_gz                               | 153 kB  00:00:00
(4/7): epel/7/x86_64/updateinfo                           | 1.0 MB  00:00:00
(5/7): updates/7/x86_64/primary_db                        | 3.0 MB  00:00:00
(6/7): epel/7/x86_64/primary_db                           | 6.9 MB  00:00:00
(7/7): os/7/x86_64/primary_db                             | 6.1 MB  00:00:00
Package libevent-2.0.21-4.el7.x86_64 already installed and latest version
Resolving Dependencies
--> Running transaction check
---> Package libevent-devel.x86_64 0:2.0.21-4.el7 will be installed
--> Finished Dependency Resolution

Dependencies Resolved

================================================================================
 Package           Arch          Version              Repository
================================================================================
Installing:
 libevent-devel    x86_64        2.0.21-4.el7         os

Transaction Summary
```

图 7-2-1　在 CentOS 系统下安装 libevent 库

（2）自动安装 Memcached

在 Ubuntu/Debian 系统中自动安装 Memcached，代码如下：

```
sudo apt-get install memcached
```

在 Redhat/Fedora/CentOS 系统中可以自动安装 Memcached 数据库，如 CentOS 系统中安装 Memcached 数据库，如图 7-2-2 所示，代码如下：

```
yum install memcached
```

```
[root@VM-0-8-centos ~]# yum install memcached
Loaded plugins: fastestmirror, langpacks
Repository epel is listed more than once in the configuration
Loading mirror speeds from cached hostfile
Resolving Dependencies
--> Running transaction check
---> Package memcached.x86_64 0:1.4.15-10.el7_3.1 will be installed
--> Finished Dependency Resolution

Dependencies Resolved

================================================================================
 Package          Arch           Version                  Repository     Size
================================================================================
Installing:
 memcached        x86_64         1.4.15-10.el7_3.1        os             85 k

Transaction Summary
================================================================================
```

图 7-2-2　在 CentOS 下安装 Memcached 数据库

（3）源码安装

从官方网站（http://memcached.org）下载 Memcached 最新版本。源码安装代码如下：

```
wget http://memcached.org/latest                        #下载最新版本
tar -zxvf memcached-1.x.x.tar.gz                        #解压源码
cd memcached-1.x.x                                      #进入目录
./configure --prefix=/usr/local/memcached              #配置
make && make test                                       #编译
sudo make install                                       #安装
```

（4）查看安装的路径

安装完后可以使用 whereis 查看命令的路径，如图 7-2-3 所示。

```
[root@VM-0-8-centos ~]# whereis memcached
memcached: /usr/bin/memcached /usr/share/man/man1/memcached.1.gz
[root@VM-0-8-centos ~]#
```

图 7-2-3　查看 Memcached 安装路径

在图 7-2-3 中 Memcached 的安装路径为 memcached：/usr/bin/memcached /usr/share/man/man1/。

（5）Memcached 运行

Memcached 运行，命令格式为 "安装路径 memecached −h"，如图 7-2-4 所示。代码如下：

```
[root@VM-0-8-centos ~]# /usr/bin/memcached /usr/share/man/man1/memcached -h
memcached 1.4.15
-p <num>        TCP port number to listen on (default: 11211)
-U <num>        UDP port number to listen on (default: 11211, 0 is off)
-s <file>       UNIX socket path to listen on (disables network support)
-a <mask>       access mask for UNIX socket, in octal (default: 0700)
-l <addr>       interface to listen on (default: INADDR_ANY, all addresses)
                <addr> may be specified as host:port. If you don't specify
                a port number, the value you specified with -p or -U is
                used. You may specify multiple addresses separated by comma
                or by using -l multiple times
-d              run as a daemon
```

图 7-2-4　Memcached 运行命令

启动选项如下：

−d 是启动一个守护进程；

−m 是分配给 Memcache 使用的内存数量，单位是 MB；

−u 是运行 Memcache 的用户；

−l 是监听的服务器 IP 地址，可以有多个地址；

−p 是设置 Memcache 监听的端口，最好是 1024 以上的端口；

−c 是最大运行的并发连接数，默认是 1024；

−P 是设置保存 Memcache 的 pid 文件。

7.2.3　Memcached 数据库操作

1. Memcached 的基本操作

（1）Memcached 的启动

① 作为前台启动 Memcached。

在 Memcashed 安装目录下输入 "安装路径/ memcached −m 64 −p 11211 −u nobody −vv" 命令启动 Memcached，如图 7-2-5 所示，代码如下：

代码中−m 64 表示内存 64 MB，T 监听 TCP 端口为 11211，−vv 表示标准输出。

② 作为后台服务程序运行。

如果想让 Memcache 在后台运行，只需要增加−d 选项即可，代码如下：

安装路径/ memcached −m 64 −p 11211 −u nobody −d

（2）Memcached 连接

① 安装 xinetd 服务。

Telnet 服务要依靠 xinetd 服务启动，所以要先安装 xinetd 服务，再安装 telnet-server。

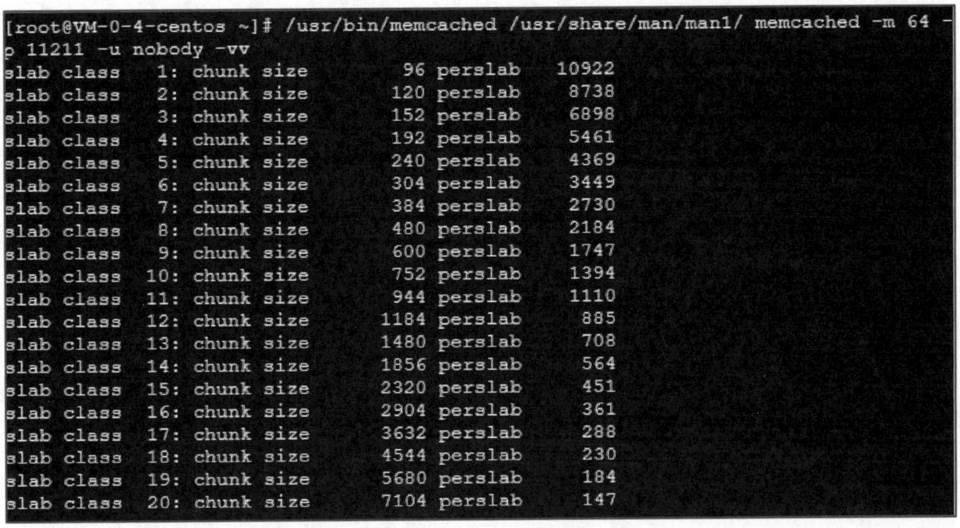

```
[root@VM-0-4-centos ~]# /usr/bin/memcached /usr/share/man/man1/ memcached -m 64 -
p 11211 -u nobody -vv
slab class  1: chunk size       96 perslab   10922
slab class  2: chunk size      120 perslab    8738
slab class  3: chunk size      152 perslab    6898
slab class  4: chunk size      192 perslab    5461
slab class  5: chunk size      240 perslab    4369
slab class  6: chunk size      304 perslab    3449
slab class  7: chunk size      384 perslab    2730
slab class  8: chunk size      480 perslab    2184
slab class  9: chunk size      600 perslab    1747
slab class 10: chunk size      752 perslab    1394
slab class 11: chunk size      944 perslab    1110
slab class 12: chunk size     1184 perslab     885
slab class 13: chunk size     1480 perslab     708
slab class 14: chunk size     1856 perslab     564
slab class 15: chunk size     2320 perslab     451
slab class 16: chunk size     2904 perslab     361
slab class 17: chunk size     3632 perslab     288
slab class 18: chunk size     4544 perslab     230
slab class 19: chunk size     5680 perslab     184
slab class 20: chunk size     7104 perslab     147
```

图 7-2-5　Memcached 的启动

检测 xinetd 是否安装，代码如下：

```
rpm -qa xinetd
```

安装 xinetd 服务。如果 xinetd 未安装，则需要安装 xinetd，如图 7-2-6 所示。代码如下：

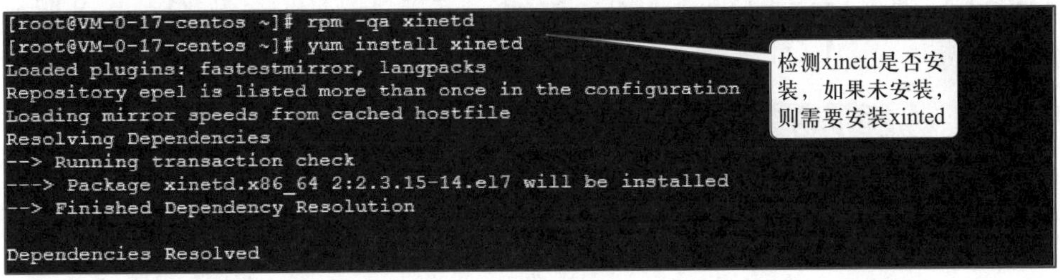

```
[root@VM-0-17-centos ~]# rpm -qa xinetd
[root@VM-0-17-centos ~]# yum install xinetd
Loaded plugins: fastestmirror, langpacks
Repository epel is listed more than once in the configuration
Loading mirror speeds from cached hostfile
Resolving Dependencies
--> Running transaction check
---> Package xinetd.x86_64 2:2.3.15-14.el7 will be installed
--> Finished Dependency Resolution

Dependencies Resolved
```

> 检测 xinetd 是否安装，如果未安装，则需要安装 xinted

图 7-2-6　安装 xinetd

② 安装 Telnet 服务。

Telnet 分为 telnet-client 和 telnet-server。telnet-client 系统一般默认已经安装。telnet-server 需要单独安装。注意安装 Telnet 服务需要在 root 下安装，命令如下：

```
yum list telnet *              #列出 telnet 相关的安装包
yum install telnet-server      #安装 telnet 服务
yum install telnet. *          #安装 telnet 客户端
```

使用 rpm -qa telnet-server 命令，检查 telenet-server 服务是否安装成功，命令如下：

```
rpm -qa telnet-server
#或者
rpm -qa | grep telnet
```

安装好 Telnet 服务后，需要重启服务。在 CentOS 7 中，命令如下：

```
systemctl restart sshd
#或者
systemctl restart xinetd. service
```

查看服务启动状况，使用 ps –a 或者 grep xinetd 或者 grep tftp 命令。

③ telnet 命令连接 Memcached。

Memcached 连接可以通过 telnet 命令并指定主机 IP 和端口来连接 Memcached 服务。代码如下：

```
telnet HOST PORT
```

命令中的 HOST 和 PORT 为运行 Memcached 服务的 IP 和端口。

在 CentOS 中连接 Memcached，输入命令 telnet localhost 11211，如果执行命令时出现报错，如图 7-2-7 所示。

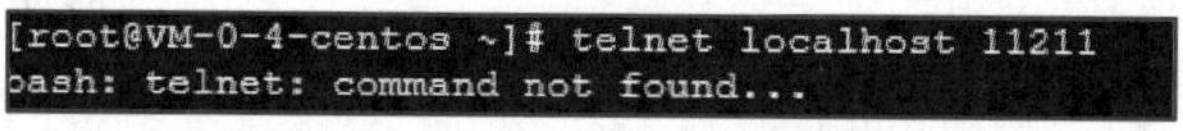

```
[root@VM-0-4-centos ~]# telnet localhost 11211
bash: telnet: command not found...
```

图 7-2-7　在 CentOS 系统 telnet 报错

报错的原因是在 CentOS 系统中没有安装 Telnet 服务，需要安装 Telnet 服务。安装好了 Telnet 服务后，使用 telnet localhost 11211 命令重新连接 Memcached，如图 7-2-8 所示。代码如下：

```
[root@VM-0-16-centos ~]# telnet localhost 11211
Trying ::1...
Connected to localhost.
Escape character is '^]'.
```

图 7-2-8　连接 Memcached

使用 stats 命令查看连接状态，如图 7-2-9 所示。

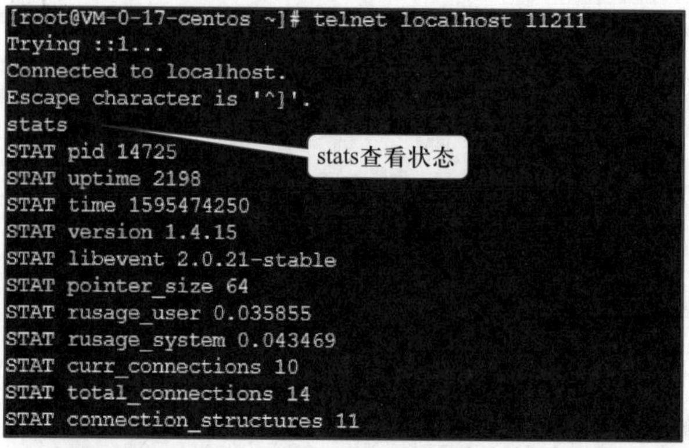

```
[root@VM-0-17-centos ~]# telnet localhost 11211
Trying ::1...
Connected to localhost.
Escape character is '^]'.
stats
STAT pid 14725
STAT uptime 2198          stats查看状态
STAT time 1595474250
STAT version 1.4.15
STAT libevent 2.0.21-stable
STAT pointer_size 64
STAT rusage_user 0.035855
STAT rusage_system 0.043469
STAT curr_connections 10
STAT total_connections 14
STAT connection_structures 11
```

图 7-2-9　stats 查看状态

④ Memcached 中简单的 set 和 get 命令。

Memcached 的简单 set 和 get 命令，用法如图 7-2-10 所示。

⑤ 退出 Telnet 连接。

使用 quit 命令退出 Telnet 连接，如图 7-2-11 所示。

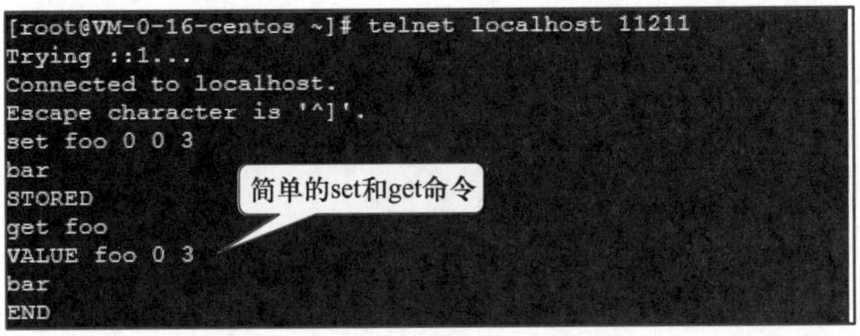

图 7-2-10 set 和 get 命令

图 7-2-11 使用 quit 命令退出
Telnet 连接

（3）Memcached 存储命令

① set 命令。

set 命令用于将 value（数据值）存储在指定的 key（键）中。如果 set 的 key 已经存在，该命令可以更新该 key 所对应的原来的数据，也就是实现更新的作用。代码如下：

```
set key flags exptime bytes［noreply］
value
```

参数说明：

key：键值 Key-Value 结构中的 key 是缓存名，用于查找缓存值。每个缓存有一个独特的名字和存储空间，key 是操作数据的唯一标识，key 可以在 250 个字节以内（不能有空格和控制字符），在新版开发计划中提到 key 可能会扩充到 65 535 个字节。

flags：flag 是"标志"的意思，包括键值对的整型参数，客户机使用它存储关于键值对的额外信息。Memcached 存储的数据形式只能是字符串，那么如果要存储 hello 和 array('hello','world')怎么办？对于字符串，直接存储 5 个字符即可，对于 array，则需要序列化。在取出数据时，字符串取回直接用，数组则需要反序列化成数组。flag 的取值范围为 $0 \sim 2^{16}-1$。

exptime：在缓存中保存键值对的时间长度（以秒为单位，0 表示永远）。

bytes：在缓存中存储的字节数。

noreply（可选）：该参数告知服务器不需要返回数据。

value：存储的值（始终位于第 2 行）（可直接理解为 Key-Value 结构中的 value）。

【实例 7-2-1】设置 key→runoob，flag→0，exptime→900（以秒为单位），bytes→9（数据存储的字节数），value→memcached。代码如下：

```
set runoob 0 900 9
memcached
STORED
get runoob
VALUE runoob 0 9
memcached
END
```

如果数据设置成功，则输出 STORED，表示保存成功后输出。如果数据设置失败，则输出 ERROR，表示在保存失败后输出。

② add 命令。

Memcached add 命令用于将 value（数据值）存储在指定的 key（键）中。如果 add 的 key 已经存在，则不会更新数据（过期的 key 会更新），之前的值将仍然保持相同，还会获得响应 NOT_STORED。代码如下：

```
add key flags exptime bytes [noreply]
value
```

【实例 7-2-2】设置 key→new_key，flag→0，exptime→900（以秒为单位），bytes→10（数据存储的字节数），value→data_value。代码如下：

```
add new_key 0 900 10
data_value
STORED
```

如果数据设置成功，则输出 STORED，表示保存成功后输出。如果数据设置失败，则输出 NOT_STORED，表示在保存失败后输出。

③ replace 命令。

Memcached replace 命令用于替换已存在的 key 的 value。如果 key 不存在，则替换失败，响应为 NOT_ STORED。代码如下：

```
replace key flags exptime bytes [noreply]
value
```

【实例 7-2-3】设置 key→mykey，flag→0，exptime→900（以秒为单位），bytes→10（数据存储的字节数），value→data_value。代码如下：

```
add mykey 0 900 10
data_value
```

```
STORED
get mykey
VALUE mykey 0 10
data_value
END
replace mykey 0 900 16
some_other_value
get mykey
VALUE mykey 0 16
some_other_value
END
```

④ append 命令。

Memcached append 命令用于向已存在 key 的 value 后面追加数据。代码如下：

```
append key flags exptime bytes [noreply]
value
```

【实例 7-2-4】在 Memcached 中存储一个键 runoob，其值为 memcached，使用 get 命令检索该值，使用 append 命令在键为 runoob 的值后面追加 redis，再使用 get 命令检索该值。代码如下：

```
set runoob 0 900 9
memcached
STORED
get runoob
VALUE runoob 0 9
memcached
END
append runoob 0 900 5
redis
STORED
get runoob
VALUE runoob 0 14
memcachedredis
END
```

如果数据添加成功，则输出 STORED 表示保存成功后输出，如果输出为 NOT_STORED 表示该键在 Memcached 上不存在，如果输出为 CLIENT_ERROR 表示执行错误。

⑤ prepend 命令。

prepend 命令用于向已存在 key 的 value 前面追加数据。代码如下：

```
prepend key flags exptime bytes [noreply]
value
```

【实例 7-2-5】在 Memcached 中存储一个键 runoob，其值为 memcached，使用 get 命令检索该值，使用 prepend 命令在键为 runoob 的值前面追加 redis，然后使用 get 命令检索该值。代码如下：

```
set runoob 0 900 9
memcached
STORED
get runoob
VALUE runoob 0 9
memcached
END
prepend runoob 0 900 5
redis
STORED
get runoob
VALUE runoob 0 14
redismemcached
END
```

如果数据添加成功，则输出 STORED 表示保存成功后输出，如果输出为 NOT_STORED 表示该键在 Memcached 上不存在，如果输出为 CLIENT_ERROR 表示执行错误。

⑥ cas 命令。

cas（Check-And-Set 或 Compare-And-Swap）命令用于执行一个"检查并设置"的操作。它仅在当前客户端最后一次取值后，该 key 对应的值没有被其他客户端修改的情况下，才能够将值写入。检查是通过 cas_token 参数进行的，这个参数是 Memcach 指定给已经存在的元素的一个唯一的 64 位值。代码如下：

```
cas key flags exptime bytes unique_cas_token [noreply]
value
```

使用 cas 命令，需要通过 gets 命令获取令牌（token）。gets 命令的功能类似于基本的 get 命令。两个命令之间的差异在于 gets 返回的信息稍微多一些，64 位的整型值非常像名称/值对的"版本"标识符。

【实例 7-2-6】添加键值对，通过 gets 命令获取唯一令牌，使用 cas 命令更新数据，使用 get 命令查看数据是否更新。代码如下：

```
cas tp 0 900 9
ERROR                    #缺少 token
```

```
cas tp 0 900 9 2
memcached
NOT_FOUND           #键 tp 不存在
set tp 0 900 9
memcached
STORED
gets tp
VALUE tp 0 9 1
memcached
END
cas tp 0 900 5 1
redis
STORED
get tp
VALUE tp 0 5
redis
END
```

如果没有设置唯一令牌，则 cas 命令执行错误，如果键 key 不存在，执行失败。

（4）Memcached 查找命令

① get 命令。

get 命令获取存储在 key 中的 value，如果 key 不存在，则返回空，用 get 命令获取 key 的值，如图 7-2-12 所示，代码如下：

```
get key
#多个 key 使用空格隔开
get key1 key2 key3
```

② gets 命令。

gets 命令获取带有 CAS 令牌存的 value，如果 key 不存在，则返回空，使用 gets 命令获取令牌，如图 7-2-13 所示，代码如下：

```
gets key
#多个 key 使用空格隔开
gets key1 key2 key3
```

在图 7-2-13 中使用 gets 命令的输出结果中，在最后一列的数字 5 代表了 key 为 mykey 的 CAS 令牌。

③ delete 命令。

delete 命令用于删除已存在的 key，代码如下：

```
delete key [ noreply ]
```

```
set mykey 0 900 2
he
STORED
set key1 0 900 5
hello
STORED
get mykey key1
VALUE mykey 0 2
he
VALUE key1 0 5
hello
END
```

图 7-2-12   get 命令

图 7-2-13   gets 命令

【实例 7-2-7】创建 key1 键，使用 get 命令获取该键的值，使用 delete 命令删除该键，再使用 get 命令进行测试。代码如下：

```
set key1 0 900 5
hello
STORED
get keys
END
get key1
VALUE key1 0 5
hello
END
delete key1
DELETED
get key1
END
```

输出信息，如果输出为 DELETED，则删除成功；如果输出为 ERROR，则语法错误或删除失败；如果输出为 NOT_FOUND，则 key 是不存在的。

④ incr 与 decr 命令。

incr 与 decr 命令用于对已存在的 key 的数字值进行自增或自减操作。incr 与 decr 命令操作的数据必须是十进制的 32 位无符号整数。如果 key 不存在，则返回 NOT_FOUND；如果键的值不为数字，则返回 CLIENT_ERROR，其他错误返回 ERROR。语法格式：

```
incr key increment_value      #incr 语法
decr key decrement_value      #decr 语法
```

【实例 7-2-8】使用 visitors 作为 key，初始值为 10，进行减 5 操作，再进行加 10 操作。代码如下：

```
set visitor 0 900 2
10
STORED
```

```
get visitor
VALUE visitor 0 2
10
END
decr visitor 5
5
get visitor
VALUE visitor 0 1
5
END
incr key1 10
15
get key1
VALUE key1 0 2
15
END
```

（5）Memcached 统计命令

① stats 命令。

stats 命令用于返回统计信息例如 PID（进程号）、版本号、连接数等。命令格式如下：

```
stats
```

部分状态信息如下：

pid：Memcache 服务器进程 ID。

uptime：服务器已运行秒数。

time：服务器当前 Unix 时间戳。

version：Memcache 版本。

pointer_size：操作系统指针大小。

rusage_user：进程累计用户时间。

rusage_system：进程累计系统时间。

curr_connections：当前连接数量。

total_connections：Memcached 运行以来连接总数。

connection_structures：Memcached 分配的连接结构数量。

② stats items 命令。

stats items 命令用于显示各个 slab 中 item 的数目和存储时长。使用 stats cachedump 命令列出所有的 key，如图 7-2-14 所示。

③ stats slabs 命令。

stats slabs 命令用于显示各个 slab 的信息，包括 chunk 的大小、数目、使用情况等。命

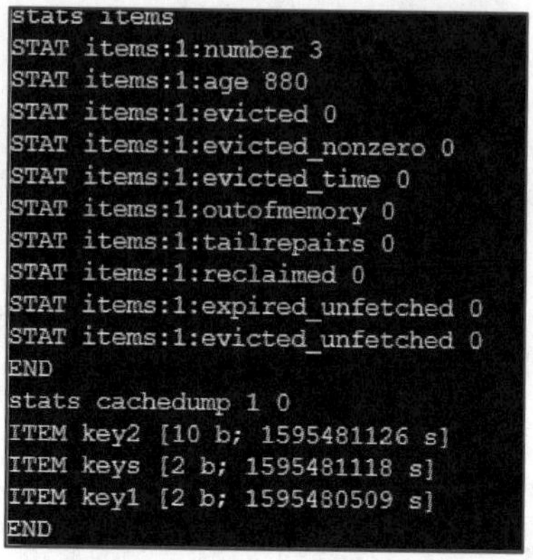

```
stats items
STAT items:1:number 3
STAT items:1:age 880
STAT items:1:evicted 0
STAT items:1:evicted_nonzero 0
STAT items:1:evicted_time 0
STAT items:1:outofmemory 0
STAT items:1:tailrepairs 0
STAT items:1:reclaimed 0
STAT items:1:expired_unfetched 0
STAT items:1:evicted_unfetched 0
END
stats cachedump 1 0
ITEM key2 [10 b; 1595481126 s]
ITEM keys [2 b; 1595481118 s]
ITEM key1 [2 b; 1595480509 s]
END
```

图 7-2-14　stats items 命令

令格式如下：

```
stats slabs
```

④ stats sizes 命令。

stats sizes 命令用于显示所有 item 的大小和个数。该信息返回两列，第 1 列是 item 的大小，第 2 列是 item 的个数。命令格式如下：

```
stats sizes
```

⑤ flush_all 命令。

flush_all 命令用于清理缓存中的所有 key=>value 对。该命令提供了一个可选参数 time，用于在制定的时间后执行清理缓存操作。语法结构如下：

```
flush_all [time] [noreply]
```

【实例 7-2-9】清理缓存。

```
get key2
VALUE key2 0 10
heool11111
END
flush_all
OK
get keys2
END
```

2. Memcached 的内存存储机制

Memcached 默认情况下采用了名为 Slab Allocator 的机制分配、管理内存。在该机制出现以前，内存的分配是通过对所有记录简单地进行操作的。但是，这种方式会导致内存碎片，加重操作系统内存管理器的负担，在最坏的情况下，会导致操作系统比 Memcached 进程本身还慢。Slab Allocator 就是为解决该问题而诞生的。

（1）Slab Allocator 的基本原理

Slab Allocator 的基本原理是按照预先规定的大小，将分配的内存分割成特定长度的块，以完全解决内存碎片问题。Slab Allocation 的原理相当简单，将分配的内存分割成各种尺寸的块（chunk），并把尺寸相同的块分成组（chunk 的集合），如图 7-2-15 所示。

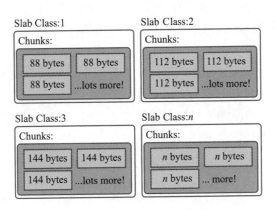

图 7-2-15　Slab Allocator 结构图

（2）Slab Allocator 缓存原理

Memcached 根据收到的数据的大小，选择最适合数据大小的 slab。Memcached 中保存着 slab 内空闲 chunk 的列表，根据该列表选择 chunk，然后将数据缓存于其中，如图 7-2-16 所示。

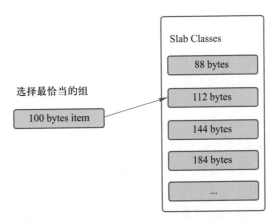

图 7-2-16　Slab Allocator 缓存原理

（3）Slab Allocator 的缺点

chunk 为固定大小，造成浪费，该问题不能克服，只能缓解。

3. 数据过期与删除机制

（1）Memcached 数据过期

当某个存储在 Memcached 中的值过期了，只是让用户看不到这个缓存的数据而已，并没有在过期的瞬间立即从内存中删除，而是什么时候需要用到这个位置的时候再删除，将其称之为惰性失效机制（lazy expiration），其优势在于节省了 CPU 时间和检测的成本。具体表现如下：

① 当某个值过期后，并没有从内存删除，因此 stats 统计时，curr_item 有信息。

② 不管之前有没有用 get 取其值，都不会自动删除。当某个新值去占用它的位置时，就相当于是 chunk 来占用。

③ 当 get 取其值时，如果过期，则返回空，并清空，所以 curr_item 就减少了。

（2）Memcached 删除机制

Memcached 删除机制的原理是当某个单元被请求时，维护一个计数器通过计数器来判断最近谁最少被使用，就把谁踢出。

7.3　任务 2：Redis 数据库的部署与操作

 Redis 数据库的部署与操作

Redis（Remote Dictionary Server）是一个开源的、高性能的、基于键值对的缓存存储系统，它提供了多种键值数据类型来适应不同场景下的缓存与存储需求，同时 Redis 的很多高级功能完成消息队列、任务队列等不同的角色。

7.3.1　Redis

Redis 是一个开源的使用 ANSI C 语言编写、遵守 BSD 协议、支持网络、可基于内存亦可持久化的日志型、Key-Value 数据库，并提供多种语言的 API。

1. 存储结构

Redis 数据库是以字典结构存储数据，如 dict["key"]="value" 中，其中 dict 就是一个字典结构，字符串"key"表示键名，字符串"value"表示键值，在字典结构中通过键名来获取键值。在 Redis 数据库中，字典的键值可以设置为字符串，也可以设置为其他数据类型，目前 Redis 支持的键值的数据类型可以设置为字符串、散列、列表、集合和有序集合等类型。

如在程序中使用 post 来存储一篇文章的数据（包括标题、正文、阅读量和标签）。

```
post["title"] = "hello";
post["content"] = "新年好新年好";
```

```
post["views"] = 5;
post["tags"] = ["php", "HTML", "Node.js", "HTML"];
```

将这篇文章的数据存入数据库中，并要求通过标签检索文章。如果使用关系数据库来进行存储，则会将标题、正文、阅读量存储到一个表中，将标签存储到另一个表中，然后通过第 3 个表将标签和文章连接。在查询数据时，将 3 个表进行连接，查询数据时不是很直观。采用 Redis 数据库存储数据，采用字典结构存储数据，直接将文章中的数据直接映射到 Redis 中，如采用集合类型直接存储文章标签。这样数据在 Redis 中的存储方式与程序中的存储方式相近，可以为程序提供非常方便的操作。

2. 内存存储与持久化

Redis 数据库中的所有数据都存储在内存中，内存的访问速度要远高于硬盘，因此 Redis 在性能上比基于硬盘存储的数据库中在读写数据速度上有明显的优势。对于一台普通的电脑，Redis 可以在 1 秒内读写超过 10 万个键值。

将数据存储在内存中，会存在当程序退出后内存中的数据会丢失的风险，Redis 数据库提供了持久化的存储，可以同步将内存中的数据异步写入硬盘中，不影响后续的服务。

3. 功能丰富

Redis 虽然是作为数据库进行开发，但其提供了丰富的功能，越来越多的开发人员将其用于缓存、队列系统等。

Redis 为每一个键设置了生存时间，当生存时间到期后，键就会自动被删除，这一功能使得 Redis 可以作为缓存系统来使用。作为存储系统，Redis 可以限定数据占用的最大内存空间，当数据在空间上受限制后可以按照一定的规则自动淘汰不需要的键。Redis 的列表类型键可以用来实现消息队列，并且支持阻塞式读取，可以很容易实现一个高性能的优先队列，Redis 还支持"发布/订阅"的消息模式。

4. 使用简单

Redis 直观的存储结构使得通过程序与 Redis 交互十分容易，在 Redis 中使用命令来读写数据。例如在 Redis 中读取键名为 post:1 的散列类型键的 title 字段值，可以使用如下命令：

```
HGET post:1 title
```

HGET 是一个读取命令。Redis 提供了 100 多个命令，但是常用的命令却只有十几个。

7.3.2 Redis 的安装与配置

Redis 兼容大部分的 POSIX，如 Linux、OS X 和 BSD 等，在这些系统中，推荐直接下载 Redis 源代码编译安装以获得最新的稳定版本，下载源代码可以直接到官网下载。

1. 在 CentOS 中安装 Redis

（1）安装 Redis

在 CentOS 系统中安装 Redis，安装的 Redis 版本为 6.0.6 版本，使用 wget 命令下载，下载后使用 tar xzf 命令解压，使用 cd 命令进入 redis-6.0.6 目录，使用 make 命令进行编译。代码如下：

```
$ wget http://download.redis.io/releases/redis-6.0.6.tar.gz
$ tar xzf redis-6.0.6.tar.gz
$ cd redis-6.0.6
$ make
```

Redis 数据库下载过程，如图 7-3-1 所示。

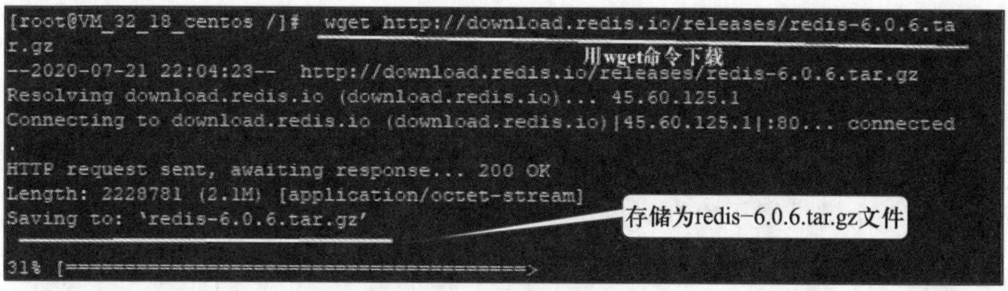

图 7-3-1 下载 Redis

下载完成后，使用 tar xzf 命令来解压，使用 ls 命令查看解压后的文件夹 redis-6.0.6，如图 7-3-2 所示。

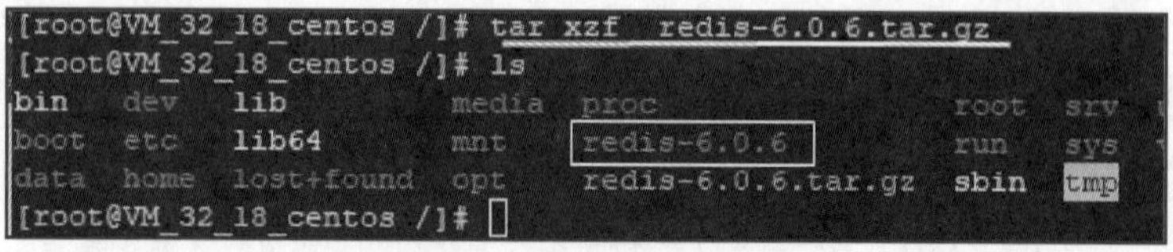

图 7-3-2 解压 Redis 安装包

使用 cd 命令进入 redis-6.0.6 文件夹，使用 make 命令进行编译。在 make 命令前使用 yum 命令安装 GCC 编译，使用 yum 命令安装的 GCC 是 4.8.5 版本。使用 yum 命令安装 GCC 如下：

```
$ yum -y install gcc gcc-c++
```

在 make 编译过程中由于 GCC 版本过低会导致编译不成功，因为 yum 安装的 GCC 是 4.8.5 版本的。因此需要升级 GCC，升级命令如下：

```
yum -y install Centos-release-scl
yum -y install devtoolset-9-gcc devtoolset-9-gcc-c++ devtoolset-9-binutils
#这句是临时的
scl enable devtoolset-9 bash
#修改环境变量
echo "source /opt/rh/devtoolset-9/enable" >> /etc/profile
gcc -v
```

在 GCC 升级完成后，把解压后的 redis-6.0.6 的文件通过 rm -rf 命令删除。删除后使用 $ tar xzf redis-6.0.6.tar.gz 重新解压，重新使用 make 命令编译，这时 Redis 数据库就安装成功了。在 redis-6.0.6/src 目录下存放着 Redis 服务程序 redis-server，还有用于测试的客户端程序 redis-cli，如图 7-3-3 所示。

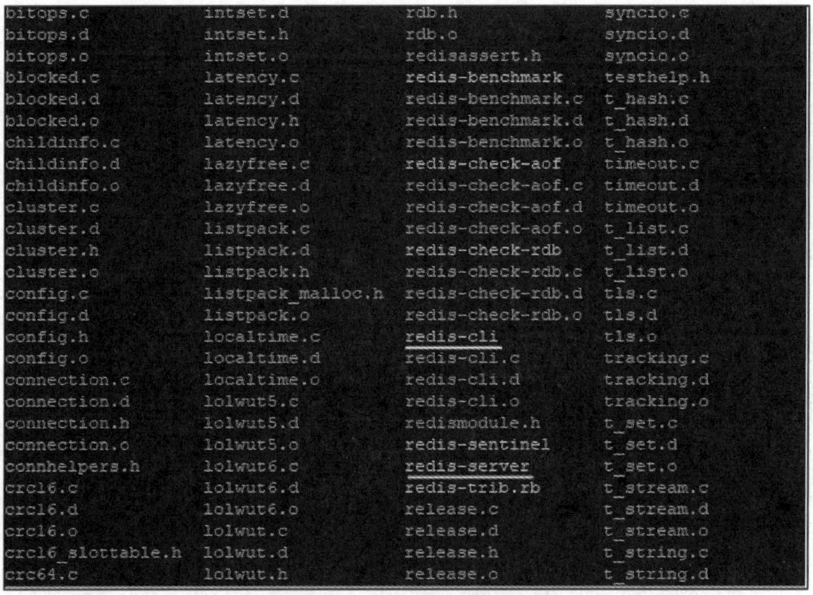

图 7-3-3　Redis 数据库安装成功

（2）启动 Redis 服务

安装好 Redis 后，就可以启动该服务。Redis 的可执行文件见表 7-3-1。

在表 7-3-1 中的可执行文件中，最常用的两个程序为 redis-server 和 redis-cli，其中 redis-server 是 Redis 服务器，启动 Redis 服务就需要运行 redis-server 程序，redis-cli 是自带的客户端命令行工具，是学习 Redis 数据库重要的工具。

表 7-3-1   Redis 可执行文件

文 件 名	说 明
redis-server	Redis 服务器
redis-cli	Redis 命令行客户端
redis-benchmark	Redis 性能测试工具
redis-check-aof	AOF 文件修复工具
redis-check-dump	RDB 文件检查工具
redis-sentinel	Sentinel 服务器

进入安装目录下的 src 文件夹，执行 redis-server 可执行文件，就可以启动 Redis 服务了，命令如下：

```
$ cd src
$ ./redis-server
```

启动 Redis 服务，界面如图 7-3-4 所示。

图 7-3-4   启动 Redis 服务

🖐【注意】这种方式启动 redis 使用的是默认配置。也可以通过启动参数告诉 Redis 使用指定配置文件，命令如下：

```
$ cd src
$ ./redis-server ../redis.conf
```

redis. conf 是一个默认的配置文件。可以根据需要使用自己的配置文件。

（3）启动 Redis 的客户端程序

启动 Redis 服务进程后，就可以使用测试客户端程序 redis-cli，命令如下：

```
$ cd src
$ ./redis-cli
```

进入 src 目录，输入 ./redis-cli 命令就可以使用客户端程序，如图 7-3-5 所示。其中服务器地址为 127.0.0.1，默认端口号为 6379，通过-h 和-p 参数可以自定义地址和端口号。

（4）停止 Redis

在停止 Redis 服务时，需要将内存中的数据同步到硬盘中，强行终止 Redis 进程可能会导致数据丢失，正确停止 Redis 的方式为先向 Redis 发送 SHUTDOWN 命令，命令如下：

```
$ redis-cli SHUTDOWN
```

当 Redis 收到 SHUTDOWN 命令后，会先断开所有客户端连接，如图 7-3-6 所示。然后根据配置执行持久化，最后完成退出。

图 7-3-5　启动客户端程序　　　　　　图 7-3-6　停止 Redis 服务

2. Redis 的配置

Redis 的配置文件位于 Redis 安装目录下，文件名为 redis. conf（Windows 名为 redis. windows. conf）。可以通过 CONFIG 命令查看或设置配置项，Redis CONFIG 命令格式如下：

```
redis 127.0.0.1:6379> CONFIG GET CONFIG_SETTING_NAME
```

【实例 7-3-1】获取 loglevel 配置项的值，代码如下：

```
127.0.0.1:6379> CONFIG GET loglevel
1) "loglevel"
2) "notice"
```

使用 * 号获取所有配置项，代码如下：

```
127.0.0.1:6379> CONFIG GET *
```

通过修改 redis. conf 文件或使用 CONFIG set 命令来修改配置。CONFIG set 语法如下：

```
127.0.0.1:6379> CONFIG SET CONFIG_SETTING_NAME NEW_CONFIG_VALUE
```

【实例 7-3-2】修改 loglevel 配置项的值为"notice"，代码如下：

```
127. 0. 0. 1:6379> CONFIG SET loglevel "notice"
```

7.3.3 Redis 数据库基本操作

Redis 数据库的基本操作主要包括 Redis 的键名、数据类型、事务、分布订阅等内容。

1. Redis 键名

（1）获得符合规则的键名列表

KEYS patten

patten 支持 glob 风格通配符格式，见表 7-3-2。

表 7-3-2   glob 风格通配符规则

符号	含　义
?	匹配一个字符
*	匹配任意个（包括 0 个）字符
[]	匹配括号间的任一字符，可以使用-符号表示一个范围，如 a[b-d]可以匹配，ab、ac、ad
\x	匹配字符 x，用于转义字符。如匹配？就需要转义使用/?

第一次启动 redis-cli 客户端，Redis 数据库是空的，先使用 SET 命令，创建一个名为 bar 的键，代码如下：

```
127. 0. 0. 1:6379> set bar 1
OK
```

使用 KEYS* 就能获得 Redis 中所有的键，也可以使用 KEYS ba* 或者 KEYS bar 等命令获得键，代码如下：

```
127. 0. 0. 1:6379> keys*
1) "bar"
```

↬【注意】Redis 不区分命令的大小写。KEYS 命令是遍历 Redis 中所有的键，当键的数量较多时会影响性能。

（2）判断一个键是否存在

EXISTS key

如果键存在则返回 1，否则返回 0，代码如下：

```
127. 0. 0. 1:6379> exists bar
(integer) 1
127. 0. 0. 1:6379> exists baa
(integer) 0
```

（3）删除键

```
DEL key[key...]
```

在删除键时，可以删除一个或多个，返回值的删除的键的个数，代码如下：

```
127.0.0.1;6379> del bar
(integer) 1
```

（4）获取键值的数据类型

获取键值的数据类型，采用 type 命令，返回值可能为 String（字符串）、Hash（哈希）、List（列表）、Set（集合）及 Zset（Sorted Set：有序集合）。代码如下：

```
127.0.0.1;6379> type bar
string
127.0.0.1;6379> type car
Hash
```

2. Redis 数据类型

Redis 支持 String（字符串）、Hash（哈希）、List（列表）、Set（集合）及 Zset（Sorted Set：有序集合）5 种数据类型。

（1）字符串类型

字符串是 Redis 中最基本的数据类型之一，它可以存储任何形式的字符串，包含二进制数据。可以存储用户的邮箱、Json 化的对象、图片。一个字符串类型键最大允许存储的数据容量为 512 MB。

① 字符串的赋值与取值。

```
SET key value
GET key
```

SET 和 GET 是 Redis 中较简单的两个命令，实现的功能为读写变量，如当键不存在时，在返回为空。代码如下：

```
127.0.0.1;6379> get f1
"1"
127.0.0.1;6379> set f2 3
OK
127.0.0.1;6379> get f3
(nil)
127.0.0.1;6379> set ke hello
OK
127.0.0.1;6379> get ke
"hello"
```

代码中（nil）表示返回为空。

② 速增数字。

INCR key

字符型类型可以存储任何形式的字符串，当存储字符串为整数形式时，Redis 提供了 incr 命令，让其键值递增，并返回递增后的值。代码如下：

```
127.0.0.1:6379> incr f2
(integer) 4
127.0.0.1:6379> incr f2
(integer) 5
```

如操作键不存在时会默认为 0，第一次递增后会为 1。当键值不是整数时，会提示错误。代码如下：

```
127.0.0.1:6379> set k1 hello
OK
127.0.0.1:6379> incr k1
(error) ERR value is not an integer or out of range
```

③ 减少指定整数。

DECR key

decr 命令与 incr 命令用法相同，代码如下：

```
127.0.0.1:6379> get f2
"5"
127.0.0.1:6379> decr f2
(integer) 4
```

④ 获取字符串的长度。

STRLEN key

strlen 命令是返回键值的长度，如果键不存在，则返回为 0。代码如下：

```
127.0.0.1:6379> get b1
"helloword"
127.0.0.1:6379> strlen b1
(integer) 9
```

⑤ 同时设置/获取多个值。

MEST key value〔key value…〕

mget/mset 与 get/set 命令相似，不过 mget/mset 可以获得/设置多个键的值。代码如下：

```
127.0.0.1:6379> mset p1 12 p3 13 p4 15
OK
127.0.0.1:6379> mget p1 p3 p4
1）"12"
2）"13"
3）"15"
```

（2）散列类型

散列类型（Hash）的键值是一种字典结构，其存储字段和字段值的映射，但字段值只能是字符串，不支持其他数据类型，换句话说散列类型不能嵌套其他数据类型。一个散列类型值可以包含 $2^{32}-1$ 个字段。

↳【注意】除了散列类型，Redis 的其他数据类型同样不支持数据类型嵌套，如集合类型，每一个元素只能是字符串，不能是另一个集合或散列表等。

散列类型适合存储对象，使用对象和 ID 构成键名，使用字段表示对象的属性，而字段值则存储属性值。例如 ID 为 1 的汽车对象，其属性有 color、name、price，其属性值分别为白色、奥迪、90 万元，如图 7-3-7 所示。

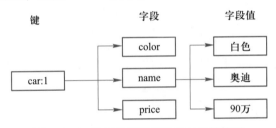

图 7-3-7　散列类型存储汽车对象结构图

① 赋值与取值。

hset 命令给字段赋值，用 hget 命令来获取字段的值，代码如下：

```
127.0.0.1:6379> hset car:2 color red
（integer）1
127.0.0.1:6379> hset car:2 name　BMW
（integer）1
127.0.0.1:6379> hset car:2 price 500
（integer）1
127.0.0.1:6379> hget car:2 name
"BMW"
```

hmset 命令可以同时给多个字段赋值，hmget 命令可以同时获得多个字段的值，语法格式如下：

```
hmset key fileds1 value1 fileds2 value2
hmget key fileds1 fileds2
```

采用 hmget 命令同时获取多个字段的值，代码如下：

```
127.0.0.1:6379> hmget car:2 name color price
1) "BMW"
2) "red"
3) "500"
```

hgetall 命令获取所有字段和字段值，代码如下：

```
127.0.0.1:6379> hgetall car:2
1) "color"
2) "red"
3) "name"
4) "BMW"
5) "price"
6) "500"
```

② 判断字段是否存在。

hexists 命令判断一个字段是否存在，如果存在，则返回 1；如果不存在，则返回为 0，代码如下：

```
127.0.0.1:6379> hexists car:2 color
(integer) 1
127.0.0.1:6379> hexists car:2 col
(integer) 0
```

③ 增加数字。

在散列数据类型中增加数字采用 hincrby 命令，hincrby 命令可以使字段增加指定的整数，通过 hincrby key field 1 来实现，代码如下：

```
127.0.0.1:6379> hincrby person score 60
(integer)60
```

如果 person 键不存在，使用 hincrby 命令会自动建立该键并默认 score 字段在执行命令前的值为 0，命令后返回值为增值后的字段值。

④ 删除字段。

hdel 命令可以删除一个或多个字段，返回值是被删除字段的个数。代码如下：

```
127.0.0.1:6379> hdel car:1 price
(integer) 1
```

⑤ 获取字段名或字段值。

hkeys 命令是获取字段名，hvals 命令是获取字段值。代码如下：

```
127.0.0.1:6379> hkeys car:2
1) "color"
```

2) "name"

3) "price"

127. 0. 0. 1:6379> hvals car:2

1) "red"

2) "BMW"

3) "500"

⑥ 获取字段数量。

hlen 命令获取字段的数量。代码如下：

127. 0. 0. 1:6379> hlen car:2

（integer）3

（3）列表类型

列表类型（list）可以存储一个有序的字符串列表，常用的操作是向列表两端添加元素，或者获取列表的某一个片段。

列表类型内部是使用双向链表来实现的，所以向两端添加元素的时间复杂度为 O(1)，即使是一个有几千万个元素的列表，获取头部或尾部的 10 条记录也是十分快的。不过使用链表通过索引访问元素是比较慢的，但通过在链表尾部插入数据，是比较快的。

这种特性使列表类型能非常迅速地完成关系数据库难以应付的场景，例如社交网站的新鲜事，只关心最新的内容，用链表类型来存储，即使新鲜事有几千万个，获取其中最新鲜 100 条数据也是极快的，两端插入记录时间复杂度为 O(1)，列表类型也适合用来记录日志，保证加入的新日志不会受到已有日志数量的影响。

① lpush、rpush 向列表两端增加元素。

lpush key value[value…]

rpush key value[value…]

lpush 命令用来向列表左边增加运算，返回增加元素后列表的长度。rpush 是向列表右边添加元素，返回增加元素后列表的长度。代码如下：

127. 0. 0. 1:6379> lpush num 1 2

（integer）2

127. 0. 0. 1:6379> rpush num 5 6

（integer）4

lpush 会先向列表左边追加 1，然后再加入 2，如图 7-3-8 所示。

② lpop、rpop 从列表两边弹出元素。

lpop key

rpop key

lpop 命令是从列表左边弹出一个元素，rpop 是从列表右边弹出一个元素。代码如下：

加入1后num键中的数据   加入2后num键中的数据

图 7-3-8   lpush 增加元素结构图

```
127. 0. 0. 1 :6379> lpop num
"2"
127. 0. 0. 1 :6379> rpop num
"6"
```

③ blpop 移出并获取列表第一个元素。

```
blpop key1 [key2 ] timeout
```

blpop 移出并获取列表的第一个元素，如果列表没有元素会阻塞列表直到等待超时或发现可弹出元素为止。代码如下：

```
127. 0. 0. 1 :6379> blpop num 500
1) "num"
2) "4"
```

④ brpop 移出并获取列表的最后一个元素。

```
brpop key1 [key2 ] timeout
```

brpop 移出并获取列表的最后一个元素，如果列表没有元素会阻塞列表直到等待超时或发现可弹出元素为止。代码如下：

```
127. 0. 0. 1 :6379> brpop num 500
1) "num"
2) "5"
```

⑤ brpoplpush 命令从列表中取出最后一个元素。代码如下：

```
brpoplpush source destination timeout
```

从列表中弹出一个值，将弹出的元素插入到另外一个列表中并返回它；如果列表没有元素会阻塞列表直到等待超时或发现可弹出元素为止。代码如下：

```
127. 0. 0. 1 :6379> brpoplpush msg reciver 500
"hello moto"                    #弹出元素的值
(3. 38s)                        #等待时长
redis> llen reciver
(integer) 1
redis> lrange reciver 0 0
1) "hello moto"
```

　　假如在指定时间内没有任何元素被弹出，则返回一个 nil 和等待时长。反之，返回一个含有两个元素的列表，第 1 个元素是被弹出元素的值，第 2 个元素是等待时长。

　　⑥ llen 返回列表的长度。

　　llen 命令用于返回列表的长度。如果列表 key 不存在，key 被解释为一个空列表，返回 0。如果 key 不是列表类型，返回一个错误。代码如下：

```
127.0.0.1:6379> llen num
(integer) 0
127.0.0.1:6379> llen num1
(integer) 1
```

　　⑦ lrange 返回列表中指定区间内的元素。

　　lrange 返回列表中指定区间内的元素，区间以偏移量 start 和 end 指定。其中 0 表示列表的第 1 个元素，1 表示列表的第 2 个元素，以此类推。也可以使用负数下标，以-1 表示列表的最后一个元素，-2 表示列表的倒数第 2 个元素，以此类推。代码如下：

```
127.0.0.1:6379> LRANGE KEY_NAME START END
```

　　使用 lrange 命令，返回列表 num 中的 0~4 个元素，代码如下：

```
127.0.0.1:6379> lrange num 0 4
1) "66"
2) "55"
3) "44"
4) "33"
5) "22"
```

　　⑧ lrem 移除列表的元素。

　　lrem 根据参数 count 的值，移除列表中与参数 value 相等的元素。count 的值可以是以下几种：count > 0 表示从表头开始向表尾搜索，移除与 value 相等的元素，数量为 count；count < 0 表示从表尾开始向表头搜索，移除与 value 相等的元素，数量为 count 的绝对值；count = 0 表示移除表中所有与 value 等的值。语法结构如下：

```
127.0.0.1:6379> LREM KEY_NAME COUNT VALUE
```

　　使用 lrem 命令，删除 num 列表中 2 个 22 的元素，代码如下：

```
127.0.0.1:6379> lrem num 2   22
(integer) 1
127.0.0.1:6379> lrange num 0 4
1) "66"
2) "55"
3) "44"
4) "33"
```

（4）集合类型

Redis 的集合（Set）是 String 类型的无序集合。集合成员是唯一的，意味着集合中不能出现重复的数据。Redis 中集合是通过哈希表实现的，其添加、删除、查找的复杂度都是 O（1）。集合中最大的成员数为 $2^{32}-1$ 个。

① sadd 成员元素加入到集合。

sadd 命令将一个或多个成员元素加入到集合中，已经存在于集合的成员元素将被忽略。假如集合 key 不存在，则创建一个只包含添加的元素做成员的集合。当集合 key 不是集合类型时，返回一个错误。代码如下：

```
127.0.0.1:6379> SADD KEY_NAME VALUE1..VALUEN
```

创建一个 str 集合，并赋值，代码如下：

```
127.0.0.1:6379> sadd str hello
（integer）1
127.0.0.1:6379> sadd str foot
（integer）1
127.0.0.1:6379> sadd str sss
（integer）1
```

② scard 返回集合中元素的数量。

scard 命令返回集合中元素的数量，代码如下：

```
127.0.0.1:6379> scard str
（integer）3
```

③ sdiff 返回差集。

sdiff 命令返回给定集合之间的差集。不存在的集合 key 将视为空集。差集的结果来自前面的 first_key，而不是后面的 other_key1，也不是整个 first_key other_key1..other_keyn 的差集。代码如下：

```
127.0.0.1:6379> SDIFF FIRST_KEY OTHER_KEY1..OTHER_KEYN
```

使用 sdiff 命令，返回 str 和 str1 之间的差集，代码如下：

```
127.0.0.1:6379> sadd str1 ss
（integer）1
127.0.0.1:6379> sadd str1 foor
（integer）1
127.0.0.1:6379> sadd str1 foot
（integer）1
127.0.0.1:6379> scard str1
（integer）3
127.0.0.1:6379> sdiff str str1
```

1）"sss"

2）"hello"

④ sinter 返回集合的交集。

sinter 命令返回所有给定集合的交集。不存在的集合 key 被视为空集，当给定集合当中有一个空集时，结果也为空集。代码如下：

```
127.0.0.1:6379> SINTER KEY KEY1..KEYN
```

使用 sinter 命令，返回 str 和 str1 之间的交集，代码如下：

```
127.0.0.1:6379> sinter str str1
1）"foot"
```

⑤ sinterstore 将集合之间的交集存储在指定的集合。

sinterstore 命令将给定集合之间的交集存储在指定的集合中。如果指定的集合已经存在，则将其覆盖。代码如下：

```
127.0.0.1:6379> SINTERSTORE DESTINATION_KEY KEY KEY1..KEYN
```

运用 sinterstore 命令将 str 和 str1 集合的交集，存在 str3 集中，代码如下：

```
127.0.0.1:6379> scard str
（integer）2
127.0.0.1:6379> scard str1
（integer）3
127.0.0.1:6379> sinterstore str3 str str1
（integer）1
```

⑥ sismember 判断成员元素是否是集合的成员。

sismember 命令判断成员元素是否是集合的成员，如果成员元素是集合的成员，返回 1。如果成员元素不是集合的成员，或 key 不存在，返回 0。代码如下：

```
127.0.0.1:6379> SISMEMBER KEY VALUE
```

运用 sismember 命令判断 "foot" 是否是 str 集合中成员，代码如下：

```
127.0.0.1:6379> sismember str foot
（integer）1
```

⑦ smembers 返回集合中的所有的成员。

smembers 命令返回集合中的所有的成员。不存在的集合 key 被视为空集合。代码如下：

```
127.0.0.1:6379> SMEMBERS key
```

运用 smembers 命令返回 str 集合中所有成员，代码如下：

```
127. 0. 0. 1:6379> smembers str
1）"hello"
2）"foot"
```

⑧ smove 移动到指定的集合。

smove 命令将指定成员 member 元素从 source 集合移动到 destination 集合。如果 source 集合不存在或不包含指定的 member 元素，则 smove 命令不执行任何操作，仅返回 0。否则，member 元素从 source 集合中被移除，并添加到 destination 集合中去。当 destination 集合已经包含 member 元素时，smove 命令只是简单地将 source 集合中的 member 元素删除。当 source 或 destination 不是集合类型时，则返回一个错误。代码如下：

```
127. 0. 0. 1:6379> SMOVE SOURCE DESTINATION MEMBER
```

运用 smove 命令将 str 集合中的 "foot" 元素移到 ss 集合中，代码如下：

```
127. 0. 0. 1:6379> smembers str
1）"hello"
2）"foot"
127. 0. 0. 1:6379> smove str ss foot
（integer）1
127. 0. 0. 1:6379> smembers ss
1）"foot"
127. 0. 0. 1:6379> smembers str
1）"hello"
```

⑨ spop 移除元素。

spop 命令用于移除集合中的指定 key 的一个或多个随机元素，移除后会返回移除的元素。该命令类似 srandmember 命令，但 spop 将随机元素从集合中移除并返回，而 srandmember 则仅仅返回随机元素，而不对集合进行任何改动。代码如下：

```
SPOP key［count］
```

运用 spop 命令移出 str 集中的两个元素，代码如下：

```
127. 0. 0. 1:6379> sadd str ff
（integer）1
127. 0. 0. 1:6379> sadd str foot
（integer）1
127. 0. 0. 1:6379> sadd str yy
（integer）1
127. 0. 0. 1:6379> sadd str ll
（integer）1
127. 0. 0. 1:6379> smembers str
```

```
1) "yy"
2) "ll"
3) "foot"
4) "ff"
127.0.0.1:6379> spop str 2
1) "yy"
2) "foot"
127.0.0.1:6379> smembers str
1) "ll"
2) "ff"
```

⑩ srandmember 返回集合中的随机元素。

srandmember 命令用于返回集合中的一个随机元素。如果 count 为正数，且小于集合基数，那么命令返回一个包含 count 个元素的数组，数组中的元素各不相同。如果 count 大于等于集合基数，那么返回整个集合。代码如下：

```
SRANDMEMBER KEY [count]
```

运用 srandmember 命令返回 str 集合中随机元素，代码如下：

```
127.0.0.1:6379> srandmember str
"ff"
127.0.0.1:6379> srandmember str
"ll"
```

⑪ srem 移除集合的元素。

srem 命令用于移除集合中的一个或多个成员元素，不存在的成员元素会被忽略。代码如下：

```
127.0.0.1:6379> SREM KEY MEMBER1..MEMBERN
```

运用 srem 命令移出 str 集合中元素，代码如下：

```
127.0.0.1:6379> srem str ff
(integer) 1
127.0.0.1:6379> smembers str
1) "ll"
```

（5）有序集合

Redis 有序集合和集合相同，也是 String 类型元素的集合，且不允许重复的成员。不同的是每个元素都会关联一个 Double 类型的分数。Redis 正是通过分数来为集合中的成员进行从小到大的排序。有序集合的成员是唯一的，但分数（score）却可以重复。

① zadd 加入有序集合。

zadd 命令用于将一个或多个成员元素及其分数值加入到有序集当中。如果某个成员已经是有序集的成员，那么更新这个成员的分数值，并通过重新插入这个成员元素，来保证该成员在正确的位置上。分数值可以是整数值或双精度浮点数。如果有序集合 key 不存在，则创建一个空的有序集并执行 zadd 操作。当 key 存在但不是有序集类型时，则返回一个错误。代码如下：

```
127.0.0.1:6379> ZADD KEY_NAME SCORE1 VALUE1.. SCOREN VALUEN
```

运用 zadd 命令，将一个或多个成员添加 myzset 集合中，代码如下：

```
127.0.0.1:6379>  ZADD myzset 1 "one"
(integer) 1
127.0.0.1:6379>  ZADD myzset 1 "uno"
(integer) 1
127.0.0.1:6379> ZADD myzset 2 "two" 3 "three"
(integer) 2
127.0.0.1:6379>  ZRANGE myzset 0 -1 WITHSCORES
1) "one"
2) "1"
3) "uno"
4) "1"
5) "two"
6) "2"
7) "three"
8) "3"
```

② zcard 计算集合的元素的数量。

zcard 命令用于计算集合中元素的数量，当 key 存在且是有序集类型时，返回有序集的基数。当 key 不存在时，则返回 0。代码如下：

```
127.0.0.1:6379> ZCARD KEY_NAME
```

运用 zcard 命令，计算集合中元素的数量，代码如下：

```
127.0.0.1:6379> ZADD myzset 1 "one"
(integer) 1
127.0.0.1:6379>  ZADD myzset 2 "two"
(integer) 1
127.0.0.1:6379>  ZCARD myzset
(integer) 2
redis>
```

③ zcount 命令用于计算有序集合中指定分数区间的成员数量。

代码如下：

```
127.0.0.1:6379> ZCOUNT key min max
```

分数值在 min 和 max 之间的成员的数量。用 zcount 命令计算 myzset 集合中区间的成员数量，代码如下：

```
127.0.0.1:6379> ZADD myzset 1 "hello"
(integer) 1
127.0.0.1:6379> ZADD myzset 1 "foo"
(integer) 1
127.0.0.1:6379> ZADD myzset 2 "world" 3 "bar"
(integer) 2
127.0.0.1:6379> ZCOUNT myzset 1 3
(integer) 4
```

④ zrangebylex 命令通过字典区间返回有序集合的成员。

代码如下：

```
127.0.0.1:6379> ZRANGEBYLEX key min max [LIMIT offset count]
```

运用 zrangebylex 命令，返回 myzset 集合中的成员，代码如下：

```
127.0.0.1:6379> ZADD myzset 0 a 0 b 0 c 0 d 0 e 0 f 0 g
(integer) 7
127.0.0.1:6379> ZRANGEBYLEX myzset - [c
1) "a"
2) "b"
3) "c"
127.0.0.1:6379> ZRANGEBYLEX myzset - (c
1) "a"
2) "b"
127.0.0.1:6379> ZRANGEBYLEX myzset [aaa (g
1) "b"
2) "c"
3) "d"
4) "e"
5) "f"
```

⑤ zrem 移除有序集的成员。

zrem 命令用于移除有序集中的一个或多个成员，不存在的成员将被忽略。当 key 存在但不是有序集类型时，则返回一个错误。代码如下：

```
127.0.0.1:6379> ZREM key member [member ...]
```

运用 zrem 命令，移出集合中的成员，代码如下：

```
# 测试数据
127.0.0.1:6379> ZRANGE page_rank 0 -1 WITHSCORES
```

```
1) "bing. com"
2) "8"
3) "baidu. com"
4) "9"
5) "google. com"
6) "10"
# 移除单个元素
redis 127. 0. 0. 1:6379> ZREM page_rank google. com
（integer）1
127. 0. 0. 1:6379> ZRANGE page_rank 0 -1 WITHSCORES
1) "bing. com"
2) "8"
3) "baidu. com"
4) "9"
# 移除多个元素
127. 0. 0. 1:6379> ZREM page_rank baidu. com bing. com
（integer）2
127. 0. 0. 1:6379> ZRANGE page_rank 0 -1 WITHSCORES
（empty list or set）
# 移除不存在元素
127. 0. 0. 1:6379> ZREM page_rank non-exists-element
（integer）0
```

⑥ zremrangebylex 移除给定字典区间的成员。

zremrangebylex 命令用于移除有序集合中给定的字典区间的所有成员。代码如下：

```
127. 0. 0. 1:6379> ZREMRANGEBYLEX key min max
```

运用 zremrangebylex 命令移出有序集合中的成员，代码如下：

```
127. 0. 0. 1:6379> ZADD myzset 0 aaaa 0 b 0 c 0 d 0 e
（integer）5
127. 0. 0. 1:6379> ZADD myzset 0 foo 0 zap 0 zip 0 ALPHA 0 alpha
（integer）5
127. 0. 0. 1:6379> ZRANGE myzset 0 -1
1) "ALPHA"
2) "aaaa"
3) "alpha"
4) "b"
5) "c"
6) "d"
```

7) "e"

8) "foo"

9) "zap"

10) "zip"

127.0.0.1:6379> ZREMRANGEBYLEX myzset [alpha [omega

(integer) 6

127.0.0.1:6379> ZRANGE myzset 0 -1

1) "ALPHA"

2) "aaaa"

3) "zap"

4) "zip"

⑦ zrevrank 命令返回有序集中成员的排名。有序集成员按分数值递减（从大到小）排序，分数值最大的成员排名为 0。使用 zrank 命令可以使成员按分数值递增的方式进行排列。代码如下：

127.0.0.1:6379> ZREVRANK key member

运用 zrevrank 命令实现集合的成员的排名，代码如下：

127.0.0.1:6379> ZRANGE salary 0 -1 WITHSCORES　　# 测试数据

1) "jack"

2) "2000"

3) "peter"

4) "3500"

5) "tom"

6) "5000"

127.0.0.1:6379> ZREVRANK salary peter　　　　# peter 的工资排第二

(integer) 1

127.0.0.1:6379> ZREVRANK salary tom　　　　# tom 的工资最高

(integer) 0

⑧ zscore 命令返回有序集中成员的分数值。如果成员元素不是有序集 key 的成员，或 key 不存在，返回 nil。代码如下：

127.0.0.1:6379> ZSCORE key member

使用 zscore 命令返回有序集合中的成员分数值，代码如下：

127.0.0.1:6379> ZRANGE salary 0 -1 WITHSCORES　　# 测试数据

1) "tom"

2) "2000"

3) "peter"

4) "3500"

```
5) "jack"
6) "5000"
127.0.0.1:6379> ZSCORE salary peter          # 注意返回值是字符串
"3500"
```

3. Redis 事务

Redis 中的事务是由一组命令的集合。事务如同命令一样都是 Redis 最小的执行单位，一个事务中命令要么执行，要么不执行。事务的应用十分普遍，如银行转账过程中，A 给 B 转款，首先系统从 A 账号中将钱划走，然后向 B 账户增加相应的金额，这两个步骤属于同一个事务，要么全执行，要么都不执行。

在 Redis 中事务的原理是先将属于一个事务的命令发送给 Redis，然后再让 Redis 依次执行这些命令。一个事务从开始到执行会经历以下 3 个阶段，分别为开始事务、命令入队、执行事务。

Redis 保证了一个事务中的所有命令要么都执行，要么都不执行。如果在发送 exec 命令前客户端断线了，则 Redis 会清空事务队列，事务中的所有命令都不会执行，而一旦客户端发送了 exec 命令，所有的命令都会执行，即使此后和客户端断线了也没有关系，因为 Redis 中已经记录了所有要执行的命令。

（1）错误处理

如果事务中的某个命令执行出错，Redis 会如何处理呢？

【实例 7-3-3】语法出错的处理，代码如下：

```
127.0.0.1:6379> multi
OK
127.0.0.1:6379> set key alue
QUEUED
127.0.0.1:6379> set kye    #语句有错
(error) ERR wrong number of arguments for 'set' command
127.0.0.1:6379> get key
QUEUED
127.0.0.1:6379> exec
(error) EXECABORT Transaction discarded because of previous errors.
```

在【实例 7-3-3】代码中，multi 命令后执行后 3 个命令，其中有 2 个正确命令，能成功加入事务队列，有一个错误的命令，不能加入事务队列。在执行 exec 命令后，Redis 就会直接返回一个错误，连正确的命令也不会执行。

（2）watch 命令

watch 命令用于监视一个或多个 key，如果在事务执行之前 key 被其他命令所改动，那么事务将被打断，返回为 OK。代码如下：

```
WATCH key [ key . . . ]
```

【实例 7-3-4】WATCH 监控 key 值，代码如下：

```
127. 0. 0. 1:6379> set key 1
OK
127. 0. 0. 1:6379> watch key
OK
127. 0. 0. 1:6379> set key 2
OK
127. 0. 0. 1:6379> watch key
OK
127. 0. 0. 1:6379> multi
OK
127. 0. 0. 1:6379> set key 3
QUEUED
127. 0. 0. 1:6379> exec
(nil)
127. 0. 0. 1:6379> get key
"2"
```

在上列代码执行 watch 命令后，事务执行前修改了 key 的值（即为 key=2），所以最后事务中的命令 set key 3 没有执行，exec 返回为空结果。

本章小结

本章主要讲解了 NoSQL 数据库概述、Memcaches 分布式缓存数据库部署与操作、Redis 数据库部署与操作。通过本章的学习，读者应掌握 NoSQL 的数据库分类、Memcached 数据库的安装与配置、Memcached 数据库的基本操作、Redis 数据库的安装与配置、Redis 数据库的基本操作等。

本章习题

一、单项选择题

1. Memcached 作为高速运行的分布式缓存服务器，它是基于（   ）的事件处理。

A. libevent

B. button

C. ActionEvent

2. Memcached 通过（   ）方式进行连接。

A. FTP

B. TELNET

C. Mail

D. HTTP

3. 通过（   ）启动 Redis 服务。

A. redis-server

B. redis-cli

C. redis

D. Server

二、多项选择题

1. NoSQL 数据库的缺点有（   ）。

A. 没有标准

B. 没有存储过程

C. 没有二维表

D. 分布式

2. NoSQL 数据库的分类（   ）。

A. 列存储

B. 文档存储

C. Key-Value 存储

D. 图存储

3. 在 Redis 数据库中创建的键命令有（   ）。

A. set

B. MEST

C. get

D. decr

第8章　负载均衡

【学习目标】

知识目标

- 理解负载均衡的概念。
- 理解网络层负载均衡与七层负载均衡的异同。
- 掌握等值路由负载均衡技术的原理及部署。
- 理解基于 DNS 的全局负载均衡技术的实现原理。
- 掌握 Keepalived 负载均衡产品的实现原理及部署。
- 理解 HTTP 协议的结构及主要 HTTP 头的作用。
- 掌握 HAPorxy 负载均衡产品的实现原理及部署。

技能目标

- 能够运用网络复杂均衡技术实现服务容量的优化部署。
- 能够运用 Keepalived 产品实现服务器的负载均衡及容错部署。
- 能够运用 HAProxy 技术实现服务器应用层的负载均衡及容错部署。

【认证考点】

- 负载均衡技术的分类。
- 网络负载均衡技术的实现原理及应用场景。
- 七层负载均衡技术的原理及应用场景。
- Keepalived 的配置及部署。
- HAProxy 的配置和部署。

📖 项目引导：电商网站的负载均衡集群部署

【项目描述】

本项目模拟一个电商网站 Web 前端服务器的部署，该网站内容分为静态数据和动态数据部分，静态数据主要是商品图片、企业形象、前端样式、前端脚本代码等不经常变化的内容，案例中通过静态文本方式进行模拟，并使用 Apache 服务器提供服务。动态内容主要是广告数据、用户信息及用户购买行为所产生的数据，案例中通过在页面中嵌入时间及服务器主机名方式进行模拟，并使用 Tomcat JSP 动态页面来产生，本案例通过综合等值多路径负载均衡技术、Web 服务器的安装及部署、Tomcat 的安装及部署、Keepalived 四层负载均衡及 HAProxy 七层负载均衡产品的安装及部署，实现网站服务的平滑扩展能力及容错能力。

📄 知识储备

8.1　负载均衡概念及类型

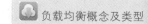
负载均衡概念及类型

在计算机系统和互联网发展的早期，使用计算机来完成的业务流程，通常具有业务逻辑简单、数据量小、网络带宽消耗小的特征，大部分系统采用单台服务器就能够满足业务的需求。但随着互联网的发展，业务数据量越来越大，业务逻辑也越来越复杂，业务流程越来越依赖于企业的信息化系统，单台服务器的性能问题以及单点问题凸显了出来，而采购更为复杂的超级计算机成本无疑是高昂的。这时业界开始用多台计算机进行分布式计算这种水平扩展方式来避免单点故障，这样的计算机系统就需要解决如下问题。

1. 网络带宽的扩展问题

由于技术发展水平的限制，在某个时间范围内，计算机网络使用的物理传输介质以及网络处理芯片存在各种限制，导致单个物理传输介质上的最大传输能力不够，以及单个网络设备的端口密度和处理能力的不足，在这种情况下，发展出各种网络负载均衡技术实现网络处理能力的扩展，主要技术包括链路捆绑技术和等值路径负载均衡技术。

2. 服务器处理能力的扩展

同样受制于技术发展水平的限制，服务器的计算、存储性能也不可能无限扩展，当单个服务器不能满足业务的并发处理需求的时候，也需要通过多台服务器来扩展系统的处理能力，这就是服务器负载均衡技术，服务器负载均衡技术主要包括 DNS 负载均衡、网络层负载均衡和七层负载均衡等类型。

8.2 网络负载均衡技术   网络负载均衡技术

8.2.1 链路捆绑技术

1. 链路捆绑的基本概念

以太网链路聚合简称链路聚合，它通过将多条以太网物理链路捆绑在一起成为一条逻辑链路，从而实现增加链路带宽的目的。如图 8-2-1 所示，Device A 与 Device B 之间通过 3 条以太网物理链路相连，将这 3 条链路捆绑在一起，就成为一条逻辑链路，这条逻辑链路的带宽等于原先 3 条以太网物理链路的带宽总和，从而达到了增加链路带宽的目的。同时，这 3 条以太网物理链路相互备份，可以有效地提高链路的可靠性。

图 8-2-1　以太网链路聚合

2. 聚合模式

根据成员端口上是否启用了自动协商功能，可以将链路聚合分为静态聚合和动态聚合两种模式。

（1）静态聚合模式

在静态聚合模式下，聚合组内的成员端口上不启用自动协商，其端口状态通过手工进行维护，其优点在于对设备要求低，设备 CPU 开销小，缺点在于容易出错，不能避免网络设备端口假死状态下的网络异常及故障。

（2）动态聚合模式

在动态聚合模式下，聚合组内的成员端口上均启用 LACP 协议，其端口状态通过该协议自动进行维护，其优点在于设备间自动协商，在端口连接错误、设备端口假死的状态下，都可以避免聚合的发生，从而避免网络故障，而缺点在于对设备要求较高，对网络设备的 CPU 性能有一定的消耗。

3. 主要的负载均衡的模式

链路捆绑根据网络设备厂家的不同，其负载均衡的算法有所不同，主要的均衡算法包括：

① src-ip，根据包的源 IP 地址 Hash 结果选择。

② dst-ip，根据包的目的 IP 地址 Hash 结果选择。

③ src-dst-ip，根据包的源目的 IP 地址 Hash 结果选择。

④ src-prot，根据包的源 IP 地址加端口 Hash 结果选择。

⑤ dst-port，根据包的目的 IP 地址加端口 Hash 结果选择。

⑥ src-dst-port，根据包的源目的 IP 地址加端口 Hash 结果选择。

这些负载均衡算法，从上到下，其均衡性能也是从差到好。

4. 链路捆绑技术的应用场景

链路捆绑技术，主要运用于交换机之间或者服务器和交换机之间扩展互联的带宽，较少用于多服务器的负载均衡。

8.2.2　多路径负载均衡技术

1. 基本概念

在传统的路由技术中，发往单个目的网段的数据包只能利用其中的一条链路，其他链路处于备份状态或无效状态，对于网络带宽来说，存在较大的浪费。为了解决这样的问题，网络设备的厂家推出了一种多路径路由（Multipath Routing）技术，该技术可以在存在多条链路到达同一目的网段的时候，允许同时使用多条链路进行数据转发。

2. 实现方法

多路径路由负载均衡技术分为以下两种。

（1）等值多路径路由技术

该技术在动态路由或静态路由技术的基本上，通过静态配置或动态学习到目的网段的多个下一个转发节点，从而实现在多路径上的流量分配。

（2）不等值多路径路由技术

不等值多路径路由技术较少用于实际环境，这里就不具体介绍了。

3. 负载均衡的算法

在如何确定到特定目的网段的流量具体使用哪一条路径进行转发的时候，多路径路由均衡算法使用了和链路捆绑算法类似的机制，即通过对网络流量特定字段的 Hash 计

算结果来确定转发的路径，不同的设备厂家实现的算法有一定的差别，主要的算法
包括：

① src-ip，根据包的源 IP 地址 Hash 结果选择。

② dst-ip，根据包的目的 IP 地址 Hash 结果选择。

③ src-dst-ip，根据包的源目的 IP 地址 Hash 结果选择。

④ src-prot，根据包的源 IP 地址加端口 Hash 结果选择。

⑤ dst-port，根据包的目的 IP 地址加端口 Hash 结果选择。

⑥ src-dst-port，根据包的源目的 IP 地址加端口 Hash 结果选择。

4. 应用场景

多路径路由负载均衡算法除了用于网络上的负载均衡及容错外，还可以用于服务器的
负载均衡，其主要的实现原理如下：

服务器配置动态路由技术，在物理接口或环回接口上配置虚拟 IP，并通过动态路由宣
告到网络中，当多台服务器都宣告同样的虚拟 IP 的时候，并且网络设备配置了等值多路
径负载均衡时，网络设备就可以将流量分担到不同的服务器上。

由于动态路由的自动拓扑发现和超时机制，当服务器发生故障的时候，故障服务器产
生的路由将会从路由表的消失，从而引起网络流量的重新分配，避免将流量发送到失效服
务器而引起的服务不可用故障。

多路径负载均衡技术用于服务器负载均衡存在下面的缺点或限制。

（1）负载均衡算法的选择

大多数情况采用基于源目的 IP 地址的负载均衡算法，只有通过这样的算法，才能让
某个客户端 IP 的所有请求都能够分配到同一台服务器上，如果采用了基于端口的负载均
衡算法，就可能引起某个客户端的不同请求被分配到不同的服务器上，导致服务器会话状
态数据的丢失，可能引起业务逻辑上的失效。如果服务器之间存在会话状态的同步机制或
者客户机的请求之间没有关联的话，基于端口的负载均衡算法也是可行的。

（2）路由波动引起的问题

如果服务器故障或者服务器故障后恢复，都可能会导致负载均衡 Hash 计算值与服务
器之间的映射规则发生变化，导致客户端会话被分配到不同的服务器上，从而导致用户会
话信息的丢失，使得客户端以前的部分操作失效。这也是这种技术的最大缺点。

（3）转发路径的一致性问题

由于网络中可能在多个节点上存在使用不同负载均衡算法的多路径负载均衡技术，如
到达服务器的流量通过多于一个网络节点进行转发时，会存在不同节点均衡算法的映射关
系不同，导致同一用户的请求被分配的不同服务器的问题，因此，需要在网络中仔细规
划，确保到达服务器的流量最后一跳是通过同一个路由节点进行转发的，这样才能解决负
载均衡的一致性问题。

8.3   服务器负载均衡技术

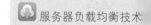

服务器负载均衡（Server Load Balance，简称 SLB）是一种服务器集群技术。服务器负载均衡将特定的业务分担给多台服务器，从而提高了业务处理能力，保证了业务的高可用性。

服务器负载均衡根据设备处理的机制的不同，分为 DNS 服务器负载均衡、四层服务器负载均衡和七层负载均衡。下面将对其实现原理进行简单介绍。

8.3.1   DNS 负载均衡技术

DNS 负载均衡技术的原理是通过对不同客户端响应不同的 DNS 域名与服务器 IP 的映射关系，从而实现将不同的客户端引导到不同的接入服务器，其在当今互联网场景的主要应用是实现服务器的就近接入，即人们通常所说的服务器全局负载均衡技术。

采用全局负载均衡（GSLB）的前提是在不同地区设立了多个数据中心，并不是所有的互联网服务都能做 GSLB，实施全局负载均衡可能需要以下前提：

① 业务与用户弱相关，即无论用户从哪个 IDC 访问都能得到相同的结果。

② 以地域划分用户，用户不会出现跨区域流动访问的情况，只会访问就近 IDC。

③ 有一套入口调度或者内部调度机制，能将用户调度到所属的系统。

④ 用户数据能强一致性同步，并有一套数据同步失效的预案。

全局负载均衡关键的技术是智能 DNS，它可以通过多种负载均衡策略来将客户端需要访问的域名解析到不同的数据中心的不同线路上，如通过 IP 地理信息数据库解析到最近的线路，或者权衡不同线路的繁忙度解析到空闲的线路等。目前国内智能 DNS 服务商提供的服务通常使用发 HTTP 请求的健康检查的方法去检测服务的过载情况，通过 GSLB 与服务器联动，实时感知线路和后端情况。

8.3.2   四层服务器负载均衡技术

四层服务器负载均衡技术是通过网络层和传输层的信息来决定客户端请求的分配，根据实现机制的不同，可能包含直接路由模式、NAT 模拟及隧道模式等多种工作模式，下面以 NAT 模式来简单介绍四层负载均衡技术的基本原理。

客户端将请求发送给服务器群前端的负载均衡设备，负载均衡设备上的负载均衡服务接收到客户端请求，通过调度算法，选择真实服务器，再通过网络地址转换，用真实服务器地址重写请求报文的目标地址后，将请求发送给选定的真实服务器；真实服务器的响应报文通过负载均衡设备时，报文的源地址被还原为虚服务的 VSIP，再返回给客户，完成整个负载调度过程。报文交互流程如图 8-3-1 所示。

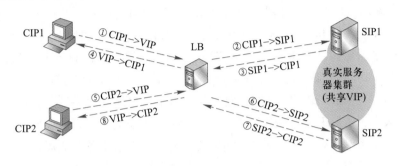

图 8-3-1　报文交互流程

NAT 方式服务器负载均衡报文交互流程说明：

① 图中 CIP1 和 CIP2 分别为客户端 1 和客户端 2 的 IP 地址，LB 为负载均衡服务器，SIP1 和 SIP2 分别为真实服务器 1 与真实服务器 2 的 IP 地址。

② 客户端 1 发送服务请求报文，源 IP 为 CIP1、目的 IP 为 VIP。

③ 当 LB 接收到请求报文后，借助调度算法计算出应该将请求分发给真实服务器 1。

④ LB 使用 DNAT 技术分发报文，源 IP 保持不变，还是 CIP1、目的 IP 更改为真实服务器 IP，即图 8-3-1 中的 SIP1。

⑤ 真实服务器 1 接收并处理请求报文，返回响应报文，这是报文源 IP 为 SIP1、目的 IP 为 CIP1。

⑥ LB 接收响应报文，转换源 IP 后转发，源 IP 更改为 VIP、目的 IP 保持不变，即 CIP1。

⑦ 负载均衡就实现到客户端和真实服务器的完整数据交换。

8.3.3　HTTP 协议

HTTP 是一个属于网站应用中客户端和服务器之间的通信协议，它于 1990 年提出，经过几年的使用与发展，得到不断的完善和扩展。目前在互联网中使用的是 HTTP/1.0 的第 6 版。

HTTP 协议的主要特点可概括如下：

① 工作在客户/服务器模式。

② 简单快速。客户向服务器请求服务时，通过传送请求方法和路径来定位请求的资源。请求方法常用的有 GET、HEAD、POST。每种方法规定了客户与服务器交互类型的不同。

③ 灵活。HTTP 允许传输任意类型的数据对象。正在传输的类型由 HTTP 协议的特定域进行标记。

HTTP URL 是 HTTP 网络资源定位的简写，客户端通过 HTTP URL 定位的格式如下：

http://主机名[":"TCP 端口][/资源路径]

http 表示表示客户端和服务器之间通过 HTTP 协议进行交互；主机名表示提供资源的服务器，可以使合法的 Internet 域名或 IP 地址；端口指定一个传输层端口，默认为 80；绝对路径表示请求的资源在服务器上的相对路径，默认值通过 Web 服务器的设置来决定。例如，人们经常访问的网址 http://www.qq.com/就是一个合法的 HTTP URL。

HTTP 协议分为请求和响应两种类型，分别用于客户端和服务端，其中 HTTP 请求由请求行、请求头、请求正文三部分组成，其中请求行主要用来申明请求的资源及使用的协议版本，请求头来申明对请求的属性，请求正文表示提交给服务器的数据，其中请求行的格式为 Method URI HTTP Version，请求行的结束以换行回车符作为标志，其中 Method 表示对资源数据的操作方法，常用的方法为 GET、POST、HEAD PUT、CONNECT、DELETE，URI 为 HTTP URL 中的资源路径，Version 为版本号，现在主流的版本号为 1.0。

请求头有多个字段组成，每个域的格式为"字段名:请求值"组成，字段名大小写无关。请求头可以有多个这样的语法，每个语法之间通过换行回车符号作为间隔，请求头的结束通过连续的两个换行回车符进行标识，常用的字段名及含义如下。

Accept：用于指定客户端接收哪些类型的信息。

Accept-Encoding：用于指定可接收的内容编码。

Accept-Charset：用于指定客户端接收的字符集。

Accept-Language：用于指定一种自然语言。

Host：用于指定被请求资源的主机，同一服务器可以通过不同的 Host 来实现虚拟 Web 站点的功能。

User-Agent：主要用于标识访问网站资源的客户端软件。

Cookie：用于传递服务器服务器分配给客户端的隐私数据，客户端用来向服务器表明身份或状态。

Content-Type：用于指定客户端上传数据的数据类型。

Content-Language：用于指定客户端上传数据的自然语言。

Content-Length：用于指定客户端上传数据的长度。

HTTP 响应由响应行、响应头和响应数据组成，其中响应行的格式为" HTTP-Version Status-Code Reason-Phrase"，其中，Version 为协议版本号，主流的为 1.0，Status-Code 为一个整数值，表示请求的状态，Reason-Phrase 为可读字符串，用于对 Status-Code 的简短描述，主要的 Status-Code 及含义如下。

1xx：指示信息，表示请求已接收，继续处理。

2xx：成功，表示请求已被成功接收、理解、接受。

3xx：重定向，要完成请求必须进行更进一步的操作。

4xx：客户端错误，请求有语法错误或请求无法实现。

5xx：服务器端错误，服务器未能实现合法的请求。

响应头的语法格式和请求头相同，差别仅仅是支持的字段名不同，响应头支持的常见字段名及含义如下。

Location：用于重定向接收者到一个新的位置。

Server：包含了服务器用来处理请求的软件信息。

Content-Encoding：用作媒体类型的修饰符，指示被应用到实体正文的附加内容的编码，因而获得 Content-Type 报头域中所引用的媒体类型，必须采用相应的解码机制。

Content-Language：描述了资源所用的自然语言。

Content-Length：用于指明实体正文的长度。

Cache-Control：用于指定缓存指令。

Content-Type：指明发送给接收者的实体正文的媒体类型。

Last-Modified：用于指示资源的最后修改日期和时间。

Expires：给出响应过期的日期和时间。

Set-Cookie：用于服务器向客户端设置隐私数据。

8.3.4 七层负载均衡技术

七层负载均衡和四层负载均衡相比，只是进行负载均衡的依据不同，而选择确定的实服务器后，所做的处理基本相同，下面以 HTTP 应用的负载均衡为例来说明。

由于在 TCP 握手阶段，无法获得 HTTP 协议真正的请求内容，因此也就无法将客户的 TCP 握手报文直接转发给服务器，必须由负载均衡设备先和客户完成 TCP 握手，等收到足够的七层内容后，再选择服务器，由负载均衡设备和所选服务器建立 TCP 连接。

七层负载均衡组网和四层负载均衡组网有一个显著的区别：四层负载均衡每个虚服务对应一个实服务组，实服务组内的所有实服务器提供相同的服务；七层负载均衡每个虚服务对应多个实服务组，每组实服务器提供相同的服务。根据报文内容选择对应的实服务组，然后根据实服务组调度算法选择某一个实服务器。图 8-3-2 所示为一个基于七层负载均衡技术的客户端和服务器的交互过程。

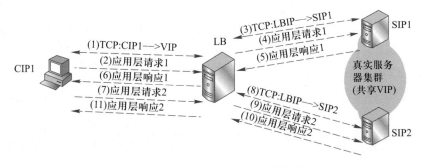

图 8-3-2　HTTP 七层负载均衡部署构架

七层负载均衡报文交互流程说明：

① 图中 CIP1 为客户端 1 的 IP 地址，SIP1 和 SIP2 为真实服务器 1 真实服务器 2 的

IP 地址，两台服务器共同拥有虚拟一个虚拟 IP，即图 8-3-2 中的 VIP，LB 为负载均衡设备。

② 客户端和 LB 建立 TCP 连接，源 IP 地址为 CIP1，目的 IP 为 VIP，即图 8-3-2 中步骤（1）。

③ 客户端发送 HTTP 请求，LB 设备分析报文，根据调度算法选择实服务器，假设选中真实服务器 1 提供服务，即图 8-3-2 中步骤（2）。

④ LB 和真实服务器 1，即 SIP1 建立 TCP 连接，即图 8-3-2 中步骤（3）。

⑤ LB 向真实服务器发送 HTTP 请求，即图 8-3-2 中步骤（4）。

⑥ 真实服务器向 LB 响应数据，即图 8-3-2 中步骤（5）。

⑦ LB 向客户端返回服务器响应数据，即图 8-3-2 中步骤（6）。

⑧ 图 8-3-2 中步骤（7）~（11）为下一次请求的均衡处理，和真实服务器 SIP2 的数据交换类似图 8-3-2 中步骤（3）~（5）。

8.3.5 Linux LVS 技术

LVS 是 Linux 虚拟服务器（Linux Virtual Server）的简称，用于实现服务器的负载均衡。LVS 组件由用户空间的 ipvsadm 和内核空间的 ip_vs 模块组成，ipvsadm 用来定义规则，ip_vs 模块利用 ipvsadm 定义的规则进行负载的分配，LVS 已经是 Linux 标准内核的一部分，在各种 Linux 版本的官方发行版本中，都带有 LVS 组件，可以直接使用 LVS 组件提供的各种负载均衡功能。

通过 LVS 提供的负载均衡技术，可以实现一个高性能、高可用的服务器群集，它具有良好可靠性、可扩展性和可操作性。从而以低廉的成本实现最优的服务性能。LVS 的主要优势有以下几个方面。

① 高并发连接：LVS 工作在 Linux 内核网络层，直接对报文进行处理，而不需要在用户空间和内核空间之间复制数据，具有超强的承载能力和并发处理能力，单台 LVS 负载均衡器，即可支持十万级别的并发连接。

② 稳定性强：LVS 仅仅在传输层上进行负载分配，不涉及传输层上纠错、超时处理，因此软件代码简单、高效，这个特点也决定了它在负载均衡软件里的性能最强、稳定性最好。对内存和 CPU 资源消耗都很低。

③ 成本低廉：硬件负载均衡器价格昂贵，LVS 只需一台服务器和就能免费部署使用，性价比极高。

④ 配置简单：LVS 配置非常简单，仅需几行命令即可完成配置，也可写成脚本进行管理。

⑤ 调度算法多样：支持多种调度算法，可根据业务场景灵活使用。

⑥ 支持多种工作模型：可根据业务场景，使用不同的工作模式来解决生产环境请求处理问题。

⑦ 应用范围广：它几乎可以对所有应用做负载均衡，包括但不限于 HTTP、数据库、DNS、FTP 服务等。

1. Linux netfilter 架构原理

LVS 的实现是基于 Linux netfilter 构架来实现的，netfilter 的具体构架详见 Linux 相关章节的内容。

2. LVS 的实现原理

LVS 的实现是基于 Linux netfilter 构架来实现的，Linux ip_vs 模块通过挂载在 netfilter 钩子上，对报文进行处理，其处理逻辑如图 8-3-3 所示。

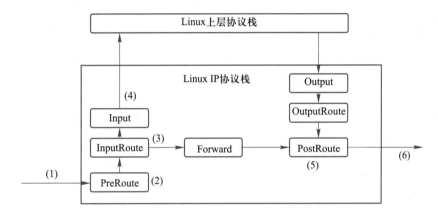

图 8-3-3　LVS 处理逻辑

其负载均衡处理逻辑如下：

① 当用户发起的请求通过计算机网络传输后，被传送到负载均衡服务器的网卡启动进行处理，网卡驱动处理后的流量进入到内核空间的 IP 协议栈进行处理，即图 8-3-3 中步骤（1）。

② 当 IP 协议栈收到数据包以后，首先进入 PreRoute 链处理，如果 PreRoute 链有钩子挂载，则钩子程序对报文进行处理后进入下一步，如果没有，则直接进入下一步，即图 8-3-3 中步骤（2）。

③ IP 协议栈进行路由判断，即根据 IP 报文的目的 IP，判断是服务器的本地流量还是需要通过服务器进行转发的其他流量，如果是本地流量，则进入到 Input 链进行处理，即图 8-3-3 中步骤（3），如果不是本地流量，则进入 Forward 链进行处理。

④ ip_vs 是工作在 Input 链上的，当用户请求报文到达 Input 链时，ip_vs 会将用户请求和已定义好的集群配置进行比对，如果用户请求的目的 IP 及目的端口就是定义的集群服务，那么此时 ip_vs 模块会根据配置的工作模式，对报文进行修改，并将新的数据包发往 PostRoute 链进行处理，否则交给上层协议处理，即图 8-3-3 中步骤（4）。

⑤ PostRoute 链根据挂载的钩子程序对 IP 报文进行再次处理，如果没有钩子程序，则网卡直接进行发送，如果有钩子函数，则钩子函数处理后，通过网卡进行发送，即图 8-3-3 中步骤（5）。

⑥ 最终通过 LVS 负载均衡服务分派的流量被网络传送到某个真实服务器上，真实服务器的响应流量，根据工作模式的不同，即可以直接返回给客户端，也可能需要通过 LVS 负载均衡服务器进行报文的修改后，再次转发给客户端，即图 8-3-3 中步骤（6）。

3. LVS 的工作模式

（1）LVS 直接路由模式的处理逻辑（图 8-3-4）

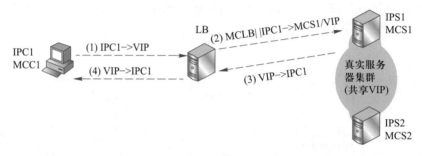

图 8-3-4　LVS 直接路由模式的处理逻辑

① 图 8-3-4 中 MC 开头的表示 MAC 地址，IP 开头的表示 IP 地址，符号 | 为分隔符，每个步骤中，其中→左边表示源头 MAC 和源 IP，右边表示目的 MAC 和目的 IP，如果没有 MAC 地址部分，就表示该报文可跨网段传输，MAC 地址会随时发生变化，在后面的正文中，也使用本规则表示。

② 图 8-3-4 中的 IPC1 和 MCC1 分别代表客户端 1 的 IP 地址和 MAC 地址，MCLB 即负载均衡的 MAC 地址，IPS1、IPS2 分别代表真实服务器 1 和真实服务器 2 的 IP 地址，MCS1 和 MCS2 分别代表真实服务器 1 和真实服务器 2 的 MAC 地址，LB 代表 LVS，VIP 为两台服务器共同拥有的虚拟 IP 地址。

③ 首先客户端向 VIP 发送请求，源 IP 为客户端 1 的 IP 地址 IPC1，目的地址为 VIP，为图 8-3-4 中的步骤（1）。

④ LB 比对数据包请求的服务是否为集群服务，若是，会根据负载均衡策略选择一个真实服务器，假设选择的是服务器 1，LB 将原始报文的源头 MAC 地址修改为 MCLB，目的 MAC 修改为服务器 1 的 MAC 地址，即 MCS1，从而将请求发送到真实服务器 1，对于会话的初始报文，处理后会在会话表中增加条目，如果非会话的初始报文，LB 会根据会话表决定真实服务器，即图 8-3-4 中的步骤（2）。

⑤ 真实服务器响应客户端请求，由于请求报文传输过程中，源目的 IP 地址及上层协议都没有发生变化，因此返回流量可以不需要通过负载均衡设备 LB，返回报文的目的 IP 地址为 IPC1，源 IP 地址为 VIP，根据路由情况决定将响应报文交给网络中的下一跳处理。

即图 8-3-4 中的步骤（3）。

⑥ 通过网络中的传播，客户端收到真实服务器的响应，即图 8-3-4 中的步骤（4）。

⑦ 根据上面的步骤可以看到，不管是 LB 还是真实服务器上都需要配置虚拟 IP 地址 VIP。

⑧ 由于负载均衡设备传递给多个真实服务器的流量是通过 MAC 来区分的，因此它们必须在同一个二层交换网络中。

（2）隧道模式的处理逻辑（图 8-3-5）

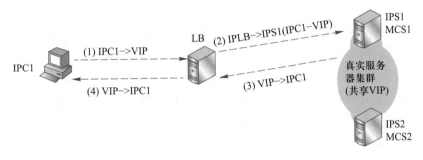

图 8-3-5 LVS 隧道模式处理逻辑

① 当客户端发起请求时，此时报文的源 IP 为 IPC1，目标 IP 为 VIP ，即图 8-3-5 中步骤（1）。

② 在负载均衡设备收到报文后，比对数据包请求的服务是否为集群服务，若是，确定了提供服务器的真实服务器，假设还是选择真实服务器 1，然后将用户请求 IP 报文封装到新的 IPIP 隧道报文中，隧道协议报文 IP 头中源 IP 为 IPLB，目标 IP 为 IPS1，然后通过网络发送出去，即图 8-3-5 中步骤（2）。

③ 网络通过隧道协议 IP 头的目的地址进行流量转发，最后送到真实服务器 1 中，真实服务器 1 收到报文，首先检查外部头的目的 IP 地址，看是否自己的，如果是，再进行 IP 协议字段的检查，发现上层协议为 IPIP 隧道协议，这时真实服务器 1 检查自己是否配置了匹配的 IPIP 隧道接口，是就进一步处理，否则就丢弃。

④ 通过剥离 IPIP 协议头后，真实服务最终收到的 IP 报文为客户端的原始请求报文，这样真实服务器也需要配置 VIP 才能接受客户端的请求。随后处理用户请求，构建响应报文，并根据自己的网络设置，将响应数据包通过网络发送给客户端，后面的步骤和直连模式一致。

⑤ 从上面的工作过程来看，真实服务器和 LB 之间不需要二层网络互连，LB 和真实服务器上都需要配置虚拟 IP 地址，即 VIP。真实服务器的返回流量不需要通过 LB。

（3）LVS NAT 模式的处理逻辑（图 8-3-6）

① 客户端向 VIP 发起请求，请求的源 IP 地址为 IPC1，目的 IP 地址为 VIP，通过网络的传递，此时请求的数据报文会转交给 LB，即图 8-3-6 中步骤（1）。

② LB 比对数据包请求的服务是否为集群服务，若是，则通过负载均衡算法选择真实

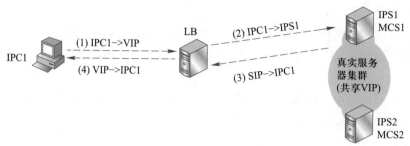

图 8-3-6　LVS NAT 模式的处理逻辑

服务器，假设选择真实服务器 1，这样修改数据包的目标 IP 地址为真实服务器 1 的 IP，即 IPS1，然后发送到网络中，即图 8-3-6 中步骤（2）。

③ 当真实服务器接收到报文后，比对发现目标 IP 为自己的 IP，接收报文并构建响应报文给客户端，此时报文的源 IP 为 IPS1，目标 IP 为 IPC1。因此真实服务器看到的会话五元组信息和客户端看到的会话五元组信息是不匹配的，必须进行转换，而转换的逻辑只有 LB 知晓，所以在网络中必须通过特殊配置，让真实服务器的返回流量通过负载均衡设备返，即图 8-3-6 中步骤（3）。

④ 当负载均衡设备收到服务器响应后，此时会根据负载均衡的配置将源 IP 地址修改为虚拟 IP 地址，即 VIP，然后将报文通过网络传递给客户端，即图 8-3-6 中步骤（4）。此时报文的源 IP 为 VIP，目标 IP 为 IPC1，和客户端发出的会话请求的五元组匹配。

4. 不同模式的优缺点

（1）直接路由模式优缺点

① 直接路由模式通过修改 IP 报文的目的 MAC 地址，从而将客户机流量交给指定的真实服务器处理，LVS 对报文的处理开销小。

② 由于真实服务器配置有虚拟 IP 地址，因此能够接受 LVS 转发过来的客户端请求，同时，由于 IP 报文通过 LVS 服务器后没有任何变化，因此，真实服务器的返回流量可以直接返回给客户机，而不需要通过 LVS 服务器，可提高 LVS 的网络处理性能。

③ 由于 LVS 服务器是通过目的 MAC 的修改来把流量传递给真实服务器的，因此，在大多数情况下，需要将真实服务器和 LVS 服务器部署在同一网段下，从而限制了服务器的部署位置。

④ LVS 服务器对真实服务的可用性探测，在大多数情况下，只能通过服务器的真实 IP 进行探测，如果服务器出现忘记配置虚拟 IP 的情况下，将导致真实服务器无法接受用户请求而 LVS 服务器不能发现的情况，从而引起客户端的失败。

（2）隧道模式的优缺点

① 隧道通过将客户端请求的 IP 报文，通过 LB 上进行 IPIP 隧道协议封装后发送到网络中，外部网络通过 IPIP 隧道协议的 IP 头进行流量转发，最终将流量发送到真实服务器上，由于 IPIP 协议封装引入了新的开销，因此报文的处理复杂度及网络带宽等开销都有

一定的增加。

② 真实服务器通过 IPIP 协议的解封装,获取到内部的 IP 报文,而真实服务器上也配置有虚拟 IP,故能够接受客户端的请求,这样客户端的真实请求通过 LVS 并未发生变化,服务器可以直接返回流量给客户端,从而降低 LVS 服务器的开销,提高网络性能。

③ 由于客户端的请求通过 IPIP 协议进行了再次封装,因此 LVS 服务器和真实服务器的部署没有任何限制,只要 IP 网络能通,都可以实现负载均衡。

④ LVS 探测真实服务器服务可用性方面和直接路由模式相同,都存在只能通过真实 IP 探测而不能避免虚拟 IP 配置错误引起的网络故障。

(3) NAT 模式的优缺点

① NAT 模式通过修改 IP 报文的目的 IP 地址,从而将客户机流量交给指定的真实服务器处理,LVS 对报文的处理开销小。

② 由于真实服务器接收的请求目的 IP 和客户端请求的目的 IP 不一致,因此真实服务器不能将响应直接返回给客户端,而需要将流量通过 LVS 转发,LVS 将返回包的源地址修改为虚拟 IP 后才能返回给客户端,这样,由于双向流量都需要通过 LVS 进行处理,LVS 的最大并发处理能力将下降。

③ 由于 LVS 服务器是通过目的 IP 的修改来把流量传递给真实服务器的,LVS 和真实服务器的部署不受部署位置的限制,主要网络中 IP 可达即可。

④ LVS 服务器对真实服务的可用性探测是通过服务器的真实 IP 进行探测,而真实服务器接收客户端的请求也是通过真实 IP 进行处理的,因此不存在隧道模式和直接路由模式存在的 IP 配置错误的问题。

5. LVS 的负载均衡调度算法

(1) LVS 常用的负载均衡算法

① 固定调度算法,即调度器不会去判断后端服务器的繁忙与否,而是一如既往地将请求派发下去,主要的固定调度算法包括 RR、WRR、SH、DH。

② 动态调度算法,调度器会去判断后端服务器的繁忙程度,然后依据调度算法动态地派发请求,主要的动态调度算法有 WLC、LC。

(2) 不同调度算法的逻辑

① RR(round robin)轮询算法,这种算法是最简单的,即按顺序将每个新请求调度到不同的服务器上,所有服务器都分配到请求后,进行下一次的循环,轮询算法假设所有的服务器处理请求的能力都是相同的,调度器会将所有的请求平均分配给每个真实服务器,不管后端 RS 配置和处理能力,非常均衡地分发下去。这种调度算法的缺点是,如果服务器性能容量差异较大或者不同请求的复杂度不同,将可能导致服务器性能不均衡。

② WRR(weight round robin)加权轮询,这种算法比 RR 算法多了一个权重的概念,可以给 RS 设置权重,权重越高,那么分发的请求数越多,权重的取值范围为 0~100。主

要是对 RR 算法的一种优化和补充，LVS 会考虑每台服务器的性能，并给每台服务器添加权值，如果服务器 A 的权值为 1，服务器 B 的权值为 2，则调度到服务器 B 的请求会是服务器 A 的 2 倍。权值越高的服务器，处理的请求越多。

③ SH（Source Hashing）源地址散列调度算法，即根据客户端请求的源 IP 地址计算一个 Hash 结果，并根据 Hash 结果将请求发给后端的同一个服务器，这种算法可设置两种不同标记：sh-fallback 标记是后端服务器失效时，会重新分配到有效的服务器；sh-port 标记是将源端口加入 Hash 运算中。

④ DH（Destination Hashing）目的地址散列调度算法，即根据客户端请求目的 IP 地址计算一个 Hash 结果，并根据这个 Hash 结果将请求发送给后端的同一台服务器。

⑤ LC（least-connection）最少连接数，这种算法会根据后端 RS 的连接数来决定把请求分发给谁，例如 RS1 连接数比 RS2 连接数少，那么请求就优先发给 RS1。

⑥ WLC（weight least-connection）加权最少连接数，这种算法比最少连接数多了一个加权的概念，即在最少连接数的基础上加一个权重值，当连接数除以权重的值越小，越优先被分派新请求。

8.3.6　负载均衡中的会话保持技术

在 BS 开发模式下，软件开发者使用 HTTP 协议作为客户端和服务器的通信协议，在通常情况下，HTTP 请求都是短连接，即每个 TCP 请求获取一个数据，如果用户的一个事务需要在客户端和服务端之间传递多个数据，就需要建立多个 TCP 连接。在单服务器模式下，这不是问题，但是如果在客户端和服务器之间部署了负载均衡设备，很可能将同一事务的多个连接转交给不同的服务器进行处理，如果服务器之间没有会话信息的同步机制，会导致其他服务器无法识别用户身份，造成用户使用应用系统出现异常。会话保持就是这样一种机制，其保证将来自相同客户端的请求转发至相同的后端服务器进行处理，也就消除不同服务状态数据的不同步问题。

常见的会话保持技术分为两类，四层会话保持和七层会话保持两种。

其中四层会话保持通常在客户端初次建立连接后，负载均衡服务器就将负载均衡服务器调度后的客户端和真实服务器的映射关系保存下来，这种映射关系的 Key 为客户端 IP、服务器 IP、协议及服务器端口，值为真实服务器地址，如果后续的连接匹配这些元素，就认为是同一客户的其他请求，负载服务器将把这些连接请求调度到同一服务器上，从而实现会话状态的一致性保证。

七层会话保持指负载均衡服务器根据客户端初次连接的应用层数据（如 HTTP 协议的 Header 数据、HTTP 协议的 Cookie 数据、SSL 协议的会话 ID、SIP 协议中的 SIP ID 等）结合目的服务器 IP、目的服务器端口、协议类型数据作为 Key，来记录特定客户端和服务器之间的映射关系。从本质上来说，这些应用层数据在客户端的事务连接中，绝大多数情况都会保持不变，因此可以用来识别唯一的客户端，从而在后续的连接中，将特定的客户端和服务器对应起来，确保客户端的状态数据的一致性。

8.4 服务器动态路由实现

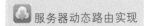

当业务系统的并发请求超过单台负载均衡服务器处理能力的时候，就需要通过扩展更多的负载均衡服务器来满足业务的要求，最常用的方法就是通过等值多路径路由的方式，利用网络设备的多路径负载均衡能力，将客户端的请求分配给多台负载均衡服务器，这样就可以降低负载均衡服务器的性能压力，根据网络设备的不同，等值多路径负载均衡最大的并发转发路径为 8 路、16 路及 32 路，因此，理论上可以做到 32 台负载均衡服务器组成一个负载均衡集群。

要通过网络设备实现负载均衡服务器的多路径负载均衡，就需要在负载均衡服务器上配置动态路由，通过将虚拟 IP 部署到每个负载均衡服务器上，并通过动态路由进行宣告，从而在网络设备上产生多条并行路由，从而实现网络上的负载均衡。

Linux 服务器上最常用的路由软件是 Quagga，Quagga 原名为 Zebra，是一款以 GNU 版权方式发布的软件。Quagga 项目开始于 1996 年，当前版本是 0.98.4 版，可以使用 Quagga 将 Linux 机器打造成一台功能完备的路由器。

Quagga 能够同时支持 RIPv1、RIPv2、RIPng、OSPFv2、OSPFv3、BGP-4 和 BGP-4+ 等诸多 TCP/IP 协议。其中：

① RIPv1、RIPv2、OSPFv2 适用于 IPv4 的自治域系统内部网络路由协议。

② BGP-4 是用于 IPv4 的自治域系统之间的外部网络路由协议。

③ RIPng、OSPFv3、BGP-4+主要扩展对 IPv6 的支持。

（1）Quagga 的软件特征

① 模块化设计：Quagga 基于模块化方案的设计，即对每一个路由协议使用单独的守护进程。

② 运行速度快：因为使用了模块化的设计，使得 Quagga 的运行速度比一般的路由选择程序要快。

③ 可靠性高：在所有软件模块都失败的情况下，路由器可以继续保持连接并且 daemons 也会继续运行。故障诊断不必在离线的状态下被诊断和更正。

④ 支持 IPv6：Quagga 不仅支持 IPv4，还支持 IPv6。

（2）Quagga 运行时要运行多个守护进程，以下是各个具体的守护进程及作用

① zebra，用来更新内核的路由表及维护接口的配置。

② ripd，用来进行 IPv4 的 RIP 路由学习。

③ ripngd，用来进行 IPv4 的 RIP 路由学习。

④ ospfd，用来进行 IPv4 的 OSPF 路由学习。

⑤ bgpd，用来进行 BGP 路由学习。

⑥ ospf6d，用来进行 IPv6 的 OSPF 路由学习。

⑦ isisd，用来进行 ISIS 路由学习。

8.5 Keepalived 基本原理

Keepalived 是 Linux 下一个轻量级别的高可用（High Availability，HA）解决方案，Keepalived 主要是通过虚拟路由冗余来实现高可用功能，通过 LVS 结合 Keepalived 的监控检测及跟踪功能，实现服务器的负载均衡。

Keepalived 在设计之初是基于 LVS 实现的负载均衡，其通过在 LVS 的基础上，扩展了专门用来监控集群系统中各个服务节点的模块，根据 TCP/IP 参考模型的第三层、第四层及应用层检测每个服务节点的状态，如果某个服务器节点出现异常，或者工作出现故障，Keepalived 检测发现后，会将出现故障的服务器节点从集群系统中剔除，这些工作全部是自动完成的，不需要人工干涉，从而在实现负载均衡的基础上，实现了服务器的高可用。

随后 Keepalived 在原来负载均衡的基础上，引入了 VRRP（Virtual Router Redundancy Protocol，虚拟路由冗余协议）功能，VRRP 协议开发初期是解决静态路由中的单点故障问题，通过 VRRP 可以默认网关的选举和故障自动切换，从而实现网络不间断稳定运行，Keepalived 软件通过引入该协议，实现了多个 Keepalived 组成一个高可用集群，从而实现了自身的高可用。

8.5.1 VRRP 协议

VRRP 是一种容错协议，它保证当主机的下一跳路由器出现故障时，可以由另一台路由器来代替出现故障的路由器进行工作，从而保持网络通信的连续性和可靠性。

VRRP 将局域网内的一组路由器划分在一起，形成一个 VRRP 备份组，它在功能上相当于一台虚拟路由器，使用虚拟路由器号进行标识。

虚拟路由器有自己的虚拟 IP 地址和虚拟 MAC 地址，它的外在表现形式和实际的物理路由器完全相同。局域网内的主机将虚拟路由器的 IP 地址设置为默认网关，通过虚拟路由器与外部网络进行通信。

虚拟路由器是工作在实际的物理路由器之上的。它由多个实际的路由器组成，包括一个 Master 路由器和多个 Backup 路由器。当 Master 路由器正常工作时，局域网内的主机通过 Master 与外界通信。当 Master 路由器出现故障时，Backup 路由器中的一台设备将成为新的 Master 路由器，接替转发报文的工作。

（1）VRRP 的工作过程

① 虚拟路由器中的路由器根据优先级选举出 Master。Master 路由器通过发送免费 ARP

报文，将自己的虚拟 MAC 地址通知给与它连接的设备或者主机，从而承担报文转发任务。

② Master 路由器周期性发送 VRRP 报文，以公布其配置信息（优先级等）和工作状况。

③ 如果 Master 路由器出现故障，虚拟路由器中的 Backup 路由器将根据优先级重新选举新的 Master。

④ 当虚拟路由器状态切换时，Master 路由器由一台设备切换为另外一台设备，新的 Master 路由器只是简单地发送一个携带虚拟路由器的 MAC 地址和虚拟 IP 地址信息的免费 ARP 报文，这样就可以更新与它连接的主机或设备中的 ARP 相关信息。网络中的主机感知不到 Master 路由器已经切换为另外一台设备。

⑤ Backup 路由器的优先级高于 Master 路由器时，由 Backup 路由器的工作方式（抢占方式和非抢占方式）决定是否重新选举 Master。

（2）VRRP 具有的优点

① 简化网络管理。在具有多播或广播能力的局域网（如以太网）中，借助 VRRP 能在某台设备出现故障时仍然提供高可靠的默认链路，可有效地避免单一链路发生故障后网络中断的问题，而无须修改动态路由协议、路由发现协议等配置信息，也无须修改主机的默认网关配置。

② 适应性强。VRRP 报文封装在 IP 报文中，支持各种上层协议。

③ 网络开销小。VRRP 只定义了一种报文：VRRP 通告报文，并且只有处于 Master 状态的路由器可以发送 VRRP 报文。

8.5.2 Keepalived 架构

Keepalived 架构如图 8-5-1 所示，从中可以看到，Keepalived 功能的实现主要通过用户空间的功能结合内核模块来实现的。

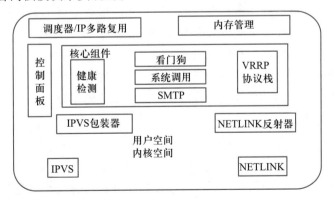

图 8-5-1 Keepalived 构架

（1）内核空间

① NETLINK 模块，主要用于实现一些高级路由框架和一些相关参数的网络功能，接

收用户空间中 NETLINK 反射器模块发来的各种网络请求并处理。

② IPVS 模块，主要实现 LVS 负载分担功能。

（2）用户空间层

主要包含以下 4 个部分。

① 调度器及 IP 多路复用，是一个 I/O 复用分发调度器，它负载安排 Keepalived 所有内部的任务请求。

② 内存管理，是一个内存管理机制，这个框架提供了访问内存的一些通用方法。

③ 控制面板，是 Keepalived 的控制版面，可以实现对配置文件编译和解析。

④ 核心组件，Keepalived 业务逻辑的实现。

（3）核心组件

主要包含以下 5 个部分。

① 看门狗，是极为简单又非常有效的检测工具，Keepalived 正是通过它监控 Checkers 和 VRRP 进程的。

② 健康检查，这是 Keepalived 最基础的功能，也是最主要的功能，可以实现对服务器运行状态检测和故障隔离。

③ VRRP 协议栈，这是 Keepalived 后来引用的高可用特征，可以实现 HA 集群中失败切换功能。

④ IPVS 封装器，这是 IPVS 功能的一个实现，IPVS wrapper 模块将可以设置好的 IPVS 规则发送到内核空间并且提供给 IPVS 模块，最终实现 IPVS 模块的负载功能。

⑤ NETLINK 反射器，用来实现高可用集群 Failover 时虚拟 IP（VIP）的设置和切换。

8.6 HAProxy 基本原理

HAProxy 是一款开源负载均衡软件，其提供基于四层和七层的高可用性、负载均衡功能。HAProxy 特别适用于那些负载特大的 Web 站点，并且提供会话保持或基础应用层数据的负载均衡处理逻辑，HAProxy 在当前主流的硬件上，典型部署模式下可以支持数以万计的并发连接，HAProxy 使用了一种事件驱动、单一进程的软件构架，这种构架采用事件驱动模型，较好地解决了多线程模型的内存限制、系统调度器限制以及锁限制，因此能够支持非常大的并发连接数。

1. HAProxy 的优点如下：

① 可靠性和稳定性非常好，可以与硬件级的 F5 负载均衡设备相媲美。

② 最高可以同时维护 40 000～50 000 个并发连接，单位时间内处理的最大请求数为 20 000 个，最大数据处理能力可达 10 Gbit/s。

③ 支持多于 8 种负载均衡算法，同时也支持 Session 保持。

④ 支持虚拟主机功能，这样实现 Web 负载均衡更加灵活。

⑤ 从 HAProxy1.3 版本后开始支持连接拒绝、全透明代理等功能。

⑥ HAProxy 拥有一个功能强大的服务器状态监控页面。

⑦ HAProxy 拥有功能强大的访问控制（ACL）功能。

HAProxy 软件从逻辑架构上来说，主要分为前端（Front End）、后台（Back End）及负载均衡三部分组成，其中前端用来接收客户端的连接，并对客户端的请求数据进行提取分析，后台的主要功能用于真实服务器的连接，并对服务器的响应数据进行提取分析，其中负载均衡实现请求分担、连接保持等主要的负载均衡能力，典型的 HAProxy 部署逻辑如图 8-6-1 所示。

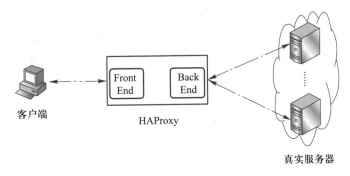

图 8-6-1　典型的 HAProxy 部署逻辑

2. HAProxy 配置

HAProxy 配置文件根据功能和用途的不同，主要有五部分组成，具体如下：

（1）global

用来设定全局配置参数，主要用于定义 HAProxy 进程管理安全及性能相关的参数。

（2）defaults

默认参数的配置。在此部分设置的参数值，默认会自动被 frontend、backend 和 listen 引用，如果某些参数属于公用配置，只需在 defaults 部分配置一次即可。而如果在 frontend、backend 和 listen 中也配置了与 defaults 部分一样的参数，那么 defaults 部分参数对应的值会被自动覆盖。

（3）frontend

此部分配置主要用于设置用户请求的处理及参数，frontend 可以根据 ACL 策略直接指定不同的请求要使用的后端服务。

（4）backend

此部分用于设置后端服务集群的配置类似于 LVS 中的 real server 配置。

（5）listen

此部分配置实际上就是 end 和 backend 配置的结合，主要用在 Proxy1.3 版本之前，为了保持兼容性，HAProxy 新的版本保留了这种配置方式，在目前的 HAProxy 版本中，两种配置方式任选其一即可，但是为了向后兼容，建议使用独立的 frontend 及 backend 方式进行配置。

📖 项目实施

随着用户的增加及平均交易量的快速增长，某电子商务公司的网站服务器的访问量越来越大，单台服务器与单个负载均衡设备的性能容量已经不能满足负载的需求，对此，技术人员准备采用网络设备的等值多路径负载均衡方式来实现负载均衡设备的平行扩展，通过软件负载均衡来实现服务器的负载分担。通过前期调研，技术团队决定通过 Quagga 软件的动态路由功能实现负载均衡设备的平行扩展及负载分担，通过 Keepalived 负载均衡软件来实现无差别服务集群的负载分担，通过 HAProxy 软件实现具有 Web 动静分离的服务器负载分担。

需要完成的任务：
- Quagga 动态路由软件的安装及部署。
- Keepalived 的安装及部署。
- HAProxy 的安装及部署。

8.7　服务器负载均衡的部署

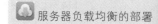

8.7.1　等值路由负载均衡部署

本次实验利用开源路由软件 Quagga 实现服务器与网络设备之间的动态路由协议，通过在多台服务器上配置 ospf 动态路由及共享虚拟 IP，让网络设备上存在多条等值路由，从而让多台服务器使用单个 VIP 为客户端提供服务，本次实验的网络结构如图 8-7-1 所示，图中 Server1 模拟路由器设备，Server2 和 Server3 模拟部署业务的真实服务器，真实服务器都配置虚拟 IP，即图 8-7-1 中的 IP 地址 192.168.20.20/32，实现同时为用户提供服务。

1. Quagga 软件的安装

下面以 CentOS 7 来讲解 Quagga 的安装，安装方式使用 yum 工具进行安装。

分别登录到 3 台服务器上，执行如下 Shell 命令安装 Quagga 软件。

```
yum install -y quagga.x86_64
```

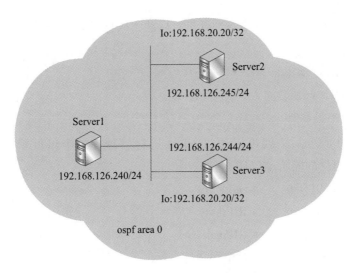

图 8-7-1　等值负载均衡实验拓扑

Quagga 的各个组件的运行配置需要通过 telnet 软件来管理，也可以通过软件包自带的 vtysh 程序进行管理，在 3 台服务器上分别安装 telnet 软件，执行如下 Shell 命令。

```
yum install -y telnet. x86_64
```

2. Quagga 软件的初始化配置

Quagga 软件的各个组件的配置文件保存在/etc/quagga 目录下，配置文件名格式为"组件名 . conf"，各个组件要能够使用 Telnet 进行正常的运行和管理，首先要进行密码的配置，使用 vim 编辑器进行配置，对 zebra 服务组件的配置文件进行修改，下面的操作在 3 台服务器上同时进行。

使用 vi 编辑器修改配置文件。

```
vi /etc/quagga/zebra. conf
```

进入程序界面后，在文件中增加如下内容：

```
hostname <主机名>
password <密码>
```

修改完成后，退出程序，并保存修改。
使用如下命令修改文件的拥有者的属性。

```
chown quagga:quagga    /etc/quagga/zebra. conf
```

使用如下命令初始化 ospf 的配置文件。

```
cd /etc/quagga
touch ospfd. conf
chown quagga:quagga ospfd. conf
```

启动 zebra 及 ospfd 服务，并设置为开机自启动，执行如下 Shell 命令。

```
systemctl start zebra. service
systemctl enable zebra. service
systemctl start ospfd. service
systemctl enable ospfd. service
```

启动各个组件服务后，就可以通过 telnet 进行管理，各个组件默认的监听地址为 127. 0. 0. 1，每个组件的监听端口如下：

zebra	2601/tcp	# zebra vty
ripd	2602/tcp	# RIPd vty
ripngd	2603/tcp	# RIPngd vty
ospfd	2604/tcp	# OSPFd vty
bgpd	2605/tcp	# BGPd vty
ospf6d	2606/tcp	# OSPF6d vty
isisd	2608/tcp	# ISISd vty

除了可以通过 Telnet 进行管理外，Quagga 软件还提供一个专用的命令行程序 vtysh，提供 Quagga 软件的统一配置功能。

3. 服务器动态路由配置

（1）Server1 配置

登录到 Server1 服务上，执行如下命令。

```
vtysh
```

下面为软件的提示及用户的配置，其中斜体字为用户输入。

```
Hello, this is Quagga (version 0. 99. 22. 4).
Copyright 1996-2005 Kunihiro Ishiguro, et al.


localhost. localdomain# configure   terminal
localhost. localdomain( config)# router ospf
localhost. localdomain( config-router)# network   192. 168. 126. 0/24 area   0
localhost. localdomain( config-router)# end
localhost. localdomain# write   memory
Building Configuration. . .
Configuration saved to /etc/quagga/zebra. conf
Configuration saved to /etc/quagga/ospfd. conf
[ OK ]
localhost. localdomain# exit
```

（2）Server2 配置

登录到 Server2 服务上，执行如下命令。

vtysh

下面为软件的提示及用户的配置，其中斜体字为用户输入。

```
Hello，this is Quagga（version 0.99.22.4）.
Copyright 1996-2005 Kunihiro Ishiguro，et al.

localhost.localdomain# configure  terminal
localhost.localdomain（config）# interface  lo
localhost.localdomain（config-if）# ip address  192.168.20.20/32
localhost.localdomain（config-if）# exit
localhost.localdomain（config）# router ospf
localhost.localdomain（config-router）# network  192.168.126.0/24 area  0
localhost.localdomain（config-router）# network  192.168.20.20/32 area  0
localhost.localdomain（config-router）# end
localhost.localdomain# write  memory
Building Configuration...
Configuration saved to /etc/quagga/zebra.conf
Configuration saved to /etc/quagga/ospfd.conf
［OK］
localhost.localdomain# exit
```

（3）Server3 配置

Server3 的配置和 Server2 完全相同，这里就不进行讲解了。

4. 运行状态检查

登录到 Server1 服务器上，执行如下命令。

vtysh

执行下面内容的相关命令，检查 ospf 协议的状态，下面斜体字为用户输入内容。

```
localhost.localdomain# show ip route
localhost.localdomain# show  ip ospf  neighbor
localhost.localdomain# show  ip ospf  database
localhost.localdomain# show  ip ospf  database  router  192.168.20.20
```

8.7.2 Keepalived 负载均衡部署

本次实验使用 Keepalived 进行服务器负载均衡集群的部署，Keepalived 和真实服务器之间采用隧道模式，其中 Keepalived 提供负载均衡及 VRRP 虚拟地址功能，RealServer1 和 RealServer2 为真实服务器，提供网站的内容，实验的网络结构如图 8-7-2 所示。

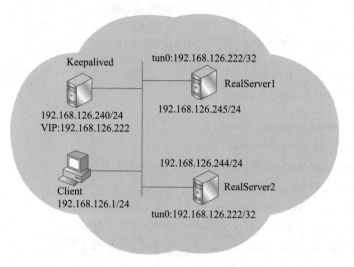

图 8-7-2　Keepalived 负载均衡拓扑

1. Keepalived 服务器部署

登录到 Keepalived 服务上，执行如下命令安装 Keepalived 及 ipvsadm 软件包。

```
yum install -y keepalived
yum install -y ipvsadm
```

使用 vi 编辑器，编辑文件/etc/keepalived/keepalived.conf，修改或增加的配置内容如下。

```
! Configuration File for keepalived
global_defs {
    notification_email {
        acassen@ firewall. loc
        failover@ firewall. loc
        sysadmin@ firewall. loc
    }
    router_id LVS_DEVEL
    vrrp_skip_check_adv_addr
    vrrp_garp_interval 0
    vrrp_gna_interval 0
}
vrrp_instance VI_1 {
    state MASTER
```

```
        interface ens32
        virtual_router_id 51
        priority 100
        advert_int 1
        authentication {
            auth_type PASS
            auth_pass Cisc0123
        }
        virtual_ipaddress {
            192. 168. 126. 222
        }
}
virtual_server 192. 168. 126. 222 80 {
    delay_loop 6
    lb_algo rr
    lb_kind TUN
    persistence_timeout 50
    protocol TCP
    real_server 192. 168. 126. 244 80 {
        weight 1
        HTTP_GET {
            url {
              path /
            }
            connect_timeout 3
            nb_get_retry 3
            delay_before_retry 3
        }
    }
    real_server 192. 168. 126. 245 80 {
        weight 1
        HTTP_GET {
            url {
              path /
            }
            connect_timeout 3
            nb_get_retry 3
            delay_before_retry 3
```

```
        }
      }
    }
```

2. RealServer 服务部署

下面步骤在 RealServer1 和 RealServer2 上分别执行。

通过如下命令新建文件/etc/sysconfig/network-scripts/ifcfg-tun0。

```
touch/etc/sysconfig/network- scripts/ifcfg-tun0
```

使用 vi 编辑器编辑/etc/sysconfig/network-scripts/ifcfg-tun0, 内容如下:

```
DEVICE = tun0
BOOTPROTO = none
ONBOOT = yes
TYPE = IPIP
PEER_OUTER_IPADDR = 192. 168. 126. 240
MY_INNER_IPADDR = 192. 168. 126. 222
```

执行如下命令, 使配置生效。

```
systemctl restart network
```

使用 vi 编辑器修改文件/etc/sysctl. conf, 增加如下内容, 避免真实服务器响应 VIP 的 ARP 请求以及避免真实服务器做反向路径安全检查。

```
net. ipv4. conf. all. arp_ignore  =  1
net. ipv4. conf. ens32. arp_ignore  = 1
net. ipv4. conf. tun0. rp_filter  =  0
net. ipv4. conf. all. rp_filter  =  0
net. ipv4. conf. default. rp_filter  =  0
```

执行如下命令, 使配置生效。

```
sysctl -q -p /etc/sysctl. conf
```

执行如下命令, 安装 Apache http 服务器。

```
yum install -y httpd. x86_64
```

使用 vi 编辑器新建一个文件/var/www/html/index. html, 根据真实服务器的不同, 内容有所不同, RealServer1 内容如下:

```
<html>
<head>
<title>我的第一个 HTML 页面</title>
```

```
</head>
<body>
<p>This is First RealServer。</p>
<p>这是第一个真实服务器的网页内容</p>
</body>
</html>
```

RealServer2 的内容如下：

```
<html>
<head>
<title>我的第一个 HTML 页面</title>
</head>
<body>
<p>This is Second RealServer。</p>
<p>这是第二个真实服务器的网页内容</p>
</body>
</html>
```

3. 负载均衡检验

在客户端上打开浏览器，访问 http://192.168.126.222/，通过页面内容可以观察到客户端连接到哪台真实服务器上，多次刷新页面，可以看到显示的内容保持不变，这是 LVS 的会话保持机制在起作用。

登录到提供内容的真实服务器上，通过如下命令关闭 HTTP 服务。

```
systemctl stop httpd. serice
```

稍微等待一段时间，再次通过浏览器访问 http://192.168.126.222/，可以看到页面内容已经切换为另外一台服务器的内容。

登录到 Keepalived 服务器中，执行如下命令，可以检查 LVS 的负载均衡设置。

```
ipvsadm -L -n
```

通过如下命令，可以检查当前的客户端会话及状态。

```
ipvsadm -L -c -n
```

8.7.3 HAProxy 负载均衡部署

本次实验使用 HAProxy 进行服务器负载均衡集群的部署，真实服务器上分别部署 Apache Web 服务器和 Tomcat 中间件系统，其中 Apache 提供静态内容，动态内容由 Tomcat

的 JSP 动态产生，实验的网络结构如图 8-7-3 所示。

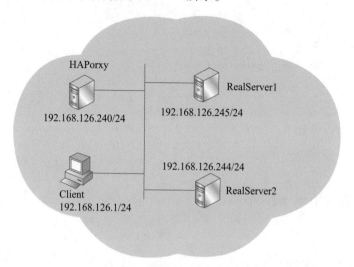

图 8-7-3　HAProxy 负载均衡部署

图 8-7-3 中 RealServer1 和 RealServer2 为真实服务器，提供网站的具体内容，每个服务器上都运行着 Apache Web 服务软件和 Tomcat 中间件系统。

1. HAProxy 部署

登录到 HAProxy 服务器上，执行如下命令安装 HAProxy 软件。

```
yum install -y haproxy. x86_64
```

使用 vi 编辑器，修改/etc/haproxy/haproxy. cfg 文件，修改的部分如下：

```
frontend    main
    bind  * :80
    acl url_static  path_end  -i . jpg . gif . png . css . js . html /
    use_backend  tomcat  if  ! url_static
    default_backend      apache
backend apache
    balance      roundrobin
    http-check   expect status 200
    server       apache1 192. 168. 126. 244 :80 check
    server       apache2 192. 168. 126. 245 :80 check
backend tomcat
    balance      roundrobin
    option tcp-check
    tcp-check connect
    cookie JSESSIONID prefix indirect
```

```
server    tomcat1 192.168.126.244:8080 cookie tomcat1 check
server    tomcat2 192.168.126.245:8080 cookie tomcat2 check
```

使用如下命令启动 HAProxy 服务。

```
systemctl restart haproxy.service
```

2. 真实服务部署

分别登录到真实服务器 RealServer1 或 RealServer2 上,执行如下命令安装 Apache Web 软件。

```
yum install -y httpd.x86_64
```

登录到 RealServer1 上,使用 vi 编辑器,创建文件/var/www/html/index.html,内容如下:

```
<html>
<head>
<title>我的第一个 HTML 页面</title>
</head>
<body>
<p>这是第一个真实服务器的静态内容</p>
<iframe src="/sample/index.jsp" frameborder="0"></iframe>
</body>
</html>
```

登录到 RealServer12,使用 vi 编辑器,创建文件/var/www/html/index.html,内容如下:

```
<html>
<head>
<title>我的第一个 HTML 页面</title>
</head>
<body>
<p>这是第二个真实服务器的静态网页内容</p>
<iframe src="/sample/index.jsp" frameborder="0"></iframe>
</body>
</html>
```

分别登录到 RealServer1 和 RealServer2 上,使用如下命令,启动 httpd 服务。

```
systemctl restart httpd.service
```

分别登录到 RealServer1 和 RealServer2 上,使用如下命令,安装 Tomcat 中间件,并初始化网站配置。

```
yum install -y tomcat. noarch
mkdir /var/lib/tomcat/webapps/sample
cd /var/lib/tomcat/webapps/sample
mkdir META-INF
mkdir WEB-INF
```

分别登录到 RealServer1 和 RealServer2 上，使用 vi 编辑器，创建文件/varlib/tomcat/webapps/sample/index. jsp，文件内容如下：

```
<html>
<head>
    <title>Hello World - test the J2EE SDK installation
    </title>
</head>
<body>
<%@ page import = " java. io. BufferedReader, java. io. InputStreamReader, java. util. * , java. text. Simple-
DateFormat" %>
<%
  Process p = Runtime. getRuntime( ). exec("hostname") ;
  BufferedReader rbuffer = new BufferedReader( new InputStreamReader( p. getInputStream( ) ) ) ;
  String line = null;
  StringBuilder BString = new StringBuilder( ) ;
  while( ( line = rbuffer. readLine( ) ) ! = null) {
        BString. append( line + " \n") ;
  }
  SimpleDateFormat dateformat = new SimpleDateFormat("yyyy-MM-dd hh:mm:ss") ;
  String current = dateformat. format( new Date( ) ) ;
%>
<h1>Server Hostaname is：<% = BString. toString( )%><h1>
<h1>Current time is ：<% = current%><h2>
</body>
```

执行如下命令，启动 tomcat 脚本。

```
chown -R tomcat:tomcat   /var/lib/tomcat/webapps/sample
systemctl start tomcat. service
```

3. 负载均衡效果验证

在客户端上打开浏览器，访问 http://192.168.126.240/，可以观察到网页的内容包含两个部分，一部分内容为包含"静态王亚茹内容"的行，这是由 Apache Web 服务提供的，另外一部分为包含"Server Hostaname is"和"Current time is"的两行，这是 Tomcat JSP 页面产生的，多次刷新页面，可以看到第一部分的内容不停地在第 1 台服务器和第 2 台服务器之间切换，这表示在每次刷新后，提供内容的服务器都会发生变化，这就是没有开启会话保持的效果，而第二部分的内容除了时间会随刷新而变化，字符串"Server Hostaname is:"后面的内容不会发生变化，这表示提供这部分内容的服务器没有发生变化，这是由于在 HAProxy 中对动态内容后台配置了会话保持，导致第二部分的请求每次都是同一服务器提供的。

　　任意登录到 RealServer1 或 RealServer2 上，通过如下命令关闭 HTTP 服务。

```
systemctl stop httpd. service
```

　　稍微等待一段时间，再次通过浏览器访问 http://192. 168. 126. 222/，可以看到页面内容静态部分已经固定为单个服务的内容了。

　　根据动态内容的指示，登录提供动态内容的服务器上，执行如下命令，停止 Tomcat 服务。

```
systemctl stop tomcat
```

　　稍微等待一段时间，可以看到页面内容的第二部分也发生变化。

本章小结

　　本章以电商网站的高可用及可扩展应用需求为引导，介绍了基础网络的多路径负载均衡、网络层负载均衡及七层负载均衡的原理，并通过开源软件 Quagga、Keepalived、HAProxy 的部署案例，使读者通过本章的学习，能够掌握负载均衡系统的设计、部署的基本技能，以应对企业用户或业务快速增长的需求。

本章习题

一、单项选择题

1. LVS 是基于 Linux 内核的哪种技术实现的（　　　）。
A. 软中断　　　　　　B. tasklet　　　　　　C. 文件系统　　　　　　D. netfilter
2. LVS 哪种模式要求服务器返回流量必须经过 LVS（　　　）。
A. 直连路由模式　　　B. 隧道模式　　　　　C. NAT 模式　　　　　D. 都需要
3. 下面（　　　）负载均衡技术，可以显示用户的就近接入。

A. 基于 DNS 全局负载均衡技术   B. 基于网络层的负载均衡技术

C. 基于应用层的负载均衡技术   D. 基于等值多路径的负载均衡技术

4. 负载均衡中，会话保持技术的作用是（   ）。

A. 提高性能   B. 提高可用性

C. 保持应用状态一致   D. 没有用

5. Keepalived 支持哪种负载均衡技术（   ）。

A. 链路捆绑   B. 等值多路径   C. DNS 负载均衡   D. 网络层负载均衡

6. 下面哪个命令可以用户 LVS 连接表的查看（   ）。

A. ipvsadm   B. yum   C. systemctl   D. vi

二、多项选择题

1. HAProxy 支持哪些负载均衡技术（   ）。

A. 基于 DNS 的全局负载均衡技术

B. 网络层负载均衡技术

C. 七层负载均衡技术

D. 等值多路径负载均衡技术

2. LVS（   ）要求虚拟 IP 配置在真实服务器上。

A. 隧道模式

B. 直连路由模式

C. NAT 模式

D. 所有模式

三、判断题

1. 基于 DNS 的负载均衡技术，能够实现基于每用户的接入点分配。

2. Quagga 支持 OSPF、BGP、RIP 路由协议。

3. Keepalived 支持基于应用层数据的会话保持技术。

第9章　网络监控管理

【学习目标】

知识目标

- 了解网络监控的概念及应用场景。
- 了解主流的开源监控系统的特征。
- 了解监控系统的工作原理。
- 理解网络监控相关的技术和标准。

技能目标

- 安装及配置 Zabbix 系统。
- 运用 Zabbix 进行信息系统的监控。
- 基本 Zabbix 的系统诊断。
- Zabbix 系统二次开发能力。

【认证考点】

- 了解网络监控的概念。
- 了解 SNMP 原理及配置。
- 了解 Zabbix 系统的构架。
- 掌握 Zabbix 数据采集方式及原理。
- 能够对 Zabbix 进行简单的扩展。
- 能够进行基本监控参数配置。
- 掌握基本的故障诊断知识和技巧。

📖 项目引导：企业 IT 系统的监控

【项目描述】

　　该项目将模拟企业环境下，对企业业务系统的整体进行监控，包括网络设备、数据库及中间件的监控，涉及的数据采集技术包括 SNMP、JMX 及 Zabbix Agent 方式。数据库使用 MariaDB 为案例进行性能数据的监控，通过对 Zabbix Agent 扩展自定义监控条目的方式实现对 MariaDB 关键状态数据的采集，包括慢查询、查询率、读写传输率、连接数、Buffer 大小等参数。网络设备的性能数据监控，以 Linux 部署 Net-SNMP 软件包的方式模拟交换机性能数据的采集，通过 SNMP 完成服务器性能数据的采集。对于中间件，使用 Tomcat 中间件进行模拟，通过 JMX 协议完成 Java 虚拟机性能数据的采集。完成该项目需要几个过程，内容包括 Zabbix Agent 组件的安装及配置、Zabbix Server 组件的安装及配置，MariaDB 数据库组件的安装及数据初始化、Zabbix Web 组件的安装及配置，以及 3 种环境下的数据采集配置、触发器配置及动作配置，达到实现整个业务性能数据监控及异常告警目的。

📑 知识储备

9.1　数据采集技术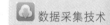

　　在企业 IT、互联网运营商、政府机关等环境下的各种计算机系统，都会存在由于机房环境、软件缺陷、恶意用户的攻击行为以及用户访问量的变化导致计算机系统达不到设计时的指标要求，为了及时发现并解决问题，实时采集计算机系统的工作状态并及时响应变得至关重要，网络监控技术就这样应运而生。网络监控软件能够实时地采集计算机系统各个组件的性能数据、容量数据、配置数据及日志数据等，并结合实时的数据处理和分析技术，在发现异常或异常苗头的时候，通过用户自定义的规则及通知策略，及时将这些信息告知网络系统管理员，从而加快人工干预进度，提高故障的解决速度。网络监控技术有多种技术标准，下面对这些技术进行一个简单介绍。

9.1.1　MIB 及 SNMP 技术

　　MIB 及 SNMP 技术主要用于计算机网络设备的监控管理，现阶段大部分企事业单位使用的计算机网络产品，其软件系统都是封闭、独立的，用户基本没有方法对其进行二次开发实现功能的扩展，较难实现对计算机网络设备运行状态的监控及管理。基于这样的现状，国际标准化组织和各网络设备的厂家共同制定了计算机网络设备的管理标准，这就是 MIB 和 SNMP。MIB 主要用于计算机网络设备性能数据的定义，包括性能数据的名字识别方法和 SNMP 数据类型的定义。SNMP 技术主要用于网络设备和监控设备之间的通信协议标准的定义。

1. SNMP 技术

SNMP 是管理进程（网络管理站点）和代理进程（Agent）之间的通信协议。它规定了在网络环境中对设备进行监视和管理的标准化管理框架、通信的公共语言、相应的安全和访问控制机制。网络管理员使用 SNMP 功能可以查询设备信息、修改设备的参数值、监控设备状态、自动发现网络故障、生成报告等。

（1）SNMP 具有的技术优点

① 基于 TCP/IP 的互联网标准协议，传输层协议一般采用 UDP。

② 自动化网络管理。网络管理员可以利用 SNMP 平台在网络上的节点检索信息、修改信息，发现故障、完成故障诊断，进行容量规划和生成报告。

③ 屏蔽不同设备的物理差异，实现对不同厂商产品的自动化管理。SNMP 只提供最基本的功能集，使得管理任务与被管设备的物理特性和实际网络类型相对独立，从而实现对不同厂商设备的管理。

（2）SNMP 技术的发展

SNMP 技术在其发展史上，经历了 3 个版本的变迁，这 3 个版本的主要特征如下。

① SNMP v1，是 SNMP 的最初版本，提供最小限度的网络管理功能。SNMP v1 的 SMI 和 MIB 都比较简单，且存在较多安全缺陷。SNMP v1 采用团体名认证。团体名的作用类似于共享密码，用来限制网络管理站点与网络管理代理之间的相互访问。

② SNMP v2，也采用团体名认证。在兼容 SNMP v1 的同时又扩充了 SNMP v1 的功能：它提供了更多的操作类型（GetBulk 操作等）；支持更多的数据类型（Counter64 等）；提供了更丰富的错误代码，能够更细致地区分错误。

③ SNMP v3，主要在安全性方面进行了增强，SNMP v3 版本提供了认证和加密安全机制，以及基于用户和视图的访问控制功能，增强了安全性，它采用了 USM 和 VACM 技术。USM 提供了认证和加密功能，VACM 确定用户是否允许访问特定的 MIB 对象以及访问方式。

（3）SNMP 操作

SNMP 支持多种操作，主要为以下几种基本操作：

Get 操作，网络管理站点使用该操作从进程获取一个或多个参数值。

GetNext 操作，网络管理站点使用该操作从进程获取一个或多个参数的下一个参数值。

Set 操作，网络管理站点使用该操作设置一个或多个进程参数值。

Response 操作，进程返回一个或多个参数值。该操作是前面 3 种操作的响应。

Trap 操作，进程主动发出的操作，通知网络管理站点有某些事情发生。

执行前 4 种操作时设备使用 UDP 采用 161 端口发送报文，执行 Trap 操作时设备使用 UDP 采用 162 端口发送报文。由于收发采用了不同的端口号，所以一台设备可以同时作为进程和网络管理站点。

2. MIB 技术

任何一个被管理的资源都表示成一个对象，称为被管理的对象。MIB 是被管理对象的集合。它定义了被管理对象的一系列属性，如对象的名称、对象的访问权限和对象的数据类型等。每个进程都有自己的 MIB。MIB 也可被看作网络管理站点和进程之间的一个接口，通过这个接口，网络管理站点可以对进程中的每一个被管理对象进行读/写操作，从而达到管理和监控设备的目的。

MIB 是以树结构进行存储的。树的节点表示被管理对象，它可以用从根开始的一条路径唯一地识别，这条路径就称为 OID，如图 9-1-1 所示。管理对象 system 可以用一串数字唯一标识，这串数字就是 system 的 OID。

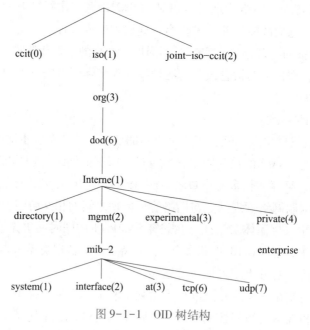

图 9-1-1　OID 树结构

子树可以用该子树根节点的 OID 来标识，如以 private 为根节点的子树的 OID 为 private 的 OID—{1.3.6.1.4}。

9.1.2　Java 虚拟机及 JMX 技术

虚拟机是一种抽象化的计算机，在真实的计算机上通过实时地将虚拟计算机指令翻译转换为真实计算机指令的方式来模拟仿真各种计算机功能。Java 虚拟机有自己的硬件体系架构，如处理器、堆栈、寄存器等，还具有相应的指令集合。Java 软件通过解释器屏蔽了与具体操作系统平台相关的信息，使得 Java 程序只需生成在 Java 虚拟机目标代码（字节码），就可以在多种平台上不加修改地运行。

使用 Java 语言编写的程序，最后都需要在 Java 虚拟机上运行，既然是在计算机上运行，不管是真实的，还是虚拟机的，都涉及性能问题，如内存空间的使用、线程数量的多少等，这些对软件的响应速度都有很大的影响，因此，也需要对 Java 虚拟机的运行状态进行监控。为了实现这个功能，Java 推出了 JMX 技术标准，JMX 在 Java 编程语言中定义了应用程序及网络管理和监控的体系结构、设计模式、应用程序接口以及服务。通常使用 JMX 来监控系统的运行状态或管理系统的某些方面，如重新加载配置文件、实时修改运营配置等，其优点是可以非常容易地管理应用程序，其伸缩性的架构使每个 JMX 进程服务可以很容易地放入到进程中。

9.2 主流开源网络系统介绍

随着互联网和云技术的高速发展，各行各业的信息化系统都面临极大的挑战，大量应用需要横跨不同终端系统，企业间的协作也越来越多，如各种第三方接口（如支付、地图、购物等）的广泛普及，IT 系统架构越来越复杂。快速迭代的产品能够及时反映用户需求的变化，并为用户提供良好的用户体验。但也给 IT 运维管理者带来极大的挑战，系统越来越复杂却需要时刻保障核心业务稳定可用，使得企业 IT 管理人员面对复杂的系统越来越力不从心，这时系统运维管理者需要一套面向业务的解决方案，这就提出了下面几个现代运维管理的要求：

① 面向业务的运维，不但关心单点 IT 资源的运行状态，更关心整个业务系统的健康状态。

② 现代企业使用了大量的 API 和模块化应用，需要关注每个接口的性能及容量变化情况。

③ 运维需要每周、每月查看报告趋势分析，从而发现系统中存在的隐患及性能瓶颈，但传统运维工具数据导出困难。

④ 需要第一时间快速发现故障，并通知相关运维人员，减少业务中断带来的损失。

在企业 IT 系统越来越复杂化的背景下，由服务器和网络设备厂商根据自身设备而定制开发的监控软件越来越表现出其功能单一、覆盖范围过小、灵活性不够的缺点，无法满足用户的需求，这就催生了网络监控开源软件的发展，下面介绍现阶段主流的监控软件及其特点。

1. Zabbix

Zabbix 是一个基于 Web 界面的提供分布式系统监控以及网络监控功能的企业级开源运维平台，也是目前国内互联网用户中使用最广的监控软件，入门容易、上手简单、功能强大并且开源免费是对 Zabbix 的最直观评价。Zabbix 易于管理和配置，能生成比较直观的数据图，支持自动发现功能，大大减轻了日常管理的工作量。丰富的数据采集方式和 API 接口可以让用户灵活进行数据采集，而分布式系统架构可以支持监控更多的设备。理论上，通过 Zabbix 提供的插件式架构，可以满足企业的任何需求。

（1）优点

① 支持分布式监控。

② 自带绘图功能，对获取到数值型的数据，可自动生成图。

③ Web 配置方式，操作易用性较好。添加监控项或机器时速度很快。

④ 有报警时无论在任何界面会弹出小窗口报警，同时有报警的声音提示，还支持对监控项的快速查看。

⑤ 自带内置函数较为丰富，同时也支持 Nagios 等脚本的调用。

⑥ 出现问题时，可自动远程执行命令。

（2）缺点

① 性能瓶颈，监控系统没有业务低谷与高峰的概念，其行为具有持续性和周期性，被监控的设备越多，采集和分析的数据量就会越大，将使数据库的写入成为一定的瓶颈，官方给出的单机上限为 5 000 台，超过时就需要增加 Zabbix Proxy 设备，这将增加成本。

② Zabbix 采集数据有 pull 方式，也就是 server 主动模式，当目标机器量大之后，pull 任务会出现积压，导致采集数据会延迟。

③ 项目二次开发，需要分析 MariaDB 表结构，表结构比较复杂，对开发能力有较高要求。

④ 内置 HouseKeeping 在执行过程中会对数据库增加压力，需要对数据库进行优化。

2. Nagios

Nagios 是一款开源的企业级监控系统，于 1999 年推出，由 Ethan Galstad 开发并维护至今。Nagios 能够实现对系统 CPU、磁盘、网络等方面参数的基本系统监控，而且还能监控包括 SMTP、POP3、HTTP、NNTP 等各种基本的服务类型。另外，通过安装插件和编写监控脚本，用户可以实现应用监控，并针对大量的监控主机和多个对象部署层次化监控架构。

Nagios 最大的特点是软件的开发者将 Nagios 设计成监控的管理中心，尽管其主要功能是监控服务和主机，但是它自身并不包括这部分功能代码，所有的监控、告警功能都是由相关插件完成。其全球超过 100 万用户。许多跨国企业和组织，如雅虎、索尼、西门子、飞利浦、AOL 等都在使用，尤其适合复杂 IT 环境的企业。

（1）优点

① 具备自动化运维能力，出错的服务器、应用和设备会自动重启。

② 配置灵活，监控项目很多，可以自定义 Shell 脚本，可以使用分布式监控模式，非常适合大型网络。

③ 支持以冗余方式进行主机监控。

④ 具备将主机事件及服务事件相关联的能力。

⑤ 报警设置具备多样性。

（2）缺点

① 很弱的事件控制台。

② 对性能、流量等指标的处理功能不够强大。

③ 看不到历史数据，只能看到报警事件，很难追查故障原因。

④ 配置复杂，初学者投入的时间、精力比较大。

⑤ 插件的易用性不好。

9.3 Zabbix 系统架构

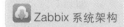

9.3.1 Zabbix 组件及功能介绍

完整的 Zabbix 分布式监控系统，由以下几个组件构成：

① Zabbix Server：负责接收 Zabbix Agent 发送的报告信息的核心组件，所有配置、统计数据及操作数据均由其组织进行。

② database storage：专用于存储所有配置信息，以及由 Zabbix 收集的数据。

③ Web interface：Zabbix 的 GUI 接口，通常与 Zabbix Server 运行在同一台主机上。

④ Proxy：可选组件，常用于分布监控环境中，代理 Zabbix Server 收集部分被监控端的监控数据并统一发往 Zabbix Server 端。

⑤ JMX gateway：可选组件，和 Zabbix Server 配合，用于对 Java 虚拟机的状态数据的采集。

⑥ Zabbix Agent：部署在被监控主机上，负责收集本地数据并发往 Zabbix Server 或 Proxy 端。

9.3.2 Zabbix 相关术语

① host（主机）：要监控的网络设备，可由 IP 或 DNS 名称指定。

② host group（主机组）：主机的逻辑容器，可以包含主机和模板，但同一个组内的主机和模板不能互相连接；主机组通常在给用户或用户组指派监控权限时使用。

③ item（监控项）：一个特定监控指标的相关数据，这些数据来自于被监控对象；item 是 Zabbix 数据收集的核心，每个 item 都由 "key" 进行标识，如果需采集多个性能参数，通过 key[参数,…]方式指定采集特定的性能参数。

④ tigger（触发器）：一个表达式，用于评估某监控对象的某特定 item 或某些 item 数据是否在合理范围内，即阈值；接收到的数据大于阈值时，触发器状态从 OK 转换成 Problem，当数据量再次回归合理范围时，其状态将从 Problem 转换为 OK。

⑤ event（事件）：发生的一个值得关注的事件，如触发器的状态转变、新的进程或重新上线的进程的自动注册等。

⑥ action（动作）：对于特定事件预先定义的处理方法，通常包含两部分，执行操作的条件以及具体执行的操作，如在 CPU 利用率大于 90%的时候，发送邮件通知系统管理员。

⑦ escalation（报警升级）：发送警报或执行远程命令的自定义方案，如每隔 5 分钟发送一次警报，共发送 5 次。

⑧ media（媒介）：发送异常消息的手段和方法，如 E-mail、Jabber 或 SMS，还可以通过自定义媒介脚本，实现用户自定义的消息通知手段。

⑨ notification（通知）：通过选定的媒介向用户发送有关某事件的信息。

⑩ remote command（远程命令）：预定义的命令，可在被监控主机处于某个特定条件下时自行执行。

⑪ template（模板）：用于快速定义被监控主机的预设条目集合，通常包含了 item、trigger、graph、screen、application 以及 low-level discovery rule；模板可以直接连接至单个主机。

⑫ application（应用）：一组 item 的集合。

⑬ Web scennaro（Web 场景）：用于检测 Web 站点可用性的一个或多个 HTTP 请求。

9.3.3　Zabbix 主要的数据采集手段

① Agent 方式：适用于通用计算机系统，通过安装代理软件，由代理软件进行数据采集并上报。

② SNMP：通过 SNMP 采集网络设备数据。

③ 外部脚本：通过在 Zabbix Server 上部署自定义脚本进行数据采集。

④ IPMI：通过 IPMI 协议对服务器的物理健康特征，如温度、电压、风扇工作状态、电源状态等进行采集。

⑤ JMX：通过 JMX 协议，对 Java 虚拟机的数据进行采集。

⑥ 数据聚合：对采集来的数据，进行数学运算后得到的新数据。

📖 项目实施

某制造企业，随着公司产品市场占用率越来越大，客户及客户的订单量呈现飞速发展的趋势，公司不得不对企业的 ERP 系统进行升级扩容，并上线了一些生产管理系统，导致整个企业的 IT 环境越来越复杂，为了保证整个 IT 系统的正常运行，并能够及时发现系统的问题及瓶颈，IT 部技术人员决定上线一套运维监控系统，以提高企业的 IT 管理水平。该系统要求不仅能实现服务器、网络设备的性能采集，还要求能够对业务软件的运行数据进行采集，同时还要具备灵活的异常定义及实时告警通知功能。经过前期的调研，技术人员决定采用 Zabbix 监控系统来实现整个企业 IT 系统的监控及管理。

需要完成的任务：

- Zabbix 系统的安装及部署。
- Tomcat 中间件的 JMX 配置。
- SNMP 的安装及配置。
- 数据库监控脚本的开发及部署。

9.4 Zabbix 监控部署

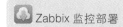

9.4.1 项目需求及环境说明

1. 确定项目需求和功能

采用 Zabbix 实现企业 IT 系统的性能监控，首先要确定项目的需求，运维监控系统从功能上来说，主要包括：

① 对关键业务系统的性能数据进行采集。

② 存储性能数据，并以此产生历史数据。

③ 具备异常发现功能，能及时发现系统存在的隐患。

④ 通知功能，在出现异常情况时，通过合适的方式告知系统管理员。

2. 通过部署 Zabbix 实现上述功能，需完成的步骤

① 安装 Zabbix 监控系统，包括前端、数据库、后台服务及 JMX 网关组件。

② 在数据库服务器上安装及配置 Zabbix Agent 组件。

③ 完成自定义数据采集的代码的开发。

④ 完成中间件服务器的 JMX 配置。

⑤ 完成 SNMP Agent 软件的安装及配置。

⑥ 通过前端对监控系统进行监控项目的配置。

⑦ 对监控项目的配置正确性进行验证。

本次运维监控项目的部署环境包括两台 CentOS 7.6 服务器，具体如图 9-4-1 所示。其中一台服务器部署整个 Zabbix 监控系统，管理 IP 地址为 192.168.126.240，包含

MariaDB 数据库、Zabbix Server 组件、Zabbix Web 组件和 Zabbix Java Gateway 等组件。

另外一台服务器，模拟企业 IT 业务系统，管理 IP 地址为 192. 168. 126. 244，包含 Zabbix Agent 组件、MariaDB 数据库、NET-SNMP 软件包和 Tomcat 中间件。

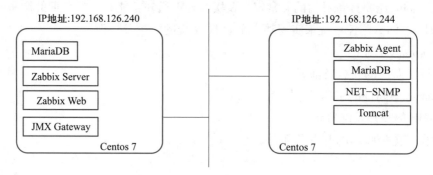

图 9-4-1 运维监控项目部署图

9.4.2 Zabbix 服务组件的安装及配置

1. 数据库组件的安装

安装 MariaDB 数据库，系统环境以 CentOS 7.6 为例，安装方式使用 yum 工具进行安装。安装命令如下。

```
yum install mariadb-server
```

使用 systemctl 命令启动数据库服务，命令如下。

```
systemctl start mariadb. service
```

使用 MariaDB 命令行登录数据库命令行工具，命令如下。

```
mysql -uroot
```

出现如下提示，表示成功登录，然后在命令行工具中输入 exit 并按 Enter 键，退出 MariaDB 命令行。

```
Welcome to the MariaDB monitor.    Commands end with ; or \g.
Your MariaDB connection id is 2
Server version: 5. 5. 64-MariaDB MariaDB Server

Copyright (c) 2000, 2018, Oracle, MariaDB Corporation Ab and others.

Type 'help;' or '\h' for help. Type '\c' to clear the current input statement.

MariaDB [(none)]>
```

设置 MariaDB 数据库服务自启动,命令如下。

```
systemctl enable mariadb.service
```

2. EPEL 软件仓库的安装

CentOS 7 官方软件仓库中没有包含 Zabbix 相关组件,本次 Zabbix 监控部署是通过 EPEL 软件仓库实现的,安装 EPEL 软件仓库命令如下。

```
yum install -y epel-release.noarch
```

3. Zabbix 服务组件的安装及配置

使用 yum 安装 Zabbix 服务组件,命令如下。

```
yum install -y zabbix40-server-mysql.x86_64
```

登录到 MariaDB 数据库中,命令如下。

```
mysql -uroot
```

在数据库命令行中,输入如下命令完成数据库的初始化。

```
create user "zabbix"@"localhost" identified by "zabbix";
create database zabbix;
grant all on zabbix.* to "zabbix"@"localhost";
flush privileges;
exit;
```

执行如下 Shell 命令,对数据库表及数据进行初始化。

```
cd /usr/share/zabbix-mysql
mysql -uZabbix -pzabbix zabbix < schema.sql
mysql -uZabbix -pZabbix zabbix < images.sql
mysql -uZabbix -pZabbix zabbix < data.sql
```

使用 vim 编辑器,对 Zabbix 服务组件的配置文件进行修改,命令如下。

```
vi /etc/zabbix_server.conf
```

进入程序界面后,修改如下条目的配置,需要注意如果内容前面包含#号,需要删除#号。

```
DBName=zabbix
DBUser=zabbix
DBPassword=zabbix
DBPort=3306
DBHost=localhost
```

启动 Zabbix 服务，命令如下。

```
systemctl start zabbix-server-mysql. service
```

使用如下命令，关闭防火墙并禁止防火墙自启动。

```
systemctl stop firewalld. service
systemctl disable firewalld. service
```

设置 Zabbix Server 组件自启动，命令如下。

```
systemctl enable zabbix-server-mysql. service
```

4. Zabbix Web 前端的安装及配置

使用 yum 安装 Zabbix Web 组件，命令如下。

```
yum install -y zabbix40-web-mysql. noarch
```

修改 PHP 配置文件，命令如下。

```
vi /etc/php. ini
```

进入软件界面后，修改 PHP 时区配置如下。

```
date. timezone = aisa/ShangHai
```

重启 httpd 服务，命令如下。

```
systemctl restart httpd. service
```

使用浏览器登录 Zabbix 前端组件，本案例中前端 IP 地址规划为 192. 168. 126. 240，登录 URL 为 http://192. 168. 126. 240/zabbix，如图 9-4-2 所示。

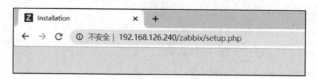

图 9-4-2   登录 Zabbix Web 前端 URL

浏览器主页界面如图 9-4-3 所示，在页面中单击"Next step"按钮。

在如图 9-4-4 所示的界面设置数据库参数，其中，Database type 选择 MySQL，Database host 参数为 localhost，Database port 为 3306，Database name 为 zabbix，User 为 zabbix，Password 参数为 zabbix，完成后单击"Next step"按钮。

在如图 9-4-5 所示的界面设置 Zabbix Server 组件参数，其中 Host 为 localhost，Port 为 10051，完成后单击"Next step"按钮。

在如图 9-4-6 所示的界面确认参数配置，如果有误，单击"Back"按钮回退修改，正确则单击"Next step"按钮。

图 9-4-3　Zabbix Web 初始化界面 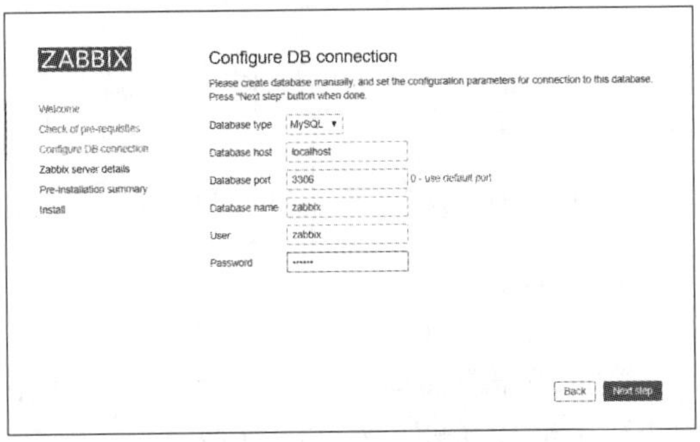　　　　　　图 9-4-4　数据库参数设置

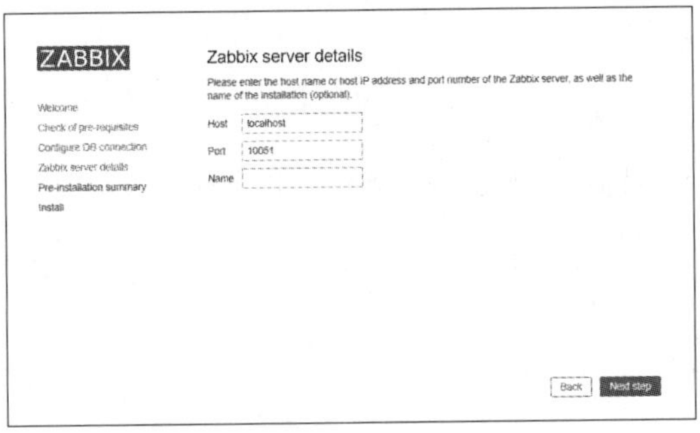

图 9-4-5　Zabbix 服务组件参数设置　　　　　　图 9-4-6　最终参数确认

在如图 9-4-7 所示的界面确认 Zabbix Web 前端组件初始化成功，单击"Finish"按钮完成初始化。

如图 9-4-8 所示，初始化成功后，进入登录界面，默认管理员账户名为 admin，默认密码为 zabbix，单击"Sign in"按钮即可登录到 Zabbix 系统。

设置 HTTP 服务自启动，命令如下。

```
systemctl enable httpd. service
```

图 9-4-7　初始化成功界面　　　　　　图 9-4-8　Zabbix 系统登录界面

9.4.3 Zabbix Agent 组件的安装及配置

本实验中，将运用 Zabbix 进行业务 MariaDB 数据库的监控配置。

1. 配置思路

数据库服务器运行在 CentOS 7.6 操作系统中，故采用 Zabbix Agent 方式进行监控可以提供更大的灵活性，Zabbix 自身的 item 并不包含 MariaDB 性能数据的采集，需要通过自定义 item 方式对其采集功能进行扩展。最后通过 Zabbix 服务组件的采集和处理，实现 MariaDB 数据库的实时性能监控及异常告警。

2. MariaDB 性能数据采集脚本定制

登录到业务 MariaDB 数据库服务器，使用 vi 编辑器创建监控脚本，命令如下。

```
vi /usr/bin/mysql_status.sh
```

进入软件界面后，编辑文件内容如下。

```
#!/bin/bash
mysqladmin -umon extended-status | awk "/[[:space:]]$1\ [[:space:]]/"'{print $4}'
```

为脚本赋予执行权限，命令如下。

```
chmod +x /usr/bin/mysql_status.sh
```

登录到业务 MariaDB 数据库中，命令如下。

```
mysql -uroot
```

在数据库命令行中，输入如下命令创建监控用户。

```
create user "mon"@"localhost";
flush privileges;
exit;
```

3. Zabbix Agent 安装及配置

使用 yum 安装代理组件，命令如下。

```
yum install -y zabbix40-agent.x86_64
```

使用 vi 编辑器，对 Zabbix 代理组件的配置文件进行修改，命令如下。

```
vi /etc/zabbix_agentd.conf
```

进入软件界面后，修改配置项目内容如下，其中 192.168.126.240 为本环境下的 Zabbix 服务组件的主机 IP 地址，需根据实际部署环境进行调整。

```
Server = 192. 168. 126. 240
ServerActive = 192. 168. 126. 240
Include =/etc/zabbix_agentd. userparams. conf
```

执行如下命令，关闭防火墙服务。

```
systemctl disable firewalld. service
systemctl stop firewalld. service
```

创建自定义 item 配置文件，命令如下。

```
vi /etc/zabbix_agentd. userparams. conf
```

进入软件界面后，编辑文件内容如下。

```
UserParameter = mysql. status[ * ],mysql_status. sh $1
```

启动 Zabbix Agent 组件服务，命令如下。

```
systemctl restart zabbix-agent. service
```

登录到部署 Zabbix Server 组件主机（192. 168. 126. 240）上检查代理组件和服务组件之间的通信是否正常，其中 192. 168. 126. 244 为 Zabbix 代理组件的安装服务 IP 地址，执行命令如下。

```
zabbix_get -s 192. 168. 126. 244 -k mysql. status[ Uptime ]
```

命令将输出 192. 168. 126. 244 MariaDB 服务的启动时间，实际输出随实际情况变化。

```
7408
```

设置 Zabbix Agent 服务开机自启动，命令如下。

```
systemctl enable zabbix-agent. service
```

9.4.4　MariaDB 监控部署

【操作说明】如图 9-4-9 所示，Zabbix 前端 UI 中，代表不同功能的超链接在界面上以从上到下顺序组织，如图中 Configuration 在第一级，Templates 位于第二级，Items 位于第三级，Template 位于第四级。

【步骤 1】登录 Zabbix 系统。如图 9-4-8 所示，默认用户名为 admin，默认密码为 zabbix，URL 为 http://192. 168. 126. 240/Zabbix，其中 192. 168. 126. 240 为 Zabbix 前端服务器地址。

【步骤 2】创建模板。单击"Configuration"→"Templates"超链接，出现如图 9-4-10 所示界面，在该界面单击右侧的"Create template"按钮创建一个新模板。

完成上一步操作后，出现如图 9-4-11 所示界面，在其中进行模板参数的配置，Template

图 9-4-9　Zabbix 链接层次组织

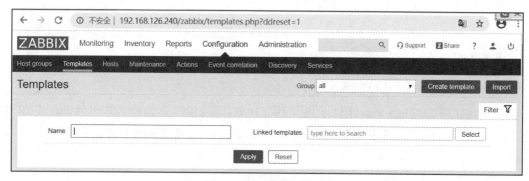

图 9-4-10　创建新模板

name 参数为模板指定唯一的名字，本例设置为 Mariadb Status，Group 参数通过单击 "Select" 按钮进行选择，建议选择 Templates，最后单击 "Add" 按钮，完成新增模板操作。

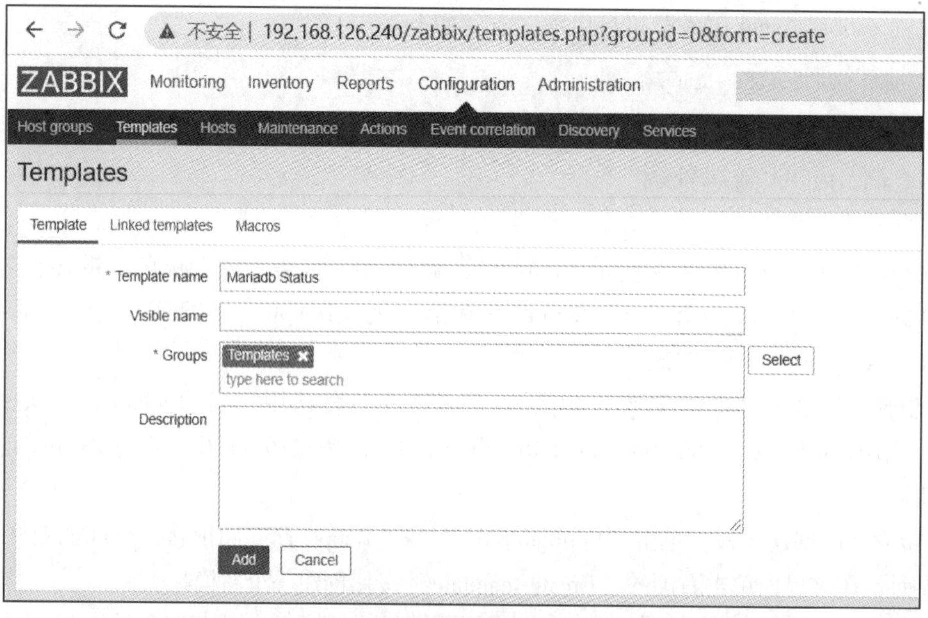

图 9-4-11　配置模板参数

【步骤3】增加监控条目。单击"Configuration"→"Templates"超链接，出现如图 9-4-12 所示界面，在该界面下部的列表中选择刚才创建的模板 Mariadb Status。

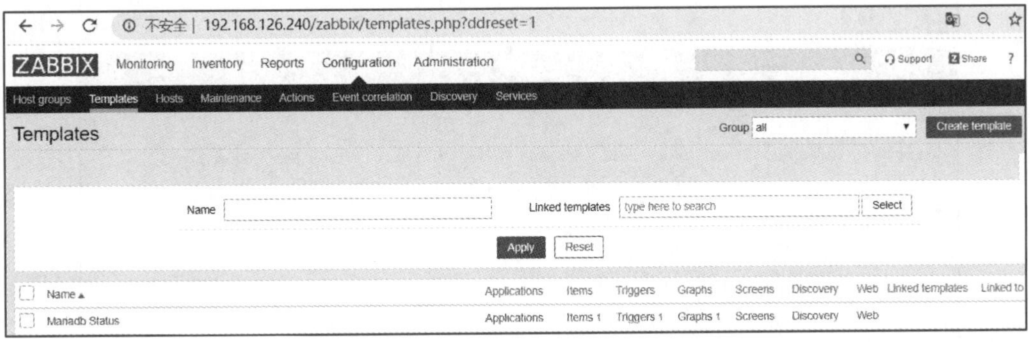

图 9-4-12 选择模板

接下来界面如图 9-4-13 所示，先单击第三级中的"Items"超链接，然后单击右边的"Create item"按钮来添加一个新的监控条目。

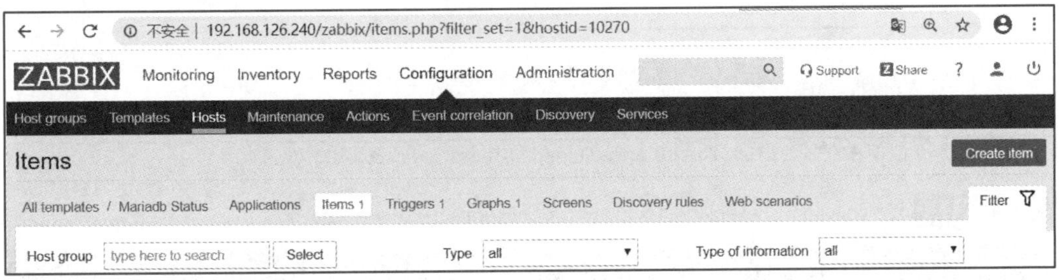

图 9-4-13 增加监控 item

接下来的界面如图 9-4-14 所示，进行 Item 的参数配置，Name 参数为 item 指定唯一的名字，本例为 SQL Querys，Type 参数使用下拉列表进行选择，设置为 Zabbix agent，Key 参数设置为 mysql. status［Queries］，Units 参数为监控指标的单位，本例设置为 qps，然后单击第四级中"Preprocessing"超链接。

接下来的界面如图 9-4-15 所示，单击 Preprocessing steps 中的"Add"超链接，出现如图 9-4-16 所示的界面，Name 参数选择 Change per second，然后单击最下面的"Add"按钮，完成监控条目的配置。

【步骤4】创建图形。上一步完成后，界面回到模板配置界面，在界面中单击第三级中的"Graphs"超链接，出现如图 9-4-17 所示的界面，然后单击右边的"Create graph"按钮，添加一个新的监控数据图形。

接下来如图 9-4-18 所示，进行图形参数的配置，Name 参数为图形设置唯一的名字，本例为 SQL Querys，然后在界面下部的 Items 框中单击"Add"按钮为图形增加一个数据来源，在随后出现的 Items 界面中，选择需要展示的数据，本例为 SQL Querys，然后单击

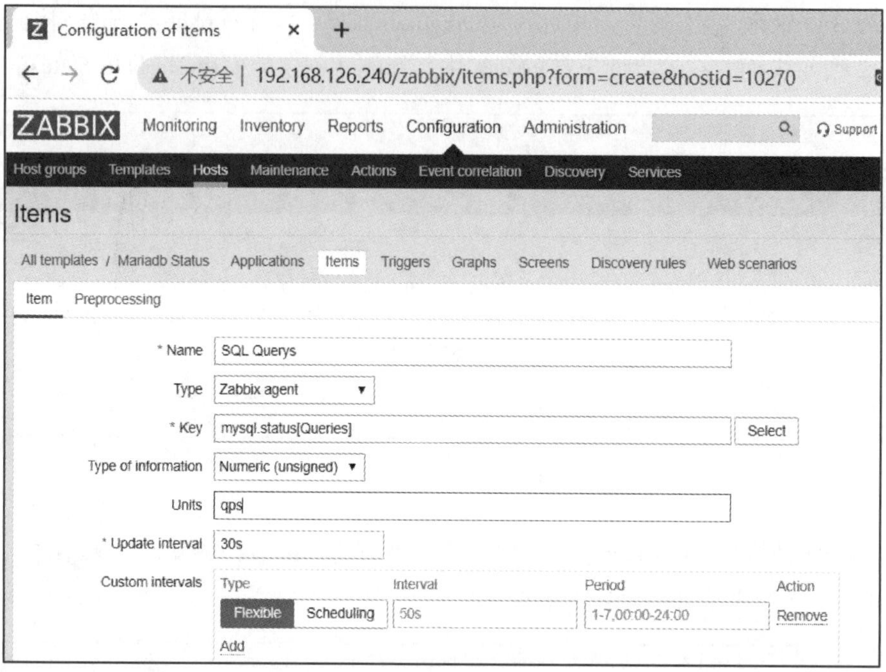

图 9-4-14　配置 item 参数

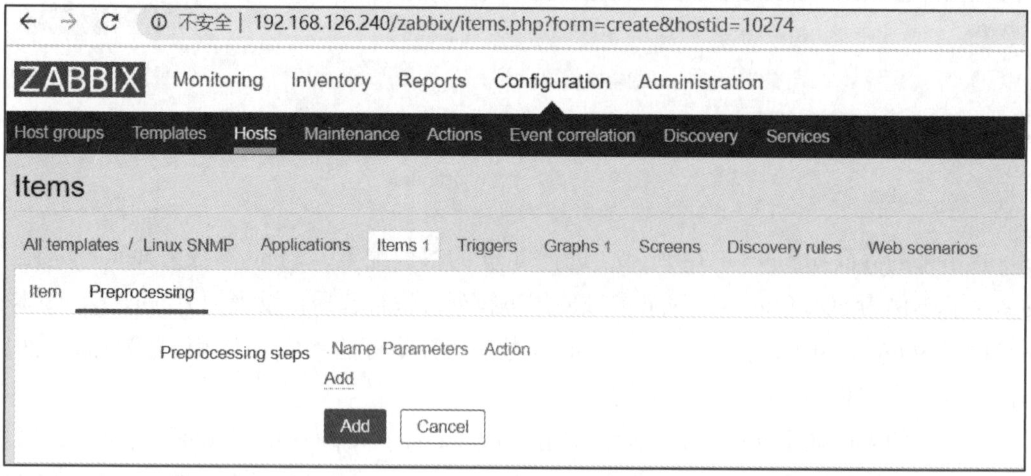

图 9-4-15　确认条目配置

"Select" 按钮，最后单击界面最下面的 "Add" 按钮，完成图形参数的配置。

　　【步骤 5】创建触发器。完成上一步骤后，单击界面中第三级 "Triggers" 超链接，如图 9-4-19 所示，然后单击右边的 "Create trigger" 按钮新建一个触发器。

　　接下来的界面如图 9-4-20 所示，进行触发器参数的配置，Name 参数为触发器设置唯一的名字，本例为 SQL Event，Severity 设置触发后事件的严重程度，本例设置为 Warning，单击 Expression 框右边的 "Add" 按钮添加触发条件，在弹出的 Condition 界面中，item 参

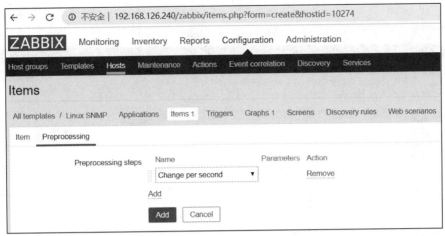

图 9-4-16　预处理参数设置

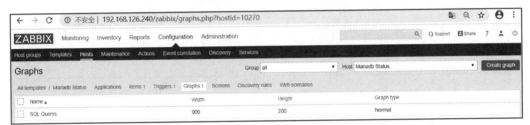

图 9-4-17　创建图形

图 9-4-18　配置图形参数

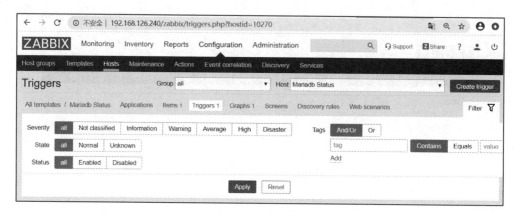

图 9-4-19　创建触发器

数通过单击"Select"按钮来选择以前配置过的监控条目。

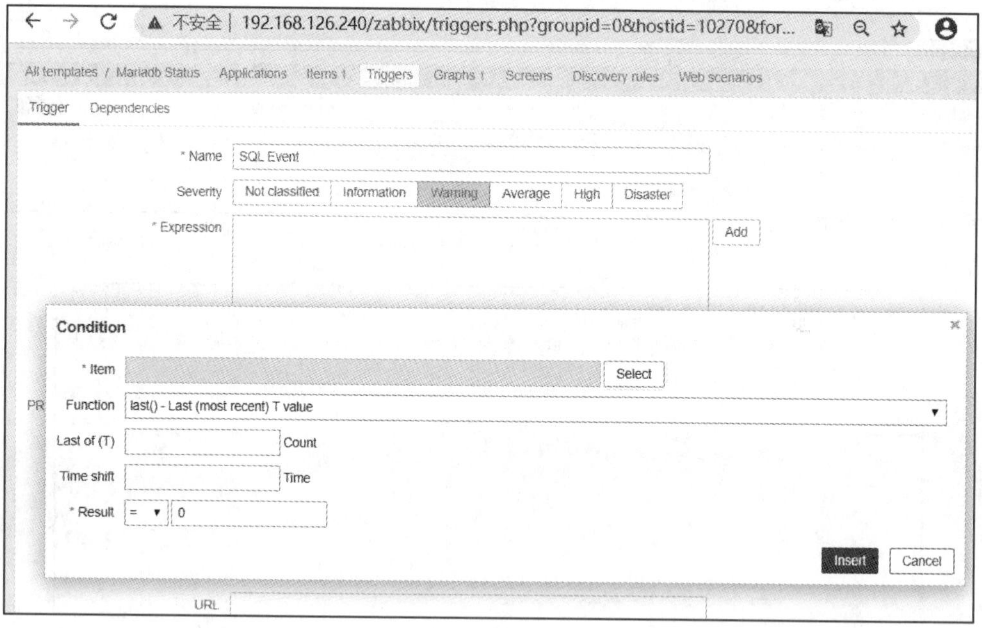

图 9-4-20　配置触发器参数

接下来的界面如图 9-4-21 所示，选择前面创建的 SQL Querys 监控条目。

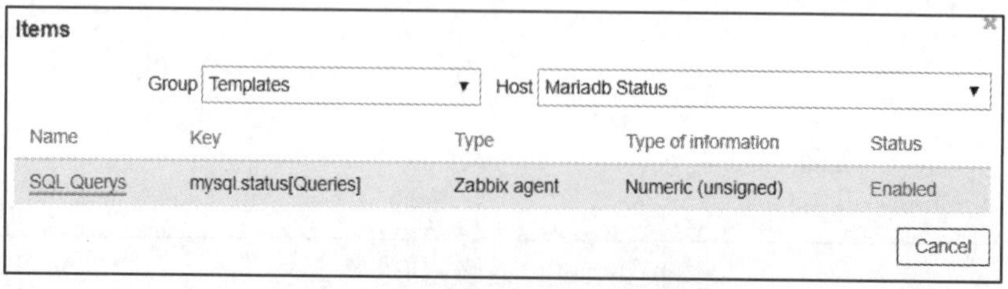

图 9-4-21　增加观测 item

返回到 Condition 界面，按如图 9-4-22 所示进行触发条件的配置，Function 参数设置为 last( )，代表用最后一次采集到的数据进行异常判断，Result 参数中，第 1 个选择框为条件表达式，选择"＞"，第 2 个为输入框，输入阈值，这里设置为 200，代表最后一次采集到的数据值大于 200 时，触发异常事件，最后单击"Insert"按钮，完成触发条件的配置。

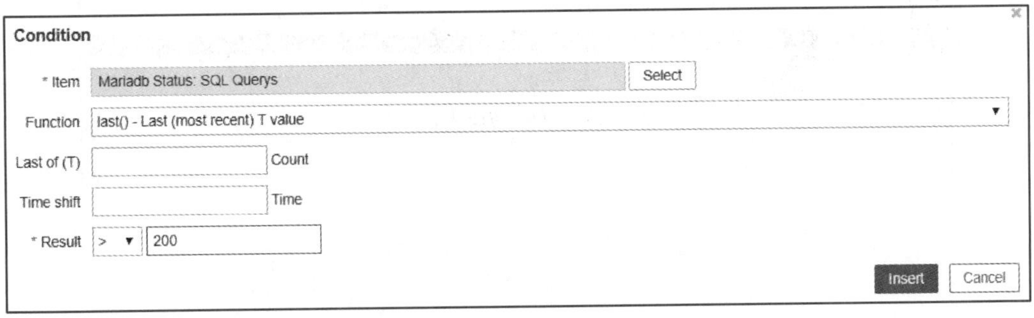

图 9-4-22 配置触发条件

接下来将界面下拉到底部，如图 9-4-23 所示，单击"Add"按钮，完成触发器的配置。

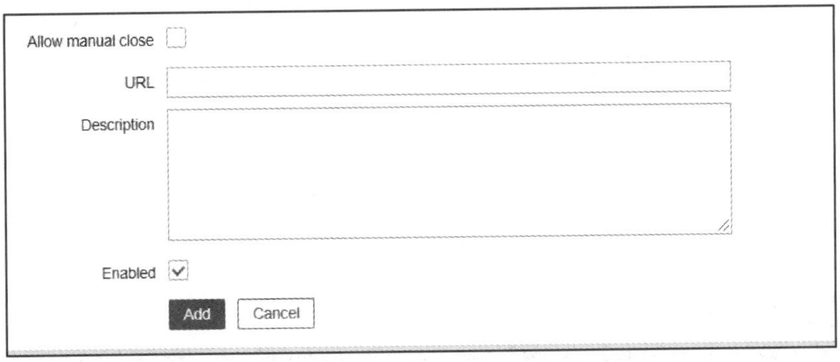

图 9-4-23 新增触发器确认

【步骤 6】添加被监控主机。单击"Configuration"→"Hosts"超链接，出现如图 9-4-24 所示的界面，在界面右侧单击"Create host"按钮添加被监控主机。

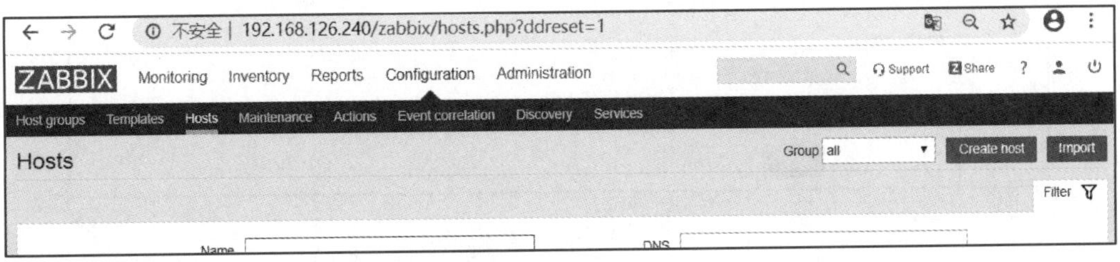

图 9-4-24 新增被监控主机

接下来的界面如图 9-4-25 所示，进行主机参数的配置，其中 Host name 参数为新增主机设置唯一的名字，本例设置的值为 ProcuctMariadb，Group 参数通过"Select"按钮进行选择，默认选择 Linux servers，Agent Interfaces 参数中，IP 地址设置为被监控主机的 IP 地址，本例为 192.168.126.244，其他保持默认，完成后单击第三级中"Templates"超链接。

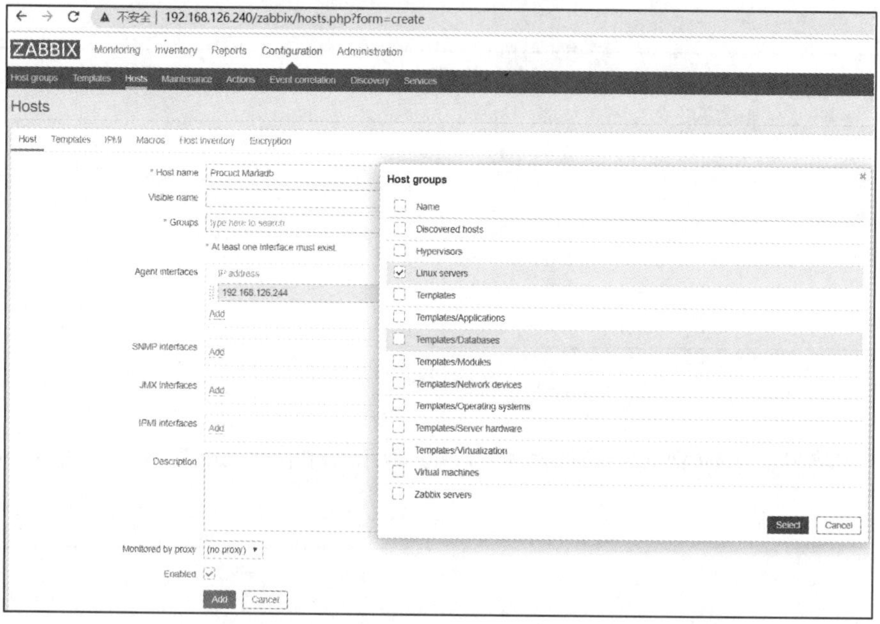

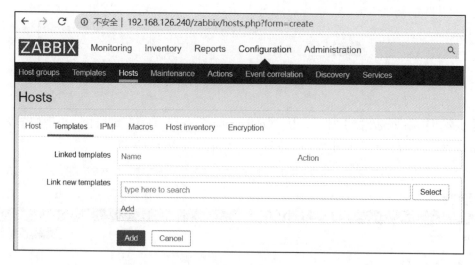

图 9-4-25　配置主机参数

接下来的界面如图 9-4-26 所示，单击 Link new templates 参数右边的"Select"按钮。

图 9-4-26　链接模板

接下来的界面如图 9-4-27 所示，选中前面步骤创建的模板 Mariadb Status，然后单击"Select"按钮。

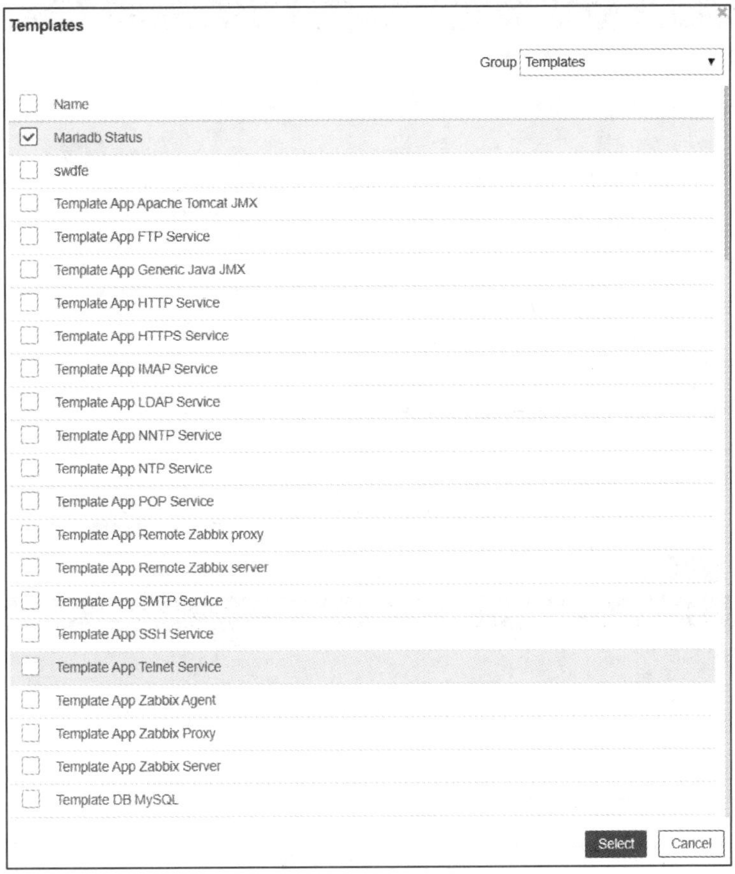

图 9-4-27 选择模板

完成上一步操作后，单击图 9-4-26 的 Link new templates 框中的"Add"超链接完成模板关联，最后单击界面最下面的"Add"按钮完成主机的添加。

🖎【注意】如果是在已创建的主机进行修改，界面最下面的"Add"按钮将变成"Update"按钮。

【步骤 7】配置媒体类型。单击"Administration"→"Media types"超链接，如图 9-4-28 所示，然后在下面的列表中选中"Email"复选项。

在如图 9-4-29 所示的界面中，进行 E-mail 服务相关参数的配置，其中 SMTP server 参数配置为发送邮件服务器地址，本例配置为 mail. mycompany. com，SMTP email 参数为 zabbix@ mycompany. com，即邮件发送者地址，Connection security 选择 SSL/TLS，Authentication 选择为 Username and password，在 Username 输入框输入邮件用户名，在 Password 输入框输入密码，选中"Enabled"复选项，最后单击 Update 按钮进行配置更新。

图 9-4-28   邮件系统配置

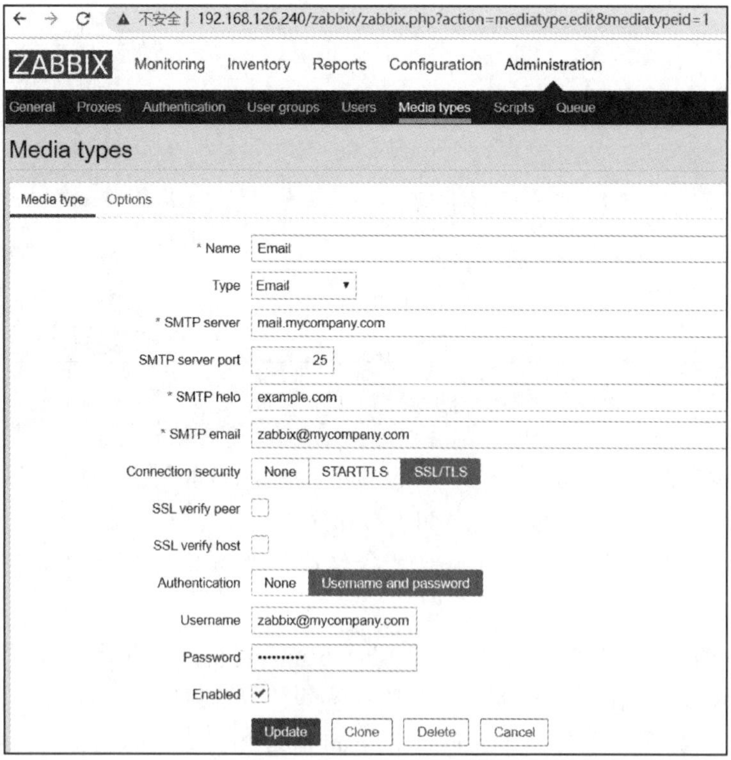

图 9-4-29   邮件系统参数

👉【注意】本例的 SMTP server 参数仅为示范配置，需要根据实际环境的邮件服务器配置做相应变化。

【步骤 8】配置用户参数。单击"Administration"→"Users"超链接，如图 9-4-30

所示，最后选中下面的列表中的"Admin"复选项。

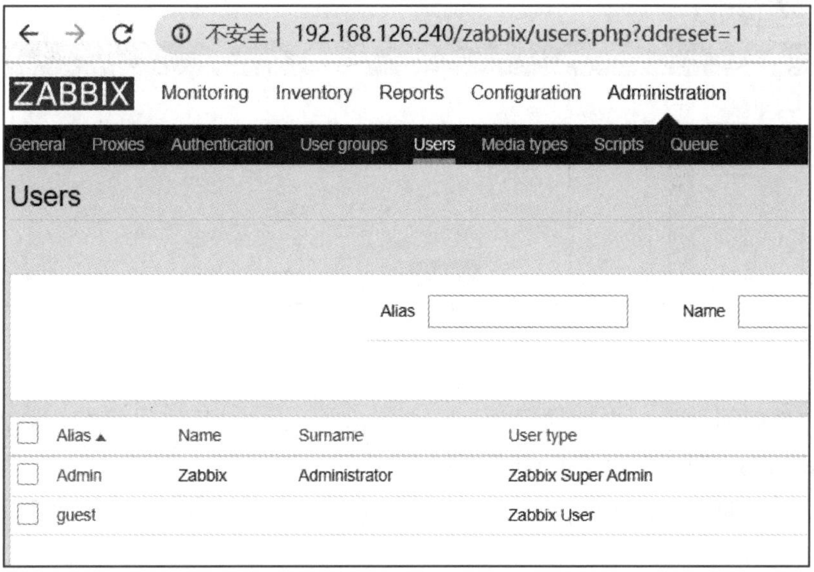

图 9-4-30　用户配置

接下来的界面如图 9-4-31 所示，在该界面单击第三级中的超链接。

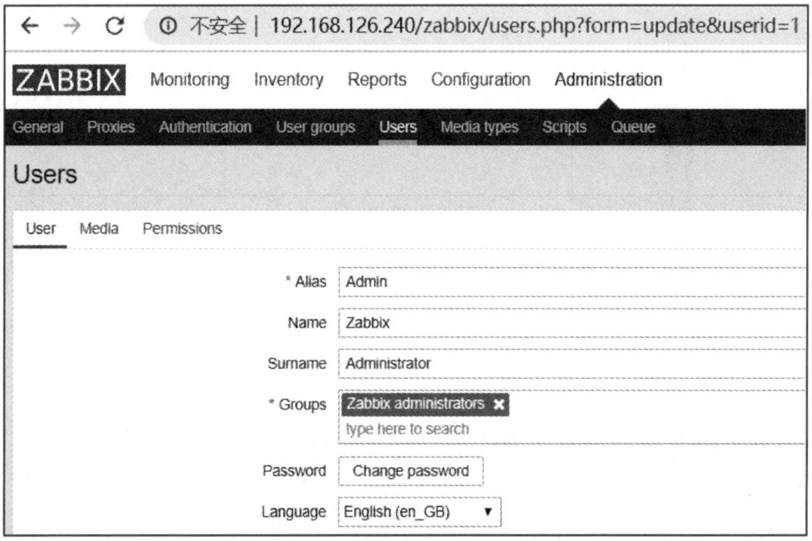

图 9-4-31　用户参数设置

接下来的界面如图 9-4-32 所示，在该界面中，单击 Media 旁的"Add"超链接，为用户增加各种通知方式的消息接收地址。

接下来的界面如图 9-4-33 所示，进行用户通知手段的配置，Type 参数选择 Email，

图 9-4-32　增加接收地址

Send to 为收件邮箱地址，本例设置为 admin@newcom.com，其他保持默认值，然后单击
"Add" 按钮，确认用户邮箱及接收时间等配置信息。

☞【说明】admin@ newcom.com 地址为示范配置，需要根据实际部署情况进行调整。

Media

Type	Email ▼
* Send to	admin@newcom.com　　　　　　　　　　　　　Remove
	Add
* When active	1-7,00:00-24:00
Use if severity	☑ Not classified
	☑ Information
	☑ Warning
	☑ Average
	☑ High
	☑ Disaster
Enabled	☑

Add　Cancel

图 9-4-33　用户收件地址及接收邮件时间配置

接下来单击图 9-4-32 中的 "Update" 按钮，完成用户参数的配置。

【步骤 9】配置动作。单击 "Configuration" → "Actions" 超链接，如图 9-4-34 所示，
然后单击下面的列表中 "Report problems to Zabbix administrators" 复选项。

接下来的界面如图 9-4-35 所示，在本界面中将 New condition 参数的 3 个值依次选择
为 "Trigger severity" "is greater than or equals" "Warning"，然后单击下面的 "Add" 超链
接，选中 "Enabled" 复选项，最后单击 "Update" 按钮，完成动作参数配置。

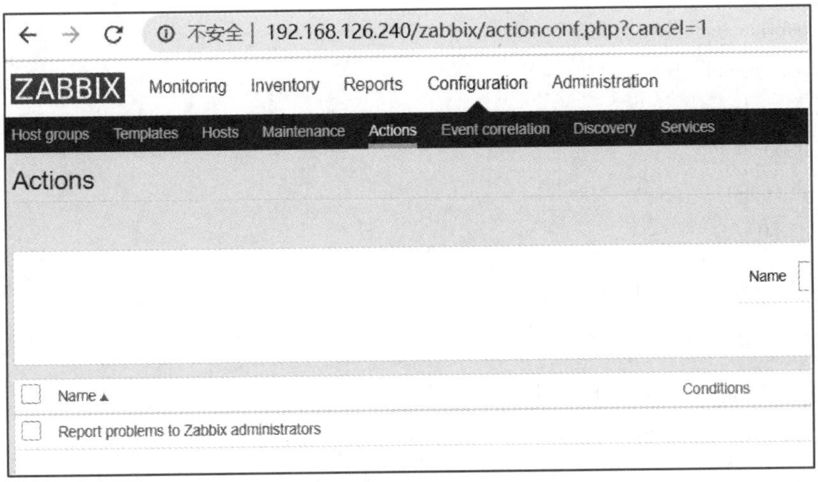

图 9-4-34 动作配置

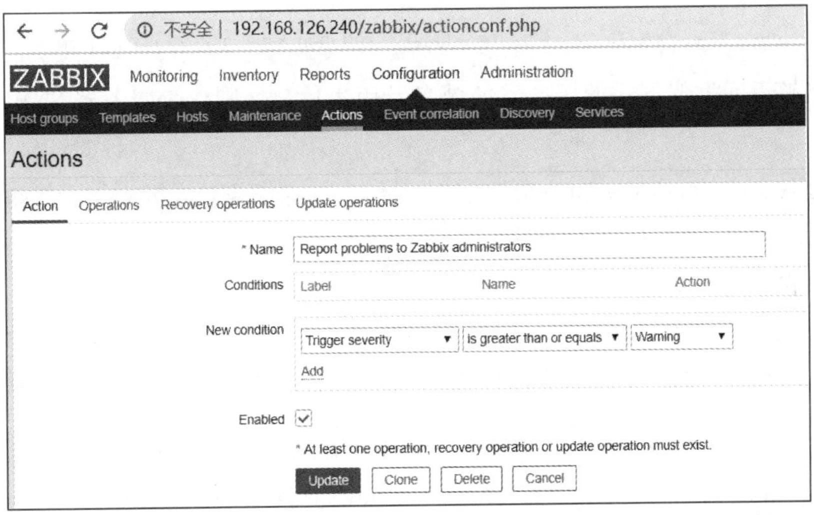

图 9-4-35 动作参数配置

9.4.5 SNMP 监控部署

本实验运用 Linux Net-SNMP 软件包提供的 snmpd 服务，实现对 Linux 性能数据的监控。

（1）搭建 Linux Net-SNMP 环境

在服务器 192.168.126.244 执行如下命令，安装 Linux Net-SNMP 软件包。

```
yum install -y net-snmp.x86_64
```

通过 vi 编辑器，修改/etc/snmp/snmod.conf，需要修改部分的配置如下。

```
com2sec notConfigUser   default zabbixlab
```

```
view systemview included . 1. 3. 6
proc Zabbix_agentd    10
proc mysqld    10
disk / 10000
disk /boot 10000
load 95 85 80
```

通过如下命令重启 snmpd 服务。

```
Systemctl restart snmpd
```

（2）验证 Linux Net-SNMP 环境

在服务器 192.168.126.244 执行如下命令，安装 net-snmp-utils 软件包。

```
yum install -y net-snmp-utils. x86_64
```

执行如下命令，测试 snmpd 服务是否配置正确。

```
[root@localhost snmp]# snmpget -v 2c -c zabbixlab 127. 0. 0. 1 . 1. 3. 6. 1. 2. 1. 1. 1. 0
```

如果能够返回类似下面的服务器的域名及版本信息，则代表服务器 SNMP 进程工作正常。

```
SNMPv2-MIB::sysDescr. 0 = STRING：Linux localhost. localdomain 3. 10. 0-1062. el7. x86_64 #1 SMP
Wed Aug 7 18：08：02 UTC 2019 x86_64
```

（3）Zabbix 模板配置

通过浏览器登录到 Zabbix 服务器的管理界面，单击"Configuration"→"Templates"超链接，在出现的界面中单击"Create Template"按钮，出现如图 9-4-36 所示的界面，在

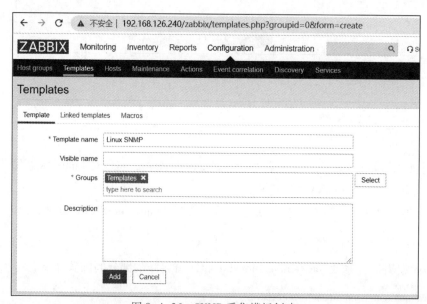

图 9-4-36　SNMP 采集模板创建

Template name 输入框中输入 Linux SNMP，在 Groups 框中选择 Templates，然后单击"Add"按钮，完成模板的添加。

在出现的界面中，单击"Configuration"→"Templates"超链接，出现如图 9-4-37 所示的界面，在 Name 输入框中输入 Linux SNMP，单击"Apply"按钮。然后单击界面下方列表中的"Linux SNMP"超链接进入模板详情页。

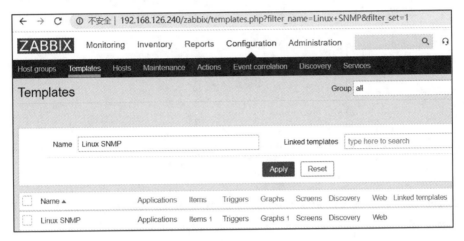

图 9-4-37　模板搜索

在图 9-4-38 所示的界面中，单击第三级中的"Items"超链接。

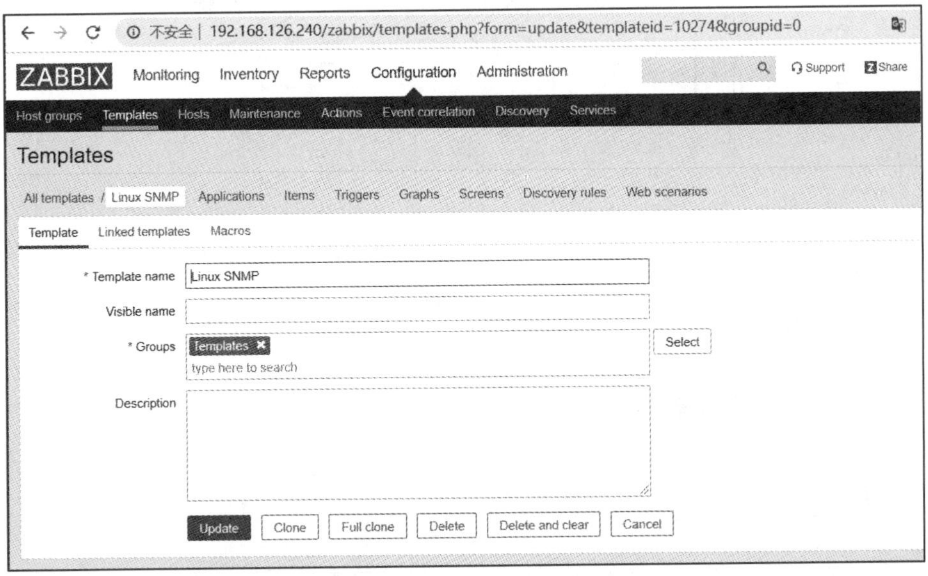

图 9-4-38　Linux SNMP 模板详情

在如图 9-4-39 所示的界面中，单击右侧的"Create item"按钮，进入新增条目界面。在如图 9-4-40 所示界面中的 Name 输入框输入 Linux CPU，在 Type 选择框中选择

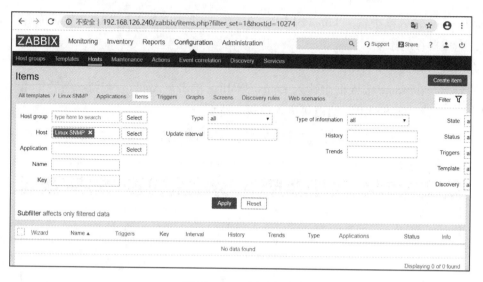

图 9-4-39　新增条目

SNMPv2 agent，在 Key 输入框中输入 cpu，在 SNMP OID 输入框中输入.1.3.6.1.4.1.2021.10.
1.3.1，在 SNMP community 输入框中输入{$SNMP_COMMUNITY}。

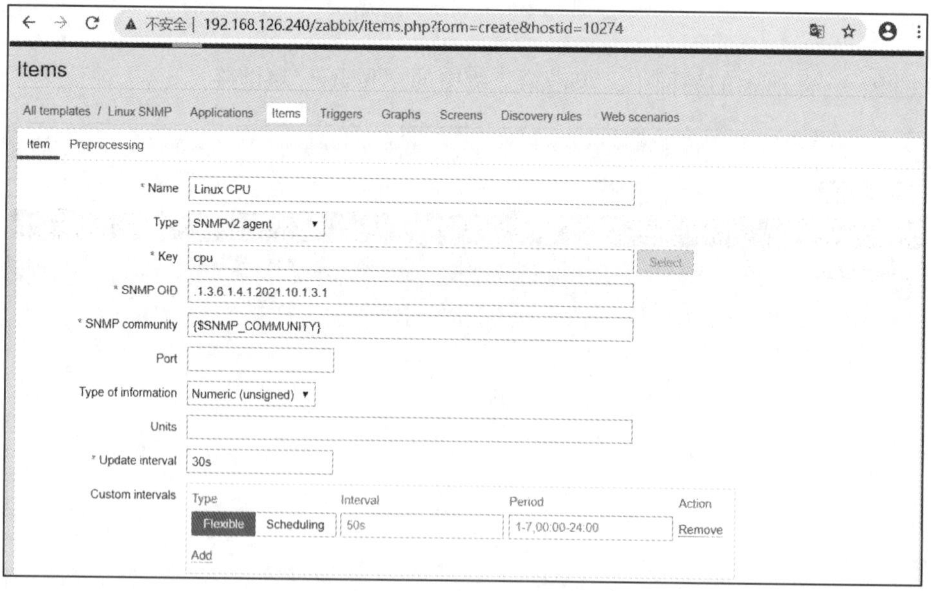

图 9-4-40　条目配置

　　滚动界面到底部，界面如图 9-4-41 所示，然后单击界面最底部的"Add"按钮，完
成监控条目的增加。

　　随后出现的界面如图 9-4-42 所示，单击界面下部的"Linux CPU"超链接（模板）。

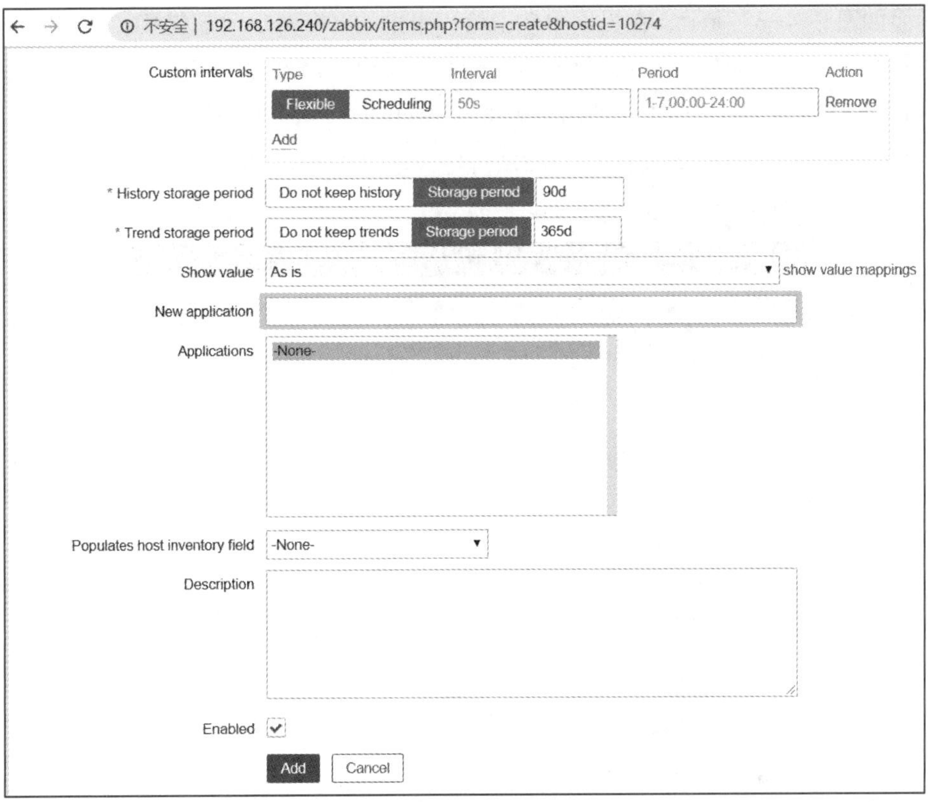

图 9-4-41 确认条目配置

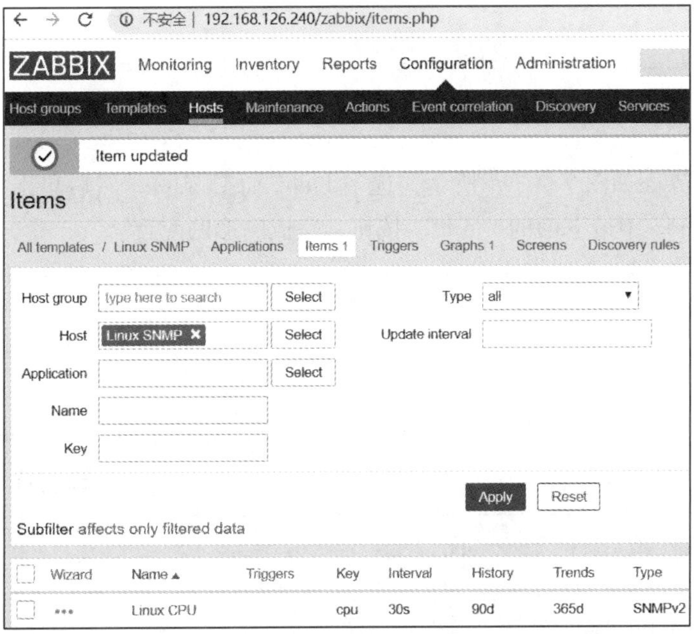

图 9-4-42 模板结果过滤页

界面如图 9-4-38 所示，在界面中单击第三级中的"Graphs"超链接，出现图 9-4-17 所示的界面，在该界面中，单击"Create graph"按钮，出现如图 9-4-43 所示界面，在 Name 输入框中输入 Linux CPU，然后单击下面 Items 框的"Add"超链接。

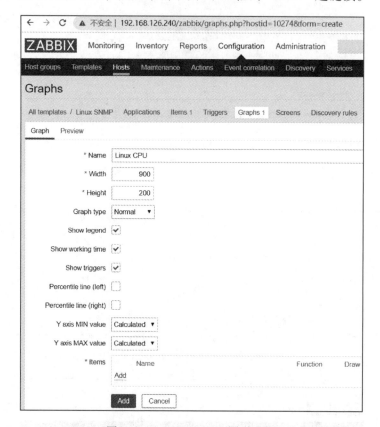

图 9-4-43　SNMP CPU 图形配置

随后出现的界面如图 9-4-44 所示，选中 Linux CPU 条目，然后单击"Select"按钮，最后单击图 9-4-43 中最下面的"Add"按钮，完成图形的配置。

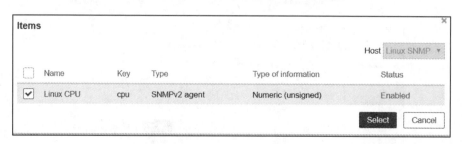

图 9-4-44　图形条目选择

（4）Zabbix 主机配置

通过浏览器登录到 Zabbix 服务器的管理界面，如图 9-4-45 所示，单击"Configuration"→

"Hosts"超链接，在界面下部的列表中单击"Product Mariadb"超链接。

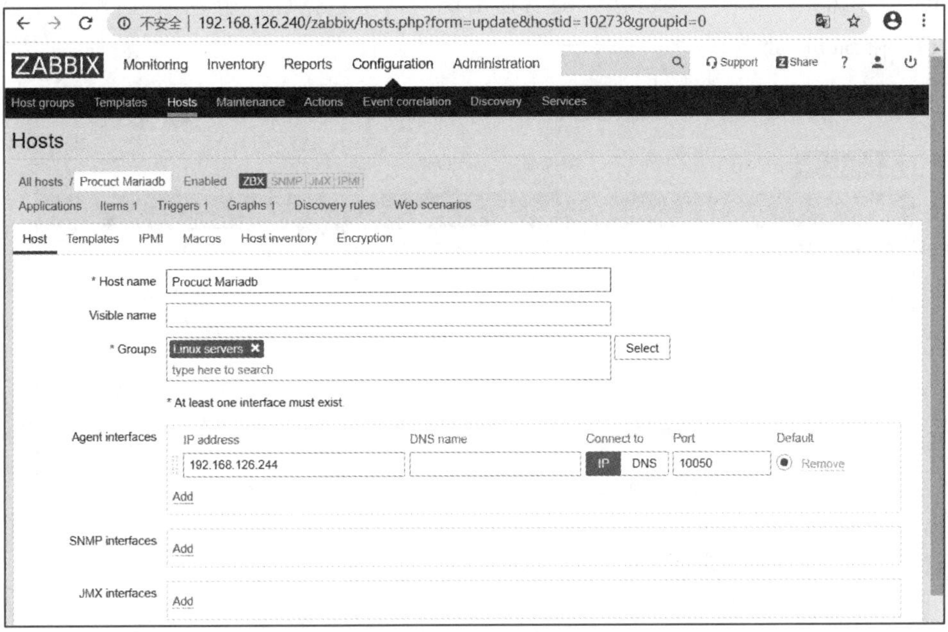

图 9-4-45 主机配置

出现图9-4-45所示的界面，在该界面中单击 SNMP interfaces 框的"Add"超链接，出现如图9-4-46所示的界面，在界面的 IP address 部分输入 IP 地址 192.168.126.244。

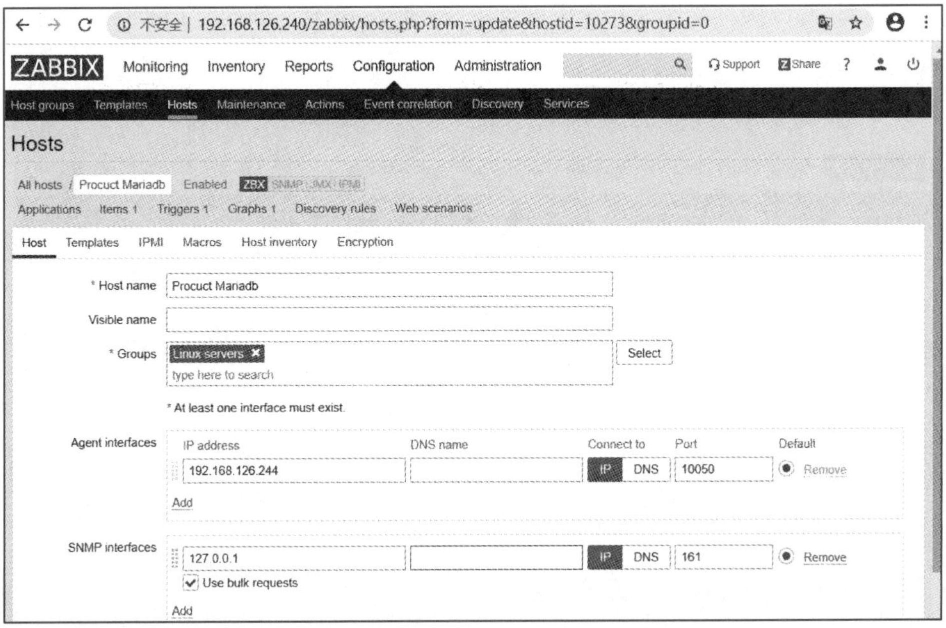

图 9-4-46 主机 SNMP 接口配置

继续单击图 9-4-45 界面中第四级 "Macros" 超链接, 出现如图 9-4-47 所示的界面, 单击 Macro 下方的 "Add" 超链接, 随后在出现的两个数据框中分别输入 {$SNMP_COM-MUNITY} 和 zabbixlab。

图 9-4-47　宏配置

完成输入后, 单击界面中第四级的 "Templates" 超链接, 出现如图 9-4-48 所示的界面, 在 Link new templates 框中通过单击其右边的 "Select" 按钮选择 Linux SNMP 模板, 然后单击 "Add" 超链接, 将模板和主机进行关联, 最后单击下部的 "Update" 按钮, 完成主机设置的修改。

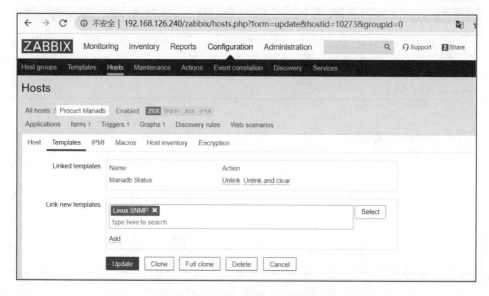

图 9-4-48　设置模板与主机关联

9.4.6 Java 虚拟机性能监控

以下实验通过对 Tomcat 中间件系统的监控，验证 Zabbix 的 JMX 监控能力，具体的部署步骤如下。

（1）Java Gateway 安装

在 192.168.126.240 上，使用如下命令下载 Zabbix 软件包源代码，并进行配置及安装。

```
yum install -y java-1.8.0-openjdk-devel.x86_64
yum install -y wget.x86_64
wget HTTPs://cdn.Zabbix.com/zabbix/sources/stable/4.0/zabbix-4.0.22.tar.gz
tar -zxvf zabbix-4.0.22.tar.gz
cd zabbix-4.0.22
./configure  --enable-Java
make install
```

使用 vi 编辑器，修改文件/usr/local/sbin/Zabbix_Java/settings.sh，修改部分如下：

```
LISTEN_IP="0.0.0.0"
LISTEN_PORT=10052
PID_FILE="/tmp/Zabbix_Java.pid"
```

通过 vi 编辑器，新建文件/usr/lib/systemd/system/zabbix-javagateway.service，内容如下：

```
[Unit]
DescrIPtion=Zabbix Monitor Agent
After=syslog.target network.target


[Service]
Type=forking
ExecStart=/usr/local/sbin/zabbix_java/startup.sh
ExecStop=/usr/local/sbin/zabbix_java/shutdown.sh
User=zabbix
[Install]
WantedBy=multi-user.target
```

通过如下命令启动 zabbix-javagateway 服务。

```
systemctl daemon-reload
Systemctl start zabbix-javagateway
```

（2）Zabbix Server 的配置

使用 vi 编辑器编辑文件/etc/zabbix/zabbix_server.conf，修改部分的配置如下：

```
JavaGateway = 127. 0. 0. 1
JavaGatewayPort = 10052
StartJavaPollers = 1
```

执行如下命令，重启 Zabbix Server。

```
systemctl restart zabbix-server-mysql. service
```

（3）Tomcat 的安装及配置

在 192. 168. 126. 244 服务器上，使用如下命令安装 Tomcat 软件包。

```
yum install -y tomcat. noarch
```

使用 vi 编辑器，创建文件/usr/local/java/jmx/jmxremote. password，内容如下：

```
monitor zabbix
```

使用 vi 编辑器，创建文件/usr/local/java/jmx/jmxremote. access，内容如下：

```
monitor readonly
```

使用如下命令，修改上面两个文件的权限。

```
chmod 400/usr/local/java/jmx/jmxremote. access
chmod 400/usr/local/java/jmx/jmxremote. password
chown root:tomcat /usr/local/java/jmx/jmxremote. access
chown root:tomcat /usr/local/java/jmx/jmxremote. password
```

使用 vi 编辑器，编辑文件/etc/tomcat/tomcat. conf，修改部分的内容如下：

```
Java_OPTS = -Dcom. sun. management. JMXremote -Dcom. sun. management. jmxremote. port = 19999 -Djava.
rmi. server. hostname = 192. 168. 126. 244 -Dcom. sun. management. jmxremote. ssl = false -Dcom. sun.
management. jmxremote. authenticate = true -Dcom. sun. management. jmxremote. password. file = /usr/local/
java/jmx/jmxremote. password -Dcom. sun. management. jmxremote. access. file = /usr/local/java/jmx/jmxre-
mote. access"
```

使用如下命令，重启 Tomcat 服务：

```
systemctl start tomcat. service
```

（4）Zabbix 模板的配置

通过浏览器登录到 Zabbix 管理界面，单击"Configuration"→"Templates"超链接，在出现的界面中，在 Name 输入框中输入 Tom，然后单击"Apply"按钮，出现如图 9-4-49 所示界面，单击界面中下部列表中的"Template App Apache Tomcat JMX"超链接。

出现如图 9-4-50 所示的界面，单击 Macro（宏）输入框，修改宏｛$PROTOCOL_HANDLER_AJP｝的值 ajp-bio-8009，修改宏｛$PROTOCOL_HANDLER_HTTP｝的值为 http-

图 9-4-49　Tomcat 监控模板

bio-8080，通过单击"Add"超链接增加两个宏，分别为 {$USER} 宏，值为 monitor；{$PASSWORD}宏，值为 Zabbix。

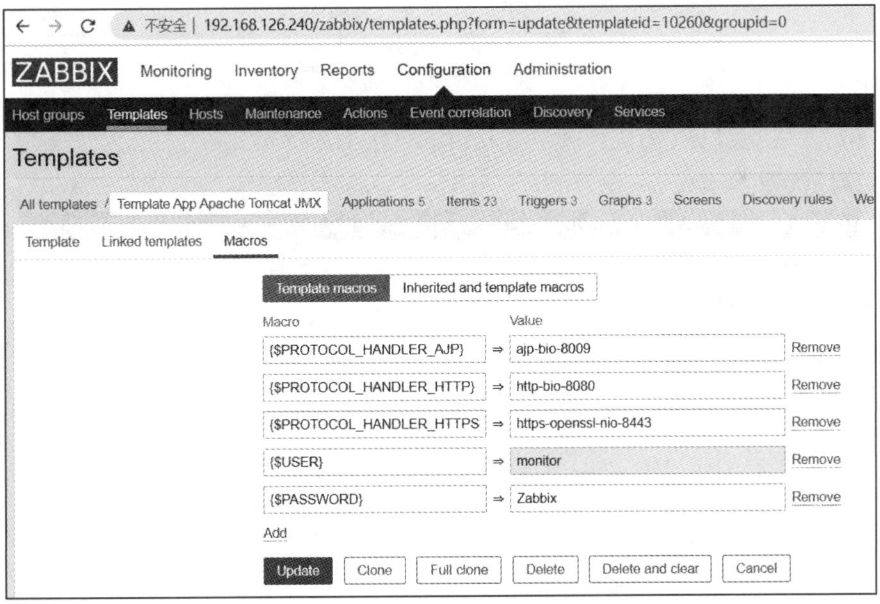

图 9-4-50　Tomcat 模板宏配置

　　完成上面的设置后，单击图中底部的"Update"按钮，完成宏参数的设置。在接下来出现的界面中，继续单击"Template App Apache Tomcat JMX"超链接，在出现的界面中，单击第三级中的"Items"超链接，出现如图 9-4-51 所示的界面。

　　在图 9-4-51 界面中，单击界面下方列表中的任意一个条目，进入条目编辑界面，如图 9-4-52 所示，在 User name 输入框中输入{$USER}，在 Password 输入框中输入{$PASSWORD}。

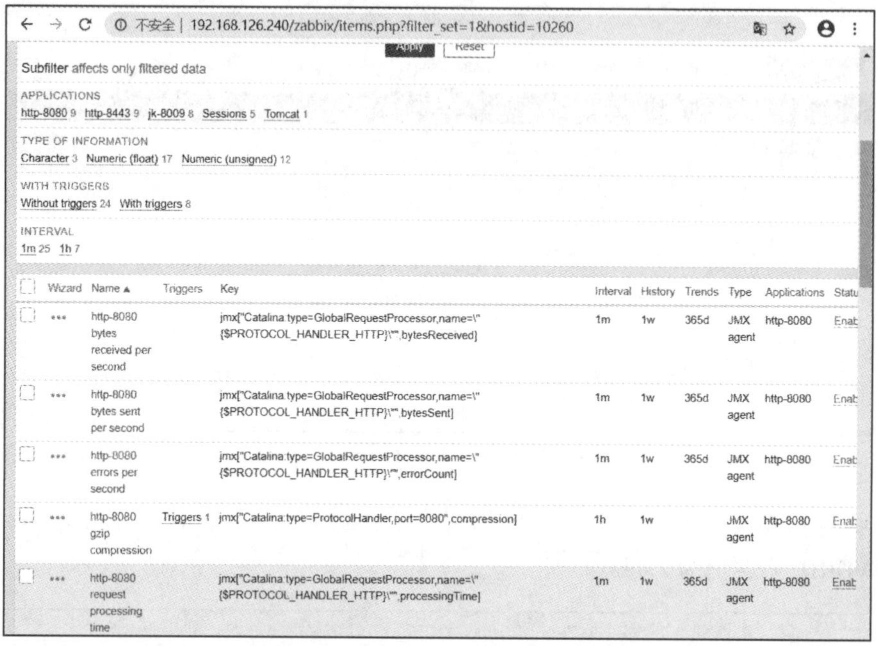

图 9-4-51　Tomcat 模板条目配置

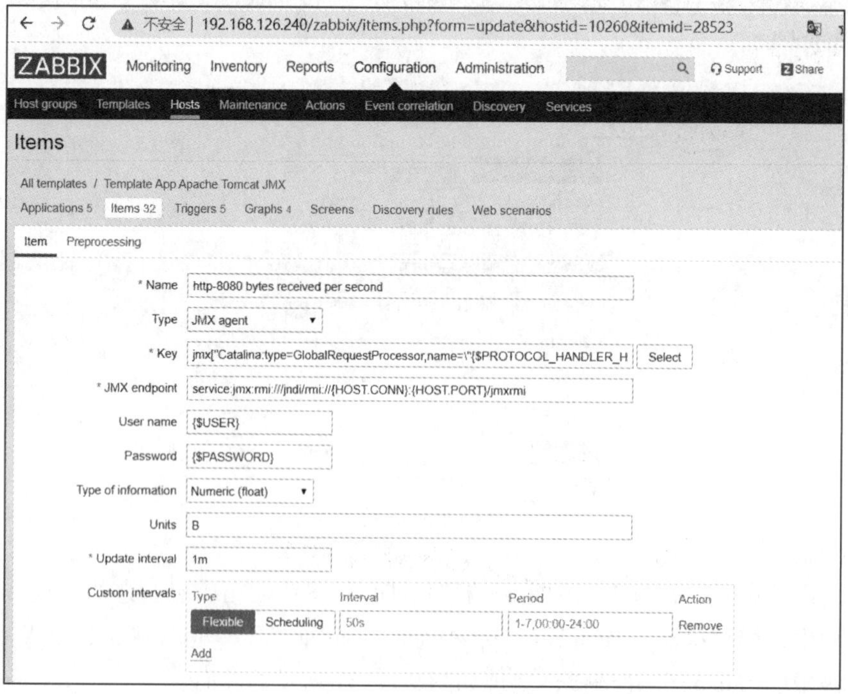

图 9-4-52　条目认证参数配置

滚动界面到底部，然后单击"Update"按钮，更新条目配置。重复上面的步骤，直到所有条目配置都更新完成。

（5）Zabbix 主机的配置

通过浏览器登录到 Zabbix 服务器的管理界面，单击"Configuration"→"Hosts"超链接，在出现界面下面的列表中单击"Product Mariadb"超链接，出现界面如图 9-4-53 所示，在 JMX interfaces 框中单击"Add"超链接，然后在出现的第 1 个输入框中输入 192.168.126.244，在第 3 个输入框中输入 19999。

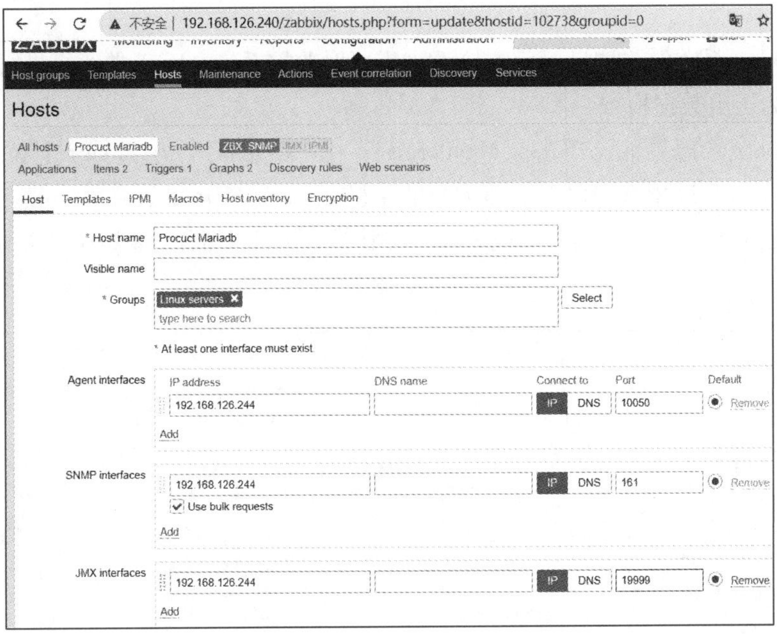

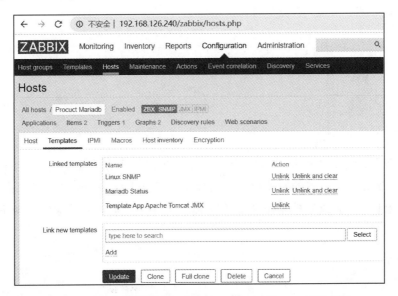

图 9-4-53　主机 JMX 接口配置

在上一步的界面中，单击第三级中的"Templates"超链接，出现如图 9-4-54 所示界面，

图 9-4-54　主机关联 Template App Apache Tomcat JMX 模板

在 Link new templates 框右侧单击"Select"按钮，在 Linked templates 框中选择 Template App Apache Tomcat JMX 模板，然后单击 Link new templates 框中的"Add"超链接，完成后单击界面最下方的"Update"按钮，完成主机的配置。

9.4.7　部署验证

完成 Zabbix 系统的监控设置后，接下来需要对监控系统是否正常运行进行验证，具体的验证内容为历史数据检查。

进入 Zabbix 管理界面，单击"Monitoring"→"Graphs"，在 Group 下拉列表中选择 all，在 Host 下拉列表中选择已在前面创建的主机 Product Mariadb，在 Graph 下拉列表中选择模板中创建图形 SQL Querys。完成上一步操作后，界面下面出现类似图 9-4-55 的历史数据曲线。

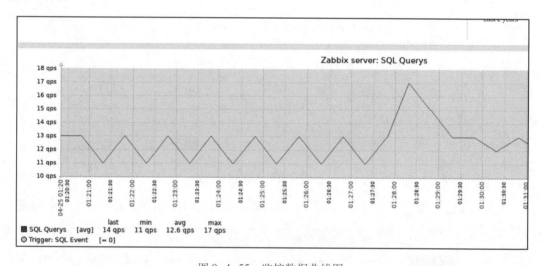

图 9-4-55　监控数据曲线图

本章小结

本章以企业 IT 系统的性能监控需求为引导，介绍了运维监控系统的目的及意义，并通过对常见的数据采集技术的原理介绍、结合开源监控软件 Zabbix 的部署，让读者通过本章的学习，能够掌握企业运维监控系统的安装、部署的基本技能，保障企业 IT 系统的健康运转。

本章习题

一、选择题

1. 网络设备性能数据采集的主要手段是（　　）。

A. JMX　　　　B. SNMP　　　　C. IPMP　　　　D. SSH

2. 下面（　　）媒体类型不是 Zabbix 内置的。

A. Email　　　B. Jabber　　　C. SMS　　　　D. wechat

3. 下面（　　）数据，在 Zabbix 中代表具体性能数据的采集。

A. item　　　　B. Template　　C. Trigger　　　D. Action

4. 下面（　　）Zabbix 组件，用于 Java 虚拟机 JMX 性能数据的采集。

A. Java Gateway　B. Zabbix Proxy　C. Zabbix Web　D. Zabbix Server

5. Zabbix 是一个（　　）系统。

A. 监控系统　　B. 数据库系统　　C. 办公 OA 系统　D. 通信软件

6. 下面（　　）数据采集方式，不是 Zabbix 支持的。

A. CMP　　　　B. Zabbix Agent　C. SNMP　　　　D. JMX

二、多项选择题

1. Zabbix Template 中，支持下面（　　）配置项。

A. item

B. graph

C. Trigger

D. Action

2. 要完成异常的告警，Zabbix 需要做如下（　　）配置。

A. host 的

B. item 的

C. Trigger 的

D. Action 的

三、判断题

1. Trigger 的作用是定义异常的判断标准。　　　　　　　　　　（　　）

2. Template 的作用是简化监控配置的作用。　　　　　　　　　（　　）

3. Zabbix 不支持使用 SNMP 采集交换机性能数据。　　　　　　（　　）

第10章 Python程序设计

【学习目标】

📄 **知识目标**
- 了解 Python 程序开发过程。
- 掌握 Python 语言概念。
- 掌握常用第三方库的使用。
- 掌握 Python 调用云 API 的用途。

📄 **技能目标**
- 安装 Python 的开发工具。
- 编写简单的 Python 程序。
- 调试程序。
- 编译程序。

【认证考点】

- 了解 Python 程序开发过程。
- 认识 Python 语言相关概念。
- 能够编写简单的 Python 程序。
- 能够编译、运行 Python 程序。
- 基本读懂 Python 程序。
- 能够编写 Python 程序调用腾讯云 API。

📖 项目引导：Python 调用云 API 管理云资源

【项目描述】

腾讯的 Python SDK 是云 API 平台的配套工具，用户可以通过编写 Python 程序实现诸如查看 CVM 实例及机型列表、VPC 下的云主机实例列表和子网列表等功能。完成该项目需要安装与配置 Python 语言的开发环境，熟悉 Python 基础语法，安装腾讯云 SDK，编写 Python 程序代码和调试及运行代码，经过上述过程才能完成该项目。

📑 知识储备

10.1　Python 语言概述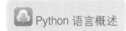

Python 的英文本意是"蟒蛇"，是一门跨平台、开源、免费的解释型高级动态编程语言，支持命令式编程、函数式编程，并且完全支持面向对象程序设计，语法简洁清晰。

10.1.1　Python 版本

在 Python 的发展过程中，形成了 Python 2.x 和 Python 3.x 两个不同系列的版本。Python 3.x 版本相对于 Python 2.x 版本，是一个较大的升级，Python 3.x 在设计时没有考虑向下兼容，为了满足不同 Python 用户的需求，目前是 Python 2.x 和 Python 3.x 两个版本并存。2020 年 1 月 1 日，官方宣布停止 Python 2 的更新，Python 2.7 被确定为最后一个 Python 2.x 版本。本章内容主要针对 Python 3.x 版本进行讲解。

10.1.2　Python 的下载和安装

用户可以在网址 https://www.python.org 下载 Python 开发环境的安装程序，本章所用操作系统为 Windows 10，使用 Python 3.7.0 的 64 位开发环境。

用户双击打开下载的 Python 开发环境的安装程序 Python 3.7.0.exe，根据安装向导进行程序的安装。

在 Windows 7 操作系统下，Python 默认的安装路径是 C:\Users\Administrator\AppData\

Local\Programs\Python，如果用户想要自定义 Python 安装环境的安装路径，可以选择 "Customize installation" 选项，并选择需要安装的具体路径。

　　Windows 系统的 "开始" 菜单中会显示 Python 命令，这些命令的具体含义如下：

　　IDLE（Python 3.7 64-bit）——启动 Python 自带的集成开发环境 IDLE。

　　Python 3.7（64-bit）——将以命令行的方式启动 Python 的解释器。

　　Python 3.7 Manuals（64-bit）——打开 Python 的帮助文档。

　　Python 3.7 Module Docs（64-bit）——将以内置服务器的方式打开 Python 模块的帮助文档。

10.1.3　内置的 IDLE 集成开发工具

　　Python 是一种脚本语言，开发 Python 程序首先要在文本编辑工具中书写 Python 程序，文本编辑工具可以是 Windows 系统自带的记事本工具，然后由 Python 解释器执行。Python 开发环境自带的 IDLE 是一个集成开发工具（Integrated Development Environment，IDE），其启动文件是 idle.bat，位于安装目录的 Lib\idlelib 文件夹下。用户可以在 "开始" 菜单的 "所有程序" 中选择 Python 3.7 的 IDLE 命令，即可打开 IDLE 窗口，如图 10-1-1 所示。

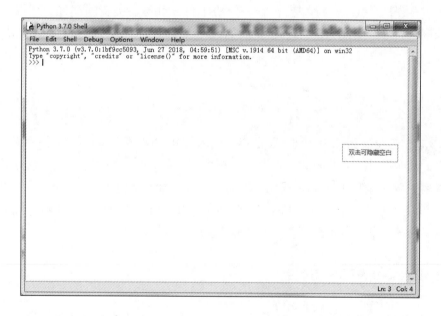

图 10-1-1　IDLE 窗口界面

10. 1. 4　pip 安装与使用

pip 是 Python 包管理工具，pip 可以运行在 UNIX/Linux 或 Windows 平台上，Python 2. 7. 9 或 Python 3. 4 以上版本都自带 pip 工具。用户可以在 cmd 命令行中通过以下命令来判断是否已安装了 pip 工具。

```
pip --version
```

如果用户还未安装，则在 cmd 命令行中可以使用以下方法来安装 pip 工具。

```
curl https://bootstrap.pypa.io/get-pip.py -o get-pip.py      #下载安装脚本
sudo python get-pip.py                                       #运行安装脚本
```

pip 主要命令如下：

- install——安装包。
- download——下载包。
- uninstall——卸载包。
- freeze——以 requirements 的格式输出已安装的包。
- list——列出已安装的包。

在 cmd 命令行中可以输入相应命令，具体示例如下。

```
pip install packageName                 #安装最新版本
pip install packageName = = 1. 0. 8     #安装指定版本
pip install 'packageName> = 1. 0. 8'    #指定安装的最小版本
pip uninstall packageName               #卸载某个包
```

10. 1. 5　PyCharm 集成开发工具

PyCharm 是 JetBrains 公司开发的集成开发工具（IDE），具有典型集成开发工具（IDE）的多种功能，如程序调试、语法高亮、工程管理、代码跳转、智能提示、自动完成、单元测试、版本控制等。

1. PyCharm 的下载和安装

访问 PyCharm 的官方网址，进入 PyCharm 的下载界面，用户可以根据自己的操作系统平台下载不同版本的 PyCharm。Professional 是需要付费的版本，它提供 Python IDE 的所有功能，支持 Web 开发，适合用来开发大型 Python 的应用项目。Community 是轻量级的 Python IDE，是一款免费和开源的版本，只支持 Python 开发，适合初学者使用。

安装 PyCharm 的过程十分简单，用户只要按照安装向导的提示逐步安装即可，安装过程中选择安装路径的界面如图 10-1-2 所示。

安装完成后的界面如图 10-1-3 所示。

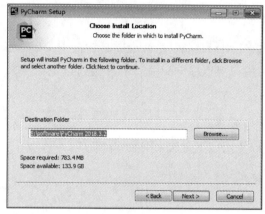
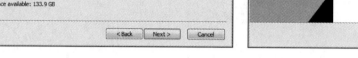

图 10-1-2　PyCharm 选择安装路径的界面　　　　图 10-1-3　PyCharm 安装成功界面

2. 建立 Python 项目和文件

第一次启动 PyCharm 时，会显示若干初始化的提示信息，保持默认值即可。之后，进入创建项目的界面。如果不是第一次启动 PyCharm，并且以前创建过 Python 项目，则会出现如图 10-1-4 所示的窗口。

图 10-1-4　PyCharm 创建项目界面

图 10-1-4 其右侧 3 个选项的含义分别是"创建新项目""打开已经存在的项目"和"从版本控制中检测项目"。选择 Create New Project 选项创建项目后，会出现选择项目存放路径界面，如图 10-1-5 所示。

项目创建完成后，如果要在项目中创建 Python 文件，可选中项目名称，右击，在弹出的快捷菜单中选择 New→Python File 命令来新建文件，如图 10-1-6 所示。

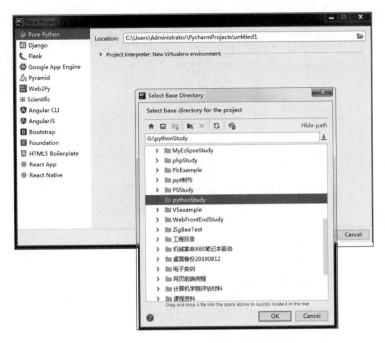

图 10-1-5   PyCharm 项目存放路径界面

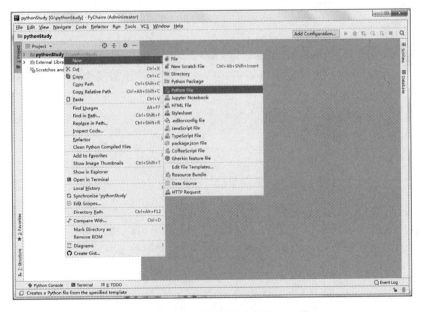

图 10-1-6   在项目中创建 Python 文件

3. 运行文件

在编辑窗口输入代码后，选择 Run→Run 菜单命令可以运行程序。图 10-1-7 所示为一个完整的程序，使用 Run 菜单中的命令可以调试和运行程序。

```
import turtle#引入一个绘图库
turtle.setup(650,350,200,200)
turtle.penup()
turtle.fd(-250)
turtle.pendown()
turtle.pensize(25)
turtle.pencolor("purple")
turtle.seth(-40)
for i in range(4):
    turtle.circle(40,80)
    turtle.circle(-40,80)

turtle.circle(40,80/2)
turtle.fd(40)
turtle.circle(16,180)
turtle.fd(40*2/3)
turtle.done()
```

图 10-1-7　PyCharm 运行文件

10.2　Python 语法

Python 语法规范主要体现在程序语句的格式、代码块与缩进、注释等方面，而有一定复杂度的 Python 程序不可能只使用内置的函数或各种库，还需要引用很多外部第三方库或模块。

10.2.1　Python 基础语法

1. 标识符命名规则

文件名、类名、模块名、变量名、函数名等标识符可以由字母、数字和下画线组成，但第一个字符不能是数字。标识符区分大小写，没有长度限制。标识符不能使用计算机语言中预留的、有特殊作用的关键字。下面是 Python 中的合法标识符举例。

my_Var、Var3

下面是 Python 中的非法标识符举例。

2Var、vari#able、finally、stu@nu

2. 代码注释

Python 的注释分为单行注释和多行注释两种。Python 中单行注释以"#"开头，代码如下：

```
#这是一个注释
print("Hello, World!")
```

多行注释用 3 个英文单引号"'''"或者 3 个英文双引号""""""将注释括起来，这种注释实际上是跨行的字符串，代码如下：

```
"""
这是多行注释,用 3 个双引号
这是多行注释,用 3 个双引号
这是多行注释,用 3 个双引号
"""
print("Hello, World!")
```

3. 代码的缩进

Python 中的代码块使用缩进表示。缩进是指代码行前部预留若干空格，Python 语法缩进的空格数在程序编辑环境中是可调整的，但要求同一个代码块的语句必须包含相同的缩进空格数。

4. 代码分行书写

Python 通常是一行书写一条语句，如果一行内编写多条语句，那么各语句间应使用分号分隔，建议每行只写一条语句，并且语句结束时不写分号。如果一条语句过长，可能需要换行书写，这时可以在语句的外部加上一对圆括号来实现，也可以使用"\"（反斜杠）实现分行书写功能，与写在圆括号中的语句类似，写在"[ ]""{ }"内的跨行语句被视为一行语句，而不再需要使用圆括号换行，代码如下：

```
#使用斜杠\将一行的语句分行书写
total = item_one + \
        item_two + \
        item_three
#使用[]、{} 或 ( ) 括号分行书写
days = ['Monday', 'Tuesday', 'Wednesday',
        'Thursday', 'Friday']
```

5. Python 关键字

关键字即保留字，用户不能将其用作任何标识符名称。Python 的标准库提供了一个 keyword 模块，在 IDLE 中可以输出当前版本的所有关键字：

```
>>> import keyword
>>> keyword. kwlist
['False', 'None', 'True', 'and', 'as', 'assert', 'break', 'class', 'continue', 'def', 'del', 'elif', 'else', 'except',
'finally', 'for', 'from', 'global', 'if', 'import', 'in', 'is', 'lambda', 'nonlocal', 'not', 'or', 'pass', 'raise', 'return',
'try', 'while', 'with', 'yield']
```

在 Python 中，用户需要注意 True、False、None 的大小写。如果用户需要查看关键字的信息，在 IDLE 中也可以使用 help( ) 命令进入帮助系统查看。

```
>>>help( )          #进入 Python 的帮助系统
help>keywords       #查看关键字列表
help>except         #查看关键字 except 说明
help>quit           #退出帮助系统
```

6. 算术运算符

算术运算可以完成数学中的加、减、乘、除四则运算。算术运算符包括"+（加）" "-（减）" "*（乘）" "/（除）" "%（求余）" "**（指数幂）"和"//（整除）"，算术运算符的代码如下：

```
>>>x1 = 17
>>>x2 = 4
>>>result1 = x1+x2      #21
>>>result2 = x1-x2      #13
>>>result3 = x1 * x2    #68
>>>result4 = x1/x2      #4. 25
>>>result5 = x1%x2      #1
>>>result6 = x1 * * x2  #83521
>>>result7 = x1//x2     #4
```

由算术运算符将数值类型的变量连接起来就构成了算术表达式，它的计算结果是一个数值。不同类型的数据进行运算时，这些数据的类型应当是兼容的，并遵循运算符的优先级规则。

7. 比较运算符

比较运算是指两个数据之间的比较运算。比较运算符主要有">（大于）" "<（小于）" ">=（大于或等于）" "<=（小于或等于）" "==（双等于）"和"!=（不等于）"。比较运算符多用于数值型数据的比较，有时也用于字符串数据的比较，比较的结果是布尔值 True 或 False。用比较运算符连接的表达式称为关系表达式，一般在程序分支结构中使用，比较运算符的代码如下：

```
>>>x='student'
>>>y=" teacher"
>>>x>y
False
>>>len(x)= =len(y)
True
>>>x!=y
True
>>>x+y= =y+x
False
```

10.2.2 变量

变量用标识符来命名，变量名区分大小写。Python 定义变量的格式类似"varName = value"，其中 varName 是变量名，value 是变量的值，"="被称为赋值运算符，即把"="后面的值传递给前面的变量名。Python 中的变量具有类型的概念，变量的类型由所赋的值来决定。在 Python 中，只要定义了一个变量，且该变量存储了数据，那么变量的数据类型就已经确定了，系统会自动识别变量的数据类型。例如，若"x-8"，则"x"是整型数据；若"x=" Hello""，则"x"是一个字符串类型。变量也可以是列表、元组或对象等类型。如果希望查看变量的类型，可以使用函数 type 来实现。

10.2.3 数据类型

Python 的数据类型主要有数值（Number）类型、字符串（Str）类型、列表（List）、元组（Tuple）、字典（Dictionary）和集合（Sets）等，而数值类型是 Python 的基本数据类型，包含整型（int）、浮点型（float）、复数类型（complex）和布尔类型（bool）4 种，Python 3 中不再有长整型（long）类型。

1. 整数类型

整数类型简称整型，它与数学中整数的概念一致。整数类型的表示方式有十进制、二进制（以"0B"或"0b"开头）、八进制（以数字"0o"或"0O"开头）和十六进制（以"0X"或"0x"开头）等。Python 的整型数据理论上的取值范围是（$-\infty,\infty$），实际的取值范围受限于运行 Python 程序的计算机内存大小。下面都是一些合法的整数类型数据的举例。

```
100,-88,0o1234,0b1101,0xAAFF
```

Python 有多种数据类型，并且有些数据类型的表现形式相同或相近，使用 Python 的内置函数 type 可以测试各种数据类型代码如下：

```
x = 123
y = 0b100
z = 0xAB
print(x,y,z)
print(type(x),type(y),type(z))    #type 函数测试数据类型
```

程序运行后，输出如下：

```
123 4 171
<class 'int'> <class 'int'> <class 'int'>
```

在上述代码中定义了 3 个变量，第 1 行代码中，变量 x 的值是一个十进制的整数；第 2 行代码中，变量 y 的值是一个二进制的整数；第 3 行代码中，变量 z 的值是一个十六进制的整数，它们都属于 int 类型。运行结果是输出了 x、y、z 这 3 个变量的十进制值，最后通过 type 函数显示了它们的数据类型。

2. 浮点型

浮点数和整数在计算机内部存储的方式是不同的，整数运算永远是精确的，然而浮点数的运算则可能会有四舍五入的误差。浮点型可以用十进制或科学计数法表示。下面是用科学记数法表示的浮点型数据：

```
1.23e3,0.34E6,2.5E-3
```

其中 E 或 e 表示基数是 10，后面的整数表示指数，指数的正负使用"+"和"-"号，其中正号"+"可以省略。需要注意的是，Python 的浮点型占 8 字节。

3. 复数类型

Python 支持复数，复数由实数部分和虚数部分构成，可以用"a+bj"，或者"complex (a,b)"表示，其中实数部分"a"和虚数部分"b"都是浮点型，虚数部分必须有后缀"j"或"J"，代码如下：

```
#复数类型测试
f1 = 1.2+3j
print(f1)
print(type(f1)) #使用 type 函数输出打印数据类型
print("f1 的实数部分:"+str(f1.real))
print("f1 的虚数部分:"+str(f1.imag))
```

程序运行后，输出如下：

```
(1.2+3j)
```

```
<class 'complex'>
f1 的实数部分:1. 2
f1 的虚数部分:3. 0
```

4. 布尔类型

布尔类型数据只有两个取值真（True）和假（False）。如果将布尔值进行数值运算，真（True）会被当作整型 1，假（False）会被当作整型 0。每一个 Python 对象都自动具有布尔值，可用于布尔测试（如用在 if 结构或 while 结构中）。当在 if 语句中运行条件时，Python 返回 True 或 False。例如，根据条件是对还是错，打印一条消息，代码如下：

```
a = 200
b = 33
if b > a:
    print("b is greater than a")
else:
    print("b is not greater than a")
```

程序运行后，输出如下：

```
b is not greater than a
```

以下对象的布尔值都是 False，包括 None、False、整型 0、浮点型 0.0、复数 0.0+0.0j、空字符串“ ”、空列表[ ]、空元组( )、空字典{ }，这些数据的值可以用 Python 的内置函数 bool 来测试，代码如下：

```
a1 = 0
print("a1 类型是:",end="")
print(type(a1),bool(a1))
a2 = 0. 0
print("a2 类型是:",end="")
print(type(a2),bool(a2))
a3 =" #空字符串
print("a3 类型是:",end="")
print(type(a3),bool(a3))
a4 = [ ]   #空列表
print("a4 类型是:",end="")
print(type(a4),bool(a4))
a5 = { }  #空字典
print("a5 类型是:",end="")
print(type(a5),bool(a5))
```

程序运行后，输出如下：

```
a1 类型是:<class 'int'> False
a2 类型是:<class 'float'> False
a3 类型是:<class 'str'> False
a4 类型是:<class 'list'> False
a5 类型是:<class 'dict'> False
```

5. 字符串类型

Python 的字符串是用单引号、双引号和三引号括起来的字符序列,用于描述信息。例如,"copyright""Python""beatiful""beatiful"等,'hello'等同于"hello"。用户可以使用 print 函数显示字符串信息,由于字符串应用频繁,有时也将字符串当作基本的数据类型。用户也可以使用 3 个引号将多行字符串赋值给变量,代码如下:

```
a = """Python is a widely programming language.
It was initially designed by Guido van Rossum in 1991
and developed by Python Software Foundation.
Its syntax allows programmers to express concepts in fewer lines of code."""
```

Python 中的字符串是 unicode 字符的字节数组,Python 没有字符数据类型,单个字符就是长度为 1 的字符串,方括号可用于访问字符串的元素。例如,获取位置 1 处的字符(请记住第 1 个字符的位置为 0),代码如下:

```
a = "Hello, World!"
print(a[1])
```

运行程序后,输出为:

```
e
```

用户可以使用切片语法返回一定范围的字符,指定开始索引和结束索引,以冒号分隔,以返回字符串的一部分。例如,获取从位置 2(包括)到位置 5(不包括)的字符,代码如下:

```
a = "Hello, World!"
print(a[2:5])
```

运行程序后,输出为:

```
llo
```

用户也可以使用负索引从字符串末尾开始切片,(-1)是最后一个索引而(-2)是倒数第 2 个索引。例如,获取从倒数位置 5(包括)到倒数位置 2(不包括)的字符,从字符串末尾开始计数,代码如下:

```
b = "Hello, World!"
print(b[-5:-2])
```

运行程序后，输出为：

orl

用户需获取字符串的长度，可以使用 len 函数，代码如下：

```
a = "Hello, World!"
print(len(a))
```

运行程序后，输出为：

13

Python 有一组可用于字符串的内置函数。例如，使用 strip 函数删除字符串开头和结尾的空白字符，代码如下：

```
a = " Hello, World! "
print(a.strip())
```

运行程序后，输出为：

Hello, World!

例如，使用 lower 函数返回小写的字符串，代码如下：

```
a = "Hello, World!"
print(a.lower())
```

运行程序后，输出为：

hello, world!

例如，使用 upper 函数返回大写的字符串，代码如下：

```
a = "Hello, World!"
print(a.upper())
```

运行程序后，输出为：

HELLO, WORLD!

例如，使用 replace 函数用另一段字符串来替换字符串，代码如下：

```
a = "Hello, World!"
print(a.replace("World", "Python"))
```

运行程序后，输出为：

Hello, Python!

例如，使用 split 函数根据分隔符来将原字符串拆分为子字符串，代码如下：

```
a = "Hello, World!"
print(a.split(","))
```

运行程序后，输出为：

['Hello', ' World!']

如需串联或组合两个字符串，可以使用"+"运算符。例如，将字符串 a 与一个空格及字符串 b 合并到字符串 c 中，代码如下：

```
a = "Hello"
b = "World"
c = a +" " + b
print(c)
```

运行程序后，输出为：

Hello World!

用户可以使用 format 函数组合字符串和数字，format 函数接收传递的参数并格式化，然后将格式化结果放在占位符 {} 所在的字符串中。例如，使用 format 函数将数字插入字符串，代码如下：

```
age = 18
txt = "My name is Bill, and I am {}"
print(txt. format(age))
```

运行程序后，输出为：

My name is Bill, and I am 18

format 函数接收不限数量的参数，并放在各自的占位符中，代码如下：

```
quantity = 3
itemno = 567
price = 25.8
myorder = "I want {} pieces of item {} for {} dollars. "
print(myorder. format(quantity, itemno, price))
```

运行程序后，输出为：

I want 3 pieces of item 567 for 25.8 dollars.

也可以使用索引号 {0} 来确保参数被放在正确的占位符中，代码如下：

```
quantity = 3
itemno = 567
price = 25.3
myorder = "I want to pay {2} dollars for {0} pieces of item {1}. "
print(myorder. format(quantity, itemno, price))
```

运行程序后，输出为：

I want to pay 25.3 dollars for 3 pieces of item 567.

用户要注意 Python 字符串上使用的内建函数，所有字符串函数都返回新值，而不会更改原始字符串。在需要使用特殊字符时，Python 用反斜杠（\）转义字符，具体见表 10-2-1。

表 10-2-1　转 义 字 符

转 义 字 符	描　　述
\ （在行尾时）	续行符
\\	反斜杠符号
\'	单引号
\"	双引号
\a	响铃
\b	退格
\000	空
\n	换行
\v	纵向制表符
\t	横向制表符
\r	回车
\f	换页
\oyy	八进制数，yy 代表字符，如\o12 代表换行，其中 o 是字母，不是数字 0
\xyy	十六进制数，yy 代表字符，如\x0a 代表换行
\other	其他的字符以普通格式输出

6. 列表类型（List）

Python 有 6 个序列的内置类型，最常见的是列表和元组，序列都可以进行的操作包括索引、切片、加、乘及检查成员。要注意的是，Python 没有内置对数组的支持，但可以使用列表代替。列表是一种数据集合，是 Python 中最基本的数据结构。列表使用方括号，元素之间用英文逗号分隔，列表中的数据项不需要具有相同的类型。列表中的每个元素都分配一个数字来表示它的位置，也就是索引，第 1 个索引是 0，第 2 个索引是 1，依此类推。此外，Python 已经内置确定序列的长度以及确定最大和最小的元素的函数。创建一个列表，只要把逗号分隔的不同的数据项使用方括号括起来即可，与字符串的索引一样，列表索引从 0 开始，并可以进行截取、切片或组合等，通过索引来截取列表中的元素代码如下：

```
list1 = ['Google', 1997, 2000];
list2 = [1, 2, 3, 4, 5, 6, 7];
```

```
print ("list1[0]为:", list1[0])
print ("list2[1:5]为:", list2[1:5])
```

运行程序后，输出为：

```
list1[0]为:Google
list2[1:5]为:[2, 3, 4, 5]
```

用户如需更改列表某个元素的值，需要引用索引号，代码如下：

```
thislist = ["apple", "banana", "cherry"]
thislist[1] = "mango"
print(thislist)
```

运行程序后，输出为：

```
['apple', 'mango', 'cherry']
```

有一个列表变量 L 其中有 3 个元素，其可以表示为 L[1,2,3]，利用切片操作列表指定参数 L[start:end:step]，其中"step"表示步长，代表每"step"个取一个，其中 Python 切片的用法如下：

```
L[0:3]#从索引 0 开始取,直到索引 3 为止,不包括索引 3,即索引 0,1,2
L[:]#表示从头到尾
L[-2:-1]#表示从倒数第 2 个元素取到最后一个元素,即输出倒数第 2 个元素,不包括最后一个元素
L[-3:]#表示从倒数第 3 个元素取到尾
L[-1:-3:-1]#表示从倒数第 1 个数按-1 取,取至倒数第 3 个为止,即输出最后两个元素
L[3::3]#表示从索引 3 开始每 3 个数里取一个,取至最后一个元素为止
注:最后一个元素为-1。
```

range 函数可创建一个整数列表，这个函数的使用为 range(start,stop,step)，其中 start 表示计数从 start 开始，默认是从 0 开始，如 range(5)等价于 range(0,5)，stop 表示计数到 stop 结束，但不包括 stop，如 range(0,5)表示[0,1,2,3,4]没有 5，step 表示步长可以省略，默认为 1，如 range(0,5)等价于 range(0,5,1)，range 函数创建列表的代码如下：

```
>>>range(10)           #从 0 开始到 10(不包括)
[0, 1, 2, 3, 4, 5, 6, 7, 8, 9]
>>> range(1, 11)          #从 1 开始到 11(不包括)
[1, 2, 3, 4, 5, 6, 7, 8, 9, 10]
>>> range(0, 30, 5)       #步长为 5
[0, 5, 10, 15, 20, 25]
>>> range(0, 10, 3)       #步长为 3
[0, 3, 6, 9]
>>> range(0, -10, -1)     #负数
[0, -1, -2, -3, -4, -5, -6, -7, -8, -9]
```

用户要确定列表中有多少项元素，可以使用 len 函数，代码如下：

```
thislist = ["apple", "banana", "cherry"]
print(len(thislist))
```

运行程序后，输出为：

```
3
```

用户要将元素添加到列表的末尾，可以使用 append 函数，代码如下：

```
thislist = ["apple", "banana", "cherry"]
thislist.append("orange")
print(thislist)
```

运行程序后，输出为：

```
['apple', 'banana', 'cherry', 'orange']
```

用户要在指定的索引处添加元素，可以使用 insert 函数，代码如下：

```
thislist = ["apple", "banana", "cherry"]
thislist.insert(1, "orange")
print(thislist)
```

运行程序后，输出为：

```
['apple', 'orange', 'banana', 'cherry']
```

用户可以使用 remove 函数删除指定的元素，代码如下：

```
thislist = ["apple", "banana", "cherry"]
thislist.remove("banana")    #remove 函数删除指定的元素
print(thislist)
```

运行程序后，输出为：

```
['apple', 'cherry']
```

Python 有几种方法可以连接或串联两个或多个列表，最简单的方法之一是使用 "+" 运算符，代码如下：

```
list1 = ["a", "b", "c"]
list2 = [1, 2, 3]
list3 = list1 + list2
print(list3)
```

运行程序后，输出为：

```
['a', 'b', 'c', 1, 2, 3]
```

用户也可以使用 list 构造函数创建一个新列表，代码如下：

```
thislist = list(("apple", "banana", "cherry")) #请注意双括号
print(thislist)
```

运行程序后，输出为：

```
['apple', 'banana', 'cherry']
```

Python 可以在列表上使用的内建函数有多种，具体见表 10-2-2。

表 10-2-2　列表内建函数

函　　数	描　　述
append( )	在列表的末尾添加一个元素
clear( )	删除列表中的所有元素
copy( )	返回列表的副本
count( )	返回具有指定值的元素数量
extend( )	将列表元素添加到当前列表的末尾
index( )	返回具有指定值的第一个元素的索引
insert( )	在指定位置添加元素
pop( )	删除指定位置的元素
remove( )	删除具有指定值的项目
reverse( )	颠倒列表的顺序
sort( )	对列表进行排序
len( )	列表元素个数
max( )	返回列表元素最大值
min( )	返回列表元素最小值

7. 元组类型（Tuple）

元组是由 0 个或多个元素组成的不可变序列类型。元组与列表的区别在于元组的元素不能修改。创建元组时，只要将元组的元素用小括号括起来，并使用逗号隔开即可，如（'physics','chemistry',1997,2000）就是一个元组。

与列表类似，用户也可以通过引用方括号内的索引号来访问元组中的元素，代码如下：

```
thistuple = ("apple", "banana", "cherry")
print(thistuple[1])
```

运行程序后，输出为：

```
banana
```

元组中的元素值是不允许修改的，但可以对元组进行连接组合，代码如下：

```
tup1 = (12, 34.56);
tup2 = ('abc', 'xyz')
#以下修改元组元素操作是非法的
# tup1[0] = 100
#创建一个新的元组
tup3 = tup1 + tup2;
print (tup3)
```

运行程序后，输出为：

```
(12, 34.56, 'abc', 'xyz')
```

虽然元组是不可变的，或者也称为恒定的，但是用户也可以将元组转换为列表，更改列表，然后将列表转换回元组，代码如下：

```
x = ("apple", "banana", "cherry")
y = list(x)
y[1] = "kiwi"
x = tuple(y)
print(x)
```

运行程序后，输出为：

```
('apple', 'kiwi', 'cherry')
```

元组中的元素值是不允许删除的，但可以使用 del 语句来删除整个元组，代码如下：

```
tup = ('Google', 'Tencent', 1997, 2000)
print (tup)
del tup;
print ("删除后的元组 tup : ")
print (tup)
```

以上实例元组被删除后，输出变量会有异常信息。

元组一旦创建，用户就无法向其添加项目，元组是不可改变的，用户无法向元组添加项目。

如果用户创建只包含一个元素的元组，就必须在该元素后添加一个逗号，否则 Python 无法将变量识别为元组，代码如下：

```
thistuple = ("apple",)
print(type(thistuple))
#不是元组
```

```
thistuple = ("apple")
print(type(thistuple))
```

运行程序后，输出为：

```
<class 'tuple'>
<class 'str'>
```

用户要连接两个或多个元组，可以使用"+"运算符，代码如下：

```
tuple1 = ("a", "b", "c")
tuple2 = (1, 2, 3)
tuple3 = tuple1 + tuple2
print(tuple3)
```

运行程序后，输出为：

```
('a', 'b', 'c', 1, 2, 3)
```

用户可以使用 tuple 构造函数来创建元组，代码如下：

```
thistuple = tuple(("apple", "banana", "cherry")) #请注意双括号
print(thistuple)
```

运行程序后，输出为：

```
('apple', 'banana', 'cherry')
```

Python 可以在元组上使用的内建函数见表 10-2-3。

表 10-2-3   元组内建函数

函　　数	描　　述
len()	计算元组元素个数
max()	返回元组中元素最大值
min()	返回元组中元素最小值
tuple()	将列表转换为元组
count()	返回元组中指定值出现的次数
index()	在元组中搜索指定的值并返回索引

8. 集合类型（Set）

在 Python 中，集合是一组对象的集合，对象可以是各种类型。集合由各种类型的元素组成，集合是无序和无索引的集合，元素之间没有任何顺序，并且元素都不重复。集合用大括号"{}"编写，一旦集合创建就无法更改项目，但是可以添加新项目。创建一个空集合必须用 set 函数而不是"{}"，因为"{}"是用来创建一个空字典。

集合是无序的，因此无法确定项目的显示顺序，代码如下：

```
thisset = {"apple", "banana", "cherry"}
print(thisset)
```

用户无法通过引用索引来访问集合中的元素，因为集合是无序的，没有索引，但是可以使用 for 循环遍历集合，或者使用 in 关键字查询集合中是否存在指定值，代码如下：

```
thisset = {"apple", "banana", "cherry"}
for x in thisset:
    print(x)
```

检查集合中是否存在字符串"banana"：

```
thisset = {"apple", "banana", "cherry"}
print("banana" in thisset)
```

集合中的元素都不重复，当有重复元素时也能去重，代码如下：

```
basket = {'apple', 'orange', 'apple', 'pear', 'orange', 'banana'}
print(basket) #集合去重
```

要将一个新元素添加到集合，可以使用 add 函数，代码如下：

```
thisset = {"apple", "banana", "cherry"}
thisset.add("orange")
print(thisset)
```

使用 update 函数将多个新元素添加到集合中，并且参数可以是列表、元组、字典等，多个新元素用逗号分开，代码如下：

```
thisset = {"apple", "banana", "cherry"}
thisset.update(["orange", "mango", "grapes"])
print(thisset)
```

用户可以使用 union 函数连接两个或多个集合，结果将返回包含两个集合中所有项目的新集合，代码如下：

```
set1 = {"a", "b", "c"}
set2 = {1, 2, 3}
set3 = set1.union(set2)
print(set3)
```

将元素从集合中移除，可以使用 remove 函数，如果元素不存在，则会发生错误，代码如下：

```
thisset = set(("Google", "Tencent", "Taobao"))
thisset.remove("Taobao")
```

```
print(thisset)
thisset. remove("Facebook")
```

Python 可以在集合上使用的内建函数具体见表 10-2-4。

表 10-2-4　集合内建函数

方　　法	描　　述
add( )	为集合添加元素
clear( )	移除集合中的所有元素
copy( )	复制一个集合
difference( )	返回多个集合的差集
difference_update( )	移除集合中的元素，该元素在指定的集合也存在
discard( )	删除集合中指定的元素，如果元素不存在，不会发生错误
intersection( )	计算两个或更多集合中的交集，返回一个新的集合
intersection_update( )	计算两个或更多集合中的交集，在原始集合上移除不重复的元素
isdisjoint( )	判断两个集合是否包含相同的元素，若没有，返回 True，否则返回 False
issubset( )	判断指定集合是否为该方法参数集合的子集
issuperset( )	判断该方法的集合参数是否为指定集合的子集
pop( )	随机移除元素
remove( )	移除指定元素，如果元素不存在，则会发生错误
symmetric_difference( )	返回两个集合中不重复的元素集合
symmetric_difference _update( )	移除当前集合中在另外一个指定集合相同的元素，并将另外一个指定集合中不同的元素插入到当前集合中
union( )	返回两个集合的合集
update( )	给集合添加元素

要注意的是，s. update("string")与 s. update({"string"})含义不同，s. update("string")将字符串拆分为单个字符后，再一个一个地添加到集合中，有重复的会忽略，而 s. update({"string"})将字符串添加到集合中，有重复的会忽略。

9. 字典类型（Dictionary）

字典是 Python 中唯一内置的映射类型，可用来实现通过数据查找关联数据的功能。字典是一个无序、可变和有索引的集合，字典中的每一个元素都包含两部分：键（key）和值（value），字典用大括号"{}"来表示，每个元素的键和值用冒号分隔，元素之间用逗号分隔。由于字典中的键是非常关键的数据，而程序需要通过键来访问值，因此字典中的键不允许重复，代码如下：

```
dict = {'Name': '腾讯大学', 'Age': 7, 'Class': 'First'}
print ("dict['Name']: ", dict['Name']) print ("dict['Age']: ", dict['Age'])
```

运行程序后，输出为：

```
dict['Name']: 腾讯大学
dict['Age']: 7
```

如果用字典里没有的键访问数据，会输出错误，代码如下：

```
dict = {'Name': '腾讯大学', 'Age': 7, 'Class': 'First'};
print ("dict['Alice']: ", dict['Alice'])
```

运行程序后，输出为：

```
Traceback (most recent call last):
  File "test.py", line 5, in <module>
    print ("dict['Alice']: ", dict['Alice'])
KeyError: 'Alice'
```

在字典中修改已有键/值对和添加键/值对的代码如下：

```
dict = {'Name': 'Tony', 'Age': 7, 'Class': 'First'}
dict['Age'] = 8;                    #修改键 Age 的值
dict['School'] = "腾讯大学"         #添加信息
print ("dict['Age']: ", dict['Age'])
print ("dict['School']: ", dict['School'])
```

运行程序后，输出为：

```
dict['Age']: 8
dict['School']: 腾讯大学
```

字典值可以没有限制地取任何 Python 对象，既可以是标准的对象，也可以是用户定义的，但键不行。需要记住，不允许同一个键出现两次。创建时如果同一个键被赋值两次，后一个值会被记住，代码如下：

```
dict = {'Name': '小红', 'Age': 7, 'Name': '小明'}
print ("dict['Name']: ", dict['Name'])
```

运行程序后，输出为：

```
dict['Name']: 小明
```

Python 可以在字典上使用的内建函数具体见表 10-2-5。

表 10-2-5   字典内建函数

函　　数	描　　述
len(dict)	计算字典元素的个数，即键的总数
str(dict)	将字典转为字符串
dict. clear( )	删除字典内的所有元素
dict. copy( )	返回一个字典的浅复制
dict. fromkeys(seq [,value])	创建一个新字典，以序列 seq 中的元素作字典的键，val 为字典所有键对应的初始值
dict. get(key, default = None)	返回指定键的值，如果值不在字典中返回 default 值
key in dict	如果键在字典 dict 里返回 True，否则返回 False
dict. items( )	以列表返回可遍历的（键，值）元组数组
dict. keys( )	以列表返回一个字典所有的键
dict. setdefault(key, default = None)	和 get( )类似，但如果键不存在于字典中，将会添加键，并将值设为 default
dict. update(dict2)	把字典 dict2 的键/值对更新到 dict 里
dict. values( )	以列表返回字典中的所有值

10.2.4   流程控制

在进行程序设计时，会经常进行逻辑判断，根据不同的结果做不同的事，或者重复做某件事，对类似这样的工作称为流程控制。Python 中常见的流程控制主要有如下几种。

1. 条件语句（if 语句）

条件语句是通过判断一条或多条语句的状态（True 或者 False）来决定执行的代码块，Python 中 if 语句的一般形式如下：

```
if condition_1:
    statement_block_1
elif condition_2:
    statement_block_2
else:
    statement_block_3
```

如果 condition_1 为 True，将执行 statement_block_1 块语句；如果 condition_1 为 False，将判断 condition_2；如果 condition_2 为 True，将执行 statement_block_2 块语句；如果 condition_2 为 False，将执行 statement_block_3 块语句。Python 中用 elif 代替了 elseif，所以 if

语句的关键字为 "if-elif-else"。

【注意】

- 每个条件后面要使用冒号（:），表示接下来是满足条件后要执行的语句块。
- 使用缩进来划分语句块，相同缩进数的语句在一起组成一个语句块。
- 在 Python 中没有 switch-case 语句。

2. for 循环语句

Python 中 for 循环可以用于迭代序列（即列表、元组、字典、集合或字符串），这是与其他编程语言中的 for 循环不太相似的地方，更像其他面向对象编程语言中的迭代器方法。通过使用 for 循环，可以为列表、元组、集合中的每个项目执行一组语句。

输出列表中的每个元素，代码如下：

```
fruits = ["apple", "banana", "cherry"]
for x in fruits:
    print(x)
```

运行程序后，输出为：

```
apple
banana
cherry
```

字符串也是可迭代的对象，可以使用 for 语句进行遍历，代码如下：

```
for x in "腾讯":
    print(x)
```

运行程序后，输出为：

```
腾
讯
```

3. while 循环语句

Python 的 while 循环语句和 C 语言几乎一样，只是判断条件没有括号围着。例如，计算 Fibonacci 数列，代码如下：

```
a, b = 0, 1
fib = []
while len(fib) < 10:        #循环条件没有括号
    a, b = b, a+b
    fib. append(b)
print(fib)
```

运行程序后，输出为：

```
[1, 2, 3, 5, 8, 13, 21, 34, 55, 89]
```

10.2.5 函数

Python 提供了许多内建函数，如 print 函数等。除此以外，用户也可以自定义函数。自定义函数的规则如下：

- 自定义函数以 def 关键词开头，后接函数标识符名称和圆括号。
- 参数和自变量必须放在圆括号中间。
- 函数的第 1 行语句可以有选择性地使用文档字符串——用于存放函数说明。
- 函数内容以冒号起始，并且缩进。
- return [表达式]结束函数，有选择性地返回一个值给调用方，不带表达式的 return 相当于返回 None。

自定义函数的一般格式如下：

```
def 函数名 (参数列表)：
    函数体
```

如需调用函数，要使用函数名称并加上括号，代码如下：

```
def welcome(name)：
    print("你好", name)
welcome("小明")
```

运行程序后，输出为：

```
你好 小明
```

如果不知道传递给自定义函数多少个参数，要在函数定义的参数名称前添加星号 "＊"。自定义函数将接收一个参数元组，并相应地访问参数元组中的元素，代码如下：

```
def my_function( ＊ kids)：
    print("年龄最小的孩子是：" + kids[1])

my_function("小明", "小红", "小天")
```

运行程序后，输出为：

```
年龄最小的孩子是：小红
```

10. 2. 6　面向对象

面向对象的一些主要基本特征如下:

- 类: 用来描述具有相同的属性和方法的对象的集合。它定义了该类中每个对象所共有的属性和方法, 对象是类的实例, 如 Dog 类。
- 公有变量: 类变量在整个实例化的对象中是公用的。类变量定义在类中且在函数体之外。类变量通常不作为实例变量使用。
- 数据成员: 类变量或者实例变量用于处理类及其实例对象的相关的数据。
- 方法重写: 如果从父类继承的方法不能满足子类的需求, 可以对其进行改写, 称为方法的重写。
- 私有变量: 只能在本类中被访问。
- 实例变量: 在类的声明中, 属性是用变量来表示的, 这种变量就是实例变量, 是在类声明的内部但是在类的其他成员方法之外声明的。
- 继承: 一个子类继承父类的属性和方法。继承也允许把一个子类的对象作为一个父类对象对待, 如 Dog 类继承自 Animal 类。
- 实例化: 创建一个类的实例, 类的具体对象。
- 方法: 类中定义的函数。
- 对象: 通过类定义的数据结构实例。对象包括两个数据成员(类变量和实例变量)和方法。

Python 提供了面向对象编程的所有基本功能, 例如类的继承机制允许多个父类, 子类可以覆盖父类中的任何方法, 方法中可以调用父类中的同名方法, 对象可以包含任意数量和类型的数据。

1. 类

语法格式如下:

```
class ClassName:
    <statement-1>
    .
    .
    .
    <statement-N>
```

用户创建一个类之后, 可以通过类名访问其属性。类对象支持两种操作属性引用和实例化。属性引用使用的标准语法为 obj. name。类的代码如下:

```
class MyClass:
    """一个简单的类实例"""
    i = 12345
```

```
    def func(self):
        return 'hello world'
#实例化类
x = MyClass()
#访问类的属性和方法
print("MyClass 类的属性 i 为: ", x.i)
print("MyClass 类的方法 func 输出为: ", x.func())
```

以上代码创建了一个新的类 MyClass，x 为该类实例化对象。运行程序后，输出结果为：

```
MyClass 类的属性 i 为: 12345
MyClass 类的方法 func 输出为: hello world
```

在 Python 中，面向对象编程有以下几种方式来定义变量：

- xx：公有变量。
- _xx：单前置下画线，私有属性或方法，类对象和子类可以访问，from somemodule import *禁止导入。
- __xx：双前置下画线，私有化属性或方法，无法在外部直接访问。
- __xx__：双前后置下画线，系统定义名字，建议用户不要自己定义这样的名字。
- xx_：单后置下画线，用于避免与 Python 关键词的冲突。

2. 构造方法

很多类都倾向于将对象创建为有初始状态的，类可以定义一个名为__init__()的特殊方法（构造方法），__init__()方法可以有参数，参数通过__init__()传递到类的实例化操作上，代码如下：

```
class Complex:
    def __init__(self, realpart, imagpart):
        self.r = realpart
        self.i = imagpart

x = Complex(3.0, -4.5)
print("实数部分是: "+str(x.r)+"虚数部分是: "+str(x.i))
```

运行程序后，输出结果为：

```
实数部分是: 3.0 虚数部分是: -4.5
```

3. 类的方法

在类的内部，可以使用 def 关键字为类定义一个方法，与一般函数定义不同，类方法必须包含参数 self，且为第 1 个参数，代码如下：

```
class people：
    #定义基本属性
    name = ''
    age = 0
    #双前置下画线定义私有属性,私有属性在类外部无法直接进行访问
    __weight = 0
    #双前后置下画线定义构造方法
    def __init__(self,n,a,w)：
        self. name = n
        self. age = a
        self. __weight = w
    def speak(self)：
        print("%s 说：我 %d 岁。" %(self. name,self. age))
#实例化类
p = people('Tony',10,30)
p. speak()
```

执行以上程序输出结果为：

```
Tony 说：我 10 岁。
```

4. 继承

Python 支持类的继承，子类的定义格式如下：

```
class DerivedClassName(BaseClassName1)：
    <statement-1>

    <statement-N>
```

继承的代码如下：

```
class people：
    #定义基本属性
    name = ''
    age = 0
    #定义私有属性,私有属性在类外部无法直接进行访问
    __weight = 0
    #定义构造方法
    def __init__(self,n,a,w)：
```

```
            self. name  =  n
            self. age  =  a
            self. __weight  =  w
        def speak( self) :
            print( "%s 说：我 %d 岁。" %( self. name, self. age) )
#单继承示例
class student( people) :
    grade  =  ''
    def __init__( self, n, a, w, g) :
        #调用父类的构函
        people. __init__( self, n, a, w)
        self. grade  =  g
    #覆写父类的方法
    def speak( self) :
        print( "%s 说：我 %d 岁了,我在读 %d 年级"%( self. name, self. age, self. grade) )
s  =  student( 'ken', 10, 60, 3)
s. speak( )
```

执行以上程序输出结果为：

ken 说：我 10 岁了,我在读 3 年级

父类必须与子类定义在一个作用域内。父类定义在另一个模块中，可以使用如下格式：

```
class DerivedClassName( modname. BaseClassName) :
```

5. 多继承

Python 多继承的类定义形式如下：

```
class DerivedClassName( Base1, Base2, Base3) :
    <statement-1>


    <statement-N>
```

需要注意圆括号中父类的顺序，若是父类中有相同的方法名，而在子类使用时未指定，Python 从左至右搜索，即方法在子类中未找到时，从左到右查找父类中是否包含方法。

```
class people:
    #定义基本属性
    name  =  ''
```

```
        age = 0
        #定义私有属性,私有属性在类外部无法直接进行访问
        __weight = 0
        #定义构造方法
        def __init__(self,n,a,w):
            self.name = n
            self.age = a
            self.__weight = w
        def speak(self):
            print("%s 说：我 %d 岁。" %(self.name,self.age))
#单继承示例
class student(people):
    grade = ''
    def __init__(self,n,a,w,g):
        #调用父类的构函
        people.__init__(self,n,a,w)
        self.grade = g
    #覆写父类的方法
    def speak(self):
        print("%s 说：我 %d 岁了,我在读 %d 年级"%(self.name,self.age,self.grade))
#另一个类,多重继承之前的准备
class boyStudent():
    topic = ''
    name = ''
    def __init__(self,n,t):
        self.name = n
        self.topic = t
    def speak(self):
        print("我叫 %s,我是一个男生,我演讲的主题是 %s"%(self.name,self.topic))
#多重继承
class sample(boyStudent, student):
    a =''
    def __init__(self,n,a,w,g,t):
        student.__init__(self,n,a,w,g)
        boyStudent.__init__(self, n, t)

test = sample("Tim",25,80,4,"Python")
test.speak()    #方法名同,默认调用的是在括号中排前的父类的方法
```

执行以上程序输出结果为：

我叫 Tim,我是一个男生,我演讲的主题是 Python

6. 方法重写

如果父类方法的功能不能满足需求，可以在子类重写父类的方法，实例如下：

```
class Parent:                #定义父类
    def myMethod(self):
        print ('调用父类方法')
class Child(Parent):         #定义子类
    def myMethod(self):
        print ('调用子类方法')


c = Child()                  #子类实例
c.myMethod()                 #子类调用重写方法
```

执行以上程序输出结果为：

调用子类方法

10.3 Python 经典库的使用

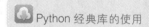

Python 标准库非常庞大，所提供的组件涉及范围十分广泛，用户可以依靠它们来实现系统级功能，如文件 I/O 等，此外还有大量以 Python 编写的模块，提供了编程中许多问题的标准解决方案。

10.3.1 模块

在计算机程序的开发过程中，一个文件里代码会越来越长，越来越不容易维护。为了编写可维护的代码，可以把很多函数分组，分别放到不同的文件里，很多编程语言都采用这种方式，在 Python 中，一个 py 文件就称之为一个模块（Modules）。模块可以被别的程序引入，以使用该模块中的函数等功能，使用模块也可以避免函数名和变量名冲突。创建模块只需将代码保存在文件扩展名为 py 的文件中，如创建名为 mymodule.py 的文件，代码如下：

```
def greeting(name):
    print("Hello, " + name)
```

可以用 import 语句来使用刚刚创建的模块，导入名为 mymodule 的模块，并调用 greeting 函数，如果使用模块中的函数时，使用以下语法 module_name. function_name，代码如下：

```
import mymodule
mymodule. greeting("Bill")
```

以上代码执行结果如下：

```
Hello, Bill
```

模块可以包含已经描述的函数，也可以包含各种类型的变量（数组、字典、对象等），创建名为 mymodule. py 的文件，代码如下：

```
person1 = {
  "name": "Bill",
  "age": 18,
  "country": "China"
}
```

导入名为 mymodule 的模块，并访问模块 mymodule. py 中的字典变量 person1，代码如下：

```
import mymodule
a = mymodule. person1["country"]
print(a)
```

以上代码执行结果如下：

```
China
```

用户也可以在导入模块时使用 as 关键字给相应的模块创建别名，以下代码是为 mymodule 创建别名 mx，然后访问模块中的字典变量 person1：

```
import mymodule as mx
a = mx. person1["age"]
print(a)
```

以上代码执行结果如下：

```
18
```

用户也可以使用 from 关键字选择仅从模块导入部分部件，例如名为 mymodule 的模块拥有一个方法和一个字典变量，代码如下：

```
def greeting(name):
  print("Hello, " + name)


person1 = {
```

```
    "name" : "Bill",
    "age" : 18,
    "country" : "China"
}
```

如果仅从模块导入字典变量 person1，在使用 from 关键字导入时，请勿在引用模块中的元素时使用模块名称，应使用 person1["age"]，而不是 mymodule. person1["age"]，代码如下：

```
from mymodule import person1
print(person1["age"])
```

以上代码执行结果如下：

```
18
```

10.3.2　NumPy 库的使用

NumPy 是 Python 语言的一个数学扩展库，支持大量的维度数组与矩阵运算，此外也针对数组运算提供大量的数学函数库。

1. NumPy 库的安装

安装 NumPy 库最简单的方法就是通过调用 cmd 命令提示符然后使用 pip 工具，由于国内使用 pip 原始安装源可能存在下载速度缓慢或安装失败等问题，用户可以使用清华镜像源地址 "https://pypi. tuna. tsinghua. edu. cn/simple"，安装代码如下：

```
pip install -i https://pypi. tuna. tsinghua. edu. cn/simple numpy
```

测试 NumPy 是否安装成功，可以在 IDLE 中输入以下代码：

```
>>> from numpy import *
>>> eye(3)
array([[1. , 0. , 0. ],
       [0. , 1. , 0. ],
       [0. , 0. , 1. ]])
```

代码中 from numpy import * 为导入 NumPy 库，eye(3) 为生成对角矩阵。

2. ndarray 数组对象

NumPy 的主要对象是 ndarray 数组对象，如图 10-3-1 所示。它是一个元素表（通常是数字），所有类型都相同，由非负整数元组索引。与 Python 中的其他容器对象一样，可以通过对数组进行索引或切片，以及通过 ndarray 的方法和属性来访问和修改 ndarray 的内容。

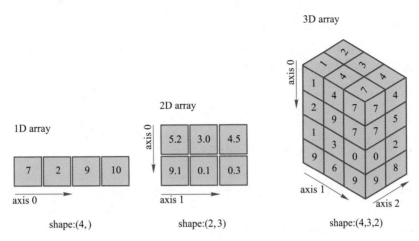

图 10-3-1　ndarray 数组对象

ndarray 数组对象维度（dimension）也称为轴（axis），如在二维平面世界中，描述一个点的时候，通常使用 x 轴、y 轴，这样就能确定一个点的具体位置了。如果是立体的三维世界中，就会多出一个 z 轴。秩（rank）是指轴的数量，或者维度的数量，是一个标量。numpy. array 与标准 Python 库类 array. array 不同，后者只处理一维数组并提供较少的功能。

ndarray 数组常用的属性如下：

- ndarray. ndim——数组的轴（维度）的个数，维度的数量被称为秩。
- ndarray. shape——数组的形状。这是一个整数的元组，表示每个维度中数组的大小。对于有 n 行和 m 列的矩阵，形状（shape）将是(n,m)。
- ndarray. size——数组元素的总数，等于形状（shape）中元素个数的乘积。
- ndarray. dtype——一个描述数组中元素类型的对象。NumPy 提供它自己的类型，如 numpy. int32、numpy. int16 和 numpy. float64。
- ndarray. itemsize——数组中每个元素的字节大小。例如，元素为 float64 类型的数组的 itemsize 为 8（=64/8），而 complex32 类型的数组的 itemsize 为 4（=32/8）。它等于 ndarray. dtype. itemsize。
- ndarray. data——该缓冲区包含数组的实际元素。通常，不需要使用此属性，因为将使用索引访问数组中的元素。

ndarray 对象的属性的代码如下：

```
>>> import numpy as np
#arange(n):生成从 0 到 n 的序列;reshape(x,y):将序列重新塑造成 3 行 5 列的 narray
>>> a = np. arange(15). reshape(3, 5)
>>> a
array([[ 0,  1,  2,  3,  4],
```

```
             [ 5,  6,  7,  8,  9],
             [10, 11, 12, 13, 14]])
>>> a. shape          #返回 narray 的(行数,列数)
(3, 5)
>>> a. ndim           #返回 narray 的秩
2
>>> a. dtype. name    #返回 narray 中数据的类型
'int64'
>>> a. itemsize       #返回 narray 中每个元素的字节数大小 8 = 64/8
8
>>> a. size           #返回 narray 中的元素个数
15
>>> type( a)          #返回 a 的类型
<type 'numpy. ndarray'>
```

3. 矩阵乘法

与许多矩阵语言不同，乘积运算符"∗"在 NumPy 数组中按元素进行乘运算，而矩阵乘积可以使用"@"运算符或 dot 函数执行，代码如下：

```
import numpy as np
A = np. array( [[1,1],
       [0,1]] )
B = np. array( [[2,0],
        [3,4]] )
print("元素乘:")
print( A ∗ B)                      #元素乘
print("矩阵乘法 1:")
print( A @ B)                      #矩阵乘法 1
print("矩阵乘法 2:")
print( np. dot( A,B))              #矩阵乘法 2
```

10. 3. 3   Matplotlib 库的使用

Matplotlib 是 Python 的绘图库，可与 NumPy 一起使用，也可以和图形工具包一起使用，如 PyQt 和 wxPython。

1. Matplotlib 库的安装

安装 Matplotlib 最简单的方法就是通过调用 cmd 命令提示符然后使用 pip 工具，用户可以使用清华镜像源地址"https://pypi.tuna.tsinghua.edu.cn/simple"，安装代码如下：

```
pip install -i https://pypi.tuna.tsinghua.edu.cn/simple matplotlib
```

安装完后，可以使用下面的命令来查看是否安装了 Matplotlib 模块。

```
pip list
```

2. Matplotlib 的基本用法

Matplotlib 的默认配置都允许用户自定义。用户可以调整大多数的默认配置：图片大小和分辨率（dpi）、线宽、颜色、风格、坐标轴、坐标轴以及网格的属性、文字与字体属性等。Matplotlib 的默认配置在大多数情况下已经做得足够好，只在很少的情况下才会更改这些默认配置。

用默认配置在同一张图上绘制正弦和余弦函数图像，代码如下：

```
import numpy as np
import matplotlib.pyplot as plt
#生成从-π 到+π 等间隔的256 个值的数组
X = np.linspace(-np.pi, np.pi, 256, endpoint=True)
C = np.cos(X)          #余弦函数
S = np.sin(X)          #正弦函数
plt.plot(X,C,'y:')
plt.plot(X,S,'r--')
plt.show()
```

X 是一个利用 linspace 生成的数组，包含了从-π 到+π 等间隔的 256 个值。C 和 S 则分别是这 256 个值对应的余弦和正弦函数值组成的数组。plt.plot(X,C,'y:')为绘制 X 横坐标，C 纵坐标的图像，增加了一个字符串'y:'参数，其中 y 表示黄色，: 表示点线，r 表示红色，--表示虚线，执行代码后输出如图 10-3-2 所示。

常见各种线的样式表示参数，见表 10-3-1。

表 10-3-1　线的样式表示参数

线 的 类 型	表 示 参 数
直线	-
虚线	--
点线	:
点画线	-.

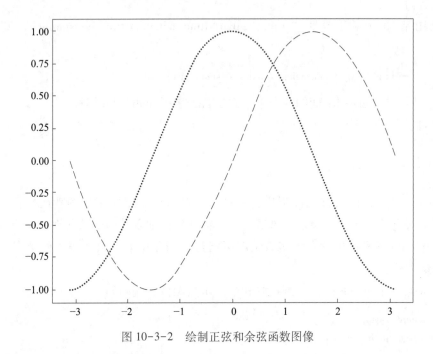

图 10-3-2　绘制正弦和余弦函数图像

3. 多张子图绘制

多张子图绘制需要在调用 plot 函数之前先调用 subplot 函数。subplot 函数的第 1 个参数代表子图的总行数，第 2 个参数代表子图的总列数，第 3 个参数代表活跃区域，代码如下：

```python
import numpy as np
import matplotlib. pyplot as plt
ax1 = plt.subplot(2, 2, 1) #(行,列,活跃区)
plt. plot(x, np. sin(x), 'r')
ax2 = plt. subplot(2, 2, 2, sharey=ax1) #与 ax1 共享 y 轴
plt. plot(x, 2 * np. sin(x), 'g')
ax3 = plt. subplot(2, 2, 3)
plt. plot(x, np. cos(x), 'b')
ax4 = plt. subplot(2, 2, 4, sharey=ax3) #与 ax3 共享 y 轴
plt. plot(x, 2 * np. cos(x), 'y')
plt. show()
```

运行程序后，输出如图 10-3-3 所示。

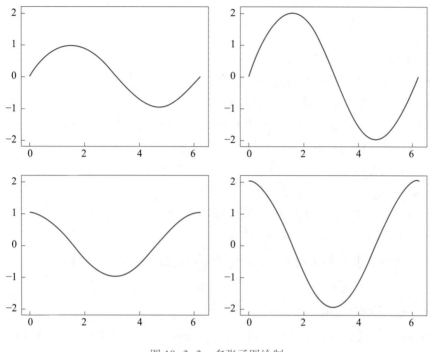

图 10-3-3　多张子图绘制

10.3.4　Pandas 库的使用

Pandas 是一个基于 NumPy 的数据分析工具，其中纳入了大量标准的数据模型，并通过管理索引来快速访问数据、执行分析和转换运算，并提供了高效地操作大型数据集所需的工具。Pandas 适合于许多不同类型的数据，包括：

- 具有异构类型列的表格数据，如 SQL 表格或 Excel 数据。
- 有序和无序（不一定是固定频率）时间序列数据。
- 具有行列标签的任意矩阵数据（均匀类型或不同类型）。
- 任何其他形式的观测/统计数据集。

1. Pandas 库的安装

安装 Pandas 最简单的方法就是通过调用 cmd 命令提示符然后使用 pip 工具，用户可以使用清华镜像源地址 "https://pypi.tuna.tsinghua.edu.cn/simple"，安装代码如下：

```
pip install -i https://pypi.tuna.tsinghua.edu.cn/simple pandas
```

安装完后，可以使用下面的命令来查看是否安装了 Pandas 模块。

```
pip list
```

2. Pandas 数据结构

Pandas 的数据结构主要如下：

- Series 一维数据带有标签的同构类型数组。
- DataFrame 二维数据表格结构，带有标签，大小可变，且可以包含异构的数据列，可以看成是 Series 的容器，一个 DataFrame 中可以包含若干 Series。

Series 是一维结构的数据，可以直接通过列表来创建，代码如下：

```
import pandas as pd
series1 = pd.Series([1, 2, 3, 4])
print("series1.values: {}\n".format(series1.values))
print("series1.index: {}\n".format(series1.index))
```

运行程序后，数据在第 1 行输出，数据的索引在第 2 行输出，具体如下：

```
series1.values: [1 2 3 4]
series1.index: RangeIndex(start=0, stop=4, step=1)
```

DataFrame 是二维数据表格结构，可以通过 NumPy 的接口来创建，代码如下：

```
import pandas as pd
import numpy as np
df1 = pd.DataFrame(np.arange(12).reshape(4,3))
print("df1:\n{}\n".format(df1.values))
```

运行程序后，输出如下：

```
df1:
[[ 0  1  2]
 [ 3  4  5]
 [ 6  7  8]
 [ 9 10 11]]
```

📖 项目实施

对于 Python 工程师或运维工程师来说，一定会遇到需要编写 Python 程序来管理云资源的应用场景，如查看 CVM 的实例列表等信息、查看 VPC 列表等信息、查看子网列表等信息。通过 Python 调用云 API 管理云资源是 Python 工程师或运维工程师必备的知识和技能。

需要完成的任务如下：

- 安装 Python 的云 SDK。
- 查看 CVM 实例列表。

- 查看 CVM 实例机型列表。
- 查看 VPC 列表。
- 查看 VPC 下的云主机实例列表。
- 查看子网列表。

10.4 Python 调用云 API 管理云资源

Python 调用云
API 管理云资源

腾讯官方的 Python SDK 是云 API 平台的配套工具,目前已经支持 CVM、VPC、CBS 等产品,用户可以登录腾讯云控制台,在访问管理控制台的"API 密钥管理"页面获取 SecretID 和 SecretKey,SecretID 用于标识 API 调用者的身份,SecretKey 用于加密签名字符串和服务器端验证签名字符串的密钥,SecretKey 需妥善保管,避免泄露。获取调用地址(endpoint)一般格式为 *. tencentcloudapi. com,例如 CVM 的调用地址为 cvm. tencentcloudapi. com,具体地址可以参考各云产品的说明。

10.4.1 安装云 SDK

用户使用了云服务后,不仅仅只在控制台对服务进行调用,而是要扩展到各种平台,这就需要通过 API 接口进行调用。有时候,云服务提供商为用户提供了适合于对应平台的 SDK(API 集合),可以很方便地实现对云服务的调用。安装腾讯云 SDK 最简单的方法就是通过调用 cmd 命令行,然后使用 pip 工具,安装代码如下:

```
pip install tencentcloud-sdk-python
```

安装完后,可以使用下面的命令来查看是否安装了腾讯云 SDK。

```
pip list
```

用户可以到网址"https://cloud. tencent. com/document/sdk/"中,获取更详细的腾讯云 SDK 文档。

10.4.2 查看 CVM 实例列表

DescribeInstances 接口是用于查询一个或多个实例的详细信息的。接口请求域名为 cvm. tencentcloudapi. com。可以根据实例 ID、实例名称或者实例计费模式等信息来查询实例的详细信息。过滤信息详细请见过滤器 Filter。如果参数为空,返回当前用户一定数量(默认为 20)的实例。支持查询实例的最新操作以及最新操作状态。具体代码如下:

```
#查看 CVM 实例列表 DescribeInstances
```

```python
import json
from tencentcloud.common import credential
from tencentcloud.common.profile.client_profile import ClientProfile
from tencentcloud.common.profile.http_profile import HttpProfile
from tencentcloud.common.exception.tencent_cloud_sdk_exception import TencentCloudSDKException
from tencentcloud.cvm.v20170312 import cvm_client, models
try:
    #腾讯云教育沙箱验证上机的密钥
    secretId = "AKIDLVQ2GSDcDNTHyFoO3rOnsasxtcJmMsbv"
    secretKey = "Srz1nENEpW3Lkwi57peOrJd7AAy5MTix"
    #身份令牌配置
    cred = credential.Credential(secretId, secretKey)
    #http 配置
    httpProfile = HttpProfile()
    httpProfile.endpoint = "vpc.tencentcloudapi.com"
    #客户端配置
    clientProfile = ClientProfile()
    clientProfile.httpProfile = httpProfile
    #地区选择与学校地域相关,腾讯沙箱云地区是广州
    client = cvm_client.CvmClient(cred, "ap-guangzhou", clientProfile)
    req = models.DescribeInstancesRequest()
    params = '{}'
    req.from_json_string(params)
    resp = client.DescribeInstances(req)
    #输出 JSON 格式的字符串回包
    dic = json.loads(resp.to_json_string())
    #格式化输出 json 字符串 ensure_ascii False 输出中文,4 个缩进
    js = json.dumps(dic, ensure_ascii=False, indent=4)
    print(js)
except TencentCloudSDKException as err:
    print(err)
```

程序运行结果与实际腾讯云沙箱中的 CVM 实例有关，类似的输出如下：

```
{
    "TotalCount": 0,
    "InstanceSet": [],
    "RequestId": "37a1f571-a3d5-46e0-b1e2-7e2429b4ff58"
}
```

10.4.3 查看 CVM 实例机型列表

DescribeInstanceTypeConfigs 接口是用于查询实例机型配置的，接口请求域名 cvm.tencentcloudapi.com。可以根据 zone、instance-family 来查询实例机型配置。过滤条件详见过滤器 Filter。如果参数为空，返回指定地域的所有实例机型配置。该接口可以查看可购买机型信息，用户可与自己的机器进行对比。具体代码如下：

```
#查看 CVM 实例机型列表 DescribeInstanceTypeConfigs
import json
from tencentcloud. common import credential
from tencentcloud. common. profile. client_profile import ClientProfile
from tencentcloud. common. profile. http_profile import HttpProfile
from tencentcloud. common. exception. tencent_cloud_sdk_exception import TencentCloudSDKException
from tencentcloud. cvm. v20170312 import cvm_client, models
try:
    #腾讯云教育沙箱验证上机的密钥
    secretId = "AKIDLVQ2GSDcDNTHyFoO3rOnsasxtcJmMsbv"
    secretKey = "Srz1nENEpW3Lkwi57peOrJd7AAy5MTix"
    cred = credential. Credential( secretId, secretKey)
    #身份令牌配置
    cred = credential. Credential( secretId, secretKey)
    #http 配置
    httpProfile = HttpProfile( )
    httpProfile. endpoint = "vpc. tencentcloudapi. com"
    #客户端配置
    clientProfile. httpProfile = httpProfile
    #地区选择与学校地域相关,腾讯沙箱云示例给的地区是广州
    client = cvm_client. CvmClient( cred, "ap-guangzhou", clientProfile)
    req = models. DescribeInstanceTypeConfigsRequest( )
    params = '{ }'
    req. from_json_string( params)
    resp = client. DescribeInstanceTypeConfigs( req)
    #输出 JSON 格式的字符串回包
    dic = json. loads( resp. to_json_string( ))
    #格式化输出 json 字符串 ensure_ascii False 输出中文,4 个缩进
    js = json. dumps( dic, ensure_ascii = False, indent = 4)
    print( js)
```

```
except TencentCloudSDKException as err:
    print(err)
```

程序运行结果跟实际腾讯云沙箱中的 CVM 实例机型列表有关，由于机型列表输出较多，截取部分类似的输出如下：

```
{
    "InstanceTypeConfigSet": [
        {
            "Zone": "ap-guangzhou-2",
            "InstanceType": "S1. SMALL1",
            "InstanceFamily": "S1",
            "GPU": 0,
            "CPU": 1,
            "Memory": 1,
            "FPGA": 0
        },
```

10.4.4 查看 VPC 列表

DescribeVpcs 接口是用于查询私有网络列表的，返回当前地域下所有 VPC 信息，DescribeVpcs 接口支持金融区地域，接口请求域名 vpc. tencentcloudapi. com。由于金融区和非金融区是隔离不互通的，因此当公共参数 Region 为金融区地域（如 ap-shanghai-fsi）时，需要同时指定带金融区地域的域名，最好和 Region 的地域保持一致，具体代码如下：

```
#(DescribeVpcs)用于查询私有网络列表。
import json
from tencentcloud. common import credential
from tencentcloud. common. profile. client_profile import ClientProfile
from tencentcloud. common. profile. http_profile import HttpProfile
from tencentcloud. common. exception. tencent_cloud_sdk_exception import TencentCloudSDKException
from tencentcloud. vpc. v20170312 import vpc_client, models
try:
    #腾讯云教育沙箱中级第 10 章 Python 验证上机的密钥
    secretId = "AKIDLVQ2GSDcDNTHyFoO3rOnsasxtcJmMsbv"
    secretKey = "Srz1nENEpW3Lkwi57peOrJd7AAy5MTix"
    #身份令牌配置
    cred = credential. Credential(secretId, secretKey)
    #http 配置
```

```
    httpProfile = HttpProfile()
    httpProfile. endpoint = "vpc. tencentcloudapi. com"
    #客户端配置
    clientProfile = ClientProfile()
    clientProfile. httpProfile = httpProfile
    client = vpc_client. VpcClient(cred, "ap-guangzhou", clientProfile)
    req = models. DescribeVpcsRequest()
    params = '{}'
    req. from_json_string(params)
    resp = client. DescribeVpcs(req)
    #输出 JSON 格式的字符串回包
    dic = json. loads(resp. to_json_string())
    #格式化输出 json 字符串 ensure_ascii False 输出中文,4 个缩进
    js = json. dumps(dic, ensure_ascii=False, indent=4)
    print(js)
except TencentCloudSDKException as err:
    print(err)
```

程序运行结果与实际腾讯云沙箱中的 VPC 有关，类似的输出如下：

```
{
    "TotalCount": 1,
    "VpcSet": [
        {
            "VpcName": "Default-VPC",
            "VpcId": "vpc-92x5qecp",
            "CidrBlock": "172. 16. 0. 0/16",
            "IsDefault": True,
            "EnableMulticast": False,
            "CreatedTime": "2020-04-26 14:44:40",
            "DnsServerSet": [
                "183. 60. 82. 98",
                "183. 60. 83. 19"
            ],
            "DomainName": "",
            "DhcpOptionsId": "dopt-3vetqofw",
            "EnableDhcp": True,
            "Ipv6CidrBlock": "",
            "TagSet": [],
```

```
        "AssistantCidrSet" : [ ]
      }
    ],
    "RequestId" : "ffd33eee-71be-4780-aafb-719b3d191a44"
}
```

10. 4. 5　查看 VPC 下的云主机实例列表

DescribeVpcInstances 接口是用来查看用户机器所在 VPC 下还有哪些其他机器，并给出云主机实例列表。接口请求域名为 vpc. tencentcloudapi. com。本接口支持金融区地域。由于金融区和非金融区是隔离不互通的，因此当公共参数 Region 为金融区地域（如 ap-shanghai-fsi）时，需要同时指定带金融区地域的域名，最好和 Region 的地域保持一致，具体代码如下：

```
#查看 VPC 下的云主机实例列表 DescribeVpcInstances
import json
from tencentcloud. common import credential
from tencentcloud. common. profile. client_profile import ClientProfile
from tencentcloud. common. profile. http_profile import HttpProfile
from tencentcloud. common. exception. tencent_cloud_sdk_exception import TencentCloudSDKException
from tencentcloud. vpc. v20170312 import vpc_client, models
try :
    #腾讯云教育沙箱中级第 10 章 Python 验证上机的密钥
    secretId = "AKIDLVQ2GSDcDNTHyFoO3rOnsasxtcJmMsbv"
    secretKey = "Srz1nENEpW3Lkwi57peOrJd7AAy5MTix"
    #身份令牌配置
    cred = credential. Credential(secretId, secretKey)
    #http 配置
    httpProfile = HttpProfile( )
    httpProfile. endpoint = "vpc. tencentcloudapi. com"
    #客户端配置
    clientProfile = ClientProfile( )
    clientProfile. httpProfile = httpProfile
    client = vpc_client. VpcClient(cred, "ap-guangzhou", clientProfile)
    req = models. DescribeVpcInstancesRequest( )
    # params 不能为空
    params = '{ "Filters" :[ { "Name" :"vpc-id" ,"Values" :[ "vpc-92x5qecp" ]} ]}'
    req. from_json_string( params)
```

```
    resp = client. DescribeVpcInstances( req)
    dic = json. loads( resp. to_json_string( ) )
    #格式化输出 json 字符串 ensure_ascii False 输出中文,4 个缩进
    js = json. dumps( dic, ensure_ascii = False, indent = 4)
    print( js)
except TencentCloudSDKException as err:
    print( err)
```

程序运行结果与实际腾讯云沙箱中的云主机列表有关，类似的输出如下：

```
{
    "InstanceSet": [ ],
    "TotalCount": 0,
    "RequestId": "39e92f9a-2090-4de3-afc1-f2cbfc43020f"
}
```

10.4.6　查看子网列表

DescribeSubnets 接口用于查看子网列表，支持金融区地域，接口请求域名为 vpc. tencentcloudapi.com。由于金融区和非金融区是隔离不互通的，因此当公共参数 Region 为金融区地域（如 ap-shanghai-fsi）时，需要同时指定带金融区地域的域名，最好和 Region 的地域保持一致，具体代码如下：

```
import json
from tencentcloud. common import credential
from tencentcloud. common. profile. client_profile import ClientProfile
from tencentcloud. common. profile. http_profile import HttpProfile
from tencentcloud. common. exception. tencent_cloud_sdk_exception import TencentCloudSDKException
from tencentcloud. vpc. v20170312 import vpc_client, models
try:
    #腾讯云教育沙箱中级第 10 章 Python 验证上机的密钥
    secretId = "AKIDLVQ2GSDcDNTHyFoO3rOnsasxtcJmMsbv"
    secretKey = "Srz1nENEpW3Lkwi57peOrJd7AAy5MTix"
    cred = credential. Credential( secretId, secretKey)
    #身份令牌配置
    cred = credential. Credential( secretId, secretKey)
    #http 配置
    httpProfile = HttpProfile( )
    httpProfile. endpoint = "vpc. tencentcloudapi. com"
```

```
        #客户端配置
        clientProfile. httpProfile = httpProfile
        client = vpc_client. VpcClient( cred, "ap-guangzhou", clientProfile)
        req = models. DescribeSubnetsRequest( )
        params = '{}'
        req. from_json_string( params)
        resp = client. DescribeSubnets( req)
        #输出 JSON 格式的字符串回包
        dic = json. loads( resp. to_json_string( ) )
        #格式化输出 json 字符串 ensure_ascii False 输出中文,4 个缩进
        js = json. dumps( dic, ensure_ascii=False, indent=4)
        print( js)
except TencentCloudSDKException as err:
    print( err)
```

程序运行结果与实际腾讯云沙箱中的子网列表有关，类似的输出如下：

```
{
    "TotalCount" : 1,
    "SubnetSet" : [
        {
            "VpcId" : "vpc-92x5qecp",
            "SubnetId" : "subnet-h2ecwo2i",
            "SubnetName" : "Default-Subnet",
            "CidrBlock" : "172. 16. 0. 0/20",
            "IsDefault" : True,
            "EnableBroadcast" : False,
            "Zone" : "ap-guangzhou-3",
            "RouteTableId" : "rtb-90vzabag",
            "CreatedTime" : "2020-04-26 14:44:40",
            "AvailableIpAddressCount" : 4093,
            "Ipv6CidrBlock" : "",
            "NetworkAclId" : "",
            "IsRemoteVpcSnat" : False,
            "TotalIpAddressCount" : 4093,
            "TagSet" : [ ]
        }
    ],
```

　　　"RequestId" : "6128c712-cafb-449c-be40-9770297f8f83"
}

本章小结

　　本章以 Python 调用腾讯云 API 管理云资源为引导，介绍了 Python 语言的基本概念和 Python 开发工具安装及应用、Python 程序编写以及常用第三库的安装及应用，并重点介绍了 Python 调用第三方库的应用。通过本章的学习，读者应能读懂 Python 代码，并可以编写、调试和运行代码。

本章习题

一、单项选择题

1. 关于 Python 内存管理，下列说法中错误的是（　　）。

A. 变量不必事先声明　　　　　B. 变量无须先创建和赋值而直接使用

C. 变量无须指定类型　　　　　D. 可以使用 del 释放资源

2. 下列（　　）语句在 Python 中是非法的。

A. x = y = z = 1　　　　　　　B. x = (y = z+1)

C. x , y = y , x　　　　　　　D. x += y

3. Python 不支持的数据类型有（　　）。

A. char　　　　B. int　　　　　C. float　　　　　D. list

4. 以下不能创建一个字典的语句是（　　）。

A. dict1 = { }

B. dict2 = {3 : 5}

C. dict3 = dict([2 , 5] ,[3 , 4])

D. dict4 = dict(([1,2],[3,4]))

5. 下面不能创建一个集合的语句是（　　）。

A. s1 = set( )　　　　　　　　B. s2 = set ("abcd")

C. s3 = (1, 2, 3, 4)　　　　　　D. s4 = frozenset((3,2,1))

6. 设 s = "Happy New Year"，则 s[3:8] 的值为（　　）。

A. 'ppy Ne'　　　B. 'py Ne'　　　C. 'ppy N'　　　　D. 'py New'

7. 以下不能创建一个字典的语句是（   ）。

A. dict1 = {}

B. dict2 = {1：2}

C. dict3 = dict([1，2]，[3，4])

D. dict4 = dict((([1,2],[3,4])))

二、问答题

1. 简述字典（Dict）的特点。

2. 简述列表（List）和元组（tuple）之间的相同点和区别。

3. 分别描述 Python 面向对象编程中封装、继承、多态的含义和作用。

参考文献

［1］陈宏峰，刘亿舟．中国 IT 服务管理指南——理论篇［M］．北京：北京大学出版社，2019.

［2］万川梅．云计算与云应用［M］．北京：电子工业出版社，2014.

［3］万川梅，钟璐．MySQL 数据库应用教程［M］．北京：北京理工大学出版社，2017.

［4］田果，刘丹宁，余建威．网络基础［M］．北京：人民邮电出版社，2017.

［5］张敬东．Linux 服务器配置与管理［M］．北京：清华大学出版社，2014.

［6］Eric Matthes．Python 编程三剑客：Python 编程从入门到实践+快速上手+极客编程［M］．北京：人民邮电出版社，2016.

［7］陈宏峰，刘亿舟．中国 IT 服务管理指南—理论篇［M］．北京：北京大学出版社，2019. 1.

［8］Jan van Bon．基于 ITIL 服务管理基础篇［M］．章斌译．北京：清华大学出版社，2007. 8.

［9］程栋，刘亿舟．中国 IT 服务管理指南—实践篇［M］．北京：北京大学出版社，2019. 1.